“十二五”普通高等教育本科国家级规划教材

# 数理逻辑的思想与方法

（第二版）

李　娜 编著

南 开 大 学 出 版 社
天　津

**图书在版编目(CIP)数据**

数理逻辑的思想与方法 / 李娜编著.—2 版.—天津：南开大学出版社，2016.4(2023.8 重印)

ISBN 978-7-310-05062-8

Ⅰ.①数… Ⅱ.①李… Ⅲ.①数理逻辑 Ⅳ.①O141

中国版本图书馆 CIP 数据核字(2016)第 023292 号



数理逻辑的思想与方法

SHULI LUOJI DE SIXIANG YU FANGFA

---

南开大学出版社出版发行

出版人：陈 敬

地址：天津市南开区卫津路 94 号 邮政编码：300071

营销部电话：(022)23508339 营销部传真：(022)23508542

https://nkup.nankai.edu.cn

---

天津泰宇印务有限公司印刷 全国各地新华书店经销

2016 年 4 月第 2 版 2023 年 8 月第 3 次印刷

230×170 毫米 16 开本 19.75 印张 2 插页 343 千字

定价：49.00 元

---

如遇图书印装质量问题，请与本社营销部联系调换，电话：(022)23508339

# 自 序

1983 年，我开始学习数理逻辑. 经过近二十年的学习，我对数理逻辑的本质和全貌不断有所认识，特别是对数理逻辑的奠基者莱布尼茨的梦想——使人类所有的一切推理都归结为计算. “我们要造成这样的一个结果，使所有的推理错误都只成为计算的错误，这样当争论发生的时候，两个哲学家同两个计算家一样，用不着辩论，只要把笔拿在手里，并且在计算器前坐下，两人异口同声地说：‘让我们来计算一下吧！’”对于这段名言，我有许多新的领悟. 因此，想通过本书，把自己对数理逻辑基本思想和方法的理解介绍给读者.

全书包括六章. 第一章，主要介绍集合、集合运算的基本思想和方法. 这一章的目的在于为以后各章的使用奠定基础. 第二章至第四章，介绍命题逻辑的基本思想和方法. 第五章和第六章介绍狭谓词逻辑的基本思想和方法.

这本书是以作者的《现代逻辑的方法》(河南大学出版社，1996 年)为基础完成的. 本书修订了《现代逻辑的方法》一书中的第一章至第四章，去掉了后三章，增加了两章. 至此，本书较完满地完成了对作者建立的逻辑公理系统 QC 的讨论.

本书有以下特点：

1. 各章联系紧密，不相互独立. 后面各章节中的内容，有时需要用到前面的结果.

2. 选材适当，体系完整. 本书在选材上，只涉及数理逻辑的基本内容(包括命题逻辑和狭谓词逻辑)，不涉及传统逻辑，也不涉及现代逻辑的其他分支. 因此，本书的体系是作者的独创. 另外，为了使读者更好地理解和掌握数理逻辑的思想和方法，大部分章节都配有一定量的练习.

3. 论述准确. 本书的目的，在于介绍数理逻辑的思想和方法. 因此，本书在思想的分析、理论的阐述、定理的证明等方面都充分体现了这一特点.

4. 有自己新的研究成果. 本书在作者本人建立的命题演算系统 PC 和一阶谓词演算系统 QC 的基础上，证明了：(1)系统 PC 和 QC 的相容性、可靠性和完全性以及系统 PC 的独立性;(2)命题演算系统 PC 和一阶谓词演算系统 QC 分别与自然推理系统 FPC 和 FQC 的等阶性.

由于能力、时间和篇幅所限,本书难免存在不足和错误,敬请读者批评指正.

李娜

2005 年 7 月

# 目　　录

# 第一章 集合论初步

本章我们将介绍集合论中的一些最基本的内容，这些内容包括：集合的概念、运算和关系. 其目的是为了方便后面几章的讨论. 为此，我们把这一章叫做集合论初步.

## 第一节 基本概念

### 1.1.1 关于集合的定义

这一章的主要概念是集合. 什么是集合？究竟怎样定义集合？这些问题至今没有解决. 但是，集合的概念，至少从表面上理解是绝对简单的. 集合论的创始人 G. 康托尔(Cantor)曾把集合定义为：我们的直观或思维中确定的并可区分的对象所概括成的一个总体. 组成集合的那些对象叫元素. 所以有：2003 年 9 月南开大学所有注册学生的集合，所有奇数的集合，所有粉红色猫的集合. 从康托尔的定义可以看出，集合不是现实世界的物体，像书或月亮，它们是由我们的思想，而不是由我们的双手创造的. 我们的思想具有抽象的能力，还有把各种不同的物体根据某些共同属性把它们汇聚在一起形成具有那种属性的所有对象构成的集合的这样的思考能力. 于是对含有确定的数字 2，4，7，12，13，29，35，1 200 的集合，我们很难看出有什么把它们联系在一起，但是只有一个事实，即：我们在思想中把它们汇集在一起. 从康托尔的定义还可以看出，一个集合应具有两个重要特征：一是集合中的元素是确定的，二是集合的元素之间是可以区分的. 在此基础上，康托尔建立了集合论体系，即朴素集合论. 但是，他的集合论体系并不完善. 1902 年 B. 罗素(Russell)在康托尔的朴素集合论中发现了一个悖论. 关于这个悖论，我们将在后面讨论. 另外，在康托尔的集合定义中，像“思维”这样的概念在数学中是不能定义的. 基于以上种种原因，现在，人们只给集合作一个描述性的说明.而康托尔本人关于集合的定义就是一个较好的对集合的描述性说明.总之,我们可以把集合理解成:具有某种属性的事物的全体,或者是一些确定对象的汇总.构成集合的事物或对象称为集合的元素.集合也简称为集.

我们不给集合这个概念下严格的定义,但这并不影响人们对集合的理解.我们可以毫不费力地举出许许多多集合的例子来.例如,包括零在内的全体自然数组成的集合,汉语拼音中21个声母组成的集合.为了便于理解,下面再举一些集合的例子.不过,在本章中,我们将很少关注人或分子的集合,更多关注有关数学对象的集合.

**例 1.1** 区间$[0,1]$上所有连续函数组成的集合.

**例 1.2** 直线 $x+y-2=0$ 上所有点组成的集合.

**例 1.3** 小于20的自然数组成的所有集合的集合.

**定义 1.1** 由有限个元素组成的集合称为有限集.不是有限集的集合称为无限集.

上面例1.1和例1.2中的集合都是无限集,例1.3中的集合是有限集.

### 1.1.2 集合的表示方法

约定:在本章中,我们用大写字母 $A,B,C,\cdots,X,Y,Z$(或加下标)表示集合或集,用小写字母 $a,b,c,\cdots,x,y,z$(或加下标)表示集合的元素.常用的特殊集合可以用专门的记号表示.如:

**例 1.4** 用 $\mathbf{N}$ 表示全体自然数的集合,用 $\mathbf{I}$ 表示整数集合,用 $\mathbf{Q}$ 表示有理数集合,用 $\mathbf{R}$ 表示实数集合.

**定义 1.2** 如果 $a$ 是集合 $A$ 的元素,记作 $a\in A$,读作 $a$ 属于 $A$;如果 $a$ 不是集合 $A$ 的元素,记作 $a\notin A$,读作 $a$ 不属于 $A$.符号$\in$表示隶属关系.

**例 1.5** 由于 $\mathbf{N}$ 表示全体自然数的集合,所以,$0\in\mathbf{N}$,$3\in\mathbf{N}$,$n\in\mathbf{N}$,但$\frac{1}{3}\notin\mathbf{N}$.

我们这里所讨论的集合,都具有确定性的特征.也就是说,一个元素是否属于某个集合是可以判定的."是"或"不是"二者必居其一且只居其一.亦即,对于任意的 $x$ 和 $A$,$x\in A$ 和 $x\notin A$ 二者必居其一且只居其一.例如,在全体偶数组成的集合中,$0,2,4,\cdots$都是它的元素,而$1,3,5,\cdots$都不是它的元素.

一个集合是由它的元素确定的.也就是说,当构成集合的元素给定之后,这个集合也就随之确定.因此,描述一个集合,只要描述它的元素就行了.常用的表示集合的方法有以下两种:

(1)列举法:这种方法是将集合中的全体元素枚举出来,元素之间用逗号隔开，然后用花括号{ }括起来．如{真，假}表示由真和假两个元素组成的集合．设 $A$ 是由最小的 4 个自然数组成的集合，那么 $A$ 可以记作{0，1，2，3}．一般地，如果集合 $A$ 有 $n$ 个元素 $a_1, a_2, \cdots, a_n$，那么记作

$$A=\{a_1, a_2, \cdots, a_n\}.$$

(2)描述法：设 $\varphi(x)$ 表示某个与 $x$ 有关的性质，$A$ 为满足 $\varphi(x)$ 的一切 $x$ 组成的集合，则 $A$ 可记作

$$A=\{x \mid \varphi(x)\}.$$

例如，令 $A$ 表示全体奇数的集合，则 $A=\{x \mid x$ 是奇数$\}$；令 $B$ 表示由 0 至 2 中最小素数的集合，则 $B=\{x \mid x\in \mathbf{N}$ 并且 $0\leqslant x\leqslant 2\}$，即 $B=\{2\}$；令 $C$ 表示全体偶数的集合，则 $C=\{x \mid x$ 是偶数$\}$ 或者 $C=\{x \mid x=2n$ 并且 $n\in\mathbf{N}\}$．

关于集合的表示方法需要注意以下几点：

(1)一个集合中的元素应是互不相同的，因而在集合$\{a,b\}$中，$a\neq b$．集合$\{a,a\}$仅表示以 $a$ 为元素的单元集$\{a\}$，即$\{a\}$就是$\{a,a\}$．

(2)集合中的元素不规定顺序，因而$\{a,b\}$就是$\{b,a\}$．所以，我们习惯上把$\{a,b\}$叫做无序对集．

(3)集合的两种表示法有时可以互相转化．这一点我们在前面已经看到．0 至 2 中最小素数的集合既可以表示成{2}，又可以表示成$\{x \mid x\in\mathbf{N}$并且 $0\leqslant x\leqslant 2\}$．但用性质来刻画集合是最基本的方法．

(4)集合的元素本身还可以是一个集合．如 $A=\{1,\{1\}\}$，这里 1 和{1}都是集合 $A$ 的元素，但{1}本身又是由数 1 做成的单元素集．又如，$B=\{a,b,\{a,b\}\}$．

(5)集合的元素可以是具体的对象，如：{鲁迅、巴金}，{太阳，月亮}；也可以是抽象的，如：$\{a,b\}$，$\{x,y\}$．甚至在一个集合中，允许一些元素是具体的，另一些元素是抽象的．如：$\{a,b$，鲁迅，巴金$\}$．

(6)全体集合的整体是一个类，不是集合，并规定用 $V$ 表示．

集合以及集合之间的关系可以用图形表示，这种图形称为文氏(Venn)图．文氏图是用一个简单的平面区域来代表一个集合，如图 1-1．集合的元素用区域内的阴影表示．

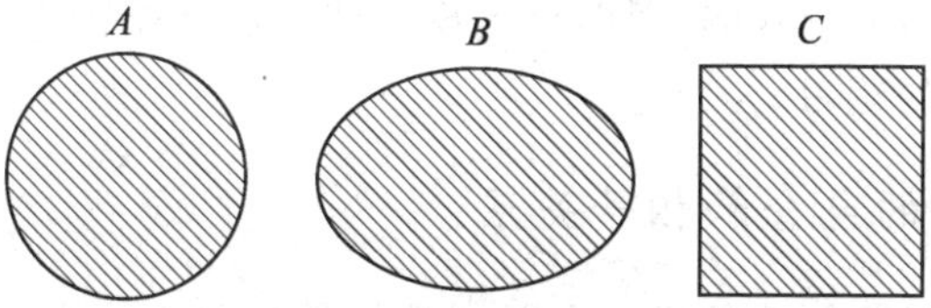


**图 1-1**

### 1.1.3 罗素悖论

在逻辑学中,悖论是指这样一个命题 $\alpha$:由 $\alpha$ 出发,可以找到一个命题 $\beta$. 然后,若假定 $\beta$,就可以推出非 $\beta$;若假定非 $\beta$,就可以推出 $\beta$. 罗素曾构造了这样一个集合,用我们现在使用的符号可以表示为:

$$T=\{x\mid x\notin x\}.$$

也就是说,$T$ 是由所有那些不属于自己的集合所组成. 现在我们要问:集合 $T$ 是否属于它自己?

倘若假定 $T\in T$,因为 $T$ 的任何元素 $x$ 都满足条件 $x\notin x$,所以 $T\notin T$,这与假定 $T\in T$ 矛盾. 反之,倘若假定 $T\notin T$,因为 $T$ 是由所有那些满足条件 $x\notin x$ 的 $x$ 所组成,所以 $T\in T$,这与假定 $T\notin T$ 矛盾. 这个矛盾是罗素 1902 年发现的集合论悖论,现在简称为罗素悖论.

由于罗素悖论所涉及的概念都是朴素集合论中的基本概念——集合与元素,因而罗素悖论的出现立即震动了整个数学界,引起了数学史上的第三次危机. 为了消除悖论,人们开始寻找解决悖论的各种途径和方法. 由于当时希尔伯特刚为欧氏几何学成功地建立了公理系统,因此,大家普遍认为采用公理化的方法对集合作一些必要的限制是适当的. 1908 年,E. 策梅洛(Zermelo)给出了第一个集合论公理系统,现在人们称它为 $Z$ 系统,后经 T. 斯柯伦(Skolem)、A. 弗兰克尔(Frankel)等人的改进,形成了著名的 ZF 公理系统. 然而,ZF 系统的展开是形式化的,它是以带等词"="和隶属关系"∈"的狭谓词演算为基础,加上关于集合基本性质的非逻辑公理组成的形式演绎体系. 它的非逻辑公理有:外延公理、空集公理、配对公理、并集公理、幂集公理、子集公理、无穷公理、替换公理、正则公理. 如果加上选择公理 AC 时,得到的系统就是 ZFC(ZF+AC). 在 ZFC 公理系统中,子集公理是一种受到限制的概括原则. 用这条公理只能得到与已构造的集合相比并不太大的集合. 这样就有效地阻止了悖论的产生,并且还能够得出数学中所需要的东西. 除 ZF 系统以外,还有罗素为解决悖论建立的类型论,冯·诺伊曼(Von Neumann)、P. 贝奈斯(Bernays)和 K. 哥德尔(Gödel)等人建立的集合论的 GB 公理系统. 有兴趣的读者请参看文献[1].

下面的讨论将是非形式的,因而会出现一些不够严格的情况. 形式的讨论,可作为第四章之后的练习.

### 1.1.4 集合的包含和相等关系

**定义 1.3** 如果集合 $A$ 的每一个元素都是集合 $B$ 的元素,即"对任意的 $a$,

若 $a\in A$,则 $a\in B$”,那么称集合 $A$ 为集合 $B$ 的子集,记作 $A\subseteq B$ 或者 $B\supseteq A$,读作 $A$ 包含于 $B$ 或者 $B$ 包含 $A$. 符号“$\subseteq$”或者“$\supseteq$”表示集合之间的包含关系. 即:$A\subseteq B$ 当且仅当对任意的 $a$,如果 $a\in A$,则 $a\in B$. 图 1-2 的阴影部分的区域表示 $A\subseteq B$. 否则,如果 $A$ 中有元素不属于 $B$,即“存在 $x$,$x\in A$ 并且 $x\notin B$”,则称 $A$ 不是 $B$ 的子集. 记作 $A\nsubseteq B$,读作 $A$ 不包含于 $B$ 或者 $B$ 不包含 $A$. 如图 1-3.

**例 1.6**　设 $A=\{a,b,c\}$,$B=\{a,b,c,d\}$,$C=\{a,b\}$,则 $A$,$B$ 和 $C$ 三者之间的包含关系为:$A\subseteq B$,$C\subseteq A$ 和 $C\subseteq B$;还有 $A\subseteq A$,$B\subseteq B$ 和 $C\subseteq C$(为什么?). 除了这 6 种包含关系外,$A$,$B$ 和 $C$ 三者之间再无别的包含关系了.

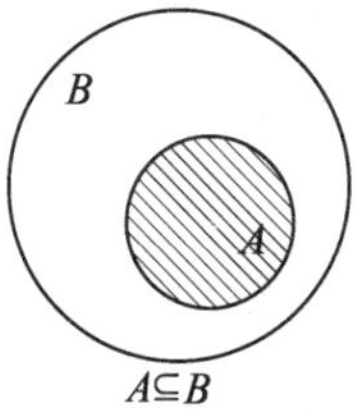


**图 1-2**

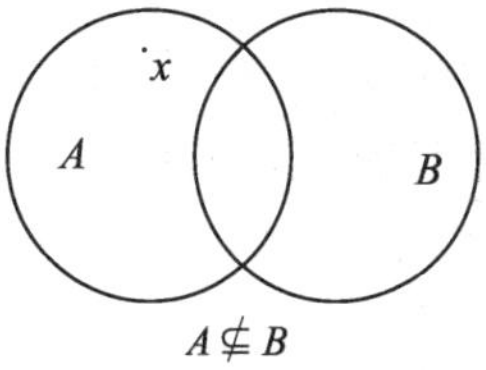


**图 1-3**

**例 1.7**　设 $A=\{a,\{a\},\{a,b\}\}$,$B=\{a\}$,$C=\{\{a\}\}$,$D=\{\{a\},\{a,b\}\}$,则 $B$,$C$ 和 $D$ 都是 $A$ 的子集. 即:$B\subseteq A$,$C\subseteq A$ 并且 $D\subseteq A$.

包含关系具有下面的性质:

(1)$A\subseteq A$,即集合 $A$ 是它自己的子集,换句话说,集合的包含关系具有自返性. 因为命题

$$\text{对任意的 } x\text{,如果 } x\in A \text{ 则 } x\in A$$

总成立.

(2)如果 $A\subseteq B$ 并且 $B\subseteq C$,则 $A\subseteq C$,即集合的包含关系具有传递性. 因为,由 $A\subseteq B$ 可得

$$\text{对任意的 } x\text{,如果 } x\in A \text{ 则 } x\in B.$$

再由 $B\subseteq C$ 可得

$$\text{对任意的 } x\text{,如果 } x\in B \text{ 则 } x\in C.$$

因为所有 $A$ 中的元素都在 $B$ 中,而所有 $B$ 中的元素又都在 $C$ 中,根据定义 1.3 可得对任意的 $x$,如果 $x\in A$,则 $x\in C$,即:$A\subseteq C$.

**定义 1.4**　设有两个集合 $A$ 和 $B$,如果 $A\subseteq B$ 并且 $B\subseteq A$,那么称集合 $A$ 与集合 $B$ 相等,记作 $A=B$,读作 $A$ 等于 $B$. 符号“$=$”表示集合之间的相等关系. 否则,称集合 $A$ 不等于集合 $B$,记作 $A\neq B$.

**例 1.8**　令 $X$ 是一个恰好包含数字 2,3,5 的集合,$Y$ 是一个由所有大于 1

而小于 7 的素数组成的集合. $Z$ 是满足方程 $x^3-10x^2+31x-30=0$ 的所有解组成的集合. 由定义 1.4 可得: $X=Y$, $X=Z$ 并且 $Y=Z$. 这个例子说明,对于同一个集合,我们有不同的描述.

利用集合的包含和相等的概念,我们可以定义真子集和真包含的概念.

**定义 1.5** 设有两个集合 $A$ 和 $B$,如果 $A\subseteq B$ 并且 $A\neq B$,那么称集合 $A$ 是集合 $B$ 的真子集. 记作 $A\subset B$ 或者 $A\subsetneq B$,读作 $A$ 真包含于 $B$.

**例 1.9** 在例 1.7 中,集合 $B$,$C$ 和 $D$ 都是 $A$ 的真子集.

**例 1.10** 令 $\mathbf{Z}^+=\{x\mid x\in\mathbf{Z}$ 且 $x>0\}$,$\mathbf{Q}^+=\{x\mid x\in\mathbf{Q}$ 且 $x>0\}$,$\mathbf{R}^+=\{x\mid x\in\mathbf{R}$ 且 $x>0\}$,分别是正整数集、正有理数集和正实数集,显然,$\mathbf{Z}^+\subset\mathbf{Z}$,$\mathbf{Q}^+\subset\mathbf{Q}$,并且 $\mathbf{R}^+\subset\mathbf{R}$,还有: $\mathbf{Z}^+\subset\mathbf{Q}^+\subset\mathbf{R}^+$.

真包含关系具有下面的性质:

(1)如果 $A\subset B$,则 $A\subseteq B$;

(2)$A\not\subset A$;

(3)如果 $A\subset B$,则 $B\not\subset A$;

(4)若 $A\subset B$ 且 $B\subset C$,则 $A\subset C$.

由定义 1.5 和定义 1.3,以上性质是显然成立的.

### 1.1.5 空集和幂集

**定义 1.6** 不含任何元素的集合称为空集,记作 $\varnothing$.

**例 1.11** 设集合 $A=\{x\mid x^2+1=0$ 且 $x\in\mathbf{R}\}$.

因为方程 $x^2+1=0$ 在实数范围内无根,故 $A=\varnothing$.

空集具有下面的性质:

(1)对任意的集合 $A$,都有 $\varnothing\subseteq A$,即空集是任意集合的子集.

(2)$\varnothing$ 是唯一的.

事实上,(1)成立. 因为对于任给的集合 $A$,如果 $\varnothing\not\subseteq A$,那么,就存在 $x$,使得

$$x\in\varnothing \text{ 并且 } x\notin A,$$

这与 $\varnothing$ 的定义矛盾. 因此,对任意的集合 $A$,都有 $\varnothing\subseteq A$. (2)也成立. 假设 $\varnothing_1$ 和 $\varnothing_2$ 都是空集. 因为 $\varnothing_1$ 是空集,根据空集的性质(1),可得: $\varnothing_1\subseteq\varnothing_2$. 同理可得: $\varnothing_2\subseteq\varnothing_1$. 再根据定义 1.4 可得: $\varnothing_1=\varnothing_2$.

注意:(1)$\varnothing\notin\varnothing$,但 $\varnothing\subseteq\varnothing$;

(2)$\varnothing\subseteq\{\varnothing\}$,但 $\varnothing\neq\{\varnothing\}$;

**定义 1.7** 若 $A\neq\varnothing$,则称 $A$ 为非空集合.

**定义 1.8** 设 $A$ 是一个集合,由 $A$ 的所有子集组成的集合叫做 $A$ 的幂集,

记作 $P(A)$，即

$$P(A)=\{x\mid x\subseteq A\},$$

亦即

$$x\in P(A)\text{当且仅当 }x\subseteq A.$$

幂集具有下面的性质：

(1)$\varnothing\in P(A)$，即 $P(A)$是非空的；

(2)$A\in P(A)$，即 $A$ 是 $P(A)$的元素.

事实上，由空集的性质(1)和包含关系的性质(1)以及定义 1.8，立刻得幂集的性质(1)和(2).

**例 1.12**　如果集合 $A=\{$真，假$\}$，则 $P(A)=\{\varnothing,\{$真$\},\{$假$\},\{$真，假$\}\}$. 当 $B=\{a,b,c\}$时，$P(B)=\{\varnothing,\{a\},\{b\},\{c\},\{a,b\},\{a,c\},\{b,c\},\{a,b,c\}\}$.

一般地，如果集合 $A$ 有 $n$ 个元素，则 $P(A)$有 $2^n$ 个元素.

在例 1.12 中，集合 $P(A)$和 $P(B)$的元素本身也是集合. 因此，我们有：

**定义 1.9**　如果一个集合中的每个元素也都是集合，那么称它是一个集合族. 集合族通常用花体字母 $\mathscr{A},\mathscr{B},\mathscr{C}$ 等表示.

### 1.1.6　练习

1. 判断下列元素是否属于所给集合：

南京、东京、北京，集合是中国的城市.

2. 在下面所给的集合中，指出哪些是有限集，哪些是无限集.

(1)偶数集；

(2)地球上的所有动物；

(3)南开大学哲学系的所有学生；

(4)有理数集.

3. 用两种方法表示下面的集合：

(1)小于 4 的非负整数的集合；

(2)5 的整倍数的集合；

(3)3 的各正整数次幂的集合.

4. 用列出全体元素的方法表示下列集合：

(1)$A_1=\{x\mid x\in\mathbf{Z}$ 且 $2\leqslant x<10$，其中 $\mathbf{Z}$ 为整数集合$\}$；

(2)$A_2=\{x\mid x=2$ 或 $x=5\}$；

(3)$A_3=\{\langle x,y\rangle\mid 0\leqslant x\leqslant 3$ 且 $-1\leqslant y\leqslant 1$ 且 $x,y\in\mathbf{Z}\}$.

5. 判断下列各属于关系或包含关系是否正确.

$\varnothing\subseteq\varnothing$, $\varnothing\in\varnothing$, $\varnothing\subseteq\{\varnothing\}$, $\varnothing\in\{\varnothing\}$,

$\{a,b\}\subseteq\{a,b,\{a,b\}\}$, $\{a,b\}\in\{a,b,\{a,b\}\}$,

$\{a,b\}\subseteq\{a,b,\{\{a,b\}\}\}$, $\{a,b\}\in\{a,b,\{\{a,b\}\}\}$.

6. 试寻找集合 $A$,$B$ 和 $C$,使得 $A\in B$,$B\in C$ 但 $A\notin C$.

7. 设 $A$,$B$ 和 $C$ 为任意 3 个集合,下列各命题如果正确,请证明;如果不正确,请举出反例.

(1)如果 $A\in B$ 且 $B\subseteq C$,则 $A\in C$;

(2)如果 $A\in B$ 且 $B\subseteq C$,则 $A\subseteq C$;

(3)如果 $A\subseteq B$ 且 $B\in C$,则 $A\in C$;

(4)如果 $A\subseteq B$ 且 $B\in C$,则 $A\subseteq C$.

8. 下列集合中哪些是彼此相等的?

$A=\{3,4\}$, $B=\{3,4\}\cup\varnothing$, $C=\{4,3\}\cup\varnothing$,

$D=\{x\mid x^2-7x+12=0 \text{ 且 } x\in\mathbf{R}\}$, $E=\{\varnothing,3,4\}$,

$F=\{4,4,3\}$, $G=\{4,\varnothing,\varnothing,3\}$.

9. 写出下列集合的所有子集:

(1)$\{1,2,3\}$;　(2)$\{1,\{2,3\}\}$;　(3)$\{\{\varnothing,2\},\{2\}\}$.

10. 求下列集合:

(1)$P(\varnothing)$;　(2)$P(P(\varnothing))$;　(3)$P(P(P(\varnothing)))$;

(4)$P(P(P(P(\varnothing))))$.

11. 设 $A$,$B$ 为任意集合,证明:

(1)若 $A\subseteq B$,则 $P(A)\subseteq P(B)$;

(2)若 $P(A)\subseteq P(B)$,则 $A\subseteq B$.

12. 如果集合 $A$ 有 $n$ 个元素,证明:幂集 $P(A)$ 有 $2^n$ 个元素.

## 第二节　集合的基本运算

第一节介绍了集合的基本概念. 以后我们讨论的对象都是一些各种各样的集合. 集合虽然是作为原始概念使用的,但是,它却像数那样,特别地,有类似于算术的加法运算. 不过,这种运算要比加法更广泛. 因此,本节将介绍集合之间的一些基本运算.

### 1.2.1　并集及其运算

**定义 2.1**　设有两个集合 $A$ 和 $B$，由 $A$ 和 $B$ 的所有元素构成的集合称为集合 $A$ 与集合 $B$ 的并集，记作 $A\cup B$，读作 $A$ 并 $B$. 符号"$\cup$"表示两个集合之间的并运算. 如图 1-4 的阴影部分的区域表示 $A\cup B$. 即：

$$A\cup B=\{x\mid x\in A \text{ 或者 } x\in B\},$$

亦即：

$$x\in A\cup B \text{ 当且仅当 } x\in A \text{ 或者 } x\in B.$$

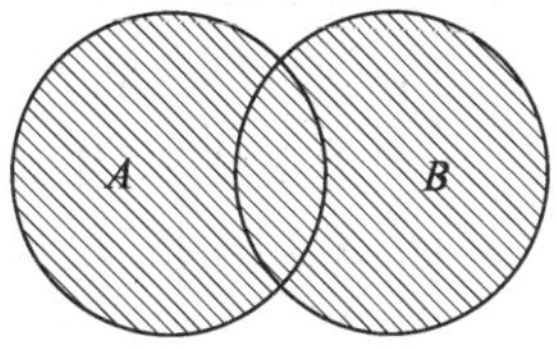


图 1-4

**例 2.1**　令 $A=\{a,b\}$，$B=\{a,b,c,d\}$，$C=\{a,c,e\}$，则 $A\cup B=\{a,b,c,d\}$，$A\cup C=\{a,b,c,e\}$，$B\cup C=\{a,b,c,d,e\}$.

**例 2.2**　令 $A=\{3\text{ 个苹果}\}=\{a_1,a_2,a_3\}$，$B=\{2\text{ 个苹果和 }3\text{ 个梨}\}=\{a_4,a_5,b_1,b_2,b_3\}$，则 $A\cup B=\{a_1,a_2,a_3,a_4,a_5,b_1,b_2,b_3\}$. 即：集合 $A\cup B$ 中有 8 个元素，其中 5 个苹果和 3 个梨.

从例 2.2 可以看出，两个集合并的运算可以看作算术加法的一种推广. 因为数的加法要求名数相同的量才能相加. 集合的并运算不仅能使同名数的量能相加，而且也较好地处理了不同名数量的计算. 就是说，不同名数两个集合并的结果，等于一个新的集合. 这个集合中，元素的个数等于两个集合中元素个数的和，而集合中元素之间又是可以相互区分的.

用类似的方法可以定义两个以上集合的并集. 设 $A_1,A_2,\cdots,A_n$ 是 $n$ 个集合，则

$$A_1\cup A_2\cup A_3=\{x\mid x\in A_1 \text{ 或 } x\in A_2 \text{ 或 } x\in A_3\},$$

$$A_1\cup A_2\cup\cdots\cup A_n=\{x\mid x\in A_1 \text{ 或 } x\in A_2 \text{ 或}\cdots\text{或 } x\in A_n\}$$

我们还可以定义集合族 $\mathscr{A}=\{A\mid A\text{ 是集合}\}$的并 $\cup\mathscr{A}$ 为：

$$\cup\mathscr{A}=\{x\mid \text{存在 } A\in\mathscr{A}\text{，使 } x\in A\}.$$

特别地，当 $\mathscr{A}=\{A_i\mid i\in\mathbf{N}\}$时，

$$\cup\mathscr{A}=\{x\mid \text{存在 } i,i\in\mathbf{N}\text{ 且 } x\in A_i\}=\bigcup_{i=0}^{\infty}A_i.$$

当 $\mathscr{A}=\{A_i\mid 0\leqslant i\leqslant n\}=\{A_0,A_1,\cdots,A_n\}$时，

$$\begin{aligned}\cup\mathscr{A}&=\{x\mid \text{存在 } i,i\in\mathbf{N}\text{ 且 } 0\leqslant i\leqslant n\text{，使得 } x\in A_i\}\\&=A_0\cup A_1\cup\cdots\cup A_n=\bigcup_{i=0}^{n}A_i.\end{aligned}$$

**例 2.3**　当集合族 $\mathscr{A}=\{\{1,2\},\{2\},\{2,3\}\}$时，$\cup\mathscr{A}=\{1,2\}\cup\{2\}\cup\{2,3\}=\{1,2,3\}$.

集合的并具有下面的性质：

(1)交换律　$A\cup B=B\cup A$；

(2)结合律　$(A\cup B)\cup C=A\cup(B\cup C)$；

(3)幂等律　$A\cup A=A$；

(4)空集律　$A\cup\varnothing=A$；

(5)$A\subseteq A\cup B$,$B\subseteq A\cup B$；

(6)$A\subseteq B$ 当且仅当 $A\cup B=B$；

(7)$A\subseteq C$ 并且 $B\subseteq C$ 当且仅当 $A\cup B\subseteq C$.

事实上,对于性质(1)只需证明:$A\cup B\subseteq B\cup A$ 并且 $B\cup A\subseteq A\cup B$. 因为对于任意的 $x$,$x\in A\cup B$,根据定义 2.1 可得:$x\in A$ 或者 $x\in B$. 于是,有 $x\in B$ 或者 $x\in A$. 再根据定义 2.1 可得:$x\in B\cup A$. 因此,$A\cup B\subseteq B\cup A$. 同理可证:$B\cup A\subseteq A\cup B$. 故 $A\cup B=B\cup A$. 对于性质(2)只需证明:$(A\cup B)\cup C\subseteq A\cup(B\cup C)$并且 $A\cup(B\cup C)\subseteq(A\cup B)\cup C$. 因为对任意的 $x$,$x\in(A\cup B)\cup C$,根据定义 2.1 可得,$x\in A\cup B$ 或 $x\in C$,再利用定义 2.1 得:($x\in A$ 或 $x\in B$)或 $x\in C$,由此得:$x\in A$ 或($x\in B$ 或 $x\in C$). 于是,有 $x\in A$ 或 $x\in B\cup C$,进一步可得:$x\in A\cup(B\cup C)$. 因此,$(A\cup B)\cup C\subseteq A\cup(B\cup C)$. 同理可证:$A\cup(B\cup C)\subseteq(A\cup B)\cup C$. 综前所述:$(A\cup B)\cup C=A\cup(B\cup C)$.

对于性质(3)只需注意:$x\in A$ 或者 $x\in A$ 当且仅当 $x\in A$. 对性质(4),因为 $x\in\varnothing$为假,所以,$x\in A$ 或者 $x\in\varnothing$当且仅当 $x\in A$. 对于性质(5),对任意的 $x$,$x\in A$,得:$x\in A$ 或 $x\in B$. 即 $x\in A\cup B$. 因此,$A\subseteq A\cup B$. 对于性质(6),设 $x\in A\cup B$,由定义 2.1 可得 $x\in A$ 或者 $x\in B$,因为 $A\subseteq B$,所以,当 $x\in A$ 时,$x\in B$. 于是,由 $x\in A$ 或者 $x\in B$ 可得$x\in B$或者 $x\in B$,即 $x\in B$. 根据定义 1.3 可得:$A\cup B\subseteq B$. 利用性质(5)可得:$B\subseteq A\cup B$. 于是,当 $A\subseteq B$ 时,可得 $A\cup B=B$. 反之,对任给的 $x$,$x\in A$,再由性质(5)得:$x\in A\cup B$. 因为 $A\cup B=B$,所以 $x\in B$. 根据定义 1.3 得:$A\subseteq B$,对性质(7),对任意的 $x$,$x\in A\cup B$,由定义 2.1 和已知条件可得 $x\in C$. 反之,设 $x\in A$,由性质(5)可得 $x\in A\cup B$,又 $A\cup B\subseteq C$,所以,$x\in C$. 根据定义 1.3 可得:$A\subseteq C$. 同理可证:$B\subseteq C$.

### 1.2.2　交集及其运算

**定义 2.2**　设有两个集合 $A$ 和 $B$,由 $A$ 和 $B$ 的所有公共元素组成的集合称为 $A$ 与 $B$ 的交集. 记作 $A\cap B$,读作 $A$ 交 $B$. 符号"$\cap$"表示两个集合之间的交运算. 如图 1-5 中阴影部分的区域表示 $A\cap B$,即:

$$A\cap B=\{x|x\in A \text{ 且 } x\in B\}.$$

亦即：

$$x \in A \cap B \text{ 当且仅当 } x \in A \text{ 且 } x \in B.$$

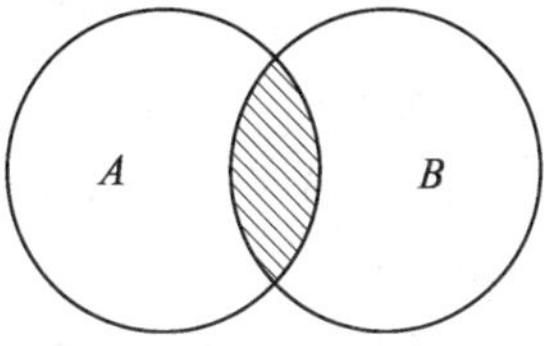

$A \cap B$

图 1-5

**例 2.4**　当 $A=\{a,b\}$，$B=\{a,b,c,d\}$，$C=\{a,c,e\}$ 时，$A \cap B=\{a,b\}$，$A \cap C=\{a\}$，$B \cap C=\{a,c\}$.

用类似的方法可以定义两个以上集合的交集. 设 $A_1, A_2, \cdots, A_n$ 是 $n$ 个集合，则

$$A_1 \cap A_2 \cap A_3=\{x \mid x \in A_1 \text{ 且 } x \in A_2 \text{ 且 } x \in A_3\},$$

$$A_1 \cap A_2 \cap \cdots \cap A_n=\{x \mid x \in A_1 \text{ 且 } x \in A_2 \text{ 且} \cdots \text{且 } x \in A_n\}$$

我们还可以定义集合族 $\mathscr{A}=\{A \mid A \text{ 是集合}\}$ 的交 $\bigcap \mathscr{A}$ 为：

$$\bigcap \mathscr{A}=\{x \mid \text{对一切 } A \in \mathscr{A}, \text{使 } x \in A\}.$$

特别地，当 $\mathscr{A}=\{A_i \mid i \in \mathbf{N}\}$ 时，

$$\bigcap \mathscr{A}=\{x \mid \text{对每个 } i \in \mathbf{N}, x \in A_i\}=\bigcap_{i=0}^{\infty} A_i.$$

当 $\mathscr{A}=\{A_i \mid 0 \leqslant i \leqslant n\}=\{A_0, A_1, \cdots, A_n\}$ 时，

$$\bigcap \mathscr{A}=\{x \mid \text{对每个 } i, i \in \mathbf{N} \text{ 且 } 0 \leqslant i \leqslant n \text{ 使得 } x \in A_i\}=\bigcap_{i=0}^{n} A_i.$$

**例 2.5**　当 $\mathscr{A}=\{\{1,2\},\{2\},\{2,3\}\}$ 时，$\bigcap \mathscr{A}=\{2\}$.

集合的交具有下面的性质：

(1)交换律　$A \cap B=B \cap A$；

(2)结合律　$(A \cap B) \cap C=A \cap (B \cap C)$；

(3)幂等律　$A \cap A=A$；

(4)空集律　$\varnothing \cap A=\varnothing$；

(5)$A \cap B \subseteq A$，$A \cap B \subseteq B$；

(6)$A \subseteq B$ 当且仅当 $A \cap B=A$.

(7)$C \subseteq A$ 并且 $C \subseteq B$ 当且仅当 $C \subseteq A \cap B$.

集合交的性质(1)～(7)的证明，可参考集合并的性质的证明，详细证明留给读者作为练习.

**定义 2.3**　设 $A$ 和 $B$ 是两个集合，如果 $A \cap B=\varnothing$，那么称 $A$ 与 $B$ 是不交的.

### 1.2.3　差集及其运算

**定义 2.4**　设有两个集合 $A$ 和 $B$，由属于 $A$ 而不属于 $B$ 的全体元素组成的集合称为 $A$ 与 $B$ 的差集，记作 $A-B$，读作 $A$ 减 $B$. 符号“$-$”表示两个集合之间差的运算. 如图 1-6 的阴影部分的区域表示 $A-B$，即：

$$A-B=\{x \mid x \in A \text{ 并且 } x \notin B\}.$$

亦即：

$x\in A-B$ 当且仅当 $x\in A$ 并且 $x\notin B$.

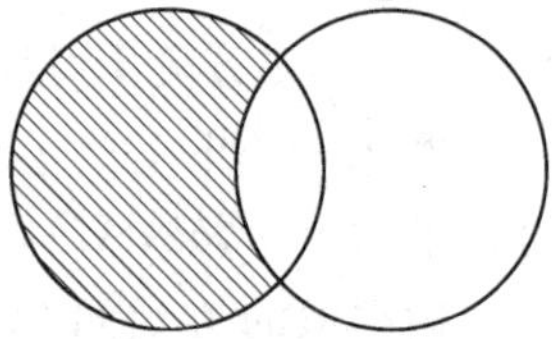


图 1-6

**例 2.6** 当 $A=\{a,b\}$，$B=\{a,b,c,d\}$，$C=\{a,c,e\}$时，$B-A=\{c,d\}$，$A-B=\varnothing$，$A-C=\{b\}$，$C-A=\{c,e\}$.

差集具有下面的性质：

(1)$A-(B\cup C)=(A-B)\cap(A-C)$；

(2)$A-(B\cap C)=(A-B)\cup(A-C)$.

事实上，对于性质(1)只需证明：$A-(B\cup C)\subseteq(A-B)\cap(A-C)$并且$(A-B)\cap(A-C)\subseteq A-(B\cup C)$. 对任意的 $x$，$x\in A-(B\cup C)$，根据定义 2.4 可得：$x\in A$ 并且 $x\notin B\cup C$. 由 $x\notin B\cup C$ 可得：$x\notin B$ 并且 $x\notin C$. 于是，有 $x\in A$ 并且($x\notin B$ 并且 $x\notin C$). 由此可得：($x\in A$ 并且 $x\notin B$)并且($x\in A$ 并且 $x\notin C$). 再根据定义 2.4 可得：$x\in A-B$ 并且 $x\in A-C$. 利用定义 2.2 得：$x\in(A-B)\cap(A-C)$. 于是 $A-(B\cup C)\subseteq(A-B)\cap(A-C)$；反之，对任意的 $x$，$x\in(A-B)\cap(A-C)$，根据定义 2.2 可得：$x\in A-B$ 并且 $x\in A-C$. 由定义 2.4 可得：($x\in A$ 并且 $x\notin B$)并且($x\in A$ 并且 $x\notin C$). 由此可得：$x\in A$ 并且($x\notin B$ 并且 $x\notin C$). 利用定义 2.1 得：$x\in A$ 并且 $x\notin B\cup C$，再利用定义 2.4 可得：$x\in A-(B\cup C)$. 于是，$(A-B)\cap(A-C)\subseteq A-(B\cup C)$. 综前所述得：$A-(B\cup C)=(A-B)\cap(A-C)$. 同理可证性质(2)成立.

**定义 2.5** 若 $B\subseteq A$，则 $A-B$ 叫做 $B$ 对 $A$ 的相对补. 记作 $B'$，读作 $B$ 的补. 符号“$'$”表示集合的补运算. 如图 1-7 的阴影部分的区域表示 $B'$，即：

$$B'=\{x\mid x\in A \text{ 并且 } x\notin B\}.$$

亦即，若 $B\subseteq A$，$x\in B'$ 当且仅当 $x\in A$ 且 $x\notin B$.

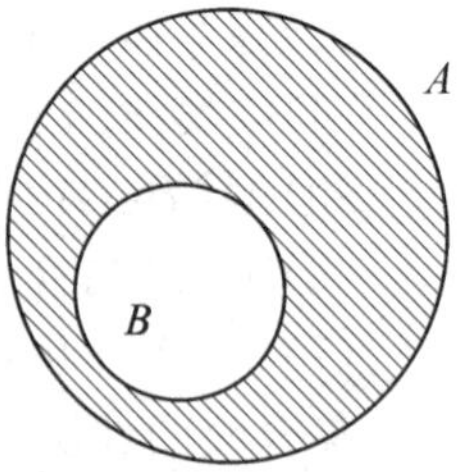


图 1-7

特别地，差和相对补之间满足下面的等式：

$$A-B=A\cap B'.$$

**例 2.7** 当 $A=\{a,b\}$，$B=\{a,b,c,d\}$时，$A'=B-A=\{c,d\}$. 而$A-B=\varnothing$.

相对补具有下面的性质：

(1)$(A')'=A$；

(2)$(A\cap B)'=A'\cup B'$，$(A\cup B)'=A'\cap B'$.

事实上，性质(1)只需证明：$(A')'\subseteq A$ 并且 $A\subseteq(A')'$. 对于任意的 $x$，$x\in(A')'$，根据定义 2.5，$x\notin A'$，再利用定义 2.5，得：$x\in A$. 于是，$(A')'\subseteq A$. 反之，对任意的 $x$，$x\in A$，则 $x\notin A'$. 由定义 2.5 得：$x\in(A')'$. 于是，$A\subseteq(A')'$. 综前所

述，得：$(A')'=A$. 对于性质(2)，只证等式$(A\cap B)'=A'\cup B'$成立. 对任意的 $x$，$x\in(A\cap B)'$，根据定义 2.5 得：$x\notin A\cap B$，即 $x\notin A$ 或者 $x\notin B$. 再利用定义 2.5 得：$x\in A'$或 $x\in B'$. 于是，$x\in A'\cup B'$. 即：$(A\cap B)'\subseteq A'\cup B'$. 同理可证：$A'\cup B'\subseteq(A\cap B)'$. 剩下的证明留给读者完成.

利用集合的并运算，我们有：

**定义 2.6**　一个集合 $A$ 的后继集 $A^+$ 如下：

$$A^+=A\cup\{A\}.$$

利用后继运算，冯·诺伊曼提出了一种刻画自然数的办法. 他把每个自然数都定义为如下较小自然数的集合.

$$\begin{aligned}
&0=\varnothing,\\
&1=0^+=\{\varnothing\}=\{0\},\\
&2=1^+=\{\varnothing,\{\varnothing\}\}=\{0,1\},\\
&3=2^+=\{\varnothing,\{\varnothing\},\{\varnothing,\{\varnothing\}\}\}=\{0,1,2\},\\
&\quad\vdots\\
&n+1=n^+=\{0,1,2,\cdots,n-1\}\cup\{n\}=\{0,1,2,\cdots,n\},\\
&\quad\vdots
\end{aligned}$$

这样构造出来的自然数具有下面的两条性质：

$$0\in1\in2\in3\in\cdots\in n\in(n+1)\in\cdots,$$

$$0\subseteq1\subseteq2\subseteq3\subseteq\cdots\subseteq n\subseteq(n+1)\subseteq\cdots.$$

并且自然数集 $\mathbf{N}$ 为：

$$\{0,1,2,3,\cdots,n,n+1,\cdots\}=\{\varnothing,\varnothing^+,\varnothing^{++},\cdots,\varnothing^{++\cdots+},\cdots\}.$$

### 1.2.4　全集

**定义 2.7**　设 $E$ 是一个给定的集合，如果我们限定所讨论的集合都是 $E$ 的子集，那么称 $E$ 为全域集合，简称为全集.

**例 2.8**　假如我们现在所讨论的问题只涉及自然数. 这时可令

$$\mathbf{N}=\{0,1,2,\cdots,n,\cdots\},$$

那么

$$\begin{aligned}
&A=\{x\mid x=2n\ \text{并且}\ n\in\mathbf{N}\},\\
&B=\{x\mid x=2n+1\ \text{并且}\ n\in\mathbf{N}\},\\
&C=\{x\mid x\in\mathbf{N}\ \text{并且若}\ p\mid x,\text{则}\ p=x\ \text{或者}\ p=1\}.
\end{aligned}$$

这些都是 $\mathbf{N}$ 的子集. 因此，$\mathbf{N}$ 可以作为 $A,B,C$ 的全集. 其中 $A$ 是所有偶数的集合，$B$ 是所有奇数的集合，$C$ 是所有素数的集合.

**例 2.9** 令 $\mathbf{R}$ 是全体实数的集合，$\mathbf{R}^+$ 是全体正实数的集合，$\mathbf{Q}$ 是全体有理数的集合，$\mathbf{Q}^+$ 是全体正有理数的集合，$\mathbf{Z}$ 是全体整数的集合，$\mathbf{N}$ 是全体自然数的集合. 这些集合都是 $\mathbf{R}$ 的子集，因此，$\mathbf{R}$ 可以作为它们的全集.

由此可以看出，全集具有相对性，所以在讨论问题时需要加以注意.

### 1.2.5 集合运算之间的关系

设 $E$ 相对于集合 $A$，$B$ 和 $C$ 是全集，$A$，$B$ 和 $C$ 为 $E$ 的任意子集，则集合的运算具有下面的性质：

(1)幂等律 $A\cup A=A, A\cap A=A$；

(2)结合律 $(A\cup B)\cup C=A\cup(B\cup C)$，

$(A\cap B)\cap C=A\cap(B\cap C)$；

(3)交换律 $A\cup B=B\cup A, A\cap B=B\cap A$；

(4)分配律 $A\cup(B\cap C)=(A\cup B)\cap(A\cup C)$，

$A\cap(B\cup C)=(A\cap B)\cup(A\cap C)$；

(5)空集律 $A\cup\varnothing=A, A\cap\varnothing=\varnothing$；

(6)全集吸收律 $A\cup E=E, A\cap E=A$；

(7)排中律 $A'\cup A=A\cup A'=E$；

(8)矛盾律 $A\cap A'=A'\cap A=\varnothing$；

(9)吸收律 $A\cup(A\cap B)=A, A\cap(A\cup B)=A$；

(10)德·摩根律 $(A\cup B)'=A'\cap B', (A\cap B)'=A'\cup B'$；

(11)余补律 $\varnothing'=E, E'=\varnothing$；

(12)双重否定律 $(A')'=A$.

下面给出交的结合律、交换律和德·摩根律的证明.

(1)关于 $(A\cap B)\cap C=A\cap(B\cap C)$ 的证明如下：

由定义 2.2，对任意的 $x$，$x\in(A\cap B)\cap C$，则 $x\in A\cap B$ 并且 $x\in C$. 由此可得：($x\in A$ 并且 $x\in B$)并且 $x\in C$. 由此可得：$x\in A$ 并且($x\in B$ 并且 $x\in C$). 由定义 2.2 可得：$x\in A$ 并且 $x\in B\cap C$. 再利用定义 2.2 得：$x\in A\cap(B\cap C)$. 因此，$(A\cap B)\cap C\subseteq A\cap(B\cap C)$. 同理可证：$A\cap(B\cap C)\subseteq(A\cap B)\cap C$. 故：$(A\cap B)\cap C=A\cap(B\cap C)$.

说明交的结合律成立的文氏图见图 1-8.

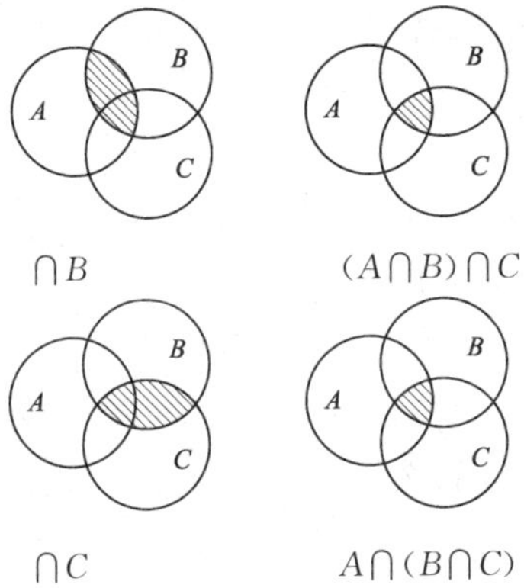


图 1-8

(2)关于 $A\cap B=B\cap A$ 的证明如下：

由定义 2.2，对任意的 $x$，$x\in A\cap B$，则 $x\in A$ 并且 $x\in B$. 由此得：$x\in B$并且 $x\in A$. 再由定义 2.2 得：$x\in B\cap A$. 因此，$A\cap B\subseteq B\cap A$. 同理可证：$B\cap A\subseteq A\cap B$. 故：$A\cap B=B\cap A$.

(3)关于$(A\cup B)'=A'\cap B'$的证明如下：

由定义 2.5，如果 $x\in(A\cup B)'$，则 $x\notin A\cup B$，即 $x\notin A$ 并且 $x\notin B$，亦即 $x\in A'$并且 $x\in B'$，因此 $x\in A'\cap B'$，所以$(A\cup B)'\subseteq A'\cap B'$. 反之，如果 $x\in A'\cap B'$，由定义 2.2 得，$x\in A'$并且 $x\in B'$. 利用定义 2.5 得：$x\notin A$ 并且 $x\notin B$，所以 $x\notin A\cup B$，再由定义 2.5 得：$x\in(A\cup B)'$，于是 $A'\cap B'\subseteq(A\cup B)'$. 综前所述：$(A\cup B)'=A'\cap B'$.

说明并的德·摩根律成立的文氏图见图 1-9.

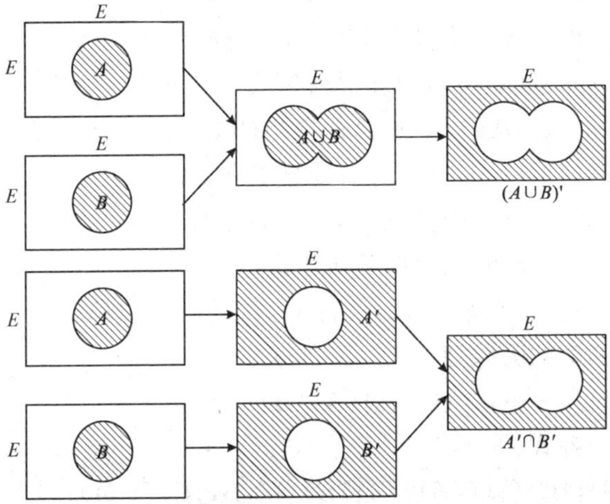


图 1-9

其他算律的证明,留给读者练习.

### 1.2.6 练习

1. 设 $A=\{a,b,c\}$,$B=\{a,c,e\}$,$C=\{b,d,f\}$,求:

(1)$A\cup B$; (2)$A\cap B$; (3)$A\cup B\cup C$;

(4)$A\cap B\cap C$; (5)$A-B$; (6)$B-C$.

2. 如果 $A$ 表示某班级学英语的学生的集合,$B$ 表示学日语的学生的集合,并且 $E=A\cup B$,$A\cap B=\varnothing$,那么 $A'$,$B'$,$A-B$,$(A\cup B)'$,$(A\cap B)'$各表示什么样的学生的集合?

3. 如果 $A=\{x\mid 3<x<5$ 并且 $x$ 为实数$\}$,$B=\{x\mid x>4$ 并且 $x$ 为实数$\}$,求:

(1)$A\cup B$; (2)$A\cap B$; (3)$A-B$.

4. 如果$A=\{\langle x,y\rangle\mid x-y+2\geqslant 0$ 并且 $x,y\in\mathbf{R}\}$,

$B=\{\langle x,y\rangle\mid 2x+3y-6\geqslant 0$ 并且 $x,y\in\mathbf{R}\}$,

$C=\{\langle x,y\rangle\mid x-4\leqslant 0$ 并且 $x,y\in\mathbf{R}\}$

在坐标平面上标出 $A\cap B\cap C$ 的区域.

5. 如果 $E=\{1,2,3,4,5,6\}$,$A=\{1,2,3\}$,$B=\{2,4,6\}$,求:

(1)$A'$; (2)$B'$; (3)$A'\cup B'$; (4)$A'\cap B'$.

6. 已知集合 $A=\{a,3,2,4\}$,$B=\{1,3,5,b\}$. 如果 $A\cap B=\{1,2,3\}$,求 $a$ 和 $b$.

7. 简化下列集合:

(1)$\bigcup\{\{3,4\},\{\{3\},\{4\}\},\{3,\{4\}\},\{\{3\},4\}\}$;

(2)$\bigcap\{P(P(P(\varnothing))),P(P(\varnothing)),P(\varnothing)\}$;

(3)$\bigcap\{P(P(P\{\varnothing\})),P(P(\{\varnothing\})),P(\{\varnothing\})\}$.

8. 设 $A=\{\{\varnothing\},\{\{\varnothing\}\}\}$,计算下列各式:

(1)$P(A)$; (2)$\bigcup A$; (3)$\bigcap A$; (4)$P(\bigcup A)$; (5)$\bigcap P(A)$.

9. 设 $B=\{\{1,2\},\{2,3\},\{1,3\}\}$,计算下列各式:

(1)$\bigcup B$; (2)$\bigcap B$; (3)$\bigcap\bigcup B$; (4)$\bigcup\bigcap B$.

10. 设 $S=\{\{a\},\{a,b\}\}$,计算下列各式:

(1)$\bigcup\bigcup S$; (2)$\bigcap\bigcap S$; (3)$\bigcap\bigcup S\cup(\bigcup\bigcup S-\bigcup\bigcap S)$.

11. 证明并和交的吸收律:

(1)$A\cup(A\cap B)=A$; (2)$A\cap(A\cup B)=A$.

12. 化简下列各式:

(1)$((A\cup B)\cap C)\cap(((A\cup C)\cap B)\cap((B\cup C)\cap A))$;

(2)$(((A\cap C)\cup(A\cap B))\cap C)\cup(B\cap C)$;

(3)$((A\cap(B\cup C))\cup(A\cap B))\cap(A\cup C)$.

13. 只用符号{,},$\varnothing$表示集合 4.

14. 证明：

(1)$\bigcup\{\{a,b,c\},\{a,d,e\},\{a,f\}\}=\{a,b,c,d,e,f\}$；

(2)$\bigcap\{\{a,b,c\},\{a,d,e\},\{a,f\}\}=\{a\}$；

(3)$\bigcup\{1\}=1$；

(4)$\bigcap\{1\}=1$；

(5)对所有集合 $A$,$\bigcup\{A\}=A$；

(6)对所有集合 $A$,$\bigcap\{A\}=A$.

15. 用集合 0,1,2 等表达下面的集合：

$\varnothing$，$\bigcup\varnothing$，$P(\varnothing)$，$\bigcup\bigcup\varnothing$，$PP(\varnothing)$ $\bigcup\bigcup\bigcup\varnothing$，$PPP\varnothing$.

16. 令 $X=\{\{2,5\},4,\{4\}\}$,求$\bigcap(\bigcup X-4)$.

17. 构造集合$(\bigcup P1)'$,对任意的集合 $A$,$A'=3-A$.

18. 构造$\bigcap\bigcup(P3-3)$.

19. 设有两个集合 $A$ 和 $B$,令 $A\oplus B=(A-B)\cup(B-A)$,称它为 $A$ 和 $B$ 的对称差.如右图所示阴影部分的区域表示 $A\oplus B$.证明：

(1)$A\oplus\varnothing=A$；

(2)$A\oplus B=B\oplus A$；

(3)$A\oplus(B\oplus C)=(A\oplus B)\oplus C$

(4)$A\cap(B\oplus C)=(A\cap B)\oplus(A\cap C)$；

(5)$A-B\subseteq A\oplus B$；

(6)$A=B$ 当且仅当 $A\oplus B=\varnothing$；

(7)$A\oplus C=B\oplus C$ 蕴涵 $A=B$.

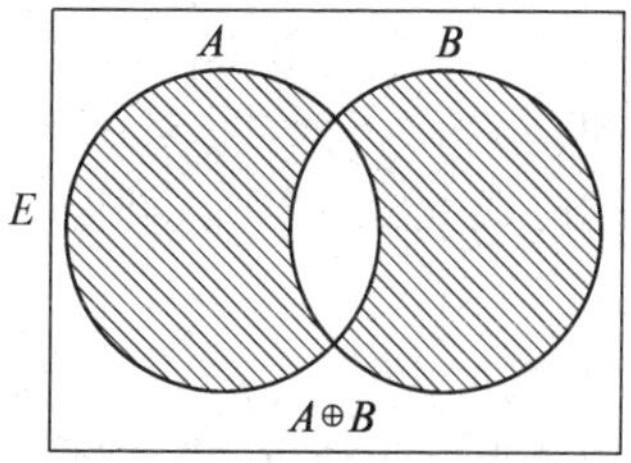


(第 18 题)

## 第三节　关系

### 1.3.1　有序对和 $n$ 元有序组

集合的元素是不涉及顺序问题的.例如,集合$\{a,b\}$是一个对元素的次序无要求的集合,其元素就是 $a$ 和 $b$.其“次序”就是对 $a$ 和 $b$ 来说,可以无规则地放到一起,即$\{a,b\}=\{b,a\}$.为了满足许多应用,我们需要把 $a$ 和 $b$ 按照某种方式配对,以使得 $a$ 和 $b$ 可以按次序出现.于是,我们把这种情况定义为有序对,记作

$\langle a,b\rangle$. 其中:$a$ 是有序对的第一坐标,$b$ 是有序对的第二坐标. 我们通过以下的方式来定义两个有序对相等. 即:两个有序对相等当且仅当它们的第一坐标和第二坐标分别都相等. 特别要保证当 $a\neq b$ 时,$\langle a,b\rangle\neq\langle b,a\rangle$.

我们可以有许多定义$\langle a,b\rangle$的方式,现在给出一个. 这是 1921 年波兰数学家 K. 库兰达夫斯基给出的一个定义.

**定义 3.1** $\langle a,b\rangle=\{\{a\},\{a,b\}\}$.

若 $a\neq b$,那么$\langle a,b\rangle$这个集合有两个元素,一个元素是单元集$\{a\}$,另一个元素是 $a$ 和 $b$ 两个元素的无序对集合$\{a,b\}$. 若 $a=b$,则$\langle a,a\rangle=\{\{a\},\{a,a\}\}=\{\{a\}\}$,它只有一个元素. 显然,有序对$\langle a,b\rangle$的两个坐标都是唯一确定的. 下面我们给出一个定理.

**定理 3.1** $\langle a,b\rangle=\langle a',b'\rangle$当且仅当 $a=a'$且 $b=b'$.

**证明** 若 $a=a'$,且 $b=b'$,当然会有:$\langle a,b\rangle=\{\{a\},\{a,b\}\}=\{\{a'\},\{a',b'\}\}=\langle a',b'\rangle$.

下面的证明比较复杂. 假设$\langle a,b\rangle=\langle a',b'\rangle$,亦即:

$$\{\{a\},\{a,b\}\}=\{\{a'\},\{a',b'\}\},\tag{1}$$

因此必有

$$\{a\}\in\{\{a'\},\{a',b'\}\}\tag{2}$$

和

$$\{a,b\}\in\{\{a'\},\{a',b'\}\}\tag{3}$$

同时成立. 由(2)式,可得

$$\{a\}=\{a'\}\tag{4}$$

和

$$\{a\}=\{a',b'\}\tag{5}$$

中必有一个成立. 由(3)式可得

$$\{a,b\}=\{a'\}\tag{6}$$

和

$$\{a,b\}=\{a',b'\}\tag{7}$$

中必有一个成立.

若(4)式成立,即得 $a=a'$,此时当(6)式成立时,可得 $a=b=a'$. 再由(1)式得$\{a\}=\{a,b'\}$,故 $b'=a$. 所以有:$a=a'$,$b=b'$. 当(7)式成立时,可得 $b=b'$或者 $a=b=a'=b'$. 不论怎样,结论总成立.

若(5)式成立,有 $a=a'=b'$,当(6)式成立时,可得 $a=b=a'=b'$成立. 当(7)式成立时,也有 $a=b=a'=b'$. 综上所述,不论在哪一种情况下,结论都成立.

用处理有序对的方法,我们还可以定义三元有序组$\langle a,b,c\rangle=\langle\langle a,b\rangle,c\rangle$;四元有序组$\langle a,b,c,d\rangle=\langle\langle a,b,c\rangle,d\rangle$,以及 $n$ 元有序组.

**定义 3.2** 设 $a_i(i=1,2,\cdots,n)$都是集合. 如果一个有序对的第一坐标为($n$

$-1)$元有序组，那么称它为 $n$ 元有序组，记作$\langle\langle a_1,a_2,\cdots,a_{n-1}\rangle,a_n\rangle$，简记为$\langle a_1,a_2,\cdots,a_n\rangle$. 当 $n=1$ 时，一元有序组为$\langle a\rangle=a$. 当 $n=2$ 时，$\langle a_1,a_2\rangle$就是二元有序对. 当 $n=3$ 时，$\langle a_1,a_2,a_3\rangle$就是三元有序组.

对于 $n$ 元有序组，我们有类似于定理 3.1 的结论.

**定理 3.2** $\langle a_1,a_2,\cdots,a_n\rangle=\langle b_1,b_2,\cdots,b_n\rangle$当且仅当

$$a_1=b_1,a_2=b_2,\cdots,a_n=b_n.$$

### 1.3.2 笛卡儿乘积

**定义 3.3** 设有两个集合 $A$ 和 $B$，并且 $a\in A,b\in B$，由所有二元有序对$\langle a,b\rangle$组成的集合，称为 $A$ 与 $B$ 的笛卡儿乘积，记作 $A\times B$，读作 $A$ 叉乘 $B$，即：

$$A\times B=\{\langle a,b\rangle\,|\,a\in A \text{ 并且 } b\in B\}.$$

亦即：

$$x\in A\times B \text{ 当且仅当存在 } a\in A\text{，存在 } b\in B\text{，使得 } x=\langle a,b\rangle.$$

**例 3.1** 设 $A=\{a,b,c,d\}$，$B=\{a,b\}$，则

$$A\times B=\{\langle a,a\rangle,\langle a,b\rangle,\langle b,a\rangle,\langle b,b\rangle,\langle c,a\rangle,\langle c,b\rangle,\langle d,a\rangle,\langle d,b\rangle\},$$

$$B\times A=\{\langle a,a\rangle,\langle a,b\rangle,\langle a,c\rangle,\langle a,d\rangle,\langle b,a\rangle,\langle b,b\rangle,\langle b,c\rangle,\langle b,d\rangle\}.$$

**例 3.2** 令 $A=\mathbf{R}$（全体实数集），则 $\mathbf{R}\times\mathbf{R}$ 表示二维的欧几里得平面，$\langle 2,4\rangle\in\mathbf{R}\times\mathbf{R}$ 是平面上的一点.

**例 3.3** 设 $A=\{x\,|\,0\leqslant x\leqslant 2\}$，$B=\{y\,|\,0\leqslant y\leqslant 3\}$，则

$$A\times B=\{\langle x,y\rangle\,|\,0\leqslant x\leqslant 2,0\leqslant y\leqslant 3\}.$$

它表示平面直角坐标系 $xOy$ 中所示的矩形区域，如图 1-10 中的阴影部分.

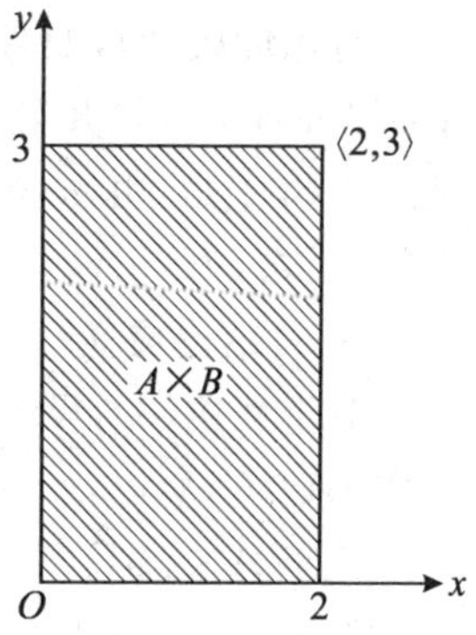


图 1-10

类似地，可以定义三个集合和 $n$ 个集合的笛卡儿乘积.

$$A\times B\times C=\{\langle x,y,z\rangle\,|\,x\in A \text{ 并且 } y\in B \text{ 并且 } z\in C\},$$

$$A_1\times A_2\times\cdots\times A_n=\{\langle x_1,x_2,\cdots,x_n\rangle\,|\,x_i\in A_i,i=1,2,\cdots,n\}.$$

**例 3.4** 设 $A=\{2,3\}$，$B=\{4\}$，$C=\{1,0\}$，则

$$A\times B\times C=\{\langle 2,4,1\rangle,\langle 2,4,0\rangle,\langle 3,4,1\rangle,\langle 3,4,0\rangle\}.$$

**例 3.5** 设 $\mathbf{R}$ 是实数集，则 $\mathbf{R}\times\mathbf{R}\times\mathbf{R}$ 表示三维欧几里得空间，$\langle x,y,z\rangle\in\mathbf{R}\times\mathbf{R}\times\mathbf{R}$ 是空间中的任一点，其中 $x,y,z\in\mathbf{R}$.

笛卡儿乘积具有下面的性质：

(1)$A\times B=\varnothing$当且仅当$A=\varnothing$或$B=\varnothing$;

(2)$A\times B=B\times A$当且仅当$A=\varnothing$或$B=\varnothing$或$A=B$;

(3)若$A\neq\varnothing$且$A\times B\subseteq A\times C$,则$B\subseteq C$;

(4)若$B\subseteq C$,则$A\times B\subseteq A\times C$;

(5)笛卡儿乘积的四种形式的分配律:

$$A\times(B\cap C)=(A\times B)\cap(A\times C),$$
$$(B\cap C)\times A=(B\times A)\cap(C\times A),$$
$$A\times(B\cup C)=(A\times B)\cup(A\times C),$$
$$(B\cup C)\times A=(B\times A)\cup(C\times A).$$

(6)如果$A\subseteq C$并且$B\subseteq D$,则$A\times B\subseteq C\times D$.

下面仅给出性质(1)~(3)和笛卡儿乘积对交的分配律的证明,其他证明留作练习.

事实上,对于性质(1),如果$A\neq\varnothing$并且$B\neq\varnothing$,那么就存在$a\in A$,$b\in B$,使得$\langle a,b\rangle\in A\times B$,这与$A\times B=\varnothing$矛盾,故$A=\varnothing$或$B=\varnothing$.反之,如果$A\times B\neq\varnothing$,则存在$a\in A$,$b\in B$使得$\langle a,b\rangle\in A\times B$.于是,有$A\neq\varnothing$并且$B\neq\varnothing$矛盾,故$A\times B=\varnothing$.

对于性质(2),如果$A\times B=B\times A$时,$A=\varnothing$或$B=\varnothing$或$A=B$不成立.即:$A\neq\varnothing$并且$B\neq\varnothing$并且$A\neq B$成立,那么存在$a\in A$并且$b\in B$.又因$A\neq B$,不妨设$a\notin B$.于是,由$\langle a,b\rangle\in A\times B$,可得$\langle a,b\rangle\in B\times A$.即:$a\in B$,这与假设$a\notin B$矛盾.反之,①当$A=B$时,结论显然成立;②如果$A=\varnothing$或$B=\varnothing$,则$A\times B=B\times A=\varnothing$,结论成立.

对于性质(3),设$b\in B$,因为$A\neq\varnothing$,不妨设$a\in A$.于是$\langle a,b\rangle\in A\times B$,又$A\times B\subseteq A\times C$,所以,$\langle a,b\rangle\in A\times C$,故$b\in C$,即:$B\subseteq C$.

关于$A\times(B\cap C)=(A\times B)\cap(A\times C)$的证明:

如果$\langle x,y\rangle\in A\times(B\cap C)$,由定义3.3得:$x\in A$并且$y\in(B\cap C)$,即:$x\in A$并且($y\in B$并且$y\in C$).亦即:($x\in A$并且$y\in B$)并且($x\in A$并且$y\in C$),再由定义3.3得:$\langle x,y\rangle\in A\times B$并且$\langle x,y\rangle\in A\times C$,所以$\langle x,y\rangle\in(A\times B)\cap(A\times C)$.由此可得:$A\times(B\cap C)\subseteq(A\times B)\cap(A\times C)$.同理可证:$(A\times B)\cap(A\times C)\subseteq A\times(B\cap C)$.故:$A\times(B\cap C)=(A\times B)\cap(A\times C)$.

### 1.3.3 关系的概念

在日常生活中,关系的例子是很多的.比如父子关系、师生关系和朋友关系等等.数学家也经常研究数学对象之间的关系.两类对象之间的关系出现得最频繁，我们称之为二元关系．例如，如果直线 $l$ 过点 $p$，我们就说直线 $l$ 和点 $p$ 有关系 $R$．也就是说，$R$ 就是那个叫直线 $l$ 的事物和那个叫点 $p$ 的事物之间的二元关系．与此类似，数之间的小于号"$<$"也是一种二元关系．

**定义 3.4**　如果一个集合 $R$ 上的所有元素都是有序对，那么 $R$ 就是一个二元关系．即：若任一个 $z\in R$，则存在 $x$ 和 $y$ 使得 $z=\langle x,y\rangle$．

习惯上，用 $xRy$ 代表 $\langle x,y\rangle\in R$．我们说，如果 $xRy$ 成立，$x$ 和 $y$ 就有 $R$ 关系．

下面是定义 3.4 的推广．

**定义 3.5**　如果一个集合的全体元素为 $n(>1)$ 元有序组，那么称这个集合为一个 $n$ 元关系．记作 $R_n$．特别地，对于空集，我们称它为空关系．

二元关系具有下面的性质：

(1)如果 $R$ 是一个二元关系，并且 $S\subseteq R$，则 $S$ 也是一个二元关系；

(2)如果 $R$ 和 $S$ 都是二元关系，则 $R\cap S$，$R\cup S$，$R-S$ 也是二元关系．

事实上，对于性质(1)，因为 $R$ 是一个二元关系，由定义 3.4 得：$R$ 的全体元素为二元有序对．又因 $S\subseteq R$，所以，$S$ 的全体元素也是一个二元有序对．再利用定义 3.4 可得：$S$ 是一个二元关系．

对于性质(2)，对任意的 $a$，$a\in R\cap S$，由定义 2.2 得：$a\in R$ 并且 $a\in S$．因为 $R$ 和 $S$ 都是二元关系，所以 $a$ 是二元有序对，故：$R\cap S$ 是一个二元关系．同理可证：$R\cup S$ 和 $R-S$ 也都是二元关系．

**例 3.6**　关系 $R$ 是集合$\{z\mid$存在正整数 $m$ 和 $n$，使得 $z=\langle m,n\rangle$ 并且 $m$ 可以整除 $n\}$．因此，$R$ 的元素都是如下的有序对：

$$\langle 1,1\rangle,\langle 1,2\rangle,\langle 1,3\rangle,\cdots$$
$$\langle 2,2\rangle,\langle 2,4\rangle,\langle 2,6\rangle,\cdots$$
$$\langle 3,3\rangle,\langle 3,6\rangle,\langle 3,9\rangle,\cdots$$

**定义 3.6**　设有两个集合 $A$ 和 $B$，由 $A\times B$ 的任意子集所确定的一个二元关系称为集合 $A$ 到 $B$ 上的一个二元关系．特别地，当 $B=A$ 时，则称 $A\times A$ 的任意子集为集合 $A$ 到集合 $A$ 上的一个二元关系，或称 $A$ 上的一个二元关系．

**定义 3.7**　设 $R\subseteq A\times A$，$T\subseteq A\times A$，$B\subseteq A$，称

(1)$\{\langle x,y\rangle\mid x\in A$ 并且 $y\in A\}$为 $A$ 上的全域关系，记作 $E_A$；

(2)$\{\langle x,x\rangle\mid x\in A\}$为 $A$ 上的恒等关系，记作 $I_A$；

(3)$\{x\mid$存在 $y$，使得$\langle x,y\rangle\in R\}$为 $R$ 的定义域，记作 $\mathrm{dom}(R)$；

(4)$\{y\mid$存在 $x$，使得$\langle x,y\rangle\in R\}$为 $R$ 的值域，记作 $\mathrm{ran}(R)$；

(5)$\mathrm{dom}(R)\cup\mathrm{ran}(R)$为 $R$ 的域，记作 $\mathrm{fld}(R)$；

(6)$\{\langle y,x\rangle \mid \langle x,y\rangle\in R\}$为 $R$ 的逆,记作 $R^{-1}$;

(7)$\{\langle x,y\rangle \mid$存在 $z$,使得$\langle x,z\rangle\in R$ 并且$\langle z,y\rangle\in T\}$为 $R$ 与 $T$ 的合成(或复合),记作 $R\circ T$. 当 $R=T$ 时,$R\circ T$ 记作 $T\circ T$;

(8)$\{\langle x,y\rangle \mid \langle x,y\rangle\in R$ 并且 $x\in B\}$为 $R$ 在 $B$ 上的限制,记作$R\upharpoonright B$;

(9)$\mathrm{ran}(R\upharpoonright B)$为 $B$ 在 $R$ 下的像,记作 $R[B]$.

**例 3.7** 令 $R$ 是例 3.6 中的一个二元关系,则

$\mathrm{dom}R=\{m \mid$存在 $n$ 使得 $m$ 整除 $n\}=$所有正整数的集合.

$\mathrm{ran}R=\{n \mid$存在 $m$ 使得 $m$ 整除 $n\}=$所有正整数的集合.

$\mathrm{fld}R=\mathrm{dom}R\cup\mathrm{ran}R=$所有正整数的集合.

$R^{-1}=\{z \mid z=\langle n,m\rangle$并且$\langle m,n\rangle\in R\}$

$=\{z \mid z=\langle n,m\rangle$并且 $m$ 可以整除 $n\}$

$=\{z \mid z=\langle n,m\rangle$并且 $n$ 是 $m$ 的倍数$\}$.

如果令 $B=\{4,7\}$,则

$$R\upharpoonright B=\{\langle 4,4\rangle,\langle 4,8\rangle,\langle 4,12\rangle,\cdots,\langle 7,7\rangle,\langle 7,14\rangle,\cdots\},$$

$$R[B]=\{4z \mid z\in\mathbf{Z}^{+}\}\cup\{7z \mid z\in\mathbf{Z}^{+}\}.$$

关系的逆和复合具有下面的性质:

(1)$(R_1\circ R_2)\circ R_3=R_1\circ(R_2\circ R_3)$;

(2)$\mathrm{dom}(R^{-1})=\mathrm{ran}(R)$,$\mathrm{ran}(R^{-1})=\mathrm{dom}(R)$;

(3)$(R^{-1})^{-1}=R$;

(4)$(R_1\circ R_2)^{-1}=R_2^{-1}\circ R_1^{-1}$.

关于$(R_1\circ R_2)^{-1}=R_2^{-1}\circ R_1^{-1}$ 的证明如下:

事实上,设$\langle x,y\rangle\in(R_1\circ R_2)^{-1}$,则$\langle y,x\rangle\in R_1\circ R_2$. 根据关系复合的定义得:存在 $z$,使得$\langle y,z\rangle\in R_1$ 并且$\langle z,x\rangle\in R_2$. 于是,存在 $z$,使得$\langle x,z\rangle\in R_2^{-1}$ 并且$\langle z,y\rangle\in R_1^{-1}$,由此可得:$\langle x,y\rangle\in R_2^{-1}\circ R_1^{-1}$,由定义 1.3 得,$(R_1\circ R_2)^{-1}\subseteq R_2^{-1}\circ R_1^{-1}$. 同理可证:$R_2^{-1}\circ R_1^{-1}\subseteq(R_1\circ R_2)^{-1}$. 故:$(R_1\circ R_2)^{-1}=R_2^{-1}\circ R_1^{-1}$.

其他性质的证明,留给读者练习.

### 1.3.4 关系的性质

下面给出的是我们经常考虑的几种特殊的二元关系.

**定义 3.8** 设 $X$ 是任意的集合,$R$ 为集合 $X$ 上的一个二元关系. 若对于任意的 $x\in X$,都有$\langle x,x\rangle\in R$,则称 $R$ 为 $X$ 上的自返关系,或称 $R$ 具有自返性. 若对任意的 $x\in X$,都有$\langle x,x\rangle\notin R$,则称 $R$ 为 $X$ 上的反自返关系,或称 $R$ 具有反自返性.

**例 3.8**　设 $A$ 为某班全体学生的集合，若

$$R_1=\{\langle x,y\rangle \mid x,y\in A \text{ 并且 } x \text{ 与 } y \text{ 同性别}\},$$

则 $R_1$ 是 $A$ 上的自返关系. 若

$$R_2=\{\langle x,y\rangle \mid x,y\in A \text{ 并且 } x \text{ 比 } y \text{ 年龄小}\},$$

则 $R_2$ 是 $A$ 上的反自返关系.

自返性是说 $X$ 中的每个元素自己和自己有 $R$ 关系，反自返性是说 $X$ 中的所有元素自己和自己没有 $R$ 关系.

**定义 3.9**　设 $X$ 是任意集合，$R$ 是集合 $X$ 上的一个二元关系. 对于任意的 $x\in X, y\in X$，(1)若 $\langle x,y\rangle\in R$ 蕴涵 $\langle y,x\rangle\in R$，则称 $R$ 为 $X$ 上的对称关系，或称 $R$ 具有对称性；(2)若 $\langle x,y\rangle\in R$ 并且 $\langle y,x\rangle\in R$ 蕴涵 $x=y$，则称 $R$ 为 $X$ 上的反对称关系，或称 $R$ 具有反对称性.

**例 3.9**　兄弟关系、同学关系、朋友关系都是对称关系，但不是反对称关系.

**例 3.10**　设 $R_1=\{\langle 0,0\rangle,\langle 1,1\rangle,\langle 2,2\rangle,\langle 3,3\rangle,\langle 0,1\rangle,\langle 0,2\rangle,\langle 0,3\rangle,\langle 1,0\rangle,\langle 2,0\rangle,\langle 3,0\rangle\}$，则 $R_1$ 是 $A=\{0,1,2,3\}$上的对称关系. 而$R_2=\{\langle 0,0\rangle,\langle 1,1\rangle,\langle 2,2\rangle,\langle 3,3\rangle\}$是 $A$ 上的反对称关系. 除此之外，$R_1$ 和 $R_2$ 还是 $A$ 上的自返关系.

对称性要求，若 $X$ 中的任意两个元素 $x$ 和 $y$ 之间有 $R$ 关系，则 $y$ 和 $x$ 之间也有 $R$ 关系. 反对称性要求，若 $X$ 中的任意两个元素之间按不同顺序都有 $R$ 关系，则这两个元素一定相等.

**定义 3.10**　设 $X$ 是任意的集合，$R$ 是集合 $X$ 上的一个二元关系. 对任意的 $x\in X, y\in X, z\in X$，如果$\langle x,y\rangle\in R$ 并且$\langle y,z\rangle\in R$ 蕴涵$\langle x,z\rangle\in R$，那么称 $R$ 是 $X$ 上的传递关系，或称 $R$ 具有传递性.

**例 3.11**　自然数集 $\mathbf{N}$ 上的小于关系和小于等于关系都具有传递性，亲兄弟关系也具有传递性，但是同学关系和父子关系都不具有传递性.

以上五种关系或性质，都可以用集合的运算来表示. 设 $A$ 是任意的集合，$R\subseteq A\times A$，则这些关系或性质用集合的运算可分别表示如下：

(1)自返性　$I_A\subseteq R$；

(2)反自返性　$I_A\cap R=\varnothing$；

(3)对称性　$R=R^{-1}$；

(4)反对称性　$R\cap R^{-1}\subseteq I_A$；

(5)传递性　$R\circ R\subseteq R$.

关于(1)的证明：事实上，只需证 $R$ 是 $A$ 上的自返关系，当且仅当 $I_A\subseteq R$. 对任意的 $x\in A$，$\langle x,x\rangle\in I_A$，因为 $R$ 是自返的，根据定义 3.8 得：$\langle x,x\rangle\in R$. 于是，$I_A\subseteq R$. 反之，对任意的 $x\in A$，因为$\langle x,x\rangle\in I_A$ 并且 $I_A\subseteq R$，由定义 1.3 得：$\langle x,$

$x\rangle\in R$. 再由定义 3.8 得:$R$ 是自返的.

关于(2)的证明：事实上,只需证 $R$ 是 $A$ 上反自返的当且仅当$I_A\cap R=\varnothing$. 假设 $I_A\cap R\neq\varnothing$,即:任意的 $x\in A$,$\langle x,x\rangle\in I_A\cap R$,根据定义 2.2 得:$\langle x,x\rangle\in I_A$ 且$\langle x,x\rangle\in R$,这与 $R$ 是反自返的矛盾. 反之,因为 $I_A\cap R=\varnothing$,所以,对任意的 $x\in A$,因为$\langle x,x\rangle\in I_A$,所以,$\langle x,x\rangle\notin R$. 根据定义 3.8 得,$R$ 是反自返的.

关于(3)的证明：事实上,只需证 $R$ 是 $A$ 上对称的二元关系当且仅当 $R=R^{-1}$. 对任意的 $x,y\in A$,假设$\langle x,y\rangle\in R$,因为 $R$ 是对称的,由定义 3.9 得:$\langle y,x\rangle\in R$. 根据定义 3.7 的(6)得:$\langle x,y\rangle\in R^{-1}$. 于是,$R\subseteq R^{-1}$. 假设$\langle x,y\rangle\in R^{-1}$,根据定义 3.7 的(6)得:$\langle y,x\rangle\in R$,又 $R$ 是对称的,则$\langle x,y\rangle\in R$. 于是,$R^{-1}\subseteq R$. 综上所述,得 $R=R^{-1}$. 反之,对任意的 $x,y\in A$,假设$\langle x,y\rangle\in R$,因为 $R=R^{-1}$,所以,$\langle x,y\rangle\in R^{-1}$,根据定义 3.7 的(6)得:$\langle y,x\rangle\in R$. 根据定义 3.9 可得:$R$ 是对称的.

关于(4)的证明：事实上,只需证 $R$ 是 $A$ 上的反对称关系当且仅当 $R\cap R^{-1}\subseteq I_A$. 对任意的 $x,y\in A$,假设$\langle x,y\rangle\in R\cap R^{-1}$,由定义 2.2,$\langle x,y\rangle\in R$ 且$\langle x,y\rangle\in R^{-1}$. 由定义 3.7 的(6)可得:$\langle y,x\rangle\in R$. 再由定义 3.9 可得:$x=y$,即$\langle x,x\rangle\in R\cap R^{-1}$,又$\langle x,x\rangle\in I_A$,即$\langle x,y\rangle\in I_A$,所以,$R\cap R^{-1}\subseteq I_A$. 反之,因为 $R\cap R^{-1}\subseteq I_A$,所以,由$\langle x,y\rangle\in R\cap R^{-1}$,可得$\langle x,y\rangle\in I_A$. 根据定义 3.7 的(2)可得:$x=y$. 又因为$\langle x,y\rangle\in R\cap R^{-1}$,根据定义 2.2 可得:$\langle x,y\rangle\in R$ 且$\langle x,y\rangle\in R^{-1}$,由定义 3.7 的(6)可得:$\langle y,x\rangle\in R$. 由定义 3.9 可得:$R$ 是反对称的.

关于(5)的证明：事实上,只需证 $R$ 是 $A$ 上的传递关系当且仅当 $R\circ R\subseteq R$. 对任意的 $x,y\in A$,假设$\langle x,y\rangle\in R\circ R$,根据定义 3.7 的(7)可得:存在 $z\in A$ 使得:$\langle x,z\rangle\in R$ 且$\langle z,y\rangle\in R$. 又 $R$ 是传递的,则$\langle x,y\rangle\in R$. 反之,设$\langle x,z\rangle\in R$ 并且$\langle z,y\rangle\in R$,由定义 3.7 的(7)可得:$\langle x,y\rangle\in R\circ R$,又 $R\circ R\subseteq R$,所以,$\langle x,y\rangle\in R$. 故 $R$ 是传递的.

### 1.3.5　几种特殊的二元关系

**定义 3.11**　设 $R$ 是非空集合 $X$ 上的一个二元关系. 如果 $R$ 具有自返性、对称性和传递性,那么称 $R$ 是 $X$ 上的一个等价关系. 习惯上,人们将等价关系 $R$ 记成～,还将$\langle x,y\rangle\in\sim$记成 $x\sim y$.

**例 3.12**　设 $A$ 为生活在地球上所有人的集合,则

$$R=\{\langle x,y\rangle\mid x,y\in A \text{ 并且 } x \text{ 与 } y \text{ 生活在同一个国家}\}$$

是 $A$ 上的一个等价关系. 因为 $R$ 具有:自返性、对称性和传递性.

**例 3.13**　令 $X=\{1,2,3,4,5,6,7,8,9,10\}$,$R=\{\langle x,y\rangle\mid x,y\in X$ 并且 $x-$

$y\equiv 0(\mathrm{mod}3)\}$，则 $R$ 是 $X$ 上的一个等价关系. 因为，$x-y\equiv 0(\mathrm{mod}3)$ 等价于 $x-y=3m$（$m$ 是整数），于是，

（1）对任意的 $x\in X$，因为 $x-x=0=3\cdot 0$，所以，$x-x\equiv 0(\mathrm{mod}3)$，故 $R$ 在 $X$ 上是自返的.

（2）对任意的 $x,y\in X$，如果 $x-y\equiv 0(\mathrm{mod}3)$，即：$x-y=3m$，亦即：$y-x=3\cdot(-m)$，所以，$y-x\equiv 0(\mathrm{mod}3)$，故 $R$ 在 $X$ 上是对称的.

（3）对任意的 $x,y,z\in X$，如果 $x-y\equiv 0(\mathrm{mod}3)$ 并且 $y-z\equiv 0(\mathrm{mod}3)$，即：$x-y=3m_1$ 并且 $y-z=3m_2$，于是，$x-z=x-y+y-z=(x-y)+(y-z)=3m_1+3m_2=3(m_1+m_2)$，所以，$x-z\equiv 0(\mathrm{mod}3)$，故 $R$ 在 $X$ 上是传递的.

**定义 3.12** 设 $\sim$ 是非空集合 $X$ 上的一个等价关系. 对任意的 $x\in X$，令 $[x]_{\sim}=\{y\mid y\in X$ 并且 $x\sim y\}$，则称 $[x]_{\sim}$ 为 $x$（关于 $\sim$）的等价类.

**例 3.14** 例 3.12 中所有的等价类为世界上的所有国家. 即：所有生活在美国的人构成一个等价类，所有生活在法国的人构成一个等价类，所有生活在中国的人构成一个等价类……

**例 3.15** 例 3.13 中的等价类为：

$[1]_R=[4]_R=[7]_R=[10]_R=\{1,4,7,10\}$，

$[2]_R=[5]_R=[8]_R=\{2,5,8\}$，$[3]_R=[6]_R=[9]_R=\{3,6,9\}$.

$X$ 中各元素的等价类如图 1-11 所示.

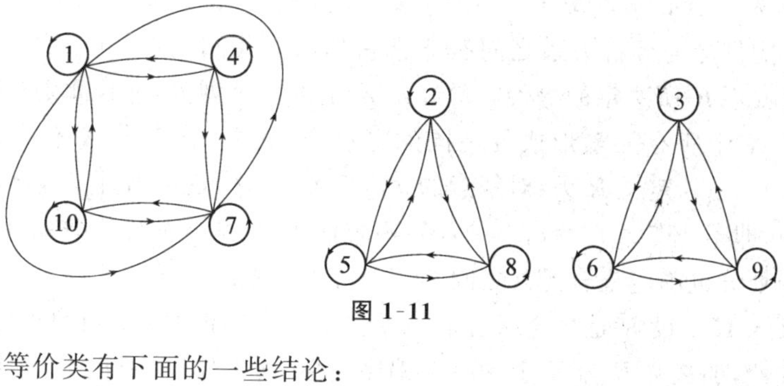


**图 1-11**

关于等价类有下面的一些结论：

（1）对于任意的 $x\in X$，$[x]_R\neq\varnothing$；

（2）若 $\langle x,y\rangle\in R$，则 $[x]_R=[y]_R$；

（3）若 $\langle x,y\rangle\notin R$，则 $[x]_R\cap[y]_R=\varnothing$；

（4）$\bigcup\{[x]_R\mid x\in X\}=X$.

这里的 $R$ 是 $X$ 上的一个等价关系.

事实上，对于(1)，设任意的 $x\in X$，因为 $\langle x,x\rangle\in R$ 成立，所以 $x\in[x]_R$，故

$[x]_R\neq\varnothing$. 对于(2),设任意的 $z$,$z\in[x]_R$,则$\langle x,z\rangle\in R$. 因为$\langle x,y\rangle\in R$ 并且 $R$ 是 $X$ 上对称的和传递的关系,于是$\langle y,x\rangle\in R$ 并且$\langle x,z\rangle\in R$,因此$\langle y,z\rangle\in R$,即 $z\in[y]_R$,所以$[x]_R\subseteq[y]_R$. 同理可证:$[y]_R\subseteq[x]_R$. 故$[x]_R=[y]_R$. 对于(3),用反证法. 假定$[x]_R\cap[y]_R\neq\varnothing$,必存在 $z_0$,使得 $z_0\in[x]_R$ 并且 $z_0\in[y]_R$. 于是有$\langle x,z_0\rangle\in R$ 并且$\langle y,z_0\rangle\in R$. 由 $R$ 的对称性和传递性可得$\langle x,y\rangle\in R$,这与$\langle x,y\rangle\notin R$ 矛盾,故$[x]_R\cap[y]_R=\varnothing$. 对于(4),设任意的 $z$,$z\in\bigcup\{[x]_R\mid x\in X\}$,必存在$y\in X$,使得 $z\in[y]_R$. 但是,$[y]_R\subseteq X$,所以 $z\in X$,因而$\bigcup\{[x]_R\mid x\in X\}\subseteq X$. 反之,对任意的 $z$,$z\in X$,$\langle z,z\rangle\in R$ 成立,所以 $z\in[z]_R$. 而$[z]_R\subseteq\bigcup\{[x]_R\mid x\in X\}$,因此 $z\in\bigcup\{[x]_R\mid x\in X\}$. 这说明 $X\subseteq\bigcup\{[x]_R\mid x\in X\}$. 故$\bigcup\{[x]_R\mid x\in X\}=X$.

**定义 3.13** 设 $R$ 是非空集合 $X$ 上的等价关系,以 $R$ 的全体等价类为元素的集合称为 $R$ 的商集,记作 $X/R$ 或 $X/\sim$.

由例 3.15 中的等价类做成的商集为:

$$X/R=\{[1]_R,[2]_R,[3]_R\}.$$

**定义 3.14** 设 $X$ 为一非空集合. 如果 $X$ 的一个子集族 $\mathscr{A}$ 满足:

(1)任给 $T\in\mathscr{A}$,都有 $T\neq\varnothing$;

(2)任给 $S,T\in\mathscr{A}$,$S\neq T$ 蕴涵 $S\cap T=\varnothing$;

(3)$\bigcup\mathscr{A}=X$,

那么称 $\mathscr{A}$ 为 $X$ 上的一个划分,$\mathscr{A}$ 中的每一个元素称为 $X$ 的一个划分块.

集合的划分与等价关系之间有非常密切的联系. 根据等价类的性质,由 $X$ 上的等价关系 $R$ 所决定的等价类恰好是 $X$ 上的一个划分,并且此划分中的划分块恰好是 $X$ 中所有元素形成的不同的等价类. 反之,若集合 $X$ 有一划分 $\mathscr{A}=\{A_1,A_2,\cdots,A_n\}$,定义 $R$ 为:对任意的 $x,y\in X$,$\langle x,y\rangle\in R$ 当且仅当 $x,y$ 在同一划分块中,即:$x,y\in A_i(i=1,2,\cdots,n)$. 不难证明,$R$ 是一个等价关系. 因此,一个集合上的划分也确定集合元素之间的一个等价关系.

**定义 3.15** 设 $R$ 是集合 $X$ 上的一个二元关系. 如果 $R$ 具有自返性、反对称性和传递性,那么称 $R$ 为 $X$ 上的一个偏序关系,简称偏序. 习惯上,常将 $X$ 上的偏序关系 $R$ 记作$\leqslant$,而将$\langle x,y\rangle\in R$ 记作 $x\leqslant y$.

**例 3.16** 设 $X$ 为任意集合,$R$ 为 $X$ 的幂集上的包含关系,即

$$R=\{\langle x,y\rangle\mid x,y\in P(X)\text{并且 }x\subseteq y\},$$

可以证明 $R$ 在 $P(X)$上具有自返性、反对称性和传递性,因此 $R$ 是$P(X)$上的一个偏序关系.

根据偏序关系的特点,我们可以将它的关系图化简,其画法如下:

(1)用结点代表元素;

(2)若 $x\leqslant y$ 并且 $x\neq y$,则将代表 $y$ 的结点画在代表 $x$ 的结点之上,并且:①若不存在 $z$,使得 $z\neq x$ 并且 $z\neq y$ 并且 $x\leqslant z\leqslant y$,则在 $x$ 和 $y$ 之间连线;②若存在 $z$,当 $z\neq x$ 并且 $z\neq y$ 并且 $x\leqslant z\leqslant y$ 时,则在 $x$ 和 $y$ 之间不连线.

这种简化的偏序图称为哈斯(Hass)图.

**例 3.17**　集合 $X=\{1,2,3,4,5\}$,偏序关系为 $\leqslant$(小于等于),其哈斯图如图 1-12 所示.

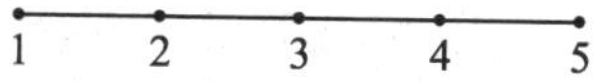


图 1-12

**例 3.18**　集合 $X=\{1,2,3,4,5,6,7,8,9,10,11,12\}$,偏序关系为整除关系 $|$,其哈斯图如图 1-13 所示.

**例 3.19**　集合 $X=P(\{1,2,3\})$,偏序关系为 $\subseteq$(包含关系),其哈斯图如图 1-14 所示.

在例 3.18 中,元素 5 和 7 之间,9 和 11 之间等等,不能比较大小或排序.但在例 3.17 中,所有元素之间都能比较大小或排序.因此,它的特点是:对应的哈斯图是一条直线.为此,我们有:

**定义 3.16**　设 $\leqslant$ 为集合 $X$ 上的一个偏序关系.若对于任意的 $x,y\in X$,均蕴涵 $x\leqslant y$ 或 $y\leqslant x$,则称 $\leqslant$ 为 $X$ 上的全序关系(或线序关系).

**例 3.20**　自然数集 $\mathbf{N}$、整数集 $\mathbf{Z}$、有理数集 $\mathbf{Q}$ 和实数集 $\mathbf{R}$ 上的小于等于或大于等于关系都是全序关系.例 3.18 和例 3.19 中的偏序关系都不是全序关系.从这些例子可以看出,全序关系的哈斯图是一条直线.凡哈斯图不能表示成直线的偏序关系都不是全序关系.

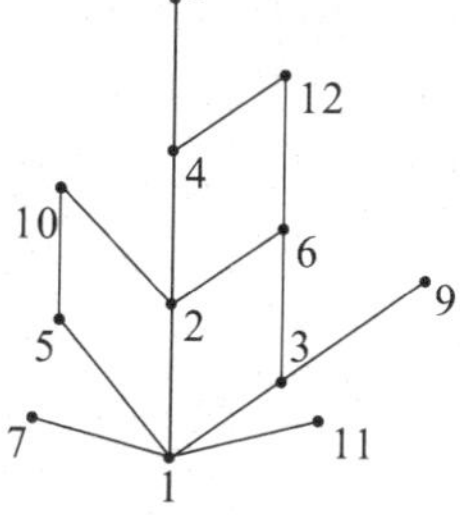


图 1-13

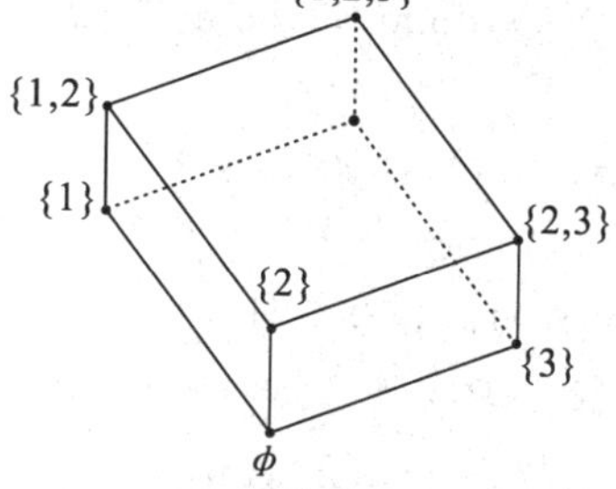


图 1-14

在集合论中,还有一种常用的偏序关系:

**定义 3.17**　集合 $X$ 上的关系 $R$ 若具有反自返性和传递性,则称 $R$ 为 $X$ 上的一个严格偏序,记作 $<$.

**例 3.21**　自然数集 $\mathbf{N}$、整数 $\mathbf{Z}$、有理数集 $\mathbf{Q}$ 和实数集 $\mathbf{R}$ 上的小于关系,集合

之间的真包含关系$\subset$等等,都是严格偏序关系.

严格偏序关系和偏序关系之间有密切的联系.如果$<$是一个严格偏序关系,那么相应的偏序关系就可以定义为:$x \leqslant y$当且仅当$x<y$或者$x=y$.反之,如果$\leqslant$是一个偏序关系,与此相应的严格偏序关系就可以定义为:$x<y$当且仅当$x \leqslant y$并且$x \neq y$.

另外,集合$X$上的严格偏序关系$<$必是反对称的.事实上,如果$<$不是反对称的,则存在$x \in X$和$y \in X$使得$x<y$并且$y<x$.因为$<$是一个严格偏序,所以$<$必具有传递性.由$x<y$并且$y<x$可得$x<x$.这与$<$是反自返的相矛盾.

### 1.3.6 练习

1.设$A=\{0,1\}$,$B=\{1,2\}$,求下列集合:

(1)$(A \times \{1\}) \times B$; (2)$(A \times A) \times B$; (3)$(B \times A) \times (B \times A)$.

2.设$A=\{1,2\}$,求$P(A) \times A$.

3.已知$A \subseteq C$并且$B \subseteq D$,求证:$A \times B \subseteq C \times D$.

4.设$A,B,C$是三个任意的集合,求证:

(1)$(B \cup C) \times A=(B \times A) \cup (C \times A)$;

(2)$A \times (B \cap C)=(A \times B) \cap (A \times C)$;

(3)$(B \cap C) \times A=(B \times A) \cap (C \times A)$;

(4)$(B-C) \times A=(B \times A)-(C \times A)$;

(5)$A \times (B-C)=(A \times B)-(A \times C)$.

5.设$A=\{\langle 1,2\rangle,\langle 2,4\rangle,\langle 3,3\rangle\}$,$B=\{\langle 1,3\rangle,\langle 2,4\rangle,\langle 4,2\rangle\}$,求$A \cup B$,$A \cap B$,$A-B$,$\mathrm{dom}(A)$,$\mathrm{dom}(B)$,$\mathrm{dom}(A \cup B)$,$\mathrm{ran}(A)$,$\mathrm{ran}(B)$,$\mathrm{ran}(A \cap B)$,$\mathrm{fld}(B)$,$\mathrm{fld}(A)$.

6.设$R=\{\langle 0,1\rangle,\langle 0,2\rangle,\langle 0,3\rangle,\langle 1,2\rangle,\langle 1,3\rangle,\langle 2,3\rangle\}$,计算:$R \circ R$,$R \upharpoonright \{1\}$,$R^{-1} \upharpoonright \{1\}$,$R[\{1\}]$,$R^{-1}[\{1\}]$.

7.证明关系的逆和复合具有以下性质:

(1)$(R_1 \circ R_2) \circ R_3=R_1 \circ (R_2 \circ R_3)$;

(2)$\mathrm{dom}(R^{-1})=\mathrm{ran}(R)$,$\mathrm{ran}(R^{-1})=\mathrm{dom}(R)$;

(3)$(R^{-1})^{-1}=R$.

这里$R$为一个二元关系.

8.设$X$是一个集合,$R \subseteq X \times X$,证明:

(1)$R$自返当且仅当$I_X \subseteq R$;

(2)$R$反自返当且仅当$I_X \cap R=\varnothing$;

(3)$R$ 对称当且仅当 $R=R^{-1}$；

(4)$R$ 反对称当且仅当 $R\cap R^{-1}\subseteq I_X$；

(5)$R$ 传递当且仅当 $R\circ R\subseteq R$.

9. 设集合 $A=\{1,2,3,\cdots,10\}$，$R=\{\langle x,y\rangle \mid x,y\in A$ 并且 $x+y=10\}$，试判断 $R$ 具有哪些性质.

10. 设 $A=\{a,b,c,d\}$，$R_i\subseteq A\times A$，$i=1,2$. 其中 $R_1=\{\langle a,a\rangle,\langle a,b\rangle,\langle b,d\rangle\}$，$R_2=\{\langle a,d\rangle,\langle b,c\rangle,\langle b,d\rangle,\langle c,b\rangle\}$. 求 $R_1\circ R_2$，$R_2\circ R_1$，$R_1\circ R_1$，$R_2\circ R_2$.

11. 列出 $X=\{a,b,c\}$ 到 $Y=\{s\}$ 上的所有关系.

12. 列出集合 1 上的所有二元关系.

13. 一个有 $n$ 个元素的集合 $X$ 上有多少二元关系？

14. 令 $I_X=\{\langle x,y\rangle \mid \langle x,y\rangle\in X\times Y$ 并且 $x=y\}$. 令 $S$ 是 $X$ 到 $Y$ 上的一个关系. 证明：$I_Y\circ S=S$ 并且 $S\circ I_X=S$.

15. 令 $S$ 是一个从 $X$ 到 $Y$ 上的关系，$T$ 是一个从 $Y$ 到 $Z$ 上的关系. 如果 $A$，$B\subseteq X$，令

$$S(A)=\{y\mid \langle x,y\rangle\in S,\text{对某个 } x\in A\}.$$

证明：(1)$S(A)\subseteq Y$；　(2)$(T\circ S)(A)=T(S(A))$；

(3)$S(A\cup B)=S(A)\cup S(B)$；　(4)$S(A\cap B)\subset S(A)\cap S(B)$.

16. 令 $S$ 和 $T$ 是从 $X$ 到 $Y$ 上的关系. 证明：

(1)$(S\cap T)^{-1}=S^{-1}\cap T^{-1}$；　(2)$(S\cup T)^{-1}=S^{-1}\cup T^{-1}$.

17. 令 $S$ 是一个 $X$ 上的二元关系. 证明：如果 $S$ 是传递的和自返的，那么 $S\circ S=S$. 其逆成立吗？

18. 构造集合 3 上的所有等价关系.

19. 令 $\mathscr{A}$ 是集合 $X$ 上所有等价关系的集合，证明：$\bigcap\mathscr{A}$ 是 $X$ 上的一个等价关系.

20. 令 $A=\{0,1,2,3\}$，$R=\{\langle 0,0\rangle,\langle 1,1\rangle,\langle 2,2\rangle,\langle 3,3\rangle,\langle 1,2\rangle,\langle 1,3\rangle,\langle 2,1\rangle,\langle 2,3\rangle,\langle 3,1\rangle,\langle 3,2\rangle\}$，证明：$R$ 是 $A$ 上的等价关系.

21. 设 $R$ 是集合 $A$ 上的对称的和传递的二元关系. 如果对于 $A$ 中的任何元素 $a$，同时存在元素 $b\in A$，使得 $\langle a,b\rangle\in R$，求证：$R$ 是 $A$ 上的等价关系.

22. 求集合 $A=\{a,b,c\}$ 上的全部等价关系.

23. 已知 $R$ 是集合 $A$ 上的一个二元关系，设

$$S=\{\langle a,b\rangle \mid a,b\in A \text{ 并且存在 } c \text{ 使得} \langle a,c\rangle\in R \text{ 且} \langle c,b\rangle\in R\}.$$

试证明：如果 $R$ 是 $A$ 上的一个等价关系，则 $S$ 也是 $A$ 上的一个等价关系.

24. 设 $S$ 是 $X$ 上的一个等价关系，$T$ 是 $Y$ 上的一个等价关系，令

$\langle\langle x_1,y_1\rangle,\langle x_2,y_2\rangle\rangle\in P$ 当且仅当 $\langle x_1,x_2\rangle\in S$ 并且 $\langle y_1,y_2\rangle\in T$.
证明:$P$ 是 $X\times Y$ 上的一个等价关系.

25. 证明:集合 $X$ 上的包含关系 $\subseteq$ 是其幂集 $P(X)$ 上的一个偏序关系.

26. 设 $R_1$ 是 $A$ 上的一个偏序关系,$R_2$ 是 $B$ 上的一个偏序关系. 在 $A\times B$ 上定义一个二元关系 $R_3$:对任意的 $a_1,a_2\in A,b_1,b_2\in B$,$\langle\langle a_1,b_1\rangle,\langle a_2,b_2\rangle\rangle\in R_3$ 当且仅当 $\langle a_1,a_2\rangle\in R_1$ 并且 $\langle b_1,b_2\rangle\in R_2$. 证明:$R_3$ 是一个偏序关系.

27. 构造集合 3 上的所有偏序,哪些是全序?

28. $\varnothing$ 可以是一个等价关系吗? 是一个序吗?

29. 令 $\mathscr{A}$ 是集合 $X$ 上序的一个非空集,证明:$\bigcap\mathscr{A}$ 是一个序.

30. 证明:$S^{-1}$ 是 $X$ 上的一个序当且仅当 $S$ 是 $X$ 上的一个序.

## 第四节 映射

### 1.4.1 映射的概念和性质

映射或者函数的概念是大家在中学里就熟知的. 在集合论中,我们也可以定义映射或函数的概念,不同的是映射或函数的概念是作为二元关系的特殊情况出现的.

**定义 4.1** 设 $f$ 是一个二元关系. 如果对于任意的 $x\in \mathrm{dom} f$,存在唯一的 $y\in \mathrm{ran} f$,使得 $\langle x,y\rangle\in f$ 成立,那么称二元关系 $f$ 是一个映射(也称函数或变换),并称 $y$ 是 $x$ 在 $f$ 下的像.

由此可知,映射具有单值性,而关系未必,所以映射是一类特殊的关系,从而也是一类特殊的集合.

约定:(1)本书中采用 $f,g,h,\cdots$ 或加下标表示函数;(2)设 $f$ 是一个函数,若 $\langle x,y\rangle\in f$,可记作 $f(x)=y$. 于是

$$\langle x,y\rangle\in f \text{ 当且仅当 } f(x)=y.$$

这里 $f(x)$ 表示函数 $f$ 在点 $x$ 处所对应的值,或 $x$ 在 $f$ 下的像,即 $\langle x,f(x)\rangle\in f$.

因为函数或者映射就是一个二元关系. 因此,前面定义的关系的定义域、值域、像、逆像等概念都可以被移植过来. 下面我们介绍几个有关的概念.

**定义 4.2** 令 $A$ 和 $B$ 是集合,$f$ 是一个函数.

(1)如果 $\mathrm{dom} f=A$,那么称 $f$ 是 $A$ 上的一个函数;

(2)如果 $\mathrm{ran} f\subseteq B$,那么称 $f$ 是到 $B$ 内的一个函数;

(3)如果 $\mathrm{dom}f=A$,并且 $\mathrm{ran}f\subseteq B$,那么称 $f$ 是从 $A$ 到 $B$ 上的一个函数,记作 $f:A\to B$.

**例 4.1**　令 $f_1=\{\langle x_1,y_1\rangle,\langle x_2,y_1\rangle,\langle x_3,y_2\rangle\}$,则 $f_1$ 是一个函数,并且 $\mathrm{dom}f_1=\{x_1,x_2,x_3\}$,$\mathrm{ran}f_1=\{y_1,y_2\}$. 但是,$f_2=\{\langle x_1,y_1\rangle,\langle x_1,y_2\rangle,\langle x_2,y_1\rangle\}$ 不是函数,因为 $f_2(x_1)=y_1$ 并且 $f_2(x_1)=y_2$,但$y_1\neq y_2$.

**例 4.2**　令 $F=\left\{\langle x,\frac{1}{x^2}\rangle \,\middle|\, x\neq 0,x\text{ 是实数}\right\}$,则 $F$ 是一个函数. 因为如果 $aFb_1$ 和 $aFb_2$,由 $b_1=\frac{1}{a^2}$和 $b_2=\frac{1}{a^2}$,所以,$b_1=b_2$.

**例 4.3**　令函数 $f(x)=\frac{1}{x^2}$,$x\neq 0$ 并且 $x$ 是实数. 它是 $A$ 上的一个函数,$A=\{x\mid x\text{ 是实数},x\neq 0\}=\mathrm{dom}f$. 即 $f$ 是实数集内的一个函数,但不是实数集上的一个函数. 如果 $B=\{x\mid x\text{ 是实数},x>0\}$,那么 $f$ 是到 $B$ 内的一个函数. 如果 $C=\{x\mid 0<x\leqslant 1\}$,那么 $f[C]=\{x\mid x\geqslant 1\}$并且 $f^{-1}[C]=\{x\mid -1\leqslant x\leqslant 1\text{ 且 }x\neq 0\}$.

通常,从集合 $A$ 到集合 $B$ 上的函数不是唯一的. 例如,当 $A=\{a,b\}$,$B=\{1,2\}$时,$A$ 到 $B$ 的函数如图 1-15 所示.

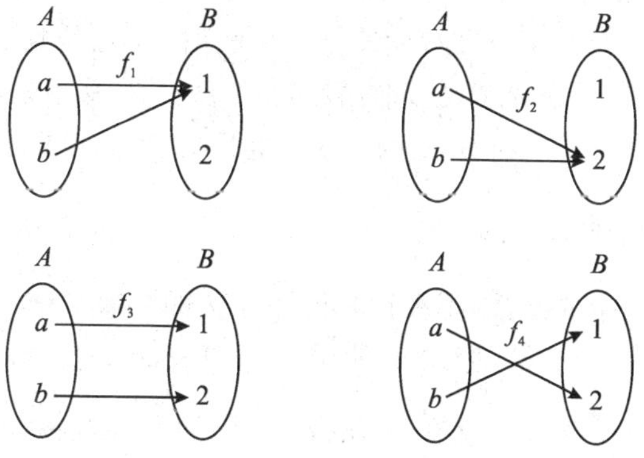


图 1-15

其中

$$f_1=\{\langle a,1\rangle,\langle b,1\rangle\},\qquad f_2=\{\langle a,2\rangle,\langle b,2\rangle\}$$

$$f_3=\{\langle a,1\rangle,\langle b,2\rangle\},\qquad f_4=\{\langle a,2\rangle,\langle b,1\rangle\}$$

对于 $A$ 到 $B$ 的函数,我们只要求 $A$ 中每个元素都有像,并不要求 $B$ 中每个元素都是 $A$ 中某个元素的像. 我们还要求 $A$ 中每个元素的像是唯一的,并不要求 $A$ 中不同的元素其像也不同. 但确实存在这样的函数,它要么使 $A$ 中不同元素的像也不同;要么使 $B$ 中的每一个元素都至少是 $A$ 中某一个元素的像;或者二者兼之,即:它既能使 $A$ 中不同元素的像不同,同时,也能使 $B$ 中的每个元素都至少是 $A$ 中某一个元素的像.

**定义 4.3** 设 $f:A\to B$,如果任给 $x,y\in A$ 并且 $x\neq y$ 蕴涵 $f(x)\neq f(y)$,那么称 $f$ 是单射.否则,称 $f$ 不是单射.

由定义 4.3 可知,图 1-15 中的函数 $f_1$ 和 $f_2$ 都不是单射,$f_3$ 和 $f_4$ 都是单射.

**定义 4.4** 设 $f:A\to B$.如果 $\mathrm{ran}f=B$,即任给 $y\in B$,存在 $x\in A$,使得 $f(x)=y$,那么称 $f$ 是满射.否则,称 $f$ 不是满射.

由定义 4.4 可知,图 1-15 中的函数 $f_1$ 和 $f_2$ 都不是满射,$f_3$ 和 $f_4$ 是满射.

**定义 4.5** 既是单射又是满射的函数称为双射,也叫一一对应.在这种情况下,$A$ 中元素和 $B$ 中元素一一对应.特别是,当 $A$ 是有限集时,$B$ 也是有限集,并且 $B$ 的元素个数与 $A$ 的元素个数一样多.

显然,图 1-15 中的函数 $f_3$ 和 $f_4$ 是双射.

在上一节中,我们定义了关系的逆.对于映射,我们也可以定义其逆.但是,由于映射的单值性,我们就不能像普通关系那样,把有序对的元素交换一下顺序得到它的逆.对于映射,我们必须增加一些要求.例如,$h=\{\langle a,1\rangle,\langle b,2\rangle,\langle c,3\rangle\}$ 是双射,从而 $h^{-1}=\{\langle 1,a\rangle,\langle 2,b\rangle,\langle 3,c\rangle\}$ 是映射,而且是集合 $\{1,2,3\}$ 到集合 $\{a,b,c\}$ 上的一个一一对应.但是,前面给出的 $f_1\sim f_2$ 都不是双射,从而其逆都不是映射.因此,当 $f$ 是双射时,$f$ 的逆 $f^{-1}$ 也是映射,而且它也是一个双射.

### 1.4.2 映射的合成

令 $f$ 是例 4.3 中的函数,现在让我们计算 $f$ 的合成 $f\circ f$.

$$
\begin{aligned}
f\circ f &= \{\langle x,z\rangle \mid \text{存在 } y,\text{使得}\langle x,y\rangle\in f \text{ 并且}\langle y,z\rangle\in f\}\\
&= \left\{\langle x,z\rangle \mid \text{存在 } y,\text{使得 } x\neq 0,y=\frac{1}{x^2}\text{且 } y\neq 0,z=\frac{1}{y^2}\right\}\\
&= \{\langle x,z\rangle \mid x\neq 0 \text{ 且 } z=x^4\}=\{\langle x,x^4\rangle \mid x\neq 0\}.
\end{aligned}
$$

注意:$f\circ f$ 是函数,这并非偶然.对于映射,我们也可以定义它们之间的合成.因此,映射的合成也就是利用两个或两个以上的映射去构造一个新映射的一种运算.

**定义 4.6** 设 $f:A\to B,g:B\to C$,则 $h:A\to C$ 并且对任意的 $x\in A,h(x)=g(f(x))$,称 $h$ 是 $f$ 和 $g$ 的合成映射,记作 $f\circ g$.即 $f\circ g:A\to C$,使得对任意的 $x\in A,f\circ g(x)=g(f(x))$,如图 1-16 所示.

**例 4.4** 令 $f:\mathbf{N}\to\mathbf{N}$ 并且对任意的 $n\in\mathbf{N},f(n)=n^2,g:\mathbf{N}\to\mathbf{Z}$ 并且对任意的

$n\in\mathbf{N}$，$g(n)=2n+1$，则 $f\circ g:\mathbf{N}\to\mathbf{Z}$ 并且对任意的 $n\in\mathbf{N}$，

$$f\circ g(n)=g(f(n))=g(n^2)=2n^2+1.$$

映射的合成具有下面的性质：

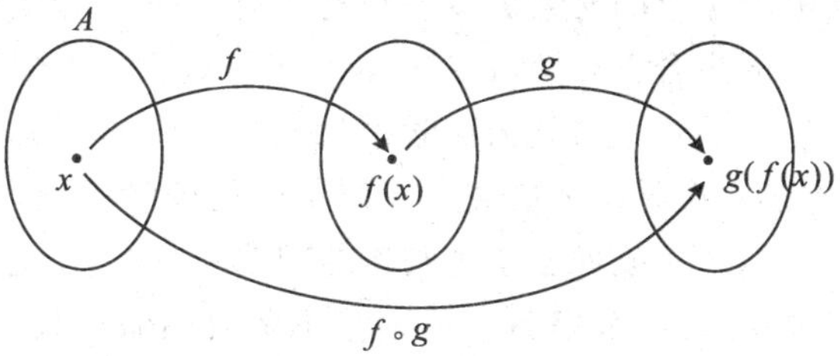


图 1-16

设 $f:A\to B$，$g:B\to C$，$h:C\to D$，则

(1)结合律　$f\circ(g\circ h)=(f\circ g)\circ h$；

(2)保单性　如果 $f$ 和 $g$ 都是单射，则 $f\circ g$ 是 $A$ 到 $C$ 的单射；

(3)保满性　如果 $f$ 和 $g$ 都是满射，则 $f\circ g$ 是 $A$ 到 $C$ 的满射；

(4)保双性　如果 $f$ 和 $g$ 都是双射，则 $f\circ g$ 是 $A$ 到 $C$ 的双射.

这些性质的证明留作练习.

### 1.4.3　两个集合之间的一一对应

前面我们曾提到过元素的“个数”、“有限集”和“无限集”等概念. 下面我们给出它们的严格定义.

**定义 4.7**　对于任意的集合 $X$，如果存在一个自然数 $n$，使得 $X$ 恰有 $n$ 个元素，那么称 $X$ 为有限集. 如果集合 $X$ 不是有限集，那么称 $X$ 为无限集.

**例 4.5**　$\varnothing$是有限集，它的元素个数是零. 单元集$\{a\}$，$\{1\}$和$\{\mathbf{N}\}$等都是有限集. $\{1,2,\cdots,n\}$是有限集，它恰有 $n$ 个元素.

有限集具有下面显然的性质：

(1)若 $X$ 是有限集，则 $P(X)$也是有限集；

(2)若 $X$ 和 $Y$ 都是有限集，则 $X\cup Y$，$X\cap Y$，$X-Y$ 也都是有限集.

**例 4.6**　自然数集合 $\mathbf{N}$ 是一个无限集. 因为如果 $\mathbf{N}$ 是一个有限集，根据有限集的定义，存在一个自然数 $n$，使得 $\mathbf{N}$ 恰有 $n$ 个元素. 由 $\mathbf{N}$ 的定义，$0,1,2,\cdots,(n-1)$这 $n$ 个元素都属于 $\mathbf{N}$，但 $n$ 也是一个自然数，所以，$n\in\mathbf{N}$. 此与假设 $\mathbf{N}$ 有 $n$ 个元素矛盾，这就证明了 $\mathbf{N}$ 是一个无限集.

**例 4.7**　集合 $\mathbf{Z}$、$\mathbf{Q}$、$\mathbf{R}$ 都是无限集.

现在，我们来考察两个集合之间的关系. 当两个集合 $X$ 和 $Y$ 都是有限集时，

我们就可以分别去数它们的元素，从而知道它们的元素个数相等或是其中一个比另一个更多一些，甚至多出的数目也可以知道．当两个集合之一为无限集，另一个为有限集时，可以断定无限集比有限集的元素多．但是，当两个集合都是无限集时，怎样判断哪个集合的元素更多一些呢？例如，正整数集合 $X=\{1,2,\cdots,n,\cdots\}$ 与正整数平方的集合 $Y=\{1,4,9,\cdots,n^2,\cdots\}$，这两个集合哪个集合的元素更多一些呢？这是1638年意大利天文学家伽利略遇到的一个问题．直到19世纪70年代，康托尔第一次系统地研究了无限集合的变量问题，并给出了变量集合的"一一对应"概念，才正确回答了伽利略的问题．

**定义 4.8** 凡能与自然数集 **N** 一一对应的集合叫做可数无限集，简称可数集；把不能与自然数集 **N** 一一对应的无限集叫做不可数集．

由于 **N** 的元素可以排成如下的无穷序列的形式：

$$0,1,2,3,\cdots,n,\cdots \tag{1}$$

因此，我们可以将任意的一个可数集合 $A$ 的元素排列成如下的形式：

$$a_0,a_1,a_2,a_3,\cdots,a_n,\cdots \tag{2}$$

反之，对于任意的集合 $A$，如果它的元素可以排成上述式(2)的形式，则 $A$ 一定是可数集．事实上，我们只要令它的第 $n$ 个元素和自然数 $n$ 对应即可．所以，一个无限集合是可数集当且仅当它可以排成式(2)的形式．

为了以后各章使用方便，下面证明可数集的一些重要性质．

**定理 4.1** 任意的无限集合 $A$，均包含一可数子集．

**证明** 因为 $A$ 无限，所以，$A\neq\varnothing$．因此，我们可以从 $A$ 中任取一个元素并记为 $a_0$，因为 $A$ 是无限集，则 $A\neq\{a_0\}$．于是便可在 $A$ 中任取一元素 $a_1\neq a_0$．一般来说，设已挑出互不相同的元素：

$$a_0,a_1,\cdots,a_n \quad (a_i\in A, i=0,1,2,\cdots,n).$$

又因 $A$ 是无限的，所以 $A-\{a_0,a_1,\cdots,a_n\}\neq\varnothing$．因此，又可在 $A-\{a_0,a_1,\cdots,a_n\}$ 中任取一个元素 $a_{n+1}$，它自然不同于 $a_0,a_1,\cdots,a_n$．由数学归纳法，我们得到一个由 $A$ 中互异的元素作成的无限序列

$$a_0,a_1,\cdots,a_n,\cdots.$$

显然 $A'=\{a_0,a_1,\cdots,a_n,\cdots\}$ 是可数的，并且 $A'\subseteq A$．

**定理 4.2** 可数集合的无限子集仍是可数集．

**证明** 设 $A$ 可数，则 $A$ 的元素可以排成如下的一个无限序列：

$$a_0,a_1,\cdots,a_n,\cdots.$$

如果 $A'$ 是 $A$ 的一个无限子集，则所有属于 $A'$ 的 $a$ 其下标做成全体自然数集 **N** 的一个无限子集 **N'**．由于 **N** 的任何无限子集都可按其元素的大小排成一个无限

序列，因此 $\mathbf{N}'$ 是可数的，而 $\mathbf{N}'$ 和 $A'$ 一一对应，所以 $A'$ 也是可数的.

**推论 4.1**　从可数集 $A$ 中去掉一个有限集，所得的集合仍为可数集.

**定理 4.3**　若 $A$ 可数并且 $B$ 有限，$A\cap B=\varnothing$，则 $A\cup B$ 可数.

**证明**　因为 $A$ 可数，则 $A$ 与 $\mathbf{N}$ 之间存在一一对应，不妨设 $A$ 为：

$$a_0,a_1,a_2,\cdots,a_n,\cdots.$$

设 $B$ 中有 $(m+1)$ 个元素，即：$B=\{b_0,b_1,\cdots,b_m\}$，由于 $A\cap B=\varnothing$，则

$$A\cup B=\{b_0,b_1,\cdots,b_m,a_0,a_1,\cdots,a_n,\cdots\},$$

因为 $A\cup B$ 可以排成无限序列的形式，因而可数.

**定理 4.4**　若 $A,B$ 都可数并且 $A\cap B=\varnothing$，则 $A\cup B$ 亦可数.

**证明**　设 $A=\{a_0,a_1,a_2,\cdots,a_n,\cdots\}$，$B=\{b_0,b_1,\cdots,b_n,\cdots\}$，因为 $A\cap B=\varnothing$，所以

$$A\cup B=\{a_0,b_0,a_1,b_1,\cdots,a_n,b_n,\cdots\}.$$

可见 $A\cup B$ 也是可数的.

**推论 4.2**　设 $A$ 可数，$B$ 有限或可数，则 $A\cup B$ 仍是可数的.

**证明**　令 $B^*=B-A\cap B$，则 $A\cap B^*=\varnothing$，而此时

$$A\cup B=A\cup B^*.$$

因为 $B^*$ 或有限或可数，故由定理 4.3 或定理 4.4 知，$A\cup B$ 可数.

推论 4.2 表明：定理 4.3 和 4.4 中条件 $A\cap B=\varnothing$ 是可以取消的.

**定理 4.5**　设有一列可数集 $A_0,A_1,\cdots,A_i,\cdots$，且 $A_i\cap A_j=\varnothing\ (i\neq j)$，则 $\bigcup\limits_{i=0}^{\infty}A_i$ 也可数.

**证明**　因为 $A_i\ (i=0,1,2,\cdots)$ 可数，所以，设

$$\begin{array}{l}
A_0=\{a_{00},a_{01},a_{02},\cdots,a_{0i},\cdots\},\\
\qquad\ \ \to\swarrow\ \ \swarrow\ \ \swarrow\\
A_1=\{a_{10},a_{11},a_{12},\cdots,a_{1i},\cdots\},\\
\qquad\quad\ \swarrow\ \ \swarrow\\
A_2=\{a_{20},a_{21},a_{22},\cdots,a_{2i},\cdots\},\\
\qquad\quad\ \swarrow\\
\quad\vdots
\end{array}$$

用对角线方法，将 $\bigcup\limits_{i=0}^{\infty}A_i$ 的元素进行编号（记 $i+j=h$ 为元素 $a_{ij}\ (i,j=0,1,2,\cdots)$ 的高度. 于是，

$$\bigcup_{i=0}^{\infty}A_i=\{a_{00},a_{01},a_{10},a_{02},a_{11},a_{20},a_{03},a_{12},a_{22},a_{21},a_{30},\cdots\}$$

故 $\bigcup\limits_{i=0}^{\infty}A_i$ 可数.

注：(1) 如果把每个 $A_i$ 改为有限集，其他条件不变，那么定理 4.5 仍成立. 也

就是说,两两不相交的可数个有限集的并集仍是一个可数集.

(2)如果在定理4.5中去掉两两不相交这一限制.$A_i$ 为可数集或有限集,则 $\bigcup_{i=0}^{\infty} A_i$ 为可数集或有限集,特别地,我们有:

**推论 4.3** 若 $A_i(i=0,1,2,\cdots)$ 可数,则 $\bigcup_{i=0}^{\infty} A_i$ 可数.

**证明** 令 $A_0^*=A_0$,

$$A_i^*=A_i-A_i\cap(A_0\cup A_1\cup\cdots\cup A_{i-1})\quad(i\geqslant 1),$$

则 $A_i^*$ 有限或可数,并且 $A_i^*\cap A_j^*=\varnothing(i\neq j)$,则

$$\bigcup_{i=0}^{\infty} A_i=\bigcup_{i=0}^{\infty} A_i^*.$$

故 $\bigcup_{i=0}^{\infty} A_i$ 可数.

推论4.3表明:可数个可数集的并集还是可数集.

**定理 4.6** 有理数集 $\mathbf{Q}$ 是可数的.

**证明** 设 $A_i=\left\{\frac{1}{i},\frac{2}{i},\frac{3}{i},\cdots\right\}(i=1,2,3,\cdots)$,则 $A_i$ 是可数集,由推论4.3得:所有正有理数组成的集合 $\mathbf{Q}^+=\bigcup_{i=0}^{\infty} A_i$ 可数.

又所有负有理数组成的集 $\mathbf{Q}^-$ 与 $\mathbf{Q}^+$ 一一对应,所以,$\mathbf{Q}^-$ 也是可数的.

然而,全体有理数组成的集合 $\mathbf{Q}=\mathbf{Q}^+\cup\mathbf{Q}^-\cup\{0\}$,因此,$\mathbf{Q}$ 是可数的.

**定理 4.7** 实数集 $\mathbf{R}$ 不可数.

**证明** 要证明实数集 $\mathbf{R}$ 不可数,只需证明区间 $(0,1]$ 中的点不可数.即:只需证明区间 $(0,1]$ 中的点与正整数之间不存在一一对应关系.在十进制下,0与1之间的每个实数都可以写成 $0.p_1p_2p_3\cdots$ 这种形式的无限小数,并约定将有理数写成无限小数,如 $1/2=0.499\,9\cdots$.假设实数集 $(0,1]$ 是可数的,将其元素全部枚举出来,得到序列

$$a_1,\ a_2,\ a_3,\ \cdots,\ a_n,\ \cdots \tag{1}$$

于是正整数集与实数集 $(0,1]$ 之间可构成一一对应:

$$\begin{array}{l} 1\leftrightarrow a_1=0.p_{11}p_{12}p_{13}\cdots \\ 2\leftrightarrow a_2=0.p_{21}p_{22}p_{23}\cdots \\ \quad\vdots \\ i\leftrightarrow a_i=0.p_{i1}p_{i2}p_{i3}\cdots p_{ii}\cdots \\ \quad\vdots \end{array} \tag{2}$$

现在构造一个数 $b=0.b_1b_2\cdots b_i\cdots$,其中

$$b_i=\begin{cases}5, & 当\ p_{ii}\neq 5\ 时,\\ 4, & 当\ p_{ii}=5\ 时.\end{cases}$$

则 $b$ 是 0 与 1 之间的其数字都是 4 或 5 的一个无限小数，并且它的第 $i$ 位数字 $b_i\neq p_{ii}$，所以 $b$ 与(1)式中的任何一个数都不相等. 这就是说，数列(1)并没有把(0, 1]中的数枚举完. 因此，假设(0,1]可数是错误的. 故区间(0,1]不可数.

需要注意：①在上述证明中，康托尔在构造数 $b$ 时，那里的数字 4 和 5 并不起什么特殊的作用，只使用了 $b$ 的一种性质，即：$b$ 的第 $i$ 位数字 $b_i$ 与(1)式中的第 $i$ 个数的第 $i$ 位数字 $p_{ii}$ 不同. 其实，与 $p_{ii}$ 不同的其余九个数字都可以作为 $b_i$. 在证明中起决定作用的是对角线上的数字 $p_{ii}$. 这种证明方法称为康托尔对角线法或者否定型的对角线法. ②上述论证过程，也可以用集合论的语言来描述. 假设(0,1]中的实数可数，不妨假设

$$(0,1]=\{a_1,a_2,a_3,\cdots,a_n,\cdots\},$$

其中：$a_i=0.p_{i1}p_{i2}\cdots p_{ij}\cdots, p_{ij}\in\{0,1,2,\cdots,9\}, i,j\in\mathbf{N}$.

现在，分别构造集合 $A$ 和数 $b$ 如下：

$$A=\{a\,|\,a=0.a_1a_2\cdots a_i\cdots\wedge a_i\neq p_{ii}\wedge 0\leqslant a_i\leqslant 9\wedge i\in\mathbf{N}\},$$

$$b=0.b_1b_2b_3\cdots b_i\cdots\wedge i\in\mathbf{N}\wedge 0\leqslant b_i\leqslant 9.$$

于是，$b\in A$ 当且仅当 $b_i\neq p_{ii}(i\in\mathbf{N})$.

因此，$A\neq\varnothing$ 并且 $A\subseteq(0,1]$，但 $A\neq(0,1]$. 因为 $b$ 是 $A$ 不等于(0,1]中任意数的一个证据. 所以，所有(0,1]中的数可以排列成 $a_1,a_2,\cdots,a_n,\cdots$ 的假设是错误的. 故(0,1]中的实数不可数. ③为什么人们把上面的论证方法叫做对角线方法呢？这是因为直线 $y=x$ 在二维直角坐标系中代表一、三象限的对角线，而有序对 $\langle x,x\rangle(x\in\mathbf{R})$ 在二维直角坐标系中是直线 $y=x$ 上的点. 因此，对任意的 $x\in\mathbf{R}$，$\langle x,x\rangle$ 就是一、三象限的对角线上的点. 按照这种分析，我们可以把(2)式中的实数写成如下的形式：

| 0 | 1 | 2 | 3 | ⋯ |
|---|---|---|---|---|
| 1 | $p_{11}$ | $p_{12}$ | $p_{13}$ | ⋯ |
| 2 | $p_{21}$ | $p_{22}$ | $p_{23}$ | ⋯ |
| 3 | $p_{31}$ | $p_{32}$ | $p_{33}$ | ⋯ |
| ⋮ | ⋮ | ⋮ | ⋮ | |

因此，$p_{ii}$ 所在的位置可以记作 $\langle i,i\rangle$. $p_{ij}$ 所在的位置记作 $\langle i,j\rangle$(当 $i\neq j$ 时)，$b_i(i=1,2,\cdots)$是 0～9 之间的数并且不等于对角线上的元素 $p_{ii}$.

根据上面的分析，我们可以总结出采用对角线方法证明问题的步骤. 第一

步:枚举.把我们要处理的对象(比如:自然数、集合、函数等)枚举出来.如前面的枚举:

$$a_1,\ a_2,\ a_3,\ \cdots,\ a_n,\ \cdots.$$

第二步:按照一定的关系列出一边是枚举对象,另一边是相关的对象而得到的坐标系.第三步:在坐标系的对角线位置上取否定而得到所需要的东西,即上面的数 $b$.

**定义 4.9** 设有两个集合 $A$ 和 $B$.如果存在一个从 $A$ 到 $B$ 的双射 $f$,那么称 $A$ 和 $B$ 等势,记作 $\overline{\overline{A}}=\overline{\overline{B}}$,并称 $A$ 与 $B$ 是一一对应的.

**例 4.8** 设 $A=\{a,b,c\}$,$B=\{1,2,3\}$,则 $\overline{\overline{A}}=\overline{\overline{B}}$.因为设 $f=\{\langle a,1\rangle,\langle b,2\rangle,\langle c,3\rangle\}$,则 $f$ 是 $A$ 到 $B$ 的一个双射,所以 $\overline{\overline{A}}=\overline{\overline{B}}$.此处 $f$ 是 $A$ 与 $B$ 之间的一个一一对应.除 $f$ 之外,$A$ 与 $B$ 之间还存在其他双射.例如,$f'=\{\langle a,1\rangle,\langle b,3\rangle,\langle c,2\rangle\}$,显然,$f'$ 也是 $A$ 到 $B$ 的一个双射.所以,$A$ 与 $B$ 之间的一一对应不是唯一的.

**例 4.9** 令 $X=\{1,2,3,\cdots,n,\cdots\}$,$Y=\{1,4,9,\cdots,n^2,\cdots\}$,则 $\overline{\overline{X}}=\overline{\overline{Y}}$.事实上,显然 $f(n)=n^2$ 是从集合 $X$ 到集合 $Y$ 的一个双射,故 $\overline{\overline{X}}=\overline{\overline{Y}}$.如下所示:

$$\begin{array}{lccccccc} X: & 1, & 2, & 3, & 4, & \cdots, & n, & \cdots \\ & \updownarrow & \updownarrow & \updownarrow & \updownarrow & & \updownarrow & \\ Y: & 1, & 4, & 9, & 16, & \cdots, & n^2, & \cdots \end{array}$$

例 4.9 回答了伽利略的问题.同时也说明,正整数集合能与它的一个真子集一一对应.这也是无限集的一个特点.

**定义 4.10** 如果集合 $A$ 与集合 $B$ 的一个真子集能构成一一对应,但 $B$ 与 $A$ 的任一真子集都不能构成一一对应,那么我们说 $A$ 的势小于 $B$ 的势,记作 $\overline{\overline{A}}<\overline{\overline{B}}$.当存在 $A$ 到 $B$ 的单射时,我们只能说 $A$ 的势不大于 $B$ 的势,记作 $\overline{\overline{A}}\leqslant\overline{\overline{B}}$.

对于有限集合来说,势就是它所包含的元素的数目,并且当 $A$ 是 $B$ 的真子集时,根据"整体大于部分"这一原则,必有 $\overline{\overline{A}}<\overline{\overline{B}}$.但是对无限集合来说,这一原则失效.要想比较两个无限集所含元素的"多少",就必须利用势的概念.

集合之间的等势关系满足等价关系的条件.即,等势具有下面的性质:

(1) $\overline{\overline{A}}=\overline{\overline{A}}$;

(2) 如果 $\overline{\overline{A}}=\overline{\overline{B}}$,则 $\overline{\overline{B}}=\overline{\overline{A}}$;

(3) 如果 $\overline{\overline{A}}=\overline{\overline{B}}$ 并且 $\overline{\overline{B}}=\overline{\overline{C}}$,则 $\overline{\overline{A}}=\overline{\overline{C}}$.

这些性质的证明留作练习.

最后,我们以康托尔定理来结束本章的讨论.

**定理 4.8**(康托尔定理,1891) 对于任一集合 $A$,都有 $\overline{\overline{A}}<\overline{\overline{P(A)}}$.

**证明**　分两步来证明它.第一步证明$\overline{\overline{A}}\leqslant\overline{\overline{P(A)}}$,第二步证明$\overline{\overline{A}}<\overline{\overline{P(A)}}$.

第一步:对于任一$x\in A$,令$f(x)=\{x\}$.当$x_1\neq x_2$时,有$\{x_1\}\neq\{x_2\}$,即$f(x_1)\neq f(x_2)$.所以$f$是$A$到$P(A)$的一个单射函数.因此$\overline{\overline{A}}\leqslant\overline{\overline{P(A)}}$.

第二步:用反证法.假定$\overline{\overline{A}}=\overline{\overline{P(A)}}$,则必存在一双射函数$g:A\to P(A)$,对于任一$x\in A$,$g(x)\in P(A)$,即$g(x)\subseteq A$.现在我们考察这一$x$是否属于$g(x)$.其实,$x$可能属于$g(x)$,也可能不属于$g(x)$.令

$$A_0=\{x\mid x\in A\text{ 并且 }x\notin g(x)\}.\qquad(*)$$

显然$A_0\subseteq A$.因为$g$是双射函数,所以在$A$中必有一元素$y$使得$g(y)=A_0$.我们要问:$y\in A_0$吗?若$y\in A_0$,由(*)可得$y\notin g(y)$.但是,由$y$的定义,$A_0=g(y)$,所以,得$y\notin A_0$.若$y\notin A_0$,由$A_0=g(y)$,可得$y\notin g(y)$.但由(*)可得$y\in A_0$.不论$y$是否属于$A_0$,都将导致矛盾.因此,这样的双射函数$g$不存在,故$\overline{\overline{A}}<\overline{\overline{P(A)}}$.

### 1.4.4　练习

1.下列关系中哪些能构成函数?

(1)$F_1=\{\langle x_1,x_2\rangle\mid x_1,x_2\in\mathbf{Z}^+\text{ 并且 }x_1+x_2<20\}$,其中$\mathbf{Z}^+$为正整数集合;

(2)$F_2=\{\langle y_1,y_2\rangle\mid y_1,y_2\in\mathbf{R}\text{ 并且 }y_2=|y_1|\}$,其中$\mathbf{R}$为实数集合;

(3)$F_3=\{\langle z_1,z_2\rangle\mid z_1,z_2\in\mathbf{R}\text{ 并且 }z_2=\sqrt{z_1}\}$.

2.求下列各关系的定义域和值域,并指出它们中的哪些是函数.

(1)$R_1=\{\langle 1,\langle 2,3\rangle\rangle,\langle 2,\langle 3,4\rangle\rangle,\langle 3,\langle 1,4\rangle\rangle,\langle 4,\langle 1,4\rangle\rangle\}$;

(2)$R_2=\{\langle 1,\langle 2,3\rangle\rangle,\langle 2,\langle 3,4\rangle\rangle,\langle 3,\langle 3,2\rangle\rangle\}$;

(3)$R_3=\{\langle 1,\langle 2,3\rangle\rangle,\langle 2,\langle 3,4\rangle\rangle,\langle 1,\langle 2,4\rangle\rangle\}$;

(4)$R_4=\{\langle 1,\langle 2,3\rangle\rangle,\langle 2,\langle 2,3\rangle\rangle,\langle 3,\langle 2,3\rangle\rangle\}$.

3.设$f:A\to B$,$g:A\to B$,并且$f\cap g\neq\varnothing$,问$f\cap g$和$f\cup g$一定是函数吗?证明你的结论.

4.构造一个函数:

(1)从1到1;　(2)从0到1;　(3)从$2\times3$到6,从6到$2\times3$两个双射.

5.令$B^A=\{f\mid f:A\to B\}$,构造下面的集合:

(1)$2^3$;　(2)$3^2$;　(3)$2^0$;　(4)$0^2$;　(5)$0^0$;

(6)$1^0$;　(7)$1^1$;　(8)$0^1$;　(9)$2^1$;　(10)$1^2$.

6.下列函数中哪些是单射?哪些是满射?哪些是双射?

(1)$f:\mathbf{N}\to\mathbf{N}$,$f(n)=n^2+2$;

(2)$f:\mathbf{N}\to\mathbf{N}$,$f(n)=n$ 除以 3 的余数;

(3)$f:\mathbf{N}\to\mathbf{N}$,$f(n)=\begin{cases}1, & n\text{ 为奇数};\\ 0, & n\text{ 为偶数};\end{cases}$

(4)$f:\mathbf{N}\to\mathbf{N}$,$f(n)=\begin{cases}0, & n=4k;\\ 1, & n=4k+1;\\ 2, & n=4k+2;\\ 3, & n=4k+3;\end{cases}\quad k\in\mathbf{N}.$

7. 对于下面的每一对集合 $A$ 和 $B$,构造一个从 $A$ 到 $B$ 的双射.

(1)$A=\{1,2,3\}$,$B=\{a,b,c\}$;

(2)$A=P(\{a,b,c\})$,$B=\{f\mid f:\{a,b,c\}\to\{0,1\}$ 的映射$\}$.

8. 设 $f:A\to B$ 是函数,$R$ 是 $A$ 上的关系,并且满足:$\langle a,b\rangle\in R$ 当且仅当 $f(a)=f(b)$. 证明 $R$ 是 $A$ 上的等价关系(我们称 $R$ 是由函数 $f$ 导出的等价关系).

9. 设 $f:\mathbf{R}\to\mathbf{R}$ 并且 $f(x)=x+3$,$g:\mathbf{R}\to\mathbf{R}$ 并且 $g(x)=2x+1$,$h:\mathbf{R}\to\mathbf{R}$并且 $h(x)=x/2$. 试求:$g\circ f$,$f\circ g$,$f\circ f$,$g\circ g$,$f\circ h$,$h\circ g$,$h\circ f$,$f\circ h\circ g$ 的函数表达式.(这里 $\mathbf{R}$ 是实数集)

10. 设 $f,g,h$ 都是 $\mathbf{N}$ 到 $\mathbf{N}$ 的函数,并且 $f(n)=n+1$,$g(n)=2n$,$h(n)=\begin{cases}0, & n\text{ 为偶数};\\ 1, & n\text{ 为奇数},\end{cases}$ 试求:$f\circ f$,$f\circ g$,$g\circ f$,$h\circ g$,$f\circ g\circ h$ 的函数表达式.

11. 证明:若 $A,B$ 为有限集,则 $A\times A$,$A^B$ 也是有限集.

12. 用康托尔对角线方法证明:自然数的一切子集的个数比自然数集的元素的个数要多.

13. 证明:如果 $\overline{\overline{A}}=\overline{\overline{B}}$,则$\overline{\overline{P(A)}}=\overline{\overline{P(B)}}$.

# 第二章　命题和命题形式

本章我们将介绍命题逻辑中的一些基本概念和方法. 这些内容是以后各章的基础.

## 第一节　命题　真值联结词

### 2.1.1　简单命题及复合命题

人们对事物的了解及人的知识,通常是用一种陈述性的语句表示出来的,例如:

雪是白的.

7 是偶数.

北京是中华人民共和国的首都.

这些都可以算是知识,表示知识的陈述性语句称为命题. 凡与客观情况相符合的命题称为真命题,凡与客观情况不相符合的命题称为假命题.

**定义 1.1**　一个有真假的陈述(或语句)称为命题.

在上面的命题中,"雪是白的"与客观事实相符合,我们说它是一个真命题. 而"7 是偶数"与客观事实不符,我们说它是一个假命题. 最后一个命题也是符合客观事实的,所以,它也是一个真命题.

如果我们用字母 $p$,$q$ 等表示命题,并称它们为命题变项,简称变项. 那么,$p$ 可以表示"雪是白的",也可以表示"7 是偶数",命题变项取值的集合是{真,假}——真值集. 即真和假统称为真值. 亦即真是真值,假也是真值. 如果一个命题能正确反映客观世界,它就是真命题并取真值. 否则,它就是假命题并取假值. 在下面的讨论中,我们将撇开命题的其他属性,只把命题看成或真或假的语句.

**定义 1.2**　一个命题,如果其中不再包含其他的命题成分,那么就称它为一个简单命题.

例如,在前面所列举的几个命题中,“雪是白的”、“7 是偶数”等都是简单命题.

**定义 1.3** 一个命题,如果其中至少包含有一个其他命题,那么就称它为复合命题.组成复合命题的那些命题叫做复合命题的支命题.

例如,“雪是白的并且 5 是偶数”,“并非 3 是偶数”等等,这些都是复合命题.前一个例子中含有两个简单命题或两个支命题.即“雪是白的”和“5 是偶数”.后面的例子中含有一个简单命题或一个支命题,即“3 是偶数”.

**定义 1.4** 把几个支命题联结起来从而构成一个复合命题的词项叫做逻辑联结词,简称为联结词.

在前面的讨论中所使用的联结词有:

……并且……,

并非…….

在本书中,我们经常使用的联结词还有:

……或(者)……;

如果……,则……;

……当且仅当…….

命题有真有假,简单命题的真假决定于它是否如实地反映了客观世界,复合命题的真假也是如此.但是,复合命题是由支命题组成的,支命题的真假完全可以决定复合命题的真假.因此,在下面的例子中:

2 是素数并且 3 也是素数;

2 是素数并且 3 是偶数.

如果用 $p$ 表示“2 是素数”,$q$ 表示“3 是素数”,那么“2 是素数并且 3 是素数”可以表示成“$p$ 并且 $q$”.在形如“$p$ 并且 $q$”这样的复合命题中,只有当两个支命题 $p$ 和 $q$ 都真时,$p$ 并且 $q$ 才真;只要 $p$ 与 $q$ 中有一个为假,$p$ 并且 $q$ 都为假.因此,“2 是素数并且 3 也是素数”是真命题,而“2 是素数并且 3 是偶数”是假命题.但是,在下面的例子中:

2 是偶数或者 3 是素数, (1)

2 是素数或者 3 是偶数, (2)

2 是合数或者 3 是合数. (3)

如果仍然用 $p$ 表示“2 是素数”,$q$ 表示“3 是素数”,那么,“2 是偶数或者 3 是素数”可以表示成“$p$ 或者 $q$”.在形如“$p$ 或者 $q$”这样的复合命题中,只有当两个支命题 $p$ 和 $q$ 都假时,$p$ 或者 $q$ 才假.只要 $p$ 与 $q$ 中有一个为真,$p$ 或者 $q$ 就为真.

需要注意的是:逻辑中所使用的联结词,可以用某种自然语言来表述,但它决不等同于任何一种自然语言里有关的词. 例如,汉语. 在汉语里说“甲和乙有了孩子,并且结婚了”,与说“甲和乙结婚了,并且有了孩子”含义有所不同. 在汉语里,“并且”作为联结词,它联结的句子不仅有递进的意思,还有时间的先后顺序. 但是,逻辑中所使用的联结词仅仅与命题的真假有关.

为什么要这样做呢? 就是为了要实现莱布尼茨的设想,把哲学家们争论的问题,变成数学计算. 然而,哲学家争论的问题都是用自然语言描述出来的一些具体语句,数学计算却不是. 人们在做 2+3=5 这道算术题时,是不考虑 2 和 3 所代表的具体内容的. 也就是说,不考虑 2 是表示两个苹果,还是表示两个人. 不过,只有当 2 和 3 是同名数时,才能相加. 这样一来,就需要对用自然语言表示的语句进行抽象,对联结词也进行抽象. 把命题抽象成只含真假的简单命题,把联结词看作两个命题之间的一种运算,这样的运算其结果还是命题,这个命题仍具有真假性,并且这个命题的真假性依赖于它所联结的两个(或一个)命题的真假,以及联结词的功能. 例如,在前面的例子中,我们把“2 是素数并且 3 是素数”表示成“$p$ 并且 $q$”. 把“2 是偶数或者 3 是素数”表示成“$p$ 或者 $q$”. 反过来,我们也可以把“$p$ 并且 $q$”中的 $p$ 解释成:“北京是中国的一个城市”,$q$ 解释成“上海也是中国的一个城市”. 因此,“$p$ 并且 $q$”表示“北京是中国的一个城市并且上海也是中国的一个城市”. 但是,以后我们将完全撇开命题所表示的具体内容,只从真假的角度对命题进行运算. 换句话说,我们不考虑 $p$ 和 $q$ 等可以代表什么样的具体命题,只把它们作为命题变项来使用. 于是,我们规定:

**定义 1.5**　反映复合命题与支命题之间真假关系的联结词又称为真值联结词. 在不混淆的情况下,也简称联结词.

为了避免混淆,我们约定用特定的符号来表达真值联结词. 用“$\wedge$”表示与“……并且……”相当的真值联结词,用“$\vee$”、“$\rightarrow$”和“$\leftrightarrow$”分别表示与“……或……”、“如果……,那么……”和“……当且仅当……”相当的真值联结词. 用“$\neg$”表示与“并非”相当的真值联结词.

### 2.1.2　五个基本的真值联结词

**定义 1.6**　由真值联结词构成的复合命题的形式结构叫做真值形式(或命题形式).

例如,复合命题“$p$ 或 $q$”的真值形式一般记作($p \vee q$),其中 $\vee$ 是真值联结词,$p$ 和 $q$ 表示命题变项,它们是复合命题($p \vee q$)的支命题. 真值形式也可以用

图表来说明.这种表叫做真值表.复合命题($p\vee q$)的真值表如下:

| | $p$ | $q$ | ($p\vee q$) |
|---|---|---|---|
| (1) | 真 | 真 | 真 |
| (2) | 真 | 假 | 真 |
| (3) | 假 | 真 | 真 |
| (4) | 假 | 假 | 假 |

在上表中,第(1)行表示:当命题变项 $p$ 和 $q$ 都取真值真时,复合命题($p\vee q$)的值为真;第(2)行表示:当命题变项 $p$ 取真值真,$q$ 取真值假时,复合命题($p\vee q$)的值为真;第(3)行表示:当命题变项 $p$ 取真值假,$q$ 取真值真时,复合命题($p\vee q$)的值为真;第(4)行表示:当命题变项 $p$ 取真值假,$q$ 取真值假时,复合命题($p\vee q$)的值为假.从复合命题($p\vee q$)的真值表可以看出:一个复合命题(即真值形式)的真假,完全可以由其支命题的真假来确定.

在日常语言里,断定"$p$ 或 $q$"时,一般总先要断定 $p$ 和 $q$ 两种可能中的任一种.如果 $p$ 和 $q$ 中有一个可能已经被断定了,人们往往不会再做"$p$ 或 $q$"这样的断定.例如,我们已经知道 4 是偶数.因此,一般不会再说"4 是偶数或者 4 是奇数".只有在人们既不能断定 4 是偶数,也不能断定 4 是奇数时,才会说"4 是偶数或者 4 是奇数".但是,逻辑允许在已知"$1<2$"真而"$1=2$"假的同时也承认"$1<2$ 或者 $1=2$"为真,即在"$1\leqslant 2$"的意义上使用"或者".应该注意,断定"$1\leqslant 2$"并不导致既断定"$1<2$"又断定"$1=2$".另外,由于算术加法只允许同名数的量相加,也就是说,2 个苹果+3 个苹果=5 个苹果,但 2 个苹果和 3 个梨不能相加,因此,两个毫不相干的命题,我们是不会用真值联结词联结起来作为我们讨论的对象.例如,我们不会把($p\vee q$)解释成"$2+4=4$ 或者血是红的".总之,我们使用($p\vee q$)的意义与算术中 $x+y$ 的意义相当.

在本书中,经常用到的真值联结词一共有五个.它们是:否定词$\neg$,合取词$\wedge$,析取词$\vee$,蕴涵词$\rightarrow$,等值词$\leftrightarrow$.除合取词和析取词之外,其他几个联结词与日常语言中对应的联结词之间也是有区别的,其区别我们不再讨论.有时我们也称这五个联结词为基本的真值联结词.由它们构成的真值形式分别叫做否定式、合取式、析取式、蕴涵式和等值式.下面是对这五个基本真值联结词和它们所对应的真值形式的一些说明.

否定式$\neg p$:读作"并非 $p$"或者"非 $p$".它是 $p$ 这一命题的否定命题.由于这个真值联结词只联结一个命题变项,从复合命题的角度考虑,这是一种特殊情况,它只是一个命题的"复合".所以,有时我们称$\neg$为一元真值联结词.它的真值表如下:

| $p$ | $\neg p$ |
|---|---|
| 真 | 假 |
| 假 | 真 |

(1)

从表(1)中可以看出：$\neg p$ 是 $p$ 的否定，反之，$p$ 也是 $\neg p$ 的否定. 因为 $p$ 真则 $\neg p$ 假，$p$ 假则 $\neg p$ 真.

合取式($p \wedge q$)：读作"$p$ 并且 $q$"，它相当于"$p$ 并且 $q$"这一复合命题. 由于它联结两个命题变项，所以，我们称 $\wedge$ 为一个二元的真值联结词. 它的真值表如下：

| $p$ | $q$ | $(p \wedge q)$ |
|---|---|---|
| 真 | 真 | 真 |
| 真 | 假 | 假 |
| 假 | 真 | 假 |
| 假 | 假 | 假 |

(2)

从表(2)中可以看出：如果 $p$ 和 $q$ 都真，则合取式($p \wedge q$)的值为真，在其他情况下，合取式($p \wedge q$)的值都是假的.

析取式($p \vee q$)：读作"$p$ 或 $q$"，它相当于"$p$ 或 $q$"这一复合命题. "或"一词的含义在日常语言里，有时表达相容的析取，有时表达不相容的析取. 这里我们采用相容的析取. $\vee$ 也是一个二元真值联结词，它的真值表前面已经详细讨论过，这里不再重述.

蕴涵式($p \rightarrow q$)：读作"如果 $p$，那么 $q$"或者"$p$ 蕴涵 $q$". 值得注意的是，符号 $\rightarrow$ 也叫实质蕴涵. 它也是一个二元联结词. 它的真值表如下：

| $p$ | $q$ | $(p \rightarrow q)$ |
|---|---|---|
| 真 | 真 | 真 |
| 真 | 假 | 假 |
| 假 | 真 | 真 |
| 假 | 假 | 真 |

(3)

从表(3)中可以看出：只是当 $p$ 真而 $q$ 假时，真值形式($p \rightarrow q$)的值才假. 在其他情况下，($p \rightarrow q$)的值都真. 在这个表中，一般人对于前两个结论(即(真→真)的值为真，(真→假)的值为假)是能够接受的. 但对于后两行的结论(假→真)的值为真和(假→假)的值为真总会产生一些怀疑. 因为对命题($p \rightarrow q$)来说：如果 $p$ 为真，则 $q$ 为真. 对于 $p$ 为假的情况，它什么也没说. 那么这个命题的后两种结论是从哪里来的呢？实际上这些结论在古希腊的逻辑学家那里就已经有了. 他们研究过($p \rightarrow q$)形式的蕴涵关系，并把它定义为($\neg p \vee q$). 下面的真值表告诉我们:$(p\to q)$和$(\neg p\vee q)$的真值完全一样.

| $p$ | $\neg p$ | $q$ | $(p\to q)$ | $(\neg p\vee q)$ |
|---|---|---|---|---|
| 真 | 假 | 真 | 真 | 真 |
| 真 | 假 | 假 | 假 | 假 |
| 假 | 真 | 真 | 真 | 真 |
| 假 | 真 | 假 | 真 | 真 |

从那时起,$(p\to q)$的这个定义就一直被延用了下来.有什么道理吗?没有很多道理,只是因为人们感到这样的定义是严格的,用起来也很方便.例如,在著名逻辑家罗素和怀特海的《数学原理》一书中,就以这个定义为主要工具来表达数学基础.当然它也不是没有一点问题,但关于这些问题的讨论已超出了本书的内容,有兴趣的读者可参看文献[13]和[14].

等值式$(p\leftrightarrow q)$:读作"$p$ 等值于 $q$"或者"$p$ 当且仅当 $q$".它表示 $p$ 和 $q$ 的真值相等,即同真同假.它相当于日常语言中使用的"如果 $p$ 则 $q$,如果非 $p$ 则非 $q$",它也是一个二元真值联结词.它的真值表如下:

| $p$ | $q$ | $(p\leftrightarrow q)$ |
|---|---|---|
| 真 | 真 | 真 |
| 真 | 假 | 假 |
| 假 | 真 | 假 |
| 假 | 假 | 真 |

(4)

从表(4)中可以看出:当 $p$ 和 $q$ 同真,或 $p$ 和 $q$ 同假时,等值式$(p\leftrightarrow q)$的值均为真.在其他情况下,即 $p$ 和 $q$ 取真假不同的值时,$(p\leftrightarrow q)$的值为假.

在这里,我们主要说明了什么是真值形式和真值联结词,并定义了:

(1)五个基本的真值联结词,其中一元真值联结词只有一个,它是$\neg$(否定);二元真值联结词有四个,它们是:$\wedge$(合取),$\vee$(析取),$\to$(蕴涵)和$\leftrightarrow$(等值).

这里,需要注意的是:我们在使用这五个基本的真值联结词$\neg$、$\vee$、$\wedge$、$\to$和$\leftrightarrow$时,仅仅把它们作为联结一个或两个命题变项的运算符号来使用,而运算的结果是由它们的真值表决定的.在这个意义上,我们也可以称$\neg$是一个一元运算,而$\vee$、$\wedge$、$\to$和$\leftrightarrow$都是二元运算.而且这五个运算符号关于命题的运算其结果是封闭的和唯一的.这相当于$+$(加法)、$\times$(乘法)关于自然数的运算是封闭的.但是,$-$(减法)和$\div$(除法)关于自然数的运算是不封闭的.所以,在自然数上,我们只能进行加法和乘法的运算,在有理数上,我们可以进行加、减、乘和除四种运算.现在,在命题上我们定义了五种运算.这朝着数理逻辑的创始人莱布尼茨的设想迈出了一大步.

(2)五个基本的真值形式,它们是与上面的五个基本真值联结词对应的,其中包括:$\neg p$(否定式),$(p\wedge q)$(合取式),$(p\vee q)$(析取式),$(p\rightarrow q)$(蕴涵式)和$(p\leftrightarrow q)$(等值式).

它们是五个非常重要的真值形式,也是数理逻辑里五个极为重要的命题形式.为了便于比较,现将它们的真值表合并如下:

| $p$ | $q$ | $\neg p$ | $(p\wedge q)$ | $(p\vee q)$ | $(p\rightarrow q)$ | $(p\leftrightarrow q)$ |
|---|---|---|---|---|---|---|
| 真 | 真 | 假 | 真 | 真 | 真 | 真 |
| 真 | 假 | 假 | 假 | 真 | 假 | 假 |
| 假 | 真 | 真 | 假 | 真 | 真 | 假 |
| 假 | 假 | 真 | 假 | 假 | 真 | 真 |

### 2.1.3　初始联结词

2.1.2节中给出了五个基本的真值联结词.一般情况下,在使用时并不需要这么多的真值联结词.我们在它们中间可以选取2～4个,剩下的几个可以由它们定义(表示)出来.但不是任意选取都可以的.具有这种功能的联结词,称为初始联结词,并称初始联结词的集合是完备的.含有两个初始联结词的完备集有:$\{\neg,\vee\}$,$\{\neg,\wedge\}$,$\{\neg,\rightarrow\}$.例如,当选用$\neg$和$\wedge$作为初始真值联结词时,那么$\vee$,$\rightarrow$和$\leftrightarrow$可分别定义如下:

$$(p\vee q)=\mathrm{df}\neg(\neg p\wedge\neg q);$$

$$(p\rightarrow q)=\mathrm{df}\neg(p\wedge\neg q);$$

$$(p\leftrightarrow q)=\mathrm{df}((p\rightarrow q)\wedge(q\rightarrow p)).$$

通过作真值表,不难看出这样定义的$\wedge$,$\rightarrow$和$\leftrightarrow$与前面给出的$\wedge$,$\rightarrow$和$\leftrightarrow$的含义完全相同.如:

| $p$ | $q$ | $\neg p$ | $\neg q$ | $(\neg p\wedge\neg q)$ | $\neg(\neg p\wedge\neg q)$ | $(p\vee q)$ |
|---|---|---|---|---|---|---|
| 真 | 真 | 假 | 假 | 假 | 真 | 真 |
| 真 | 假 | 假 | 真 | 假 | 真 | 真 |
| 假 | 真 | 真 | 假 | 假 | 真 | 真 |
| 假 | 假 | 真 | 真 | 真 | 假 | 假 |

| $p$ | $q$ | $\neg q$ | $(p\wedge\neg q)$ | $\neg(p\wedge\neg q)$ | $(p\rightarrow q)$ |
|---|---|---|---|---|---|
| 真 | 真 | 假 | 假 | 真 | 真 |
| 真 | 假 | 真 | 真 | 假 | 假 |
| 假 | 真 | 假 | 假 | 真 | 真 |
| 假 | 假 | 真 | 假 | 真 | 真 |

| $p$ | $q$ | $(p\rightarrow q)$ | $(q\rightarrow p)$ | $((p\rightarrow q)\wedge(q\rightarrow p))$ | $(p\leftrightarrow q)$ |
|---|---|---|---|---|---|
| 真 | 真 | 真 | 真 | 真 | 真 |
| 真 | 假 | 假 | 真 | 假 | 假 |
| 假 | 真 | 真 | 假 | 假 | 假 |
| 假 | 假 | 真 | 真 | 真 | 真 |

从上面的真值表可以看出,对于 $p,q$ 的不同取值,$\neg(\neg p\wedge\neg q)$与$(p\rightarrow q)$的值是完全一致的.其他两个真值联结词也同样.

如果选用$\neg$和$\rightarrow$作为初始真值联结词,那么$\vee$,$\wedge$和$\leftrightarrow$可分别定义如下:

$$(p\wedge q)=\mathrm{df}\neg(p\rightarrow\neg q);$$

$$(p\vee q)=\mathrm{df}(\neg p\rightarrow q);$$

$$(p\leftrightarrow q)=\mathrm{df}((p\rightarrow q)\wedge(q\rightarrow p)).$$

同样可以用真值表的方法来验证$\wedge$,$\vee$和$\leftrightarrow$的含义与上面规定的含义完全一致.

如果选用$\neg$和$\vee$作为初始真值联结词,那么$\wedge$,$\rightarrow$和$\leftrightarrow$的定义以及用真值表的验证,留给读者完成.

上面给出了由两个元素组成的完备的真值联结词的集合.现在我们问:是否有一个真值联结词它是功能完备的?答案是:有.并且这样的真值联结词一共有两个.一个记作"|",它的定义如下:

$$(p|q)=\mathrm{df}\neg(p\wedge q).$$

其真值表为:

| $p$ | $q$ | $(p\vert q)$ |
|---|---|---|
| 真 | 真 | 假 |
| 真 | 假 | 真 |
| 假 | 真 | 真 |
| 假 | 假 | 真 |

用符号"|"定义$\neg$和$\vee$如下:

$$\neg p=\mathrm{df}(p|p);$$

$$(p\vee q)=\mathrm{df}(p|p)\big|(q|q).$$

相应的真值表为:

| $p$ | $(p\vert p)$ |
|---|---|
| 真 | 假 |
| 假 | 真 |

| $p$ | $q$ | $(p\mid p)$ | $(q\mid q)$ | $(p\mid p)\mid(q\mid q)$ |
|---|---|---|---|---|
| 真 | 真 | 假 | 假 | 真 |
| 真 | 假 | 假 | 真 | 真 |
| 假 | 真 | 真 | 假 | 真 |
| 假 | 假 | 真 | 真 | 假 |

另一个记作“↓”，其定义如下：

$$(p\downarrow q)=\mathrm{df}(\neg p\wedge\neg q).$$

它的真值表为：

| $p$ | $q$ | $(p\downarrow q)$ |
|---|---|---|
| 真 | 真 | 假 |
| 真 | 假 | 假 |
| 假 | 真 | 假 |
| 假 | 假 | 真 |

用符号“↓”定义¬和∨如下：

$$\neg p=\mathrm{df}(p\downarrow p);$$

$$(p\vee q)=\mathrm{df}(p\downarrow q)\downarrow(p\downarrow q).$$

相应的真值表为：

| $p$ | $(p\downarrow p)$ |
|---|---|
| 真 | 假 |
| 假 | 真 |

| $p$ | $q$ | $(p\downarrow q)$ | $(p\downarrow q)\downarrow(p\downarrow q)$ |
|---|---|---|---|
| 真 | 真 | 假 | 真 |
| 真 | 假 | 假 | 真 |
| 假 | 真 | 假 | 真 |
| 假 | 假 | 真 | 假 |

由上面的真值表可以看出，用符号“|”和“↓”按前面分别定义的¬和∨是与前面规定的¬和∨的含义相一致的.由于¬和∨能分别用符号“|”或“↓”来表示，从而∧，→和↔也可分别用符号“|”或“↓”来表示.

从理论上讲，我们可以只用一个完备的真值联结词作为初始真值联结词.但是，实际上我们并不使用一个符号“|”或“↓”作为初始真值联结词.这是因为，从$(p\vee q)$被定义为$(p\downarrow q)\downarrow(p\downarrow q)$的表达式可以看出，表达式比较长，这不便于

阅读和理解.为了方便起见,通常的办法是先选用两个(常用的是选用$\neg$和$\vee$或者$\neg$和$\rightarrow$)或三个(即:$\neg$,$\vee$和$\wedge$)真值联结词作为初始真值联结词,并将其他三个或两个真值联结词用定义的形式给出.这一形式在使用时作为相应符号组的一种缩写形式.如:当取$\neg$,$\vee$作为初始联结词时,$(p\wedge q)$被定义为$\neg(\neg p\vee\neg q)$,通常将$(p\wedge q)$作为$\neg(\neg p\vee\neg q)$的一种缩写形式.如果将$\neg$,$\wedge$作为初始联结词,$(p\vee q)$被定义为$\neg(\neg p\wedge\neg q)$,因此,$(p\vee q)$可以作为$\neg(\neg p\wedge\neg q)$的一种缩写形式.

### 2.1.4 练习

1.指出下面哪些语句是命题.

(1)逻辑不是枯燥无味的.

(2)请勿吸烟!

(3)这是陈宏的笔吗?

(4)请进!

(5)天下乌鸦一般黑.

(6)这道题真难!

(7)他诞生于1810年.

(8)一个三角形或是锐角三角形,或是钝角三角形,或是直角三角形.

(9)不要随地吐痰!

(10)您到过北京西客站吗?

(11)如果今天是星期一,那么明天是星期二.

(12)多么快乐呀!

(13)太棒了!

(14)香山比泰山高.

(15)凡实数均能比较大小.

(16)那不是他的书.

(17)他叫我尽快走.

(18)母亲嘱咐我把棉衣带给妹妹.

(19)(时间不早了,)快去睡觉!

(20)我想喝口水再走.

(21)这不是牡丹花.

(22)他不会干那种事情的.

(23)今天的风并不大.

(24)这个道理您明白吗?

(25)直到现在,他还没来.

(26)你过来!

2.指出下列命题是简单命题还是复合命题,并指出是何种复合命题.

(1)鲁迅和林语堂都是文学家.

(2)他品学兼优.

(3)这个三角形是锐角三角形,因此它不是直角三角形,也不是钝角三角形.

(4)他或者是二年级的学生或者是三年级的学生.

(5)今天的风并不大.

(6)他或者买空调,或者买电视机,就是不买电脑.

(7)不劳动者不得食.

(8)北京是中国的首都.

(9)如果摩擦物体,则物体生热.

(10)他只有在生病或有急事时才不来上班.

3.令 $p$:"这个男孩知道答案";$q$:"那个女孩知道答案".作复合命题"这个男孩知道答案或者那个女孩知道答案"的真值表,并回答下面的问题:

(1)当 $p$ 为假并且 $q$ 为真时,复合命题取什么值?为什么?

(2)当 $p$ 为真并且 $q$ 为假时,复合命题取什么值?为什么?

4.定义联结词 $*$ 如下:

| $p$ | $q$ | $p*q$ |
|---|---|---|
| 真 | 真 | 假 |
| 真 | 假 | 真 |
| 假 | 真 | 真 |
| 假 | 假 | 真 |

问:(1)在什么条件下,$p*q$ 为真?

(2)$p*q$ 与 $p\wedge q$ 的区别是什么?你能用 $\neg$ 和 $\vee$,或者 $\neg$ 和 $\vee$ 定义出 $p*q$ 吗?

5.考虑下面两个复合命题 $p$ 和 $q$ 的电路图:

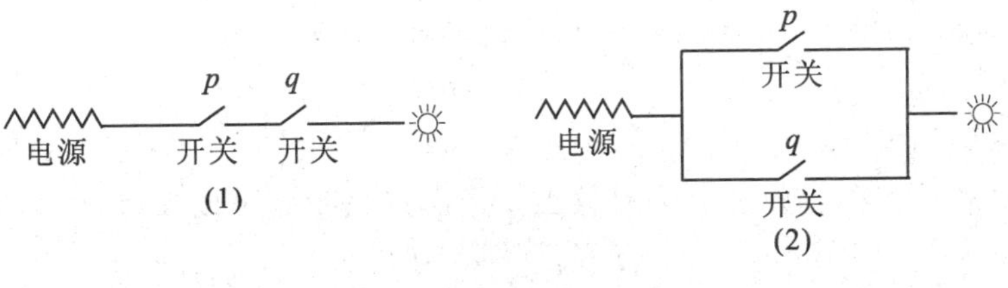

(1)　(2)

问:图(1)和(2)分别对应着哪个逻辑联结词?如果 $p$ 是闭的,$q$ 是开的,图(1)和(2)中的灯亮还是不亮?在上面的情况下,灯分别对应着真值表的哪一行?

6. 就下面的命题形式构造有意义的命题:

(1)$(p\wedge q)\rightarrow r$;

(2)$(p\vee q)\rightarrow(p\wedge q)$;

(3)$(p\rightarrow q)\wedge(r\rightarrow s)$;

(4)$p\rightarrow(q\vee r)$.

## 第二节 命题形式 重言式

### 2.2.1 命题形式

命题形式就是命题的形式结构,它可以由上一节给出的五个基本的真值联结词和五个基本的真值形式经过各种各样的相互组合所构成.因此,命题形式即复合命题的形式.利用五个基本的真值联结词和五个基本的真值形式,我们可以构造出更多更复杂的复合命题的形式.它们的种类丰富、数量无限,用它们可以表达所有的复合命题.因此,对于复合命题的结构和逻辑特征的研究就归结为对这些复合命题的形式结构和逻辑规律的研究.

真值形式虽然也是由真值联结词构成的复合命题的形式结构.但是,它主要体现复合命题和支命题之间的真假关系,反映复合命题的支命题在真假关系方面的特征.例如从真假关系方面考虑,$p\rightarrow q$ 就是所有蕴涵命题的形式结构.在下面的讨论中,词语"命题形式"、"真值形式"或者"公式"等常常不加区别地使用.

下面给出一些稍复杂的命题形式的例子.

**例 2.1** 命题"$p$ 或者非 $p$"的形式可以表示为

$$(p\vee\neg p).$$

这是传统逻辑中排中律的形式结构.并且称析取词 $\vee$ 为命题形式$(p\vee\neg p)$的主联结词,称$\neg p$ 和 $p$ 是$(p\vee\neg p)$的子公式.

**例 2.2** 命题"如果非 $q$,那么非 $p$"的形式可以表示为

$$(\neg q\rightarrow\neg p).$$

它的主联结词为$\rightarrow$.

**例 2.3** 命题"$p$ 并且 $q$,当且仅当 $q$ 并且 $p$"的形式可以表示为

$$(p\wedge q)\leftrightarrow(q\wedge p).$$

它的主联结词为$\leftrightarrow$.

一个复合命题,不论它多么复杂,都有其形式结构,也都有相应的命题形式.如何求一个复合命题的形式?下面将通过一些例子来说明.

**例 2.4**　令 $A,B,C$ 三个命题分别表示 $A,B,C$ 三人是老实人(说真话),则

①如果 $A$ 说真话,则 $B$ 和 $C$ 一定说谎.因此有

$$A\rightarrow(\neg B\wedge\neg C).$$

②如果 $A$ 说假话,则 $B$ 和 $C$ 中至少有一个人说真话,因此有

$$\neg A\rightarrow(B\vee C).$$

③如果 $B$ 说真话,则 $A$ 和 $C$ 一定说谎.因此有

$$B\rightarrow(\neg A\wedge\neg C).$$

④如果 $B$ 说假话,则 $A$ 和 $C$ 中至少有一个人说真话,因此有

$$\neg B\rightarrow(A\vee C).$$

⑤如果 $C$ 说真话,则 $A$ 和 $B$ 一定说谎.因此有

$$C\rightarrow(\neg A\wedge\neg B).$$

⑥如果 $C$ 说假话,则 $A$ 和 $B$ 中至少有一个人说真话,因此有

$$\neg C\rightarrow(A\vee B).$$

**例 2.5**　"一个关系是等价的当且仅当它是自返的、对称的和传递的."

令　$p$:一个关系是等价的.　　$q$:一个关系是自返的.

　　$r$:一个关系是对称的.　　$s$:一个关系是传递的.

上述命题可以表示成:

$$(p\leftrightarrow(q\wedge r\wedge s)).$$

**例 2.6**　"某城市只有处理好污水,某城市才能搞好环境卫生."这是一个必要条件假言命题.

令　$p$:某城市能处理好污水.

　　$q$:某城市能搞好环境卫生.

上面的命题可以表示为:只有 $p$ 才 $q$.这等于说,某城市不能处理好污水,那么某城市就不能搞好环境卫生.与此相应的命题形式为:

$$(\neg p\rightarrow\neg q).$$

**例 2.7**　要么 $x<y$,要么 $x>y$,要么 $x=y$.(这里的 $x,y\in\mathbf{Q}$).

这个命题等于说:或者 $x<y$,或者 $x>y$,或者 $x=y$,但三者不能同时为真.与此相对应的命题形式为:

如果令　$p:x<y,q:x>y,r:x=y$,则

$$((p\wedge\neg q\wedge\neg r)\vee(\neg p\wedge q\wedge\neg r)\vee(\neg p\wedge\neg q\wedge r)).$$

**例 2.8** “他将在今天或明天去北京或天津.”

令 $p$:他今天去北京. $q$:他明天去北京.

$r$:他今天去天津. $s$:他明天去天津.

上述命题可以表示为:

$$(p\vee q\vee r\vee s).$$

综合例 2.1~2.8 可知,求一个复合命题的命题形式,需要注意两点:第一,要确定组成这个复合命题的命题成分即支命题,把不同的支命题代以不同的命题变项,相同的支命题代以相同的命题变项;第二,要撇开语言方面比较丰富的内容,撇开支命题之间各种具体内容的关系,只以真假关系来分析原命题的支命题之间的联系,然后用五个基本的真值联结词表示原来复合命题的支命题之间的真假关系,把命题变项联结起来.

在求一复合命题的形式时,我们使用了括号,括号是用来表示复合命题形式中结构关系的,括号内的命题形式是该复合命题形式中的一个独立单位. 为了以后讨论的方便,我们约定:①最外层的一对括号可以省略;②对于连续出现的$\rightarrow$,$\wedge$和$\vee$,我们采用右结合方法;③五个基本真值联结词的结合力依下列次序递增:

$$\leftrightarrow,\rightarrow,\wedge,\vee,\neg.$$

### 2.2.2 真值表方法

在第一节中,我们曾用真值表给出了五个基本真值联结词的定义. 这些真值表说明了相应的复合命题与所含支命题之间的真假关系,它们只是一些简单的形式. 对于任何一个复杂的复合命题形式,我们都可以利用五个基本真值联结词的真值表作出与其复合命题形式相应的真值表,从而说明它与所含的支命题之间的真假关系.

任一复合命题,不论多么复杂,它的真值形式都是由简单命题(命题变项)和五个基本的真值联结词,经过有限次的各种各样的复合而逐步构成的. 构成过程是由简单到复杂,最后得到所要构造的形式. 构造真值表的方法和真值形式的形成过程有密切的联系. 完成一个真值形式的真值表通常需要以下三个步骤:

第一步:找出给定形式里的所有简单命题,根据构成过程,由简而繁地将该形式的各个组成部分排成一行,最后一个为该真值形式,从而决定了该真值表的列数.

第二步:列出该形式的所有简单命题的各种取真假值的情况,从而决定该真值表的行数.

第三步:根据五个联结词的真值表,求出各个组成部分的真值,最后得出此形式的真值.

下面将通过一些例子来说明较复杂的复合命题真值表的作法.

**例 2.9**　作$\neg(p\vee\neg p)$的真值表.

这个复合命题形式中所含的命题变项只有 $p$,它的形成过程是:

$$p,\ \neg p,\ p\vee\neg p,\ \neg(p\vee\neg p).$$

因而真值表有 4 列 2 行,再根据联结词$\neg$和$\vee$的真值表定义就可依次得到$\neg(p\vee\neg p)$的真值表中各列的真值,从而作出该复合命题所对应的真值表.

| $p$ | $\neg p$ | $p\vee\neg p$ | $\neg(p\vee\neg p)$ |
|---|---|---|---|
| 真 | 假 | 真 | 假 |
| 假 | 真 | 真 | 假 |

**例 2.10**　作$(p\to q)\wedge(q\to p)$的真值表.

第一步:该复合命题的形成过程是:

$$p,\ q,\ p\to q,\ q\to p,\ (p\to q)\wedge(q\to p).$$

因而真值表有 5 列.根据该复合命题的构成过程,由简而繁依次列出该复合命题所对应的真值表的列.

| $p$ | $q$ | $p\to q$ | $q\to p$ | $(p\to q)\wedge(q\to p)$ |
|---|---|---|---|---|

第二步:因为该复合命题中所含命题变项有 $p$,$q$ 两个,它们不同的真值组合共有四种,即:

| $p$ | $q$ | $p\to q$ | $q\to p$ | $(p\to q)\wedge(q\to p)$ |
|---|---|---|---|---|
| 真 | 真 | | | |
| 真 | 假 | | | |
| 假 | 真 | | | |
| 假 | 假 | | | |

第三步:根据真值联结词$\to$和$\wedge$的定义就可依次得到$(p\to q)\wedge(q\to p)$的真值表中各列的真值,从而作出的该复合命题的真值表为:

| $p$ | $q$ | $p\to q$ | $q\to p$ | $(p\to q)\wedge(q\to p)$ |
|---|---|---|---|---|
| 真 | 真 | 真 | 真 | 真 |
| 真 | 假 | 假 | 真 | 假 |
| 假 | 真 | 真 | 假 | 假 |
| 假 | 假 | 真 | 真 | 真 |

熟练以后,作真值表的三个步骤可以合起来使用.

**例 2.11** 作$\alpha: p\wedge(q\vee r)\leftrightarrow(p\wedge q)\vee(p\wedge r)$的真值表.

| $p$ | $q$ | $r$ | $q\vee r$ | $p\wedge q$ | $p\wedge r$ | $p\wedge(q\vee r)$ | $(p\wedge q)\vee(p\wedge r)$ | $\alpha$ |
|---|---|---|---|---|---|---|---|---|
| 真 | 真 | 真 | 真 | 真 | 真 | 真 | 真 | 真 |
| 真 | 真 | 假 | 真 | 真 | 假 | 真 | 真 | 真 |
| 真 | 假 | 真 | 真 | 假 | 真 | 真 | 真 | 真 |
| 真 | 假 | 假 | 假 | 假 | 假 | 假 | 假 | 真 |
| 假 | 真 | 真 | 真 | 假 | 假 | 假 | 假 | 真 |
| 假 | 真 | 假 | 真 | 假 | 假 | 假 | 假 | 真 |
| 假 | 假 | 真 | 真 | 假 | 假 | 假 | 假 | 真 |
| 假 | 假 | 假 | 假 | 假 | 假 | 假 | 假 | 真 |

现在,如果给定了一个真值形式,那么我们可以按照真值表方法,作出该真值形式的真值表.反过来,如果仅仅给了一个真值表,那么怎样来确定该真值表所对应的真值形式呢?下面介绍两种方法,一种是写真法,另一种是写假法.

写真法:首先要在所给真值表的最后一列里,找出所有取值为真的真值.如:

| $p$ | $q$ | $\alpha$ |
|---|---|---|
| 真 | 真 | 假 |
| 真 | 假 | ㊟真 |
| 假 | 真 | 假 |
| 假 | 假 | ㊟真 |

然后,在取值为真的这些行中,(1)如果命题变项$p$的取值为真,而$q$的取值也为真,则用合取号把$p$和$q$联结起来.即:$p\wedge q$;(2)如果命题变项$p$的取值为真,而$q$的取值为假,此时$\neg q$的取值为真,则用合取号把$p$和$\neg q$联结起来,即:$p\wedge\neg q$;(3)如果命题变项$p$的取值为假,此时$\neg p$的取值为真,而$q$的取值为真,则用合取号把$\neg p$和$q$联结起来.即:$\neg p\wedge q$;(4)如果命题变项$p$的取值为假,而$q$的取值也为假,此时$\neg p$和$\neg q$的取值均为真,则用合取号把$\neg p$和$\neg q$联结起来.即$\neg p\wedge\neg q$.在上表中,显然有:

| $p$ | $q$ | $\alpha$ | |
|---|---|---|---|
| 真 | 真 | 假 | |
| 真 | 假 | ㊟真 | —— $p\wedge\neg q$ |
| 假 | 真 | 假 | |
| 假 | 假 | ㊟真 | —— $\neg p\wedge\neg q$ |

最后，再把所得的各部分的真值形式用析取词联结起来，这就是该真值表所对应的一个真值形式. 如：

| $p$ | $q$ | $\alpha$ | | |
|---|---|---|---|---|
| 真 | 真 | 假 | | |
| 真 | 假 | (真) | —— $p\wedge\neg q$ | $(p\wedge\neg q)\vee(\neg p\wedge\neg q)$ |
| 假 | 真 | 假 | | |
| 假 | 假 | (真) | —— $\neg p\wedge\neg q$ | |

$\alpha$ 的一个真值形式为：$(p\wedge\neg q)\vee(\neg p\wedge\neg q)$.

写假法：首先要在所给真值表的最后一列里，找出所有取值为假的真值. 如：

| $p$ | $q$ | $\alpha$ |
|---|---|---|
| 真 | 真 | (假) |
| 真 | 假 | 真 |
| 假 | 真 | (假) |
| 假 | 假 | 真 |

然后，在取值为假的这些行中，(1)如果命题变项 $p$ 的取值为真，而 $q$ 的取值也为真，此时 $\neg p$ 和 $\neg q$ 的值均为假，则用析取号把 $\neg p$ 和 $\neg q$ 联结起来. 即：$\neg p\vee\neg q$；(2)如果命题变项 $p$ 的取值为真，此时 $\neg p$ 的值为假. 而 $q$ 的取值为假，则用析取号把 $\neg p$ 和 $q$ 联结起来. 即：$\neg p\vee q$；(3)如果命题变项 $p$ 的取值为假，而 $q$ 的取值为真，此时 $\neg q$ 的值为假，则用析取号把 $p$ 和 $\neg q$ 联结起来. 即：$p\vee\neg q$；(4)如果命题变项 $p$ 的取值为假，而 $q$ 的取值也为假，则用析取号把 $p$ 和 $q$ 联结起来. 即：$p\vee q$. 在上表中，显然有：

| $p$ | $q$ | $\alpha$ | |
|---|---|---|---|
| 真 | 真 | (假) | —— $(\neg p\vee\neg q)$ |
| 真 | 假 | 真 | |
| 假 | 真 | (假) | —— $(p\vee\neg q)$ |
| 假 | 假 | 真 | |

最后，再把所得的各部分的真值形式用合取词联结起来，这也是该真值表的一个真值形式. 如：

| $p$ | $q$ | $\alpha$ | |
|---|---|---|---|
| 真 | 真 | 假 | ——$(\neg p \vee \neg q)$ |
| 真 | 假 | 真 | |
| 假 | 真 | 假 | ——$(p \vee \neg q)$ |
| 假 | 假 | 真 | |

$\}(\neg p \vee \neg q) \wedge (p \vee \neg q)$

$\alpha$ 的一个真值形式为：$(\neg p \vee \neg q) \wedge (p \vee \neg q)$.

由此可知：一个真值形式有一个且只有一个真值表.反之，一个真值表所确定的真值形式都不是唯一的.

**例 2.12**　分别用写真法和写假法，给出该真值表所对应的真值形式.

| $p$ | $q$ | $\alpha$ |
|---|---|---|
| 真 | 真 | 真 |
| 真 | 假 | 假 |
| 假 | 真 | 假 |
| 假 | 假 | 假 |

用写真法，$\alpha$ 的一个真值形式为：

$$p \wedge q.$$

用写假法，$\alpha$ 的一个真值形式为：

$$(\neg p \vee q) \wedge (p \vee \neg q) \wedge (p \vee q).$$

**例 2.13**　分别用写真法和写假法，给出该真值表所对应的真值形式.

| $p$ | $q$ | $\alpha$ |
|---|---|---|
| 真 | 真 | 假 |
| 真 | 假 | 真 |
| 假 | 真 | 真 |
| 假 | 假 | 真 |

用写真法，$\alpha$ 的一个真值形式为：

$$(p \wedge \neg q) \vee (\neg p \wedge q) \vee (\neg p \wedge \neg q).$$

用写假法，$\alpha$ 的一个真值形式为：

$$\neg p \vee \neg q.$$

在使用写真法或写假法时，需要注意以下两点：①采用写真法时，不能写出真值表最后一列的值全为假的情况，即写真法对此情况失效；采用写假法时，不能写出真值表最后一列的值全为真的情况，即写假法对此情况失效. ②写真法常用于在真值表的最后一列的值中，真少于假的情况；写假法常用于在真值表的最后一列的值中，假少于真的情况.

**例 2.14**　构造下面所给真值表的真值形式.

| $p$ | $q$ | $r$ | $\alpha$ |
|---|---|---|---|
| 真 | 真 | 真 | 真 |
| 真 | 真 | 假 | 假 |
| 真 | 假 | 真 | 假 |
| 真 | 假 | 假 | 真 |
| 假 | 真 | 真 | 真 |
| 假 | 真 | 假 | 假 |
| 假 | 假 | 真 | 假 |
| 假 | 假 | 假 | 假 |

用写真法做出的 $\alpha$ 的一个表达式为：

$$(p\wedge q\wedge r)\vee(p\wedge\neg q\wedge\neg r)\vee(\neg p\wedge q\wedge r).$$

用写假法做出的 $\alpha$ 的一个表达式为：

$$(\neg p\vee\neg q\vee r)\wedge(\neg p\vee q\vee\neg r)\wedge(p\vee\neg q\vee r)\wedge$$
$$(p\vee q\vee\neg r)\wedge(p\vee q\vee r).$$

### 2.2.3　真值函项

每一真值形式实际上都可以被看作一个函数，这个函数的自变元就是其中所含的命题变项，它的定义域和值域都是真值的集合，即{真，假}.

**定义 2.1**　一个函数，如果其自身的值是真值，其自变项所取的值也是真值，那么称这样的函数为真值函项.

例如：$p\vee q$，$\neg(\neg p\wedge\neg q)$，$\neg p\vee q$，$p\rightarrow q$ 等等.

由此可得：每一真值形式又都是一个真值函项.

现在，我们来考察函数 $f(x)=1(x\in\mathbf{R})$和 $g(x)=x^0(x\in\mathbf{R})$. 虽然 $f(x)$和 $g(x)$所对应的函数表达式不同，但定义域相同，值域也相同. 并且，对任一 $x\in\mathbf{R}$，$f(x)=g(x)$. 习惯上，我们把 $f(x)$和 $g(x)$看成是一个函数，即 $f=g$. 同样，虽然真值形式 $p\vee q$ 和$\neg(\neg p\wedge\neg q)$不同，但它们的定义域和值域相同，并且它们的真值表也相同，因此，我们把具有这种性质的两个真值形式称为同一类的真值函项.

真值形式的数目是无限的，每一真值函项类中真值形式的数目也是无限的. 当命题变项的数目确定以后，虽然经过五个基本的真值联结词可以组成各种各样的真值形式，但是，不同真值函项类的数目是确定的、有限的. 真值函项的种类有多少,取决于命题变项的个数.

下面我们将计算:当命题变项的数目为 $n$(自然数)时,真值函项类有多少种.

当命题变项的数目为 1 时,设命题变项为 $p$,$p$ 的真值共有两种:真和假.即:

| $p$ |
|---|
| 真 |
| 假 |

在 $p$ 的每一种取值下,真值函项的取值各有两种.由此产生不同真值函项的数目有且只有 $2\times2=4$ 种,即:

| $p$ | $f_1(p)$ | $f_2(p)$ | $f_3(p)$ | $f_4(p)$ |
|---|---|---|---|---|
| 真 | 真 | 真 | 假 | 假 |
| 假 | 真 | 假 | 真 | 假 |

其中 $f_1(p)$是一个常真的真值函项,$f_4(p)$是一个永假的真值函项,$f_2(p)$的取值与变项 $p$ 的取值一致,$f_3(p)$的取值与 $p$ 的取值恰好相反.$f_1(p)$,$f_2(p)$,$f_3(p)$和 $f_4(p)$可分别用下面的式子表示:

$$f_1(p):p\vee\neg p;\ f_2(p):p;\ f_3(p):\neg p;\ f_4(p):p\wedge\neg p.$$

这样一来,$q\vee\neg q$,$\neg p\vee p$,$r\vee\neg r$ 等等,这些真值形式都属于同一类的真值函项,即属于 $f_1$ 的类.同理,$q$,$r$,$s$ 等等,这些真值形式都是同一类的真值函数,即属于 $f_2$ 的类,等等.

当命题变项的数目为 2 时,设命题变项为 $p$ 和 $q$,那么 $p$ 与 $q$ 组成的所有不同的真值组合共有 $2\times2=2^2=4$ 种,即

| $p$ | $q$ | $f(p,q)$ |
|---|---|---|
| 真 | 真 | 真/假 |
| 真 | 假 | 真/假 |
| 假 | 真 | 真/假 |
| 假 | 假 | 真/假 |

对于两个变项的每一种真值组合,真值函项的取值又各有两种.因此,当命题变项的数目为 2 时,所构成的不同的真值函项有且只有

$$2\times2\times2\times2=2^4=2^{2^2}=16$$

种.下面是这 16 种真值函项的真值表和真值形式.

| $p$ | $q$ | $f_1(p,q)$ | $f_2(p,q)$ | $f_3(p,q)$ | $f_4(p,q)$ | $f_5(p,q)$ | $f_6(p,q)$ |
|---|---|---|---|---|---|---|---|
| 真 | 真 | 真 | 真 | 真 | 真 | 真 | 真 |
| 真 | 假 | 真 | 真 | 真 | 真 | 假 | 假 |
| 假 | 真 | 真 | 真 | 假 | 假 | 真 | 真 |
| 假 | 假 | 真 | 假 | 真 | 假 | 真 | 假 |

| $p$ | $q$ | $f_7(p,q)$ | $f_8(p,q)$ | $f_9(p,q)$ | $f_{10}(p,q)$ | $f_{11}(p,q)$ | $f_{12}(p,q)$ |
|---|---|---|---|---|---|---|---|
| 真 | 真 | 真 | 真 | 假 | 假 | 假 | 假 |
| 真 | 假 | 假 | 假 | 真 | 真 | 真 | 真 |
| 假 | 真 | 假 | 假 | 真 | 真 | 假 | 假 |
| 假 | 假 | 真 | 假 | 真 | 假 | 真 | 假 |

| $p$ | $q$ | $f_{13}(p,q)$ | $f_{14}(p,q)$ | $f_{15}(p,q)$ | $f_{16}(p,q)$ |
|---|---|---|---|---|---|
| 真 | 真 | 假 | 假 | 假 | 假 |
| 真 | 假 | 假 | 假 | 假 | 假 |
| 假 | 真 | 真 | 真 | 假 | 假 |
| 假 | 假 | 真 | 假 | 真 | 假 |

$f_1(p,q)\sim f_{16}(p,q)$的真值形式分别为：

$f_1(p,q):p\vee\neg p$；　　$f_2(p,q):p\vee q$；

$f_3(p,q):q\rightarrow p$；　　$f_4(p,q):(p\wedge q)\vee(p\wedge\neg q)$；

$f_5(p,q):p\rightarrow q$；　　$f_6(p,q):(p\wedge q)\vee(\neg p\wedge q)$；

$f_7(p,q):p\leftrightarrow q$；　　$f_8(p,q):p\wedge q$；

$f_9(p,q):p|q$；　　$f_{10}(p,q):\neg(p\leftrightarrow q)$；

$f_{11}(p,q):(p\wedge\neg q)\vee(\neg p\wedge\neg q)$；　　$f_{12}(p,q):\neg(p\rightarrow q)$；

$f_{13}(p,q):(\neg p\wedge q)\vee(\neg p\wedge\neg q)$；　　$f_{14}(p,q):\neg(q\rightarrow p)$；

$f_{15}(p,q):p\downarrow q$；　　$f_{16}(p,q):p\wedge\neg p$.

用写真法写出的 $f_1(p,q)\sim f_{16}(p,q)$的真值形式分别为：

$f_1(p,q):(p\wedge q)\vee(p\wedge\neg q)\vee(\neg p\wedge q)\vee(\neg p\wedge\neg q)$；

$f_2(p,q):(p\wedge q)\vee(p\wedge\neg q)\vee(\neg p\wedge q)$；

$f_3(p,q):(p\wedge q)\vee(p\wedge\neg q)\vee(\neg p\wedge\neg q)$；

$f_4(p,q):(p\wedge q)\vee(p\wedge\neg q)$；

$f_5(p,q):(p\wedge q)\vee(\neg p\wedge q)\vee(\neg p\wedge\neg q)$；

$f_6(p,q):(p\wedge q)\vee(\neg p\wedge q)$；

$f_7(p,q):(p\wedge q)\vee(\neg p\wedge\neg q)$； $f_8(p,q):p\wedge q$；

$f_9(p,q):(p\wedge\neg q)\vee(\neg p\wedge q)\vee(\neg p\wedge\neg q)$；

$f_{10}(p,q):(p\wedge\neg q)\vee(\neg p\vee q)$；

$f_{11}(p,q):(p\wedge\neg q)\vee(\neg p\wedge\neg q)$；

$f_{12}(p,q):p\wedge\neg q$； $f_{13}(p,q):(\neg p\wedge q)\vee(\neg p\wedge\neg q)$；

$f_{14}(p,q):\neg p\wedge q$； $f_{15}(p,q):\neg p\wedge\neg q$； $f_{16}(p,q)$:写不出.

用写假法写出的 $f_1(p,q)\sim f_{16}(p,q)$ 的真值形式分别为：

$f_1(p,q)$:写不出； $f_2(p,q):p\vee q$；

$f_3(p,q):p\vee\neg q$； $f_4(p,q):(p\vee\neg q)\wedge(p\vee q)$；

$f_5(p,q):\neg p\vee q$； $f_6(p,q):(\neg p\vee q)\wedge(p\vee q)$；

$f_7(p,q):(\neg p\vee q)\wedge(p\vee\neg q)$；

$f_8(p,q):(\neg p\vee q)\wedge(p\vee\neg q)\wedge(p\vee q)$；

$f_9(p,q):\neg p\vee\neg q$； $f_{10}(p,q):(\neg p\vee\neg q)\wedge(p\vee q)$；

$f_{11}(p,q):(\neg p\vee\neg q)\wedge(p\vee\neg q)$；

$f_{12}(p,q):(\neg p\vee\neg q)\wedge(p\vee\neg q)\wedge(p\vee q)$；

$f_{13}(p,q):(\neg p\vee\neg q)\wedge(\neg p\vee q)$；

$f_{14}(p,q):(\neg p\vee\neg q)\wedge(\neg p\vee q)\wedge(p\vee q)$；

$f_{15}(p,q):(\neg p\vee\neg q)\wedge(\neg p\vee q)\wedge(p\vee\neg q)$；

$f_{16}(p,q):(\neg p\vee\neg q)\wedge(\neg p\vee q)\wedge(p\vee\neg q)\wedge(p\vee q)$.

因此，$f_1(p,q)$所在的真值函项类中，既有 $p\vee\neg p$，又有 $(p\wedge q)\vee(p\wedge\neg q)\vee(\neg p\wedge q)\vee(\neg p\wedge\neg q)$. 同理，$p\vee q$ 和 $(p\wedge q)\vee(p\wedge\neg q)\vee(\neg p\wedge q)$ 等都在 $f_2(p,q)$所确定的真值函项类中. 换句话说，每一个真值表，比如：

| $p$ | $q$ | $f$ |
|---|---|---|
| 真 | 真 | 真 |
| 真 | 假 | 真 |
| 假 | 真 | 真 |
| 假 | 假 | 真 |

都确定一个真值函项类. 在这个类中，我们可以选择一个表达式比较简单的真值形式作为这个真值函项类的代表. 比如选择 $p\vee\neg p$. 用集合论的记法，这个真值函项类可以记作$[p\vee\neg p]$. 即 $f_1(p,q)=[p\vee\neg p]$. 根据这个真值函项类的特点，我们可以把它简记作 $T$，即：$f_1(p,q)=[p\vee\neg p]=T$. 对于 $f_2(p,q)$，我们可以选取 $p\vee q$ 作它的真值函项类的代表元，并且 $f_2(p,q)=[p\vee q]$. 我们还可以

把它简记作∨. 即：$f_2(p,q)=[p\vee q]=\vee$. 这样以来，一个真值函项类确定一个联结词，反之，一个联结词也确定一个真值函项类. $f_3\sim f_{16}$可依此类推. 于是，我们还可得到结论：当命题变项的数目为 2 时，可以构造出 16 种不同的真值联结词. 即：二元真值联结词有且只有 16 个. 也就是说，真值联结词的个数也与命题变项的数目有关.

当命题变项的数目为 3 时，设命题变项为 $p$，$q$ 和 $r$，那么 $p$，$q$，$r$ 所有不同的真值组合共有：$2\times 2\times 2=2^3=8$ 种，即：

| $p$ | $q$ | $r$ | $f(p,q,r)$ |
|---|---|---|---|
| 真 | 真 | 真 | 真/假 |
| 真 | 真 | 假 | 真/假 |
| 真 | 假 | 真 | 真/假 |
| 真 | 假 | 假 | 真/假 |
| 假 | 真 | 真 | 真/假 |
| 假 | 真 | 假 | 真/假 |
| 假 | 假 | 真 | 真/假 |
| 假 | 假 | 假 | 真/假 |

对于三个变项的每一种真值组合，真值函项的取值又各有两种可能，即：真或假. 因而当命题变项的数目为 3 时，能构成的不同的真值函项有且只有

$$2\times 2\times 2\times 2\times 2\times 2\times 2\times 2=2^8=2^{2^3}=256$$

种. 换句话说，共有 256 个三元命题联结词. 限于篇幅，我们略去这 256 种真值函项的真值表和真值表达式.

一般地，当真值函项中所含命题变项的数目为 $n$ 时，其中每一个命题变项的取值有且只有两种可能，即真或假. 因而，$n$ 个命题变项的不同取值的真值组合共有

$$\underbrace{2\times 2\times 2\times\cdots\times 2}_{n\text{个}}=2^n$$

种. 对于其中每一种命题变项的真值组合，真值函项的取值又各有两种，因此，含有 $n$ 个命题变项的不同的真值函项共有

$$\underbrace{2\times 2\times 2\times\cdots\times 2}_{2^n\text{个}}=2^{2^n}$$

种. 换句话说，$n$ 元联结词有 $2^{2^n}$ 个.

总之，当命题变项的数目确定之后，不同真值函项的个数是完全确定的、有

限的,它的真值形式的个数是无限的.一个真值函项可以由不同的真值形式来表示.

### 2.2.4 重言式

从前面的讨论可以看出,真值形式按所取真值的不同,可以分为下面三类:

第一类:永真的,即不论真值形式中所含变项取什么值,真值形式的值总为真.例如,$p\vee\neg p$,$\neg(p\wedge\neg p)$,$p\wedge(p\to q)\to q$ 等.它们的真值表如下:

| $p$ | $q$ | $\neg p$ | $p\wedge\neg p$ | $p\to q$ | $p\wedge(p\to q)$ | $p\vee\neg p$ | $\neg(p\wedge\neg p)$ | $p\wedge(p\to q)\to q$ |
|---|---|---|---|---|---|---|---|---|
| 真 | 真 | 假 | 假 | 真 | 真 | 真 | 真 | 真 |
| 真 | 假 | 假 | 假 | 假 | 假 | 真 | 真 | 真 |
| 假 | 真 | 真 | 假 | 真 | 假 | 真 | 真 | 真 |
| 假 | 假 | 真 | 假 | 真 | 假 | 真 | 真 | 真 |

第二类:有真有假的,即不论真值形式中所含变项取什么值,真值形式的值有时为真有时为假.例如,$p\wedge q$,$p\leftrightarrow q$ 等.它们的真值表如下:

| $p$ | $q$ | $p\wedge q$ | $p\leftrightarrow q$ |
|---|---|---|---|
| 真 | 真 | 真 | 真 |
| 真 | 假 | 假 | 假 |
| 假 | 真 | 假 | 假 |
| 假 | 假 | 假 | 真 |

第三类:永假的,即不论真值形式中所含变项取什么值,真值形式的值总为假.例如:$p\wedge\neg p$,$\neg(p\vee\neg p)$等.它们的真值表如下:

| $p$ | $\neg p$ | $p\vee\neg p$ | $\neg(p\vee\neg p)$ | $p\wedge\neg p$ |
|---|---|---|---|---|
| 真 | 假 | 真 | 假 | 假 |
| 假 | 真 | 真 | 假 | 假 |

**定义 2.2** 我们把具有第一类特征的真值形式叫做重言式.它所对应的真值函项叫做重言的真值函项.把具有第二类特征的真值形式叫做可满足式或可真式.把具有第三类特征的真值形式叫做不可满足式,或永假式,或矛盾式.

在命题逻辑中,重言式是人们最感兴趣的,因为它们中的一部分是命题逻辑中的逻辑规律.从思维和形式结构上来说,我们又可以将重言式分为以下三类:

第一类:有一些重言式表示了命题逻辑的逻辑规律,如 $p\vee\neg p$ 是命题逻辑中的排中律,$\neg(p\wedge\neg p)$是命题逻辑中的不矛盾律.

第二类:有一些重言式还可以表示命题逻辑中正确的推理形式.例如下面的

推理：

如果 $n^2$ 是奇数，则 $n$ 是奇数；
$n^2$ 是奇数；
所以，$n$ 是奇数.

这是一个正确的充分条件假言推理肯定前件式，这个推理的形式是

如果 $p$，则 $q$；
$p$；
所以，$q$.

如果用合取词"∧"将前提联结起来得：$(p\rightarrow q)\wedge p$，再用蕴涵词"→"将前提 $(p\rightarrow q)\wedge p$ 和结论 $q$ 联结起来构成蕴涵式 $(p\rightarrow q)\wedge p\rightarrow q$，则这一命题形式是重言式. 推理的正确性是显然的.

第三类：还有一些重言式是以等值式的形式出现的. 它们又叫重言等值式. 这些等值式也表现了命题逻辑的规律，其中有一些对逻辑演算是很重要的. 借助这些规律可以形成一些重要的逻辑方法，如范式、求否定等.

除了以上三类之外，还有一些重言式是和我们的实际思维关系不大，或者说在我们的思维中一般不会出现以这类重言式为形式的命题和推理，但这些重言式在逻辑中仍然有重要的作用. 它们往往是借助逻辑演算得到的，或者它们是逻辑演算的出发点或者中间环节. 例如，一些命题演算的公理、定理以及在求证定理过程中得到的公式等等.

另外，还有一些重言式从结构上看是无作用或者无意义的. 它们在思维和逻辑中都不会出现，是人们为了一定目的构造的. 如 $\neg\neg(p\vee\neg p)$，$\neg\neg(q\rightarrow q)$ 等等.

由于不可满足式或永假式表示逻辑矛盾，它和重言式是相对立的，所以下面的一些结论是显然的.

**结论 1**　一个真值形式是重言式当且仅当它的否定是不可满足的.

**结论 2**　一个真值形式是不可满足的当且仅当它的否定是重言式.

**结论 3**　一个真值形式不是重言式当且仅当至少在它所含命题变项的一种取值下，其值为假.

**结论 4**　一个真值形式是可满足的当且仅当它不是不可满足的.

**结论 5**　重言式一定是可满足的，反之不然.

**结论 6**　不可满足式一定不是重言式，反之不然.

### 2.2.5 重言式的作用

这里我们主要介绍重言式的两个作用:①利用重言式,判定一个推理形式是否正确;②利用重言式,判定两个真值形式是否等值.

在 2.2.4 节中已经指出:推理形式

如果 $p$,则 $q$;

$p$;

所以,$q$.

是正确的,并且与它相应的蕴涵式$((p\rightarrow q)\wedge p\rightarrow q)$是一个重言式.实际上,判定一个推理形式是否正确,就是判定它所对应的蕴涵式是否为重言式.因为一个推理是由前提和结论两部分组成的.如果一个推理形式是正确的,那么由前提真必然能得到结论真.反之,如果一个推理由前提真必然能得到结论真,则该推理的推理形式是正确的.所以,前提与结论之间的关系是蕴涵关系.因此,我们可以用一个蕴涵式来表示推理形式,这个蕴涵式的前件是各个前提的合取,后件是结论.如果推理形式是正确的,那么相应的蕴涵式就是一个重言式.因为正确的推理形式是不依赖于前提和结论的具体内容的,所以相应的蕴涵式必须对于所含命题变项的任何取值(真或假),其真值总为真.也就是说,相应的蕴涵式必为重言式.现在,我们观察下面的三个推理形式及相应的真值表.

**例 2.15** 如果 $p$,那么 $q$;

所以,如果非 $q$,那么非 $p$.

这是假言易位推理,与这个推理相应的蕴涵式为:

$$(p\rightarrow q)\rightarrow(\neg q\rightarrow\neg p).$$

它的真值表为:

| $p$ | $q$ | $\neg p$ | $\neg q$ | $p\rightarrow q$ | $\neg q\rightarrow\neg p$ | $(p\rightarrow q)\rightarrow(\neg q\rightarrow\neg p)$ |
|---|---|---|---|---|---|---|
| 真 | 真 | 假 | 假 | 真 | 真 | 真 |
| 真 | 假 | 假 | 真 | 假 | 假 | 真 |
| 假 | 真 | 真 | 假 | 真 | 真 | 真 |
| 假 | 假 | 真 | 真 | 真 | 真 | 真 |

**例 2.16** 如果 $p$,那么 $q$;

非 $p$;

所以,非 $q$.

与这个推理相应的蕴涵式为:

$$((p\to q)\wedge\neg p)\to\neg q.$$

它的真值表为：

| $p$ | $q$ | $\neg p$ | $\neg q$ | $p\to q$ | $(p\to q)\wedge\neg p$ | $((p\to q)\wedge\neg p)\to\neg q$ |
|---|---|---|---|---|---|---|
| 真 | 真 | 假 | 假 | 真 | 假 | 真 |
| 真 | 假 | 假 | 真 | 假 | 假 | 真 |
| 假 | 真 | 真 | 假 | 真 | 真 | 假 |
| 假 | 假 | 真 | 真 | 真 | 真 | 真 |

**例 2.17**　要么 $p$，要么 $q$；

$p$；

所以，非 $q$.

这是不相容的选言推理，与这个推理形式相当的蕴涵式为：

$$\alpha:((p\wedge\neg q)\vee(\neg p\wedge q))\wedge p\to\neg q.$$

它的真值表为：

| $p$ | $q$ | $\neg p$ | $\neg q$ | $p\wedge\neg q$ | $\neg p\wedge q$ | $(p\wedge\neg q)\vee(\neg p\wedge q)$ |
|---|---|---|---|---|---|---|
| 真 | 真 | 假 | 假 | 假 | 假 | 假 |
| 真 | 假 | 假 | 真 | 真 | 假 | 真 |
| 假 | 真 | 真 | 假 | 假 | 真 | 真 |
| 假 | 假 | 真 | 真 | 假 | 假 | 假 |

| $p$ | $q$ | $((p\wedge\neg q)\vee(\neg p\wedge q))\wedge p$ | $\alpha$ |
|---|---|---|---|
| 真 | 真 | 假 | 真 |
| 真 | 假 | 真 | 真 |
| 假 | 真 | 假 | 真 |
| 假 | 假 | 假 | 真 |

在例 2.15 中，真值表说明与该推理形式相当的蕴涵式 $(p\to q)\to(\neg q\to\neg p)$ 是一个重言式，所以例 2.15 中的推理形式是正确的. 在例 2.16 中，真值表说明与该推理形式相当的蕴涵式 $((p\to q)\wedge\neg p)\to\neg q$ 不是重言式. 所以例 2.16 中的推理形式是不正确的. 在例 2.17 中，真值表说明与该推理形式相当的蕴涵式 $(((p\wedge\neg q)\vee(\neg p\wedge q))\wedge p)\to\neg q$ 是重言式，所以，例 2.17 中的推理也是正确的. 这样一来，我们就把判定一个推理形式是否正确的问题归结为判定相应的蕴涵式是不是一个重言的蕴涵式的问题.

判定两个真值形式是否等值的问题，可以归结为判定它们构成的等值式是否为重言式.也就是说,不论其中的命题变项取什么值,这两个真值形式的值总是或者同真或者同假.

**例 2.18** 判断$(\neg p \vee q) \wedge (p \vee \neg q)$与$p \leftrightarrow q$是否等值.

它们的真值表如下:

| $p$ | $q$ | $\neg p$ | $\neg q$ | $\neg p \vee q$ | $p \vee \neg q$ | $(\neg p \vee q) \wedge (p \vee \neg q)$ | $p \leftrightarrow q$ |
|---|---|---|---|---|---|---|---|
| 真 | 真 | 假 | 假 | 真 | 真 | 真 | 真 |
| 真 | 假 | 假 | 真 | 假 | 真 | 假 | 假 |
| 假 | 真 | 真 | 假 | 真 | 假 | 假 | 假 |
| 假 | 假 | 真 | 真 | 真 | 真 | 真 | 真 |

因为$(\neg p \vee q) \wedge (p \vee \neg q) \leftrightarrow (p \leftrightarrow q)$是一个重言式,所以,$(\neg p \vee q) \wedge (p \vee \neg q)$与$p \leftrightarrow q$等值.

**定义 2.3** 对于任意的两个真值形式,如果不论其中命题变项取什么值,这两个真值形式的值总是同真或者同假,那么称它们是重言等值的.重言等值的式子称为重言等值式.

因此,我们可以称$(\neg p \vee q) \wedge (p \vee \neg q) \leftrightarrow (p \leftrightarrow q)$是重言等值式,并且$(p \rightarrow q) \wedge (q \rightarrow p) \leftrightarrow (p \leftrightarrow q)$也是重言等值式.由此可知:$(\neg p \vee q) \wedge (p \vee \neg q)$,$(p \rightarrow q) \wedge (q \rightarrow p)$和$p \leftrightarrow q$是同一类的真值函项.

等值关系是一种等价关系,因为它具有:

(1)自返性 $\alpha \leftrightarrow \alpha$是重言式.

(2)对称性 若$\alpha \leftrightarrow \beta$是重言式,则$\beta \leftrightarrow \alpha$也是重言式.

(3)传递性 若$\alpha \leftrightarrow \beta$与$\beta \leftrightarrow \gamma$都是重言式,则$\alpha \leftrightarrow \gamma$也是重言式.

下面给出命题逻辑中一些常用的等值式,这些等值式在以后会经常用到.

(1)$\alpha$:$(p \rightarrow q) \leftrightarrow \neg p \vee q$

这个等值式刻画了蕴涵词"→"与否定词和析取词之间的关系,即"$p$蕴涵$q$,等值于,$p$假或者$q$真".其真值表为:

| $p$ | $q$ | $\neg p$ | $p \rightarrow q$ | $\neg p \vee q$ | $\alpha$ |
|---|---|---|---|---|---|
| 真 | 真 | 假 | 真 | 真 | 真 |
| 真 | 假 | 假 | 假 | 假 | 真 |
| 假 | 真 | 真 | 真 | 真 | 真 |
| 假 | 假 | 真 | 真 | 真 | 真 |

(2)$\alpha$:$(p\to q)\leftrightarrow\neg(p\wedge\neg q)$

这个等值式刻画了蕴涵词"$\to$"与否定词"$\neg$"和合析词"$\wedge$"之间的关系,即"$p$ 蕴涵 $q$,等值于,并非,$p$ 真并且 $q$ 假".其真值表为:

| $p$ | $q$ | $\neg q$ | $p\wedge\neg q$ | $p\to q$ | $\neg(p\wedge\neg q)$ | $\alpha$ |
|---|---|---|---|---|---|---|
| 真 | 真 | 假 | 假 | 真 | 真 | 真 |
| 真 | 假 | 真 | 真 | 假 | 假 | 真 |
| 假 | 真 | 假 | 假 | 真 | 真 | 真 |
| 假 | 假 | 真 | 假 | 真 | 真 | 真 |

(3)$\alpha$:$(p\leftrightarrow q)\leftrightarrow(p\to q)\wedge(q\to p)$

这个等值式刻画了等值词"$\leftrightarrow$"与蕴涵词"$\to$"和合取词"$\wedge$"之间的关系,即"$p$ 当且仅当 $q$,等值于,$p$ 蕴涵 $q$ 并且 $q$ 蕴涵 $p$".其真值表为:

| $p$ | $q$ | $p\to q$ | $q\to p$ | $p\leftrightarrow q$ | $(p\to q)\wedge(q\to p)$ | $\alpha$ |
|---|---|---|---|---|---|---|
| 真 | 真 | 真 | 真 | 真 | 真 | 真 |
| 真 | 假 | 假 | 真 | 假 | 假 | 真 |
| 假 | 真 | 真 | 假 | 假 | 假 | 真 |
| 假 | 假 | 真 | 真 | 真 | 真 | 真 |

(4)$\alpha$:$(p\leftrightarrow q)\leftrightarrow(\neg p\vee q)\wedge(\neg q\vee p)$

这个等值式刻画了$\leftrightarrow$与$\neg$,$\vee$,$\wedge$之间的关系.即"$p$ 当且仅当 $q$,等值于,非 $p$ 析取 $q$ 并且非 $q$ 析取 $p$".它的真值表为:

| $p$ | $q$ | $\neg p$ | $\neg q$ | $\neg p\vee q$ | $\neg q\vee p$ | $(\neg p\vee q)\wedge(\neg q\vee p)$ | $p\leftrightarrow q$ | $\alpha$ |
|---|---|---|---|---|---|---|---|---|
| 真 | 真 | 假 | 假 | 真 | 真 | 真 | 真 | 真 |
| 真 | 假 | 假 | 真 | 假 | 真 | 假 | 假 | 真 |
| 假 | 真 | 真 | 假 | 真 | 假 | 假 | 假 | 真 |
| 假 | 假 | 真 | 真 | 真 | 真 | 真 | 真 | 真 |

(5)$\alpha$:$(p\leftrightarrow q)\leftrightarrow(p\wedge q)\vee(\neg p\wedge\neg q)$

这个等值式也刻画了$\leftrightarrow$与$\neg$,$\wedge$,$\vee$之间的关系.即"$p$ 当且仅当 $q$,等值于,$p$ 并且 $q$ 或者非 $p$ 并且非 $q$".它的真值表为:

| $p$ | $q$ | $\neg p$ | $\neg q$ | $p\wedge q$ | $\neg p\wedge\neg q$ | $(p\wedge q)\vee(\neg p\wedge\neg q)$ | $p\leftrightarrow q$ | $\alpha$ |
|---|---|---|---|---|---|---|---|---|
| 真 | 真 | 假 | 假 | 真 | 假 | 真 | 真 | 真 |
| 真 | 假 | 假 | 真 | 假 | 假 | 假 | 假 | 真 |
| 假 | 真 | 真 | 假 | 假 | 假 | 假 | 假 | 真 |
| 假 | 假 | 真 | 真 | 假 | 真 | 真 | 真 | 真 |

(6)$\alpha: p \vee q \leftrightarrow q \vee p$

这是析取交换律,即“$p$ 或 $q$,等值于,$q$ 或 $p$”. 其真值表为:

| $p$ | $q$ | $p \vee q$ | $q \vee p$ | $\alpha$ |
|---|---|---|---|---|
| 真 | 真 | 真 | 真 | 真 |
| 真 | 假 | 真 | 真 | 真 |
| 假 | 真 | 真 | 真 | 真 |
| 假 | 假 | 假 | 假 | 真 |

(7)$\alpha: p \wedge q \leftrightarrow q \wedge p$

这是合取交换律,即“$p$ 并且 $q$,等值于,$q$ 并且 $p$”. 其真值表为:

| $p$ | $q$ | $p \wedge q$ | $q \wedge p$ | $\alpha$ |
|---|---|---|---|---|
| 真 | 真 | 真 | 真 | 真 |
| 真 | 假 | 假 | 假 | 真 |
| 假 | 真 | 假 | 假 | 真 |
| 假 | 假 | 假 | 假 | 真 |

(8)$\alpha: (p \vee q) \vee r \leftrightarrow p \vee (q \vee r)$

这是析取结合律,即“($p$ 或 $q$)或 $r$,等值于,$p$ 或($q$ 或 $r$)”. 其真值表为:

| $p$ | $q$ | $r$ | $p \vee q$ | $q \vee r$ | $(p \vee q) \vee r$ | $p \vee (q \vee r)$ | $\alpha$ |
|---|---|---|---|---|---|---|---|
| 真 | 真 | 真 | 真 | 真 | 真 | 真 | 真 |
| 真 | 真 | 假 | 真 | 真 | 真 | 真 | 真 |
| 真 | 假 | 真 | 真 | 真 | 真 | 真 | 真 |
| 真 | 假 | 假 | 真 | 假 | 真 | 真 | 真 |
| 假 | 真 | 真 | 真 | 真 | 真 | 真 | 真 |
| 假 | 真 | 假 | 真 | 真 | 真 | 真 | 真 |
| 假 | 假 | 真 | 假 | 真 | 真 | 真 | 真 |
| 假 | 假 | 假 | 假 | 假 | 假 | 假 | 真 |

(9)$\alpha: (p \wedge q) \wedge r \leftrightarrow p \wedge (q \wedge r)$

这是合取结合律,即“($p$ 并且 $q$)并且 $r$,等值于,$p$ 并且($q$ 并且 $r$)”. 其真值表为:

| $p$ | $q$ | $r$ | $p \wedge q$ | $q \wedge r$ | $(p \wedge q) \wedge r$ | $p \wedge (q \wedge r)$ | $\alpha$ |
|---|---|---|---|---|---|---|---|
| 真 | 真 | 真 | 真 | 真 | 真 | 真 | 真 |
| 真 | 真 | 假 | 真 | 假 | 假 | 假 | 真 |
| 真 | 假 | 真 | 假 | 假 | 假 | 假 | 真 |
| 真 | 假 | 假 | 假 | 假 | 假 | 假 | 真 |
| 假 | 真 | 真 | 假 | 真 | 假 | 假 | 真 |
| 假 | 真 | 假 | 假 | 假 | 假 | 假 | 真 |
| 假 | 假 | 真 | 假 | 假 | 假 | 假 | 真 |
| 假 | 假 | 假 | 假 | 假 | 假 | 假 | 真 |

(10) $p\wedge(q\vee r)\leftrightarrow(p\wedge q)\vee(p\wedge r)$

这是合取对析取的分配律，即“$p$ 并且($q$ 或 $r$)，等值于，($p$ 并且 $q$)或者($p$ 并且 $r$)”. 其真值表为：

| $p$ | $q$ | $r$ | $p\wedge q$ | $p\wedge r$ | $q\vee r$ | $p\wedge(q\vee r)$ | $(p\wedge q)\vee(p\wedge r)$ | $\alpha$ |
|---|---|---|---|---|---|---|---|---|
| 真 | 真 | 真 | 真 | 真 | 真 | 真 | 真 | 真 |
| 真 | 真 | 假 | 真 | 假 | 真 | 真 | 真 | 真 |
| 真 | 假 | 真 | 假 | 真 | 真 | 真 | 真 | 真 |
| 真 | 假 | 假 | 假 | 假 | 假 | 假 | 假 | 真 |
| 假 | 真 | 真 | 假 | 假 | 真 | 假 | 假 | 真 |
| 假 | 真 | 假 | 假 | 假 | 真 | 假 | 假 | 真 |
| 假 | 假 | 真 | 假 | 假 | 真 | 假 | 假 | 真 |
| 假 | 假 | 假 | 假 | 假 | 假 | 假 | 假 | 真 |

(11) $\alpha: p\vee(q\wedge r)\leftrightarrow(p\vee q)\wedge(p\vee r)$

这是析取对合取的分配律，即“$p$ 或($q$ 并且 $r$)，等值于，($p$ 或 $q$)并且($p$ 或 $r$)”. 其真值表为：

| $p$ | $q$ | $r$ | $q\wedge r$ | $p\vee q$ | $p\vee r$ | $p\vee(q\wedge r)$ | $(p\vee q)\wedge(p\vee r)$ | $\alpha$ |
|---|---|---|---|---|---|---|---|---|
| 真 | 真 | 真 | 真 | 真 | 真 | 真 | 真 | 真 |
| 真 | 真 | 假 | 假 | 真 | 真 | 真 | 真 | 真 |
| 真 | 假 | 真 | 假 | 真 | 真 | 真 | 真 | 真 |
| 真 | 假 | 假 | 假 | 真 | 真 | 真 | 真 | 真 |
| 假 | 真 | 真 | 真 | 真 | 真 | 真 | 真 | 真 |
| 假 | 真 | 假 | 假 | 真 | 假 | 假 | 假 | 真 |
| 假 | 假 | 真 | 假 | 假 | 真 | 假 | 假 | 真 |
| 假 | 假 | 假 | 假 | 假 | 假 | 假 | 假 | 真 |

(12) $\alpha: \neg(p\vee q)\leftrightarrow\neg p\wedge\neg q$

这是德·摩根律之一，即“并非($p$ 或 $q$)，等值于，非 $p$ 并且非 $q$”. 其真值表为：

| $p$ | $q$ | $\neg p$ | $\neg q$ | $p\vee q$ | $\neg(p\vee q)$ | $\neg p\wedge\neg q$ | $\alpha$ |
|---|---|---|---|---|---|---|---|
| 真 | 真 | 假 | 假 | 真 | 假 | 假 | 真 |
| 真 | 假 | 假 | 真 | 真 | 假 | 假 | 真 |
| 假 | 真 | 真 | 假 | 真 | 假 | 假 | 真 |
| 假 | 假 | 真 | 真 | 假 | 真 | 真 | 真 |

(13) $\alpha$: $\neg(p \wedge q) \leftrightarrow \neg p \vee \neg q$

这是德·摩根律之一,即“并非($p$ 并且 $q$),等值于,非 $p$ 或非 $q$”. 其真值表为:

| $p$ | $q$ | $\neg p$ | $\neg q$ | $p \wedge q$ | $\neg(p \wedge q)$ | $\neg p \vee \neg q$ | $\alpha$ |
|---|---|---|---|---|---|---|---|
| 真 | 真 | 假 | 假 | 真 | 假 | 假 | 真 |
| 真 | 假 | 假 | 真 | 假 | 真 | 真 | 真 |
| 假 | 真 | 真 | 假 | 假 | 真 | 真 | 真 |
| 假 | 假 | 真 | 真 | 假 | 真 | 真 | 真 |

(14) $\alpha$: $p \leftrightarrow \neg\neg p$

这是双重否定原则,即“$p$,等值于,并非不 $p$”. 其真值表为:

| $p$ | $\neg p$ | $\neg\neg p$ | $\alpha$ |
|---|---|---|---|
| 真 | 假 | 真 | 真 |
| 假 | 真 | 假 | 真 |

(15) $\alpha$: $(p \rightarrow q) \leftrightarrow (\neg q \rightarrow \neg p)$

这是假言易位原则,即“$p$ 蕴涵 $q$,等值于,非 $q$ 蕴涵非 $p$”. 其真值表如下:

| $p$ | $q$ | $\neg p$ | $\neg q$ | $p \rightarrow q$ | $\neg q \rightarrow \neg p$ | $\alpha$ |
|---|---|---|---|---|---|---|
| 真 | 真 | 假 | 假 | 真 | 真 | 真 |
| 真 | 假 | 假 | 真 | 假 | 假 | 真 |
| 假 | 真 | 真 | 假 | 真 | 真 | 真 |
| 假 | 假 | 真 | 真 | 真 | 真 | 真 |

在上面的等值式中,特别需要引起注意的是(6)~(14). 因为这些等值式说明,我们对两个命题之间规定的“运算”:① $\vee$ 和 $\wedge$ 满足交换律和结合律;② $\vee$ 对 $\wedge$ 的分配律和 $\wedge$ 对 $\vee$ 的分配律;③ $\vee$,$\wedge$ 和 $\neg$ 满足德·摩根律和双重否定律. 这样一来,我们对两个命题之间规定的“运算”就与第一章集合论中两个集合之间的运算:$\cup$,$\cap$ 和 $'$ 类似. 由于我们可以把集合的某些运算看成是数运算的一种推广,现在,我们也可以把两个命题之间的某些运算看成是数运算的一种推广. 这样处理命题的目的,是为了实现莱布尼茨的设想.

### 2.2.6 重言式的判定方法

一个真值形式不论多么复杂,我们都可以用真值表方法,判断它是否一个重言式. 但是,当真值形式的构造比较复杂,或者所含命题变项的个数比较多时,构造它的真值表就是一件比较麻烦的事情. 为此,这里给出两种比较简便的判定方法. 一种是简化真值表方法，也叫赋值归谬法；另一种是真值树方法. 它们都是以真值表方法为基础的.

(1)简化真值表方法

简化真值表方法特别适合于主联结词是“→”的蕴涵式. 因为在$p \to q$的真值表中，只有当$p$真$q$假时，$p \to q$为假. 如果一个蕴涵式是重言式，那么，在该蕴涵式中不能出现前件真而后件假的情况. 换句话说，不论该蕴涵式中的命题变项各取什么值，都不能使它的前件为真、后件为假. 这种方法就是归谬法. 具体作法是：假定所给蕴涵式的值为假. 于是可得所给蕴涵式前件的值为真，后件的值为假. 在这种赋值下，如果能导致矛盾的结果，就证明了该蕴涵式不能取假值，因此要判定的蕴涵式就是一个重言的蕴涵式. 如果不能导致矛盾的结果，那么所要判定的蕴涵式就不是一个重言式. 所以，把这种方法叫赋值归谬法. 下面将结合具体例子说明简化真值表方法的使用.

**例 2.19**　用简化真值表方法判定：$p \to p \lor p$是否重言式.

**解**

| | $p$ | $\to$ | $p$ | $\lor$ | $p$ | |
|---|---|---|---|---|---|---|
| ① | | 假 | | | | (假设) |
| ② | (真) | | | 假 | | (由①和→定义) |
| ③ | | | (假) | | 假 | (由②和∨定义) |

由②得$p$真，由③得$p$假，矛盾！所以，假设$p \to p \lor p$为假不成立. 故：$p \to p \lor p$是一个重言式.

**例 2.20**　用简化真值表方法判定：$p \lor q \to q \lor p$是重言式.

**解**

| | $p$ | $\lor$ | $q$ | $\to$ | $q$ | $\lor$ | $p$ | |
|---|---|---|---|---|---|---|---|---|
| ① | | | | 假 | | | | (假设) |
| ② | | 真 | | | | 假 | | (由①和→定义) |
| ③ | | | | | 假 | | (假) | (由②和∨定义) |
| ④ | (真) | | | | | | | (由③$q$假和∨定义) |

由③$p$ 假且 $q$ 假，将 $q$ 假代入前件得 $p$ 真，矛盾！故：$p\vee q\to q\vee p$ 为一重言式.

**例 2.21**　用简化真值表方法判断：$(p\to q)\wedge\neg p\to\neg q$ 是否重言式.

**解**

| | ($p$ | $\to$ | $q$) | $\wedge$ | $\neg$ | $p$ | $\to$ | $\neg$ | $q$ | |
|---|---|---|---|---|---|---|---|---|---|---|
| ① | | | | | | | 假 | | | (假设) |
| ② | | | | 真 | | | | 假 | | (由①和→定义) |
| ③ | | 真 | | | 真 | | | | 真 | (由②和¬，∧定义) |
| ④ | | | | | | 假 | | | | (由③和¬定义) |

当 $p$ 假 $q$ 真时，$(p\to q)\wedge\neg p\to\neg q$ 为假，故：该蕴涵式不是重言式. 我们不妨用它的真值表进行检验.

| $p$ | $q$ | $\neg p$ | $\neg q$ | $p\to q$ | $(p\to q)\wedge\neg p$ | $(p\to q)\wedge\neg p\to\neg q$ |
|---|---|---|---|---|---|---|
| 真 | 真 | 假 | 假 | 真 | 假 | 真 |
| 真 | 假 | 假 | 真 | 假 | 假 | 真 |
| 假 | 真 | 真 | 假 | 真 | 真 | 假 |
| 假 | 假 | 真 | 真 | 真 | 真 | 真 |

由此看出，当 $p$ 假 $q$ 真时，该公式的值为假. 因此，它不是重言式.

在使用简化真值表方法时，如果遇到¬为真或假，∨和→为假，∧为真时，计算就能一直进行下去. 否则，需要分情况进行讨论. 如：

**例 2.22**　用简化真值表方法判定：$p\to p\wedge p$ 是否重言式.

**解**

| | | $p$ | $\to$ | $p$ | $\wedge$ | $p$ | |
|---|---|---|---|---|---|---|---|
| ① | | | 假 | | | | (假设) |
| ② | | (真) | | | 假 | | (由①和→定义) |
| ③ | (i) | | | (假) | | 假 | (由②和∧定义) |
| | (ii) | | | (真) | | (假) | |
| | (iii) | | | (假) | | (真) | |

显然，不论(i)～(iii)哪一种情况发生，$p$ 的值都既真又假，矛盾！所以，$p\to p\wedge p$ 是一个重言式.

**例 2.23**　同例 2.20.

**解**

| | | | | | | | | |
|---|---|---|---|---|---|---|---|---|
| | $p$ | ∨ | $q$ | → | $q$ | ∨ | $p$ | |
| | | ⋮ | | ⋮ | ⋮ | ⋮ | ⋮ | |
| ① | | ⋮ | | 假 | ⋮ | ⋮ | ⋮ | （假设） |
| | | ⋮ | | ⋮ | ⋮ | ⋮ | | |
| ② | | 真 | | | ⋮ | 假 | ⋮ | （由①和→定义） |
| ③ | | | | | 假 | | 假 | （由②和∨定义） |
| ④ (i) | 真 | | 真 | | | | | （由②和∨定义） |
| (ii) | 真 | | 假 | | | | | |
| (iii) | 假 | | 真 | | | | | |

如果(i)成立，即

| | | | | | | |
|---|---|---|---|---|---|---|
| $p$ | ∨ | $q$ | → | $q$ | ∨ | $p$ |
| ⋮ | ⋮ | ⋮ | ⋮ | ⋮ | ⋮ | ⋮ |
| ⋮ | ⋮ | ⋮ | 假 | ⋮ | ⋮ | ⋮ |
| ⋮ | ⋮ | ⋮ | | ⋮ | ⋮ | ⋮ |
| ⋮ | 真 | ⋮ | | ⋮ | 假 | ⋮ |
| ⋮ | | ⋮ | | ⋮ | | ⋮ |
| ⋮ | | ⋮ | | 假 | | （假） |
| ⋮ | | ⋮ | | | | |
| （真） | | 真 | | | | |

由此可得：$p$ 既真又假，矛盾！

如果(ii)成立，即

| | | | | | | |
|---|---|---|---|---|---|---|
| $p$ | ∨ | $q$ | → | $q$ | ∨ | $p$ |
| ⋮ | ⋮ | ⋮ | ⋮ | ⋮ | ⋮ | ⋮ |
| ⋮ | ⋮ | ⋮ | 假 | ⋮ | ⋮ | ⋮ |
| ⋮ | ⋮ | ⋮ | | ⋮ | ⋮ | ⋮ |
| ⋮ | 真 | ⋮ | | ⋮ | 假 | ⋮ |
| ⋮ | | ⋮ | | ⋮ | | ⋮ |
| ⋮ | | ⋮ | | 假 | | （假） |
| ⋮ | | ⋮ | | | | |
| （真） | | 假 | | | | |

由此可得：$p$ 既真又假，矛盾！

如果(iii)成立，即

```
p ∨  q  →  q  ∨ p
⋮ ⋮  ⋮  ⋮  ⋮  ⋮ ⋮
⋮ ⋮  ⋮ 假  ⋮  ⋮ ⋮
⋮ ⋮  ⋮     ⋮  ⋮ ⋮
⋮ 真 ⋮     ⋮ 假 ⋮
⋮    ⋮     ⋮    ⋮
⋮    ⋮   (假)   假
⋮    ⋮
假  (真)
```

由此可得：$p$ 既真又假，矛盾！

因此，不论(i)～(iii)哪一种情况出现，都将得到矛盾的结果. 故：$p\vee q\to q\vee p$ 是一个重言式.

用简化真值表方法判断一个真值形式是否重言式的方法在记法上还可以再简单一些. 用下面的(1)和(2)来说明.

```
(1)      p  →  (p  ∨  p)
解      (真) 假 (假) 假  假
         2   1   3   2  3

(2)     ((p → q) ∧ ¬  p) → ¬ q
解           真    真 真 假  假 假 真
             3     2  3  5   1  2  4
```

以上两例中最下面一行的数字 1，2，… 表示判定步骤的第一步，第二步，…… 通常可以省略. 带有圈的真或假表示它们是矛盾的赋值. 其中(1)的赋值出现了矛盾，说明(1)不能为假，因此它是一个重言式. (2)的赋值没有出现矛盾，说明我们找到了一种赋值($p$ 假，$q$ 真)，使该公式为假. 由于(2)式可以为假，所以(2)不是重言式.

总之，简化真值表的基本作法大致可以归结为以下四步：

第一步：假设要判定的公式为假，即在其主联结词(蕴涵词)下置假；

第二步：根据真值表对其子公式赋值，即在这些子公式的主联结词下置真或假. 必要时可以对所有的子公式都给出赋值.

第三步：一旦出现相同的命题变项(或子公式)既需置真又需置假，则出现矛盾. 因此，对这样的真或假画圈.

第四步：根据所赋的真值真或假是否出现圈，最后得到判定结果.

(2)真值树方法

真值树方法也是一种用来判定一个真值形式是否重言式的方法. 在很多场合中，它比真值表方法和简化真值表方法更有效.

真值树的形状像一棵倒置的树. 我们将它记作 $T$. 它的元素叫结点. 每个结点上都放有一个有穷的公式集. 如图 2-1 所示. 每个结点属于唯一的一层，层可以用自然数标明. 图 2-1 所示的真值树有三层，我们说这棵树的深度为 3. 这里 $\Phi_{ij}(i,j=0,1,2,3)$ 是任意有穷的公式集. $\Phi_{00}$ 叫真值树 $T$ 的始点，$\Phi_{21}$ 叫 $\Phi_{11}$ 的后继，$\Phi_{31}$ 叫树 $T$ 的一个终点. 由 $\Phi_{00}$，$\Phi_{11}$，$\Phi_{21}$，$\Phi_{31}$ 组成的这条通道叫树 $T$ 的一个分枝. 不同结点上的公式集既可以相同，也可以不同. 一棵树有几个终点，就有几个分枝. 单个的 $\Phi_{00}$ 也叫一棵(退化的)真值树. 它既是始点又是终点，它的结点只有一个. 所以，这棵树只有一个分枝，就是它自身.

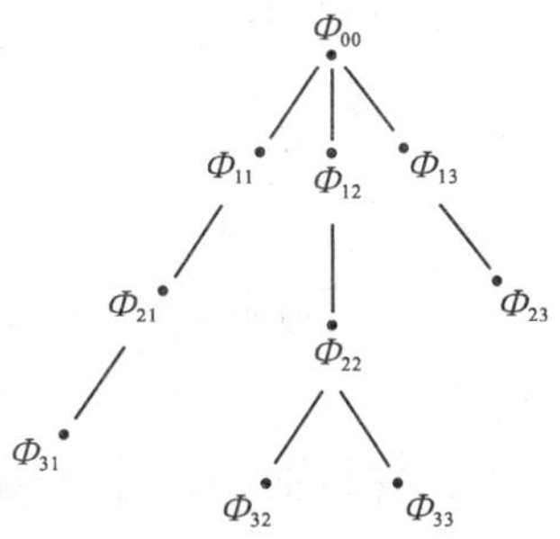

**图 2-1**

下面，我们规定真值树 $T$ 长出新枝的规则：

$\neg\neg$规则：如果在树 $T$ 的一个终止于结点 $\Phi$ 的分枝的公式之中有一个公式 $\neg\neg\alpha$，则附加一个新的结点$\{\alpha\}$作为 $\Phi$ 的后继，如图 2-2 所示.

$\rightarrow$规则：如果在树 $T$ 的一个终止于结点 $\Phi$ 的分枝的公式之中有一个公式 $\alpha\rightarrow\beta$，则附加两个新的结点$\{\neg\alpha\}$和$\{\beta\}$作为 $\Phi$ 的后继，如图 2-3 所示.

$\neg\rightarrow$规则：如果在树 $T$ 的一个终止于结点 $\Phi$ 的分枝的公式之中有一个公式 $\neg(\alpha\rightarrow\beta)$，则附加一个新的结点$\{\alpha,\neg\beta\}$作为 $\Phi$ 的后继，如图 2-4 所示.

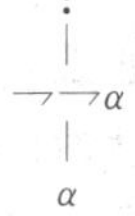

$\neg\neg$规则

**图 2-2**

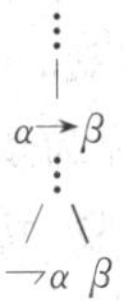

$\rightarrow$规则

**图 2-3**

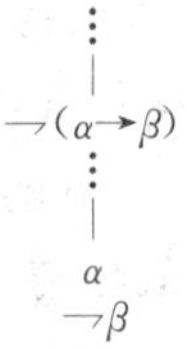

$\neg\rightarrow$规则

**图 2-4**

注意：①不一定只在分枝的终点上才使用上述三条规则. ②使用$\neg\neg$规则和$\neg\rightarrow$规则时，真值树不分岔，使用$\rightarrow$规则时，真值树分岔. ③一般情况下，先使用不分岔的规则.

**例 2.24** 作 $\alpha\to\neg(\neg\neg\beta\to\alpha)$ 的真值树.

**解**

$$\alpha\ \to\neg(\neg\neg\beta\to\alpha)$$

/ \

①→规则：　$\neg\alpha$　$\neg(\neg\neg\beta\to\alpha)$

|

②¬→规则：　$\neg\neg\beta$

$\neg\alpha$

③¬¬规则：　|

$\beta$

这棵树的深度是3,并且它有两个分枝. 对公式 $\alpha\to\neg(\neg\neg\beta\to\alpha)$ 或 $\neg(\neg\neg\beta\to\alpha)$ 或 $\neg\neg\beta$ 还可以再分别使用规则→,¬→和¬¬. 但继续使用这些规则,产生不出新的公式. 因此,在这种情况下,我们就不再继续使用这些公式来扩充此真值树. 但要求在该公式旁画钩,即√,以表示该公式已使用过了. 于是,我们规定：

**定义 2.4** 如果下列三个条件之一成立,那么称在某一分枝的某个公式 $\varphi$ 在该分枝中用过了：

(1)如果 $\varphi$ 是 $\neg\neg\alpha$,并且 $\alpha$ 是该分枝的公式；

(2)如果 $\varphi$ 是 $\alpha\to\beta$,并且 $\neg\alpha$ 或 $\beta$ 是该分枝的公式；

(3)如果 $\varphi$ 是 $\neg(\alpha\to\beta)$,并且 $\alpha$ 和 $\neg\beta$ 二者同为该分枝的公式.

因此,构造真值树时,在一个分枝中,用过的公式就不必再用来扩张. 当对一个公式使用某个规则扩张树时,最好的作法是立即用它扩张它所属的一切分枝.

**定义 2.5** 在树 $T$ 的一个分枝中,若有一个公式 $\alpha$,使得 $\alpha$ 和 $\neg\alpha$ 都是该分枝的公式,则称 $T$ 的该分枝是封闭的. 公式 $\alpha$ 和 $\neg\alpha$ 叫做用来封闭该分枝的公式. 对封闭的分枝,在该分枝的下方打叉,即×.

**定理** 公式集 $\Phi$ 的一棵树 $T$ 被称为 $\Phi$ 的一个反驳,如果它的所有分枝都是封闭的. 反驳 $\Phi$ 就是构造 $\Phi$ 的一个反驳. 特别地,如果 $\neg\alpha$ 能被反驳,则 $\alpha$ 是一个重言式.

这里略去该定理的证明. 有兴趣的读者请参阅文献[8].

**例 2.25** 用真值树方法证明：$p\to p$ 是一个重言式.

**证明** 由上述定理,只需构造 $\neg(p\to p)$ 的一个反驳.

$$\neg(p\to p)$$

|

$$p$$
$$\neg p$$
$$\times$$

因为我们能构造 $\neg(p\to p)$ 的一个反驳,故 $p\to p$ 是一个重言式.

**例 2.26** 用真值树方法证明 $\alpha$ 是一个重言式.
$$\alpha: (q\to r)\to((p\to q)\to(p\to r)).$$

**证明** 现在构造 $\neg\alpha$ 的一个反驳:

$$\neg((q\to r)\to((p\to q)\to(p\to r)))\quad\checkmark$$
$$|$$
$$q\to r \quad\checkmark$$
$$\neg((p\to q)\to(p\to r))\quad\checkmark$$
$$|$$
$$p\to q \quad\checkmark$$
$$\neg(p\to r)\quad\checkmark$$
$$|$$
$$p$$
$$\neg r$$
$$/\quad\backslash$$
$$\neg q \quad r$$
$$\quad\quad\times$$
$$/\quad\backslash$$
$$\neg p \quad q$$
$$\times\quad\times$$

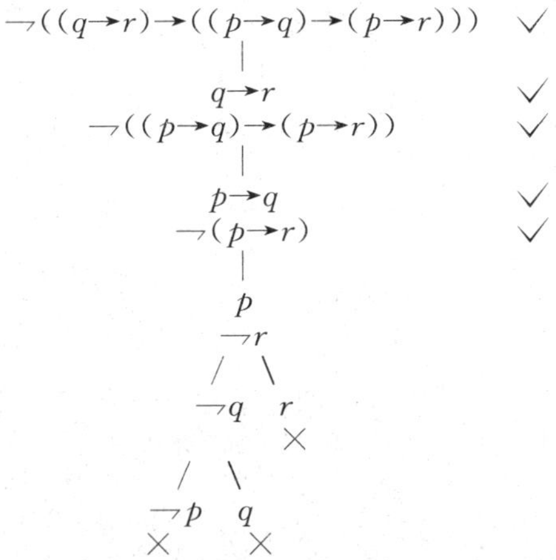

因为我们能构造 $\neg\alpha$ 的一个反驳,所以 $\alpha$ 是一个重言式.

我们在构造 $\neg\alpha$ 的一个反驳时,也可以先使用分岔的规则.不过这样做,通常情况下,树杈较多,树枝封闭得较晚.如:

$$\neg((q\to r)\to((p\to q)\to(p\to r)))\quad\checkmark$$
$$|$$
$$q\to r \quad\checkmark$$
$$\neg((p\to q)\to(p\to r))\quad\checkmark$$
$$/\quad\quad\backslash$$
$$\neg q \quad\quad\quad r$$
$$|\quad\quad\quad\quad |$$
$$p\to q \quad\quad p\to q \quad\checkmark$$
$$\neg(p\to r)\quad\neg(p\to r)\quad\checkmark$$
$$/\quad\backslash\quad\quad /\quad\backslash$$
$$\neg p \quad q \quad \neg p \quad q$$
$$\quad\times$$
$$|\quad\quad\quad |\quad\quad |$$
$$p\quad\quad p\quad\quad p$$
$$\neg r\quad\quad \neg r\quad\quad \neg r$$
$$\times\quad\quad\times\quad\quad\times$$

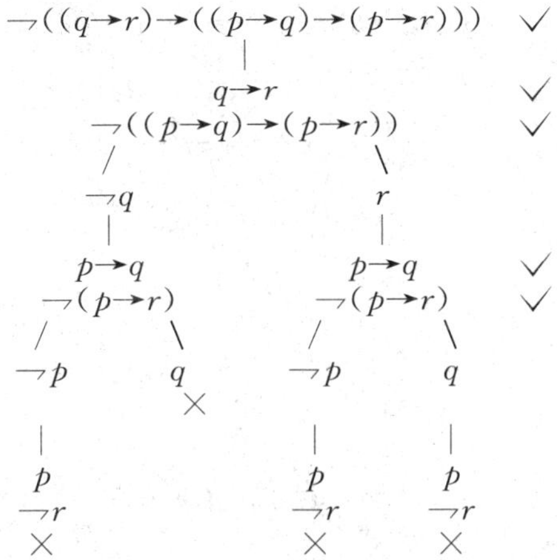

由此可知:一个公式 $\alpha$ 的真值树不是唯一的.

由联结词 $\vee$, $\wedge$ 和 $\leftrightarrow$ 构成的公式,可根据以下的三个重言等值式:

$$(\alpha \vee \beta) \leftrightarrow (\neg\alpha \rightarrow \beta),$$
$$(\alpha \wedge \beta) \leftrightarrow \neg(\alpha \rightarrow \neg\beta),$$
$$(\alpha \leftrightarrow \beta) \leftrightarrow (\alpha \rightarrow \beta) \wedge (\beta \rightarrow \alpha),$$

将它们转换成只用联结词$\neg$和$\rightarrow$表达的公式,然后再使用规则$\neg\neg$,$\neg\rightarrow$和$\rightarrow$来构造它们所对应的真值树.也可以从$\neg\neg$规则、$\neg\rightarrow$规则和$\rightarrow$规则中推导出它们的规则.图 2-5 是它们的导出规则.

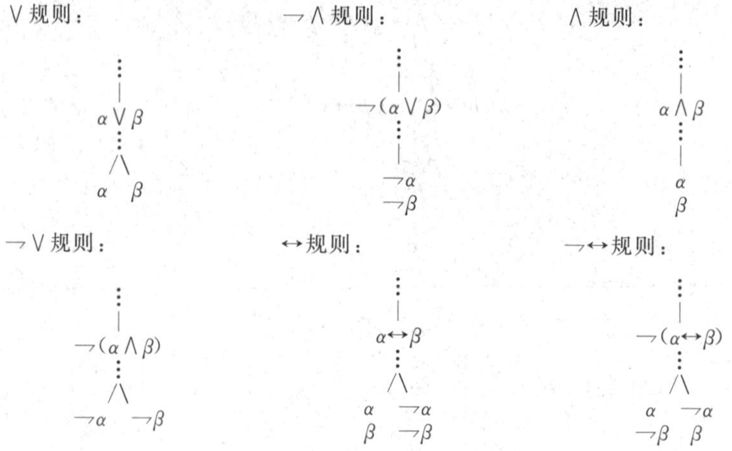


图 2-5

**例 2.27** 用真值树方法证明$\alpha'$是一个重言式.

$$\alpha' : (\alpha \rightarrow \beta) \wedge (\beta \rightarrow \alpha) \rightarrow (\alpha \leftrightarrow \beta).$$

**证明** 现在构造$\neg\alpha'$的一个反驳:

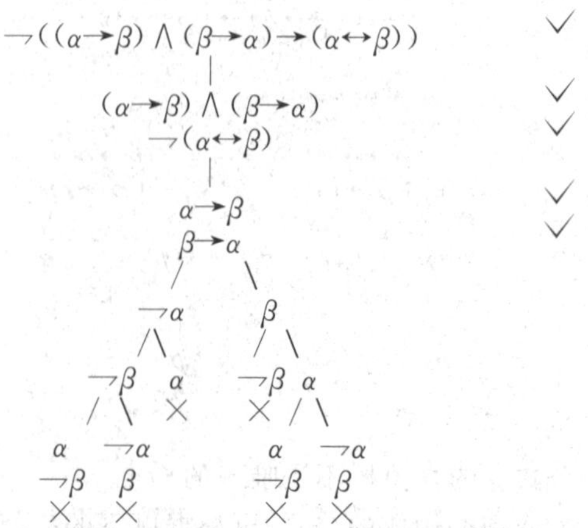

因为我们能构造出$\neg\alpha'$的一个反驳，所以$\alpha'$是一个重言式.

**例 2.28**　用真值树方法判断$\alpha$是否重言式.

$$\alpha:\quad p\rightarrow(p\wedge(p\rightarrow q)).$$

**证明**　构造$\neg\alpha$的一棵树：

```
              ¬(p→(p∧(p→q)))
                    |
                    p
             ¬(p∧(p→q))
              /         \
           ¬p         ¬(p→q)
           ×             |
                         p
                        ¬q
```

因为在$\neg\alpha$的真值树中，有一分枝不封闭，因此，我们不能反驳$\neg\alpha$，故$\alpha$不是重言式.

## 2.2.7　练习

1. 将下列命题符号化.

(1)人不犯我，我不犯人；人若犯我，我必犯人.

(2)他将在明天或者后天去北京或天津.

(3)除非知道了癌症的病因并且找到了治疗癌症的新药，否则癌症是不能治愈的.

(4)我没有看见张三和李四.

(5)并非花都是红的.

(6)今天不刮风也不下雨.

(7)如果国会拒绝制定新的法令，那么罢工不会结束，除非它持续半年以上并且商号老板签约.

2. 若在一个命题$p$前有连续几个"$\neg$"，则此命题的真值与命题$p$的真值间有什么关系？试举例说明.

3. 恢复下列命题形式中被省去的括号：

(1)$q\leftrightarrow\neg r\rightarrow s\wedge q\wedge\neg r\vee p\leftrightarrow q\rightarrow\neg r$；

(2)$\neg\neg\neg(q\leftrightarrow r)\leftrightarrow p\wedge r\wedge q\wedge\neg\neg s\rightarrow q\rightarrow r\leftrightarrow\neg p$.

4. 构造两个命题形式，使其中命题变项的出现不少于5个，并包括五个基本联结词.

5. 利用真值表，验证下列命题形式的真假值两两相同：

(1)$p\vee q$与$\neg p\rightarrow q$；

(2)$p\to q$ 与 $\neg p\vee q$;

(3)$p\leftrightarrow q$ 与 $(p\to q)\wedge(q\to p)$;

(4)$q\to p$ 与 $\neg p\to\neg q$.

6.逐步构造出下列命题形式的真值表:

(1)$((p\to q)\to r)\to s$;

(2)$(p\leftrightarrow q)\leftrightarrow p\leftrightarrow q\leftrightarrow p$;

(3)$(p\to q\to r)\to p\wedge q\to q\vee r$;

(4)$\neg(\neg p\wedge q\to\neg(p\leftrightarrow r)\vee q)$.

7.给 $p$ 和 $q$ 指派真值真,给 $r$ 和 $s$ 指派真值假,求出下列命题形式的真值:

(1)$p\vee(q\wedge r)$;

(2)$(p\wedge(q\wedge r))\vee\neg((p\vee q)\wedge(r\vee s))$;

(3)$(\neg(p\wedge q)\vee r)\vee(((\neg p\wedge q)\vee\neg r)\wedge s)$;

(4)$(\neg(p\wedge q)\vee\neg r)\to((q\leftrightarrow\neg p)\to(r\wedge\neg s))$;

(5)$(p\leftrightarrow r)\wedge(\neg s\to q)$;

(6)$(p\vee(q\to(r\wedge\neg s)))\to(\neg q\wedge s)$.

8.试用命题变项 $p$ 和 $q$ 以及五个基本的联结词表示 $f_1\sim f_{16}$.

9.令 $H$ 是三元命题联结词:$Hpqr$ 为假,当且仅当,$p,q,r$ 中有且仅有一个为真.

(1)从 $p,q,r$ 出发,作出 $Hpqr$ 的真值表;

(2)用$\neg,\vee,\wedge$ 表示 $H$.

10.定义三元命题联结词 $\Delta$ 为:$\Delta pqr$ 为真,当且仅当,$p,q,r$ 中假多于真.

(1)作出 $\Delta pqr$ 的真值表;

(2)用$\neg,\vee,\wedge$ 表示 $\Delta$;

(3)你能用 $\Delta$ 表示$\neg$和$\vee$吗?

11.试只用“$\to$”定义“$\vee$”.

12.试分别用:(1)$\neg,\vee$;(2)$\neg,\wedge$;(3)$\neg,\to$;(4)$\neg,\leftrightarrow$定义 $f_{10}$.

13.令 $p|q$ 为$\neg(p\wedge q)$,证明:$|$能定义$\neg$和$\to$.

14.令 $p\downarrow q$ 为$\neg p\wedge\neg q$,证明:$\downarrow$能定义$\neg$和$\wedge$.

15.分别用下面的联结词组(1)和(2)定义出五个基本的联结词:

(1)$\wedge,\leftrightarrow,\dot{+}$,其中:$p\dot{+}q$ 被定义为$\neg(p\leftrightarrow q)$;

(2)$\vee,\leftrightarrow,\dot{+}$.

试问:在上列各组中,任意删除一个联结词还能定义其他联结词吗?为什么?

16. 证明下面各组中的命题形式是同一类的真值函项：

(1)$\neg p, p|p, p\downarrow p$；

(2)$p\vee q, (p|p)|(q|q)$；

(3)$p\wedge q, (p\downarrow p)\downarrow(q\downarrow q)$.

17. 对于含有 $n$ 个命题变项的真值形式来说，可能的真值组合有多少种？由此而构成的不同的真值表的命题函项有多少种？计算 $n=4$ 的情况.

18. 证明下面各组中的命题形式是同一类的真值函项：

(1)$p\rightarrow q, \neg p\vee q, \neg(p\wedge\neg q)$；

(2)$p\wedge q, \neg(\neg p\vee\neg q)$；

(3)$p\leftrightarrow q, (p\rightarrow q)\wedge(q\rightarrow p)$；

(4)$p\vee q, \neg(\neg p\wedge\neg q)$.

19. 下列命题形式中，哪些是重言式？哪些是矛盾式？哪些是可满足式？

(1)$p\rightarrow q\vee r$；

(2)$p\rightarrow q\vee p$；

(3)$(\neg q\wedge p)\wedge q$；

(4)$(\neg p\rightarrow q)\rightarrow(q\rightarrow p)$；

(5)$(p\wedge\neg p)\rightarrow q$；

(6)$(p\rightarrow q\rightarrow r)\rightarrow((p\rightarrow q)\rightarrow(p\rightarrow r))$；

(7)$p\vee\neg p\rightarrow q$；

(8)$p\vee\neg p\rightarrow q\wedge\neg q$.

20. 用真值表证明下面的命题形式是重言式：

(1)$p\vee p\rightarrow p$；

(2)$p\rightarrow p\vee q$；

(3)$p\vee q\rightarrow q\vee p$；

(4)$(q\rightarrow r)\rightarrow((p\vee q)\rightarrow(p\vee r))$；

(5)$(p\rightarrow q\rightarrow r)\rightarrow((p\rightarrow r)\vee(q\rightarrow r))$；

(6)$\neg(p\rightarrow q)\leftrightarrow(q\rightarrow p)$.

21. 根据所给命题形式确定：

(1)是否第一个命题形式蕴涵第二个命题形式；

(2)是否第二个命题形式蕴涵第一个命题形式.

①$p\vee q, \neg p\rightarrow q$；　　②$p\wedge q, p\rightarrow q$；

③$\neg(p\wedge q), \neg p\vee\neg q$；　　④$p\vee\neg p, p\wedge\neg p$.

22. 分别找出只含有联结词$\neg$和$\wedge$的命题形式，使之与以下各命题形式重言等值：

(1)$p\to(q\to r)$；

(2)$(p\lor q\lor r)\land(\neg p\lor\neg q\lor\neg r)$；

(3)$(p\leftrightarrow\neg q)\leftrightarrow r$；

(4)$\neg(p\to(q\to(r\land p)))$.

23.分别找出只含有联结词$\neg$和$\lor$的命题形式,使之与以上各命题形式重言等值.

24.用简化真值表方法判断下列蕴涵式是否重言式：

(1)$(p\land q)\to(\neg p\to q)$；

(2)$p\to(q\to p)$；

(3)$((p\to q)\to q)\to(p\lor q)$；

(4)$(p\to q)\land r\to\neg(p\land r)\lor(q\land r)$；

(5)$(p\lor r)\land(p\to r)\to(q\to s)\to(\neg r\lor s)$；

(6)$(\neg p\land\neg q\to r)\leftrightarrow(\neg r\to(q\lor p))$.

25.用真值树方法判断下列命题形式是否重言式：

(1)$(p\land q)\to(\neg p\to q)$；

(2)$p\to(q\to p)$；

(3)$((p\to q)\to q)\to(p\lor q)$；

(4)$(\neg q\lor p)\land(\neg p\land q)$；

(5)$(p\to q\to r)\to(q\to p\to r)$；

(6)$p\to(p\land(p\to q))$；

(7)$\neg(p\land\neg p)\lor(q\lor\neg q)$；

(8)$(p\land q\to p)\to(q\land\neg q)$.

## 第三节　范式

### 2.3.1　范式

一个多项式的标准形为：

$$f(x)=a_nx^n+a_{n-1}x^{n-1}+\cdots+a_1x+a_0.$$

这里$a_i(i=0,1,\cdots,n)$是实数,并且$a_n\neq0$.这样一来,求$f(x)=0$根的问题,就只需要考虑$x$的各项次幂的系数.

另外，前面我们还曾把自然数按是否能被3整除进行分类. 于是，

$$\begin{aligned}\mathbf{N} &= \{0,1,2,\cdots,n,\cdots\} \\ &= \{0,3,6,\cdots,3n,\cdots\}\cup\{1,4,7,\cdots,3n+1,\cdots\}\cup \\ &\quad \{2,5,8,\cdots,3n+2,\cdots\} \\ &= [0]_{\sim}\cup[1]_{\sim}\cup[2]_{\sim},\end{aligned}$$

其中：$m\sim n$ 当且仅当 $m-n\equiv \mathrm{mod}(3)$，$m,n\in\mathbf{N}$. 这里0，1和2分别是余数为0，1和2数类的代表元，而且是最小的，即最简单的. 这样一来，要讨论形如 $3n$ 这类数所具有的性质，只需讨论0所具有的性质即可. 要讨论 $3n$ 这类数与 $3n+1$ 这类数之间的差异，只需讨论0和1之间的差异即可.

这一节要讨论的范式，就是要在每一类真值函项中，选出一个真值形式作代表元，使得作为代表元的真值形式能显示出这一类真值函项所具有的特征. 为了便于比较不同类真值形式的差异，还要求：每一类真值函项的代表元具有统一的形式. 因此，范式就是一种形式上比较规范的或比较标准的真值形式.

下面我们将要介绍两种范式：合取范式和析取范式. 其实，范式是一种在形式上有一定规律的公式，因而它具有一些形式方面的特征. 凭借这种特征，我们就能确定一个真值形式是否重言式. 范式的作用还有很多，我们将在本节稍后再详细讨论.

1. 合取范式和析取范式

**定义 3.1**　由命题变项或命题变项的否定用析取词联结而成的析取式称为简单析取.

如：$\neg p\vee q$，$q\vee r$，$p\vee\neg q\vee r$，$p\vee\neg q\vee r\vee\neg r$，它们都是简单析取.

**定义 3.2**　由命题变项或命题变项的否定用合取词联结而成的合取式称为简单合取.

如：$p\wedge q\wedge r$，$p\wedge\neg q\wedge\neg r$，$p\wedge\neg p\wedge q\wedge r$，它们都是简单合取.

下面是两个显然的事实.

事实1：一个简单析取是重言式当且仅当有一个命题变项，它和它的否定都在该简单析取中出现.

事实2：一个简单合取是不可满足的当且仅当有一个命题变项，它和它的否定都在该简单合取中出现.

由此可以断定：$p\vee\neg q\vee r\vee\neg r$ 是一个重言式，而 $\neg p\vee q$，$q\vee r$ 和 $p\vee\neg q\vee r$ 都不是重言式，$p\wedge\neg p\wedge q\wedge r$ 是一个不可满足式. $p\wedge q\wedge r$ 和 $p\wedge\neg q\wedge\neg r$ 是可满足式.

**定义 3.3**　由简单析取经合取词联结而成的真值形式称为合取范式.

一般地,合取范式 $\alpha$ 具有以下标准形式:

$$\alpha_1 \wedge \alpha_2 \wedge \cdots \wedge \alpha_n,$$

其中 $\alpha_i(1 \leqslant i \leqslant n)$都是简单析取.

如:$(p \vee \neg q) \wedge (\neg p \vee q) \wedge (q \vee r)$

和 $$(p \vee q \vee r) \wedge (p \vee \neg q \vee r) \wedge (p \vee \neg q \vee \neg r)$$

都是合取范式.特别地,$p \vee \neg q$ 也是合取范式.它是在合取范式 $\alpha$ 的标准形中,$n=1$ 的情况.

容易看出:一个合取范式是重言式,当且仅当,它的每一个简单析取 $\alpha_i(1 \leqslant i \leqslant n)$均是重言式,即每个简单析取 $\alpha_i$ 中都有某个命题变项及其否定在其中出现.如:

$$(p \vee \neg p \vee q) \wedge (p \vee q \vee \neg q) \wedge (p \vee r \vee \neg r)$$

是一个重言式.

**定义 3.4**　由简单合取经析取词联结而成的真值形式称为析取范式.

一般地,析取范式 $\alpha$ 具有如下形式:

$$\alpha_1 \vee \alpha_2 \vee \cdots \vee \alpha_n,$$

其中 $\alpha_i(1 \leqslant i \leqslant n)$都是简单合取.

如:$(p \wedge \neg q) \vee (\neg p \wedge q) \vee (q \wedge r)$

和 $$(p \wedge q \wedge r) \vee (p \wedge \neg q \wedge r) \vee (p \wedge \neg q \wedge \neg r)$$

都是析取范式.特别地,$p \wedge \neg q$ 也是析取范式.它是在析取范式 $\alpha$ 的标准形中,$n=1$ 的情况.

容易看出:一个析取范式是不可满足式,当且仅当,它的每一简单合取 $\alpha_i(1 \leqslant i \leqslant n)$均是不可满足式,即每个简单合取 $\alpha_i$ 中有某个命题变项及其否定在其中出现.如:

$$(p \wedge \neg p \wedge q) \vee (p \wedge q \wedge \neg q) \vee (p \wedge r \wedge \neg r)$$

是一个不可满足式.

从定义 3.3 和定义 3.4 可知,在合取范式和析取范式中均不包含蕴涵词"$\rightarrow$"和等值词"$\leftrightarrow$",否定词"$\neg$"只涉及命题变项本身.

2.范式的存在问题

是否每一个真值形式都有与之等值的合取范式和析取范式呢?我们有下面的结论.

**定理 3.1**(范式存在定理)　每一真值形式都有一个与之等值的合取范式和析取范式.即:对每个真值形式 $\alpha$,都存在合取范式 $\beta$ 和析取范式 $\gamma$,使得 $\alpha \leftrightarrow \beta$ 并且 $\alpha \leftrightarrow \gamma$.(因此称 $\beta$ 为 $\alpha$ 的合取范式,$\gamma$ 为 $\alpha$ 的析取范式)

本书略去这个定理的证明(有兴趣的读者可参阅文献[19]),只通过几个具体的例子说明如何从一个给定的公式 $\alpha$,去求它的合取范式和析取范式.

3. 求范式的步骤

第一步,消去$\rightarrow$和$\leftrightarrow$.

①根据 2.2.5 节中重言等值式(1),用$\neg\alpha\vee\beta$置换$\alpha\rightarrow\beta$,消去$\rightarrow$;

②根据 2.2.5 节中重言等值式(4),用$(\neg\alpha\vee\beta)\wedge(\alpha\vee\neg\beta)$置换$\alpha\leftrightarrow\beta$,消去$\leftrightarrow$求合取范式;或根据 2.2.5 节中重言等值式(5),用$(\alpha\wedge\beta)\vee(\neg\alpha\wedge\neg\beta)$置换$\alpha\leftrightarrow\beta$,消去$\leftrightarrow$求析取范式.

第二步,内移或消去$\neg$.

①根据 2.2.5 节中重言等值式(14),用 $\alpha$ 置换$\neg\neg\alpha$,消去$\neg\neg$;

②根据 2.2.5 节中重言等值式(12),用$\neg\alpha\wedge\neg\beta$置换$\neg(\alpha\vee\beta)$;或根据 2.2.5节中重言等值式(13),用$\neg\alpha\vee\neg\beta$置换$\neg(\alpha\wedge\beta)$,使$\neg$不断深入,直至置于命题变项之前.

第三步,根据 2.2.5 节中重言等值式(8)和(9)(即析取和合取的结合律),互换析取和合取的各项顺序,还可以略去结合的括号.

第四步,根据 2.2.5 节中重言等值式(11)(即析取对合取的分配律),用$(\alpha\vee\beta)\wedge(\alpha\vee\gamma)$置换 $\alpha\vee(\beta\wedge\gamma)$求合取范式;根据 2.2.5 节中重言等值式(10)(即合取对析取的分配律),用$(\alpha\wedge\beta)\vee(\alpha\wedge\gamma)$置换 $\alpha\wedge(\beta\vee\gamma)$求析取范式.

**例 3.1**　求$(p\rightarrow(q\rightarrow r))\rightarrow(p\wedge q\rightarrow r)$的合取范式和析取范式.

**解**　(1)消去$\rightarrow$,得

$$\neg(\neg p\vee(\neg q\vee r))\vee(\neg(p\wedge q)\vee r).$$

(2)将$\neg$内移,得

$$(\neg\neg p\wedge\neg(\neg q\vee r))\vee(\neg p\vee\neg q\vee r),$$

$$(\neg\neg p\wedge\neg\neg q\wedge\neg r)\vee(\neg p\vee\neg q\vee r),$$

消去$\neg\neg$,得

$$(p\wedge q\wedge\neg r)\vee(\neg p\vee\neg q\vee r).$$

即$(p\wedge q\wedge\neg r)\vee\neg p\vee\neg q\vee r$ 为所求析取范式.

用$\vee$对$\wedge$的分配律,得

$$(p\vee\neg p\vee\neg q\vee r)\wedge(q\vee\neg p\vee\neg q\vee r)\wedge(\neg r\vee\neg p\vee\neg q\vee r)$$

该式即为所求的合取范式.

**例 3.2**　求 $p\leftrightarrow p\wedge q$ 的合取范式和析取范式.

**解**　消去$\leftrightarrow$,得

$$(\neg p\vee(p\wedge q))\wedge(p\vee\neg(p\wedge q)).$$

内移$\neg$,得

$$(\neg p\vee(p\wedge q))\wedge(p\vee\neg p\vee\neg q). \qquad (*)$$

对(*),用$\vee$对$\wedge$的分配律,得

$$((\neg p\vee p)\wedge(\neg p\vee q))\wedge(p\vee\neg p\vee\neg q),$$

即:$(\neg p\vee p)\wedge(\neg p\vee q)\wedge(p\vee\neg p\vee\neg q)$为所求的合取范式.

又在原式中,消去$\leftrightarrow$,得

$$(p\wedge p\wedge q)\vee(\neg p\wedge\neg(p\wedge q)).$$

内移$\neg$,得

$$(p\wedge p\wedge q)\vee(\neg p\wedge(\neg p\vee\neg q)).$$

用$\wedge$对$\vee$的分配律,得

$$(p\wedge p\wedge q)\vee((\neg p\wedge\neg p)\vee(\neg p\wedge\neg q)),$$

即$(p\wedge p\wedge q)\vee(\neg p\wedge\neg p)\vee(\neg p\wedge\neg q)$为所求的析取范式.

另外,容易证明:$\neg p\vee q$与$p\leftrightarrow p\wedge q$重言等值,所以,$\neg p\vee q$也是原式的一个合取范式.这样一来,用前面的步骤,求一个公式的范式,其结果不是唯一的.为了使结果具有唯一性,下面将介绍优范式.

### 2.3.2 优范式

优范式的基本思想是把一个公式的合(析)取范式进一步标准化,从而使每一个表达式都有一个唯一的标准形式,不同的表达式有不同的标准形式.特别使互为等值的命题形式具有相同的标准形式,不等值的命题形式的标准形式不同.由于我们讨论的范式有两种,因此对应地优范式也有两种:优合取范式和优析取范式.在合(析)取范式的基础上,求优合(析)取范式的方法,类似于中学里多项式函数的合并同类项.

**定义 3.5** 我们把满足以下条件的合(析)取范式称为优合(析)取范式:

(1)如果某一命题变项在范式里出现,那么它要在每一简单析(合)取里出现;

(2)没有常真(假)的简单析(合)取;

(3)在简单析(合)取里,没有相同的支命题;

(4)对于命题变项及其否定按下列顺序排列

$$[p,\neg p,q,\neg q,r,\neg r,s,\neg s,p_1,\neg p_1,\cdots];$$

在范式里,命题变项和简单析(合)取都照上面的顺序按字母顺序排列;

(5)没有相同的简单析(合)取.

**例 3.3** (1)根据定义 3.5,我们可以断定:真值形式

$$(p\vee q\vee r)\wedge(p\vee q\vee\neg r)\wedge(p\vee\neg q\vee r)$$

是一个优合取范式；

(2)根据定义3.5,我们可以断定:真值形式

$$(p\wedge q\wedge r)\vee(p\wedge q\wedge\neg r)\vee(p\wedge\neg q\wedge r)$$

是一个优析取范式；

(3)根据定义3.5,我们可以断定:下面的真值形式

$$(p\vee\neg q)\wedge q,(p\vee q\vee\neg q)\wedge(p\vee\neg r),$$

$$(p\vee\neg q\vee\neg q)\wedge(\neg p\vee q),(\neg p\vee q)\wedge(q\vee\neg p),$$

都不是优合取范式.

(4)根据定义3.5,我们可以断定:下面的真值形式

$$(p\wedge\neg q)\vee q,(p\wedge q\wedge\neg q)\vee(p\wedge\neg r),$$

$$(p\wedge\neg q\wedge\neg q)\vee(\neg p\wedge q),(\neg p\wedge q)\vee(q\wedge\neg p),$$

都不是优析取范式.

根据优范式的定义,从一个给定的范式出发,求其优范式的步骤如下：

第一步:展开.

把不包含某一命题变项的简单合取或简单析取,置换为含有这一命题变项的一些简单合取或简单析取.展开的规则是：

在简单合取 $\alpha$ 中引入命题变项 $\pi$(即 $\pi$ 的取值为 $p,q,r$ 等),将 $\alpha$ 换以 $\alpha\wedge(\pi\vee\neg\pi)$;在简单析取 $\alpha$ 中引入命题变项 $\pi$,将 $\alpha$ 换以 $\alpha\vee(\pi\wedge\neg\pi)$.

第二步:消去.

从第一步所得的合取范式或析取范式中消去重言的简单析取或不可满足的简单合取,消去简单析取或简单合取中重复的支命题,消去重复的简单析取或简单合取.消去规则是：

①$\alpha\vee\alpha$ 换以 $\alpha$,$\alpha\wedge\alpha$ 换以 $\alpha$;

②$\alpha\vee(\beta\wedge\neg\beta)$换以 $\alpha$,$\alpha\vee(\beta\wedge\neg\beta\wedge\gamma)$换以 $\alpha$;

③$\alpha\wedge(\beta\vee\neg\beta)$换以 $\alpha$,$\alpha\wedge(\beta\vee\neg\beta\vee\gamma)$换以 $\alpha$.

第三步:排列.

按顺序排列各简单析取或简单合取中的命题变项及其否定,并按照特定的字母顺序排列各简单析取或简单合取.在按照特定的字母顺序排列时,可使用交换律和结合律.

**例3.4**　在例3.2中,$p\leftrightarrow p\wedge q$ 的析取范式和合取范式分别为：

$$(p\wedge p\wedge q)\vee(\neg p\wedge\neg p)\vee(\neg p\wedge\neg q),$$

和

$$(\neg p\vee p)\wedge(\neg p\vee q)\wedge(p\vee\neg p\vee\neg q).$$

求它的优析取范式如下：

(1)在简单合取 $p\land p\land q$ 和 $\neg p\land\neg p$ 中,消去重复的支命题,得

$$(p\land q)\lor(\neg p)\lor(\neg p\land\neg q).$$

(2)展开,得

$$(p\land q)\lor(\neg p\land(q\lor\neg q))\lor(\neg p\land\neg q),$$

$$(p\land q)\lor((\neg p\land q)\lor(\neg p\land\neg q))\lor(\neg p\land\neg q).$$

(3)消去重复的简单合取 $\neg p\land\neg q$,得

$$(p\land q)\lor(\neg p\land q)\lor(\neg p\land\neg q).$$

此式为原式的优析取范式.

求它的优合取范式如下：

消去重言的简单析取,得：

$$\neg p\lor q.$$

此式为原式的优合取范式.

**例 3.5**　求 $p\land(p\rightarrow q)\rightarrow r$ 的优合取范式.

**解**　消去→,得:$\neg(p\land(\neg p\lor q))\lor r$.

内移¬,得:$\neg p\lor\neg(\neg p\lor q)\lor r$.

内移¬,得:$\neg p\lor(\neg\neg p\land\neg q)\lor r$.

消去¬¬,得:$\neg p\lor(p\land\neg q)\lor r$.

展开,得:$((\neg p\lor p)\land(\neg p\lor\neg q))\lor r$.

分配,得:$(\neg p\lor p\lor r)\land(\neg p\lor\neg q\lor r)$.

消去重言式得:$\neg p\lor\neg q\lor r$,此式为原式的优合取范式.

优范式的特征在于它具有唯一性.两个含有相同命题变项的等值式,它们的优合取范式或优析取范式是完全相同的.特别地,对于有 $n$ 个命题变项的公式,它应有 $2^n$ 个不同的真值组合.每一组合都对应一个简单析取或简单合取.前面,用写真法写出的公式就是优析取范式.如果一个优析取范式中有 $2^n$ 个简单合取,那么它是一个重言式;否则,如果优析取范式中有 0 个简单合取支(即优析取范式不存在),那么它是一个不可满足式.用写假法写出的公式经过适当排列后,是优合取范式.如果优合取范式中有 $2^n$ 个简单析取支,那么它是一个不可满足式;否则,如果优合取范式中有 0 个简单析取支(即优合取范式不存在),那么它是一个重言式.

对于优范式,我们有下面的结论：

**定理 3.2**(优范式的存在唯一定理)　每一个真值形式都存在唯一的一个优析取范式和唯一的一个优合取范式.

同定理 3.1 一样，我们略去定理 3.2 的证明，有兴趣的读者可参阅文献[19].

### 2.3.3　范式的作用和应用

1. 范式的作用

(1)合取范式的作用：可以用来判明一个命题形式是否为重言式. 即：一个合取范式是重言式，当且仅当，它的每一个简单析取均是重言的.

**例 3.6**　求 $p \to p \wedge q$ 的合取范式，并判明它是否重言式.

**解**　消去→，得：$\neg p \vee (p \wedge q)$.

用∨对∧的分配律，得：$(\neg p \vee p) \wedge (\neg p \vee q)$.

即为所求. 由于在该合取范式中它的简单析取支 $\neg p \vee q$ 不是重言式，故原式不是重言式.

(2)析取范式的作用：可以用来判明一个命题形式是否为不可满足的. 即：一个析取范式是不可满足的，当且仅当，它的每一个简单合取都是不可满足的.

**例 3.7**　求 $p \wedge q \to q \wedge p$ 的析取范式，并判明它是否不可满足.

**解**　消去→，得：$\neg(p \wedge q) \vee (q \wedge p)$.

内移¬，得：$\neg p \vee \neg q \vee (q \wedge p)$.

此式为所求. 由于在该析取范式中，它的简单合取支不是不可满足的，故原式不是不可满足式.

(3)优范式的作用之一：可以用来判明 个命题形式在命题变项不同的取值情况下，其值的真假.

当一个命题形式既不是重言式又不是不可满足式时，用优析取范式可以判明在命题变项的哪些取值情况下，命题形式的值为真；或者用优合取范式可以判明在命题变项的哪些取值情况下，命题形式的值为假. 因为前者对应写真法，后者对应写假法.

**例 3.8**　判明当 $p,q,r$ 取何值时，$(\neg q \vee r) \wedge p$ 取真值真？当 $p,q,r$ 为何值时，$(\neg q \vee r) \wedge \neg p$ 取真值假？

**解**　①求 $(\neg q \vee r) \wedge p$ 的优合取范式.

展开：

$((\neg q \vee r) \vee (p \wedge \neg p)) \wedge (p \vee (q \wedge \neg q) \vee (r \wedge \neg r))$.

$(\neg q \vee r \vee p) \wedge (\neg q \vee r \vee \neg p) \wedge (((p \vee q) \wedge (p \vee \neg q)) \vee (r \wedge \neg r))$.

$(\neg q \vee r \vee p) \wedge (\neg q \vee r \vee \neg p) \wedge (((p \vee q) \vee (r \wedge \neg r)) \wedge ((p \vee \neg q) \vee (r \wedge \neg r))$.

$(\neg q \vee r \vee p) \wedge (\neg q \vee r \vee \neg p) \wedge (p \vee q \vee r) \wedge (p \vee q \vee \neg r) \wedge (p \vee \neg q \vee r) \wedge (p \vee \neg q \vee \neg r)$.

排列：

$(p \vee q \vee r) \wedge (p \vee q \vee \neg r) \wedge (p \vee \neg q \vee r) \wedge (p \vee \neg q \vee r) \wedge (p \vee \neg q \vee \neg r) \wedge (\neg p \vee \neg q \vee r)$.

消去：

$(p \vee q \vee r) \wedge (p \vee q \vee \neg r) \wedge (p \vee \neg q \vee r) \wedge (p \vee \neg q \vee \neg r) \wedge (\neg p \vee \neg q \vee r)$.

此式即为所求.由此看出：当$(p,q,r)$分别取(假,假,假),(假,假,真),(假,真,假),(假,真,真)和(真,真,假)时,$(\neg q \vee r) \wedge p$的值为假,在其他情况下,即:当$(p,q,r)$分别取(真,真,真),(真,假,真)和(真,假,假)时,$(\neg q \vee r) \wedge p$的值为真.

②求$(\neg q \vee r) \wedge p$的优析取范式.

展开：

$(\neg q \wedge p) \vee (r \wedge p)$.

$((\neg q \wedge p) \wedge (r \vee \neg r)) \vee ((r \wedge p) \wedge (q \vee \neg q))$.

$(\neg q \wedge p \wedge r) \vee (\neg q \wedge p \wedge \neg r) \vee (r \wedge p \wedge q) \vee (r \wedge p \wedge \neg q)$.

排列：

$(p \wedge q \wedge r) \vee (p \wedge \neg q \wedge r) \vee (p \wedge \neg q \wedge r) \vee (p \wedge \neg q \wedge \neg r)$.

消去：

$(p \wedge q \wedge r) \vee (p \wedge \neg q \wedge r) \vee (p \wedge \neg q \wedge \neg r)$.

此式即为所求.由此看出,当$(p,q,r)$分别取(真,真,真),(真,假,真)和(真,假,假)时,$(\neg q \vee r) \wedge p$的值为真,在其他情况下,$(\neg q \vee r) \wedge p$的值为假.

(4)优范式的作用之二:可以用来判明两个不同的真值形式是否等值.

因为一个真值形式的优析取范式和优合取范式是唯一的,所以两个不同的真值表达式是否表达同一个真值函项,可以通过求它们的优析取范式或优合取范式来判明.

但是,一般的范式不具有这样的作用.如果两个不同的真值形式的优范式相同,那么它们表达了同一个真值函项,因而这两个不同的真值形式是等值的.

**例 3.9** 利用优范式判明下面的两个真值形式

$$(\neg p \wedge q) \vee (\neg q \wedge r) \vee (\neg r \wedge p) \tag{1}$$

和

$$(\neg q \wedge p) \vee (\neg r \wedge q) \vee (\neg p \wedge r) \tag{2}$$

是否逻辑等值.

**解** 求(1)式的优析取范式：

展开：

$((\neg p \wedge q) \wedge (r \vee \neg r)) \vee ((\neg q \wedge r) \wedge (p \vee \neg p)) \vee ((\neg r \wedge p) \wedge (q \vee \neg q))$.

分配：

$(\neg p \wedge q \wedge r) \vee (\neg p \wedge q \wedge \neg r) \vee (\neg q \wedge r \wedge p) \vee (\neg q \wedge r \wedge \neg p) \vee (\neg r \wedge p \wedge q) \vee (\neg r \wedge p \wedge \neg q)$.

排列：

$(\neg p \wedge q \wedge r) \vee (\neg p \wedge q \wedge \neg r) \vee (p \wedge \neg q \wedge r) \vee (\neg p \wedge \neg q \wedge r) \vee (p \wedge q \wedge \neg r) \vee (p \wedge \neg q \wedge \neg r)$.

$(p \wedge q \wedge \neg r) \vee (p \wedge \neg q \wedge r) \vee (p \wedge \neg q \wedge \neg r) \vee (\neg p \wedge q \wedge r) \vee (\neg p \wedge q \wedge \neg r) \vee (\neg p \wedge \neg q \wedge r)$.

求(2)式的优析取范式：

展开：

$((\neg q \wedge p) \wedge (r \vee \neg r)) \vee ((\neg r \wedge q) \wedge (p \vee \neg p)) \vee ((\neg p \wedge r) \wedge (q \vee \neg q))$.

分配：

$(\neg q \wedge p \wedge r) \vee (\neg q \wedge p \wedge \neg r) \vee (\neg r \wedge q \wedge p) \vee (\neg r \wedge q \wedge \neg p) \vee (\neg p \wedge r \wedge q) \vee (\neg p \wedge r \wedge \neg q)$.

排列：

$(p \wedge \neg q \wedge r) \vee (p \wedge \neg q \wedge \neg r) \vee (p \wedge q \wedge \neg r) \vee (\neg p \wedge q \wedge \neg r) \vee (\neg p \wedge q \wedge r) \vee (\neg p \wedge \neg q \wedge r)$.

$(p \wedge q \wedge \neg r) \vee (p \wedge \neg q \wedge r) \vee (p \wedge \neg q \wedge \neg r) \vee (\neg p \wedge q \wedge r) \vee (\neg p \wedge q \wedge \neg r) \vee (\neg p \wedge \neg q \wedge r)$.

由此可得：(1)式和(2)式逻辑等值.

(5)优合取范式的作用：可以用来判明一个真值形式中的否定词是否可以消去.

因为我们有下面的结论：

**命题**　一个由 $n$ 个命题变项 $p_1, p_2, \cdots, p_n$ 组成的真值函项可以不用否定词 $\neg$ 表达，当且仅当，其优合取范式里没有

$$\neg p_1 \vee \neg p_2 \vee \cdots \vee \neg p_n \qquad (*)$$

这样的简单析取.

事实上，任何一个没有否定词的公式都不能代替这个简单析取. 因为当命题变项 $p_1, p_2, \cdots, p_n$ 均取真值真时，没有否定词而只使用其他四个联结词所组成

的最简单的公式,其值均为真.重复和交换使用这四个联结词所组成的公式,不论多么复杂.其值也只能为真.在这种情况下,( * )式的值为假.而( * )式又不能和没有否定词且只使用其他四个联结词所组成的那些公式等值.因而,不用否定词就不能表达.反之,如果优合取范式里没有( * )式,则其中每一简单析取里至少有一个变项前无否定词.不妨设为

$$p_1 \vee \neg p_2 \vee \neg p_3 \vee \cdots \vee \neg p_n.$$

对这样的简单析取,利用 2.2.5 节中的德·摩根律,将其表示为

$$p_2 \wedge p_3 \wedge \cdots \wedge p_n \rightarrow p_1.$$

因此,该优合取范式和原公式都可以不用否定词表达.即,否定词可以消去.

2.范式的应用

范式的应用一般分为两类.一类是判断推理是否正确,另一类是求其结果(非推理).下面是利用范式解决实际问题的例子.

**例 3.10** 判断下面的推理是否正确.

或者逻辑学难学,或者并非许多学生喜欢它.如果数学不难学,那么逻辑学也不难学.因此,如果许多学生喜欢逻辑学,那么数学也是难学的.

**解** 令 $p$:逻辑学难学,$q$:许多学生喜欢逻辑学,$r$:数学难学.

因此,"或者逻辑学难学,或者并非许多学生喜欢它"可表示为:$p \vee \neg q$.

"如果数学不难学,那么逻辑学也不难学"可表示为:$\neg r \rightarrow \neg p$.

"如果许多学生喜欢逻辑学,那么数学也是难学的",可以表示为:$q \rightarrow r$.

在这里,"因此"前面的内容是前提,后面是结论.于是与之相应的蕴涵式为:

$$(p \vee \neg q) \wedge (\neg r \rightarrow \neg p) \rightarrow (q \rightarrow r).$$

它的优析取范式为:

$$(p \wedge q \wedge r) \vee (p \wedge q \wedge \neg r) \vee (p \wedge \neg q \wedge r) \vee$$
$$(p \wedge \neg q \wedge \neg r) \vee (\neg p \wedge q \wedge r) \vee (\neg p \wedge q \wedge \neg r) \vee$$
$$(\neg p \wedge \neg q \wedge r) \vee (\neg p \wedge \neg q \wedge \neg r).$$

因此,它是一个重言式,从而这个推理正确.

**例 3.11** 新学期开始,给某年级安排课表时,各任课教师分别有如下要求:

外语教师:要求在每星期一或三上课;

数学教师:要求在每星期一或二上课;

法学教师:要求在每星期二或四上课;

美学教师:要求在每星期三或五上课;

体育教师:要求在每星期四或五上课.

怎样安排才能满足全部教师的要求,并且一天只有一个教师上课(每个教师

每星期只上一次课)?

**解**　设以下各命题变项分别表示:

$p_1$:星期一上外语，　　$p_2$:星期三上外语，

$q_1$:星期一上数学，　　$q_2$:星期二上数学，

$r_1$:星期二上法学，　　$r_2$:星期四上法学，

$s_1$:星期三上美学，　　$s_2$:星期五上美学，

$t_1$:星期四上体育，　　$t_2$:星期五上体育.

各任课教师的要求可分别表示为:

$(p_1 \land \neg p_2) \lor (\neg p_1 \land p_2)$;　　$(q_1 \land \neg q_2) \lor (\neg q_1 \land q_2)$;

$(r_1 \land \neg r_2) \lor (\neg r_1 \land r_2)$;　　$(s_1 \land \neg s_2) \lor (\neg s_1 \land s_2)$;

$(t_1 \land \neg t_2) \lor (\neg t_1 \land t_2)$.

要满足全体任课教师的要求，只需要求下面的合取式真.

$$((p_1 \land p_2) \lor (\neg p_1 \land p_2)) \land ((q_1 \land \neg q_2) \lor (\neg q_1 \land q_2)) \land$$
$$((r_1 \land \neg r_2) \lor (\neg r_1 \land r_2)) \land ((s_1 \land \neg s_2) \lor (\neg s_1 \land s_2)) \land$$
$$((t_1 \land \neg t_2) \lor (\neg t_1 \land t_2))$$

利用分配律，将上式化为优析取范式. 根据题意，$p_1 \land q_1$，$q_2 \land r_1$，$p_2 \land r_1$，$r_2 \land r_1$，$s_2 \land t_2$ 皆假，由此得出析取范式中的一些简单合取为假. 最后可得:

$$(p_1 \land \neg p_2 \land \neg q_1 \land q_2 \land \neg r_1 \land r_2 \land s_1 \land \neg s_2 \land \neg t_1 \land t_2) \lor$$
$$(\neg p_1 \land p_2 \land q_1 \land \neg q_2 \land r_1 \land \neg r_2 \land \neg s_1 \land s_2 \land t_1 \land \neg t_2).$$

为真. 即按下面两种课表安排就可满足全部教师的要求:

| 星期一 | 星期二 | 星期三 | 星期四 | 星期五 |
|---|---|---|---|---|
| 外语 | 数学 | 美学 | 法学 | 体育 |
| 数学 | 法学 | 外语 | 体育 | 美学 |

### 2.3.4　两种运算

1. 求否定运算

求否定运算，就是求与一命题的否定命题等值的命题. 令 $p$ 表示:“张三是一个学生”，则 $\neg p$ 表示:“张三不是学生”. 对于简单命题，我们可以用加否定词 $\neg$ 的办法得到它的否定命题. 对稍复杂一些的命题，如: $p \lor q$ 和 $(\neg p \land \neg q)$，我们只有通过作它们的真值表，来判断一个命题是否另一个命题的否定. 由真值表

| $p$ | $q$ | $\neg p$ | $\neg q$ | $p\vee q$ | $\neg(p\vee q)$ | $\neg p\wedge\neg q$ |
|---|---|---|---|---|---|---|
| 真 | 真 | 假 | 假 | 真 | 假 | 假 |
| 真 | 假 | 假 | 真 | 真 | 假 | 假 |
| 假 | 真 | 真 | 假 | 真 | 假 | 假 |
| 假 | 假 | 真 | 真 | 假 | 真 | 真 |

我们可以断定$\neg p\wedge\neg q$是$p\vee q$的否定式，因为$\neg p\wedge\neg q$等值于$\neg(p\vee q)$. 但对于复杂的命题形式，要得到与它的否定式相等值的命题形式，并不是一件容易的事. 但是，现在我们可以利用一种叫做求否定运算的方法，求一公式的否定式.

它的主要思想是：把具体命题符号化，借助公式符号变形规则，将求否定变成一种可操作的运算. 即：通过求否定规则，给出求一个命题的否定式的方法. 在介绍具体作法之前，我们先约定：

(1)用$\alpha^-$表示$\alpha$的否定；

(2)如果在一个公式里$\rightarrow$或$\leftrightarrow$出现，要将$\rightarrow$或$\leftrightarrow$逐个消去.

因此，在介绍具体作法时，我们不妨假定所讨论的公式中不出现$\rightarrow$和$\leftrightarrow$.

求否定的运算方法如下：

(1)$\vee$被代以$\wedge$，$\wedge$被代以$\vee$；

(2)不出现于部分公式$\neg\pi$中的$\pi$被代以$\neg\pi$；

(3)$\neg\pi$被代以$\pi$.

下面的结论成立：

(1)如果$\alpha\rightarrow\beta$真，则$\beta^-\rightarrow\alpha^-$真；

(2)如果$\alpha\leftrightarrow\beta$真，则$\beta^-\leftrightarrow\alpha^-$真.

**例 3.12**　求$(p\vee q)\wedge r\wedge(q\vee\neg r)$的否定式.

**解**　将$\wedge$和$\vee$互换，得：

$$(p\wedge q)\vee r\vee(q\wedge\neg r),$$

将$\neg\pi$代以$\pi$，$\pi$代$\neg\pi$，得：

$$(\neg p\wedge\neg q)\vee\neg r\vee(\neg q\wedge r),$$

此式即为所求.

**例 3.13**　求$(\neg p\wedge q\wedge p)\vee(q\wedge r\wedge\neg p)$的否定式.

**解**　将$\wedge$和$\vee$互换，得：

$$(\neg p\vee q\vee p)\wedge(q\vee r\vee\neg p),$$

将$\neg\pi$代$\pi$，$\pi$代$\neg\pi$，得：

$$(p\vee\neg q\vee\neg p)\wedge(\neg q\vee\neg r\vee p),$$

此式即为所求.

**例 3.14**　求 $((p\to q)\land\neg q)\to\neg p$ 的否定式.

**解**　消去 $\to$，得：

$$\neg((\neg p\lor q)\land\neg q)\lor\neg p.$$

内移 $\neg$，得：

$$(\neg(\neg p\lor q)\lor\neg\neg q)\lor\neg p.$$

$$(\neg\neg p\land\neg q)\lor\neg\neg q\lor\neg p.$$

消去 $\neg\neg$，得：

$$(p\land\neg q)\lor q\lor\neg p,$$

互换 $\land$ 和 $\lor$，得：

$$(p\lor\neg q)\land q\land\neg p,$$

将 $\neg\pi$ 代 $\pi$，$\pi$ 代 $\neg\pi$，得：

$$(\neg p\lor q)\land\neg q\land p.$$

此式即为所求.

通过以上几个例子可以看出，不论一命题形式是 $\pi$，$\neg\alpha$ 还是 $\alpha\lor\beta$ 或 $\alpha\land\beta$，求它的否定式的问题都可以归结为求 $\pi$ 以及求原公式的部分公式 $\alpha$ 和 $\beta$ 的否定式.

2. 求对偶运算

在本节中，我们曾利用(优)合取范式获得(优)析取范式，也利用(优)析取范式获得(优)合取范式. 这种方法也可以看成是一种运算，并称它为对偶运算.

求对偶运算的方法比较简单，它要求在命题形式 $\alpha\leftrightarrow\beta$ 和 $\alpha\to\beta$ 中，$\leftrightarrow$ 和 $\to$ 均不在 $\alpha$ 和 $\beta$ 中出现，$\neg$ 只出现在命题变项之前，将 $\alpha,\beta$ 中的 $\lor$ 和 $\land$ 互换，得下面的结论：

(1)如果 $\alpha\leftrightarrow\beta$ 真，则 $\alpha^*\leftrightarrow\beta^*$ 真；

(2)如果 $\alpha\to\beta$ 真，则 $\beta^*\to\alpha^*$ 真.

其中，$\alpha^*$ 和 $\beta^*$ 分别是在 $\alpha,\beta$ 中把 $\lor$ 和 $\land$ 互换的结果. 因此，称 $\alpha^*$ 和 $\beta^*$ 分别是 $\alpha$ 和 $\beta$ 的对偶.

注意：(1)$\alpha\leftrightarrow\beta$ 真，是指 $\alpha\leftrightarrow\beta$ 是重言式；(2)$\alpha^-$ 与 $\alpha^*$ 不同. 在 $\alpha^-$ 里，我们多做了两种替换((2)和(3))，这些替换实际上就是把真换成假，假换成真.

**例 3.15**　利用对偶运算，从 $p\lor(q\land r)\leftrightarrow(p\lor q)\land(p\lor r)$ 真，可得

$p\land(q\lor r)\leftrightarrow(p\land q)\lor(p\land r)$ 也真.

**例 3.16**　求 $((p\lor q)\to r)\to p$ 的对偶命题.

**解**　消去 $\to$，得：

$$\neg(\neg(p\lor q)\lor r)\lor p,$$

内移$\neg$,得:

$$(\neg\neg(p\vee q)\wedge\neg r)\vee p,$$

消去$\neg\neg$,得:

$$((p\vee q)\wedge\neg r)\vee p,$$

互换$\wedge$和$\vee$,得:

$$((p\wedge q)\vee\neg r)\wedge p,$$

此式即为所求.

### 2.3.5 练习

1.求下列各式的合取范式,并指明是否重言式:

(1)$(p\to q)\to((q\to r)\to(p\to r))$;　　(2)$(p\vee q)\leftrightarrow(p\to q)$.

2.求下列公式的析取范式,并指明是否不可满足式:

(1)$p\to(p\wedge(p\to q))$;　　(2)$(p\to q)\to(p\vee r)$.

3.判断下面的命题形式是否析取范式、合取范式、优析取范式和优合取范式:

(1)$(p\wedge\neg q)\vee(\neg p\wedge r)$;　　(2)$(q\wedge p)\vee(\neg p\wedge q)$;

(3)$(q\wedge r)\vee(\neg q\vee\neg r)$;　　(4)$p$;　(5)$\neg q$;　(6)$\neg q\vee\neg p$;

(7)$(p\wedge q)\vee(\neg p\wedge q)$;　　(8)$p\vee\neg q$;

(9)$(p\vee r\vee p)\wedge(\neg q\vee q\vee r)$.

4.求以下各组命题形式的优析取范式,判断它们是否表达同一真值函项:

(1)$\begin{cases}(p\wedge q)\vee(\neg p\wedge q\wedge r),\\(p\vee(q\wedge r))\wedge(q\vee(\neg p\wedge r));\end{cases}$

(2)$\begin{cases}(\neg p)\vee(p\wedge q),\\\neg(p\wedge q)\wedge(r\vee\neg r).\end{cases}$

5.求下列命题形式的优析取范式:

(1)$(p\wedge\neg q)\vee(\neg p\wedge r)$;

(2)$(p\wedge\neg q)\vee(q\wedge\neg r)\vee(r\wedge\neg p)$;

(3)$(p\wedge\neg r)\vee q$;

(4)$(q\wedge\neg p)\vee(r\wedge\neg q)\vee(p\wedge\neg r)$.

6.求下列命题形式的优合取范式:

(1)$(\neg p\vee q)\wedge(\neg q\vee r)\wedge(\neg r\vee p)$;

(2)$(p\vee\neg r)\wedge\neg q$;

(3)$(\neg q\vee p)\wedge(\neg r\vee q)\wedge(\neg p\vee r)$;

(4)$(p\vee\neg q)\wedge(\neg p\vee r)$.

7.求下列命题形式的优范式：

(1)$(p\to q)\wedge(\neg q\to p)$；　　(2)$p\wedge(p\to q)\to q$；

(3)$(p\vee q\to r)\to p$.

8.求下列各命题形式的优析取范式，从而找出它们为真的条件：

(1)$(\neg r\wedge(q\to p))\to(p\to(q\vee r))$；

(2)$((p\to q)\to q)\to((q\to p)\to p)$.

9.通过求范式，求出下列命题形式为真的条件：

(1)$\neg(p\to q)\leftrightarrow(p\to\neg q)$；　　(2)$\neg(p\vee q)\leftrightarrow(p\leftrightarrow q)$.

10.通过求范式，判明以下命题形式是否重言式：

(1)$((p\to q)\to p)\leftrightarrow p$；　　(2)$(p\to(q\vee r))\leftrightarrow(\neg r\to(p\to q))$；

(3)$\neg p\vee(q\leftrightarrow(p\to q))$；　　(4)$(p\to(q\vee r))\leftrightarrow(p\to q)\vee(p\to r)$.

11.一案情涉及 $a,b,c,d$ 四人，根据已有线索，已知：

(1)若 $a,b$ 均未作案，则 $c,d$ 也均未作案；

(2)若 $c,d$ 均未作案，则 $a,b$ 也均未作案；

(3)若 $a$ 与 $b$ 同时作案，则 $c$ 与 $d$ 有一人且只有一个作案；

(4)若 $b$ 与 $c$ 同时作案，则 $a$ 与 $d$ 同时作案或同未作案.

办案人员由此得出结论：$a$ 是作案者.这个结论是否正确？

12.求 $q\wedge(p\vee\neg q)$的合取范式、析取范式、优合取范式、优析取范式，并判明它取真假值的情况，否定可以消去吗？

13.把下列命题形式化为准否定式(即否定词只出现在命题变项之前)，然后求出它们的优合取范式：

(1)$\neg(p\uparrow q)$，$p\uparrow q$ 被定义为$\neg(p\wedge q)$；

(2)$\neg(p\downarrow q)$，$p\downarrow q$ 被定义为$\neg(p\vee q)$；

(3)$\neg(p\not\to q)$，$p\not\to q$ 被定义为$\neg(p\to q)$；

(4)$\neg(p\,\overline{\vee}\,q)$，$p\,\overline{\vee}\,q$ 被定义为$\neg(p\leftrightarrow q)$.

14.写出下列命题形式的准否定式及对偶式：

(1)$p\wedge(q\vee(\neg p\wedge r))$；　　(2)$(\neg p\vee q)\wedge(\neg p\vee\neg q)$；

(3)$(\neg p\vee\neg q)\vee\neg(\neg p\vee q)$；

(4)$(p\vee\neg q)\wedge(p\vee q)\wedge(\neg p\vee\neg q)$.

# 第三章 命题逻辑

数理逻辑包括命题逻辑和狭谓词逻辑两部分.命题逻辑是以简单命题为单位,研究命题经逻辑联结词构成的复合命题的逻辑性质以及关于复合命题之间的推理关系.概括地说,它研究联结词的逻辑性质和相应的推理关系.在命题逻辑中,重言式为数无穷,它们表达了命题逻辑的逻辑规律.弄清这些重言式,对于掌握命题逻辑具有极为重要的意义.为了系统地研究和掌握这些逻辑规律,通常的方法是将全部重言式包括在一个系统之中,用公理化方法将全部命题逻辑的逻辑规律系统化,从而得到一个形式系统,这个形式系统就是命题演算.

然而,公理化方法的思想可以追溯到亚里士多德那个时代,公理化方法的应用是从公元前约 300 年随着欧几里得几何学的产生而开始的.公理化方法的基本特征是:从少数几个概念(原始概念)和少数几个命题(原始命题或称公理)出发,演绎出本学科其他所有的概念和命题,从而构成这一学科的全貌.运用这种方法的学科自然而然地被认为是最严密的演绎体系,做到这一点的学科被认为是最严谨的学科,自然也被认为是成熟的学科.因此,欧几里得几何学被认为是最早成熟的自然科学分支.几何学的成熟使得人们普遍认为数学是最严密的,为此,公理化方法也特别受到尊重.在这之后,其他学科也试图采用公理化方法来建立.例如,牛顿把他的力学建立在万有引力和三大定律的基础上.爱因斯坦把相对论只建立在两条公理之上.现在,算术、微积分、泛函分析、拓扑学、集合论、群论、概率论等都已建立在公理化的基础上,力学、物理学、量子力学、热力学、统计力学等许多分支也使用了公理化方法.

关于公理化方法的逻辑理论产生的较晚.三百多年前,德国数学家莱布尼茨提出了一种设想:“如果能够创造一套表达概念的符号语言,并且把人类的推理过程用某种公式来表示,那么就能够发明一种思维演算,把逻辑推理过程转化为计算过程.这样,解决人与人之间争论的困难就可以像做一道数学题那样给以解决.”可惜,莱布尼茨未能实现他的设想.与他同时代的人也没有完成他的夙愿.直到一百多年以后,英国数学家布尔以他的布尔代数提供了一套初步可用的思维演算工具，才使这方面的研究有了本质性的进展. 但是，布尔代数的演算过程并没有完全形式化、机械化. 他并没有完成数理逻辑的创建. 完成数理逻辑创建的是德国数学家弗雷格. 弗雷格不但完成了命题演算，还构造了命题演算的第一个公理系统，并且在引入量词的基础上，把命题演算发展成了谓词演算. 不过，我们现在看到的大多数文献和将要介绍的命题演算，已经不是弗雷格最初的工作，它们是在希尔伯特等人建立的命题演算的公理系统的基础上，不断改进，不断完善的形式公理系统. 因此，现在人们称它们为希尔伯特型的公理系统.

为什么在把哲学家争论的问题变成数学计算的第一步作成了命题演算呢? 或者说，为什么命题演算初步实现了数理逻辑创始人莱布尼茨的设想? 这是因为莱布尼茨要建立一种推理的"通用语言"，然后利用它来进行推理. 建立"通用语言"的首要任务就是要消除自然语言的局限性、不规则性等，使得这一"通用语言"变成一种严格的公用语言，以便于进行逻辑分析和推理. 然而，在自然语言中，语句(或称句子)是用词或词组构成的，它是能够表达完整意思的最小语言单位. 为了把哲学家争论的问题变成数学计算，首先要把哲学家使用的语言变成一种"数学语言". 因此，逻辑学家们借用了数学中的一个基本概念——命题. 但这里的命题，不是指数学命题，而是指一种有真假的语句. 这样一来，就把哲学家争论问题时用自然语言描述的问题，转化成了"数学语言"中的命题. 因此，命题演算中使用的"通用语言"，仅包括简单命题以及由逻辑联结词构成的复合命题. 例如，对"她是一个学生"和"她过去是一个学生"以及"她可能是一个学生"等语句不作区别. 特别地，在命题演算中，像"这个皮球是红色的"这样的语句也是作为一个简单命题来对待的. 命题演算就是研究把简单命题作为基本的"计算"对象，经过联结词的计算所得到的复合命题的逻辑性质以及关于复合命题之间的推理关系. 因此，命题演算也就是在这个意义上把哲学家争论的问题变成了一种数学计算. 不过，在命题演算中，把哲学家争论的问题转换成命题，是一种最简单的处理.

## 第一节　形式系统

在数学中，只有当数学命题被证明之后，才能作为数学规律——定理被接受. 要证明一个数学理论中的所有的规律是不可能的. 因此，人们最初使用的规律都是一些不证自明的事实. 我们称这些命题为公理，并不加证明地接受. 剩下的能从公理得到证明的命题称为这个理论的定理. 这样一来，人们就可以把大量的规律归结为少数几条公理.

### 3.1.1 公理系统

**定义 1.1** 从一些叫做公理的命题(或公式)出发,根据演绎法,推导出一系列定理的演绎体系叫做公理系统.

我们所熟悉的平面几何学就是历史上最早的一个成熟的公理系统.现代的公理系统都有一个显著的特征:严格性.它要求:①推理所遵循的规则都必须是已经明确给出的并且以严格的语言陈述出来,按照已经给定的规则进行.②在证明过程中,只能使用已给定的公理和已经证明过的定理,不能自觉或不自觉地附加上其他的前提,同时也不能有其他暗含的前提.另外,作为公理的命题其真实性不一定都是自明的.只要它能够充分确定所处理的事物的特征,不会导致矛盾即可.

### 3.1.2 命题演算

公理系统可以根据内容用自然语言来表达,也可以用半形式化的语言加以表述,这种半形式化的语言是由某种自然语言(例如,汉语、英语等等)辅之以专门的数学符号组成的.除二者之外,还可以用完全形式化的语言加以刻画.

命题演算是由命题逻辑的重言式所组成的一个形式化的公理系统.它使用了表意的符号语言.例如用符号"$\rightarrow$"表示真值蕴涵,而不用"如果……,那么……"表示,等等.

**定义 1.2** 命题演算是一个完全形式化的命题逻辑的公理系统.即:命题演算是一个形式系统.

### 3.1.3 形式系统

一个形式系统通常由四部分组成:

(1)各种初始符号.初始符号是一个形式系统使用的符号,经解释后其中一部分是初始概念.例如,命题演算中的"$\neg$"是一个初始符号,解释后它表示否定.

(2)一组形成规则.初始符号给定之后,它们可以组成各种各样的符号序列.形成规则规定,哪些符号序列是我们感兴趣的,因为这类符号序列经解释后是有意义的命题.因此,我们称这类符号序列为合式公式,简称公式.否则就不是合式公式.例如,在命题演算中,"$p\neg$"是没有意义的,因此它不是合式公式;而"$\neg p$"有意义,它表示命题 $p$ 的否定命题,所以它是一个合式公式.

(3)公理.我们建立形式系统的最终目的是要把所有的重言式汇集成一个系

统.为此,我们要把重言式演绎地排列出来,使得后面的总可以从前面"演绎"出,最前面的就是作为演绎出发点的"公理".它可以演绎出其他"重言式",但它却不能由别的"重言式"演绎出来.对公理的唯一要求是,每一公理都是形式系统中的公式.

(4)推理规则.推理规则充当演绎的角色.每一推理规则规定怎样从一个或一组公式通过符号变换得出另一个公式.用公理和推理规则推导出的公式叫做形式系统的内定理.

在形式系统中,初始符号和形成规则组成形式系统的语言,也叫形式语言.这种语言不是日常语言,而是只具有形状的语言,或者说是一种表意的符号语言.公理和推理规则组成演绎工具或称演绎基础,这种演绎工具仅仅是移动符号的规则.对这样的形式系统,我们要求它能够有一个机械的方法判定以下几点:

(1)任一符号是否为初始符号;

(2)任一符号序列是否为合式公式;

(3)任一公式是否为公理;

(4)任一公式是否能从给定的公理根据推理规则得到;

(5)任一有穷长的公式序列是否为证明,即序列中每一公式是否为公理或是从先行的公式应用推理规则得到的.

这里,机械的方法是指:每一步都是按照某种事先给出的规则明确规定的而且在有穷步内完成的方法.这样做的目的是为了保证形式系统的严格性.

总之,一个形式系统是由它的初始符号、公式、公理和规则等完全确定的.有时我们也把形式系统看作一个完全形式化了的公理系统.命题演算是由命题逻辑的重言式组成的公理系统,是一个完全形式化的公理系统.

### 3.1.4　语法和语义

尽管我们建立起来的形式语言是纯形式的,由它产生的符号和符号组成的公式不表示任何意义,公式的证明也只是公式的变形.但是,由于我们使用的是一种特定的人工语言,是一种表意的符号语言,因此这就使符号和所表达的意义之间有一种对应.当符号和概念之间、公式和命题之间存在一种对应时,那么,在讲到概念、命题和推理时,我们就可以代之以和它们对应的符号、公式,从而使对命题的研究转化为对语言的研究,即对这种语言的语法和语义问题的研究.当我们暂时抛开意义,只从语言符号方面来考虑问题时,这属于命题演算的语法研究.命题演算作为形式系统并不是不需要解释,一个形式系统也只有经过解释后才有意义,才能成为某一领域的公理系统.给语言符号一种恰当的解释,这属于命题演算的语义方面的研究.

在研究一个形式系统时,我们面对的是语言或一些符号,但是在讨论这种语言时,我们也还要使用语言,这两种语言不是同一层次上的语言.当被讨论的语言是某种人工的符号语言时,这种语言叫做对象语言.在研究命题演算时,对象语言也是被研究的对象.用来研究和讲述对象语言的语言叫做元语言.元语言可以是一种自然语言,或者是在此基础上增加了一些特定的表意的语法符号.例如,命题逻辑中所使用的形式语言是命题(零阶)语言,这是我们所研究的对象,在研究这种语言时还要再使用一种语言.这两者一般来说是不相同的.前者是对象语言,后者是元语言.又如,当我们使用汉语去研究和讲述英语语法时,对象语言是英语,元语言是汉语.对象语言与元语言也可以是同一种语言,如用汉语写的汉语语法书.在本书中对象语言是零阶语言和一阶语言,元语言是汉语加上若干符号,其中特别重要的是几种变项,我们也称它们为语法变元.如我们前面使用过的符号 $\pi$,$\alpha$,$\beta$ 和 $\gamma$ 等.每一种语法变元都是以对象语言中的一类表达式为值.如符号 $\pi$ 是以对象语言中的命题变项为值,表示任意的命题;符号 $\alpha$,$\beta$,$\gamma$ 等是以对象语言中的公式为值,表示任意的公式.

### 3.1.5 练习

1. 什么叫形式系统?它由几部分组成?
2. 什么叫公理系统?
3. 什么叫对象语言?什么叫元语言?试举例说明.

## 第二节 命题语言

本节我们将给出一种形式语言.形式语言是一种人工的表意语言,它包括若干初始符号(相当于汉语中的汉字和标点符号)、一些形成规则(相当于汉语中的基本句法)和一些基本定义(相当于缩略语).

形式系统使用的语言是形式语言,由于形式语言本身具有严格、精确的特点,所以避免了自然语言的种种弊端.我们的讨论从形式语言开始.命题逻辑和狭谓词逻辑所使用的语言统称为一阶语言.为了方便,有时也把命题逻辑叫做零阶逻辑,狭谓词逻辑叫做一阶逻辑.与之相应的语言分别叫做零阶语言和一阶语言,分别记作 $L_0$ 和 $L$(或 $L_1$).因为这里不涉及其他语言,所以习惯上也把命题逻辑的形式语言记作 $L$.

### 3.2.1　命题语言的字母表

甲类：$p,q,r,s,p_1,q_1,r_1,s_1,p_2,\cdots$ 和 $T,F$；

乙类：$\neg$，$\vee$；

丙类：(，).

形式语言 $L_0$ 实际上由可数无限多个符号组成，即

$$L_0=\{T,F,\neg,\vee,(,),p,q,r,s,p_1\cdots\}.$$

不加解释时，我们只能从它们的外形和它们所占据的空间上去认识它们. 从外形上，我们可以区别出"$p$"与"$q$"不同，"$\neg$"与"$\vee$"不同，还可以区别出"$\neg$"，"$\vee$"与 $p,q$ 等之间的不同. 经过解释，甲类符号 $p,q,r,s,p_1,\cdots$ 是命题变项，$T$ 和 $F$ 是常项，乙类符号是真值联结词. 其中，"$\neg$"是一元命题联结词，"$\vee$"是二元命题联结词. "$\neg$"被称为否定词，"$\vee$"被称为析取词，对它们的解释与 2.1.2 节中的解释相同. "("和")"是一对括号，起标点的作用.

### 3.2.2　命题语言的形成规则

甲：任一甲类符号、常项 $T$ 和 $F$ 都是合式公式.

乙：如果符号序列 $X$ 是合式公式，则 $\neg X$ 也是合式公式.

丙：如果符号序列 $X$ 和 $Y$ 是合式公式，则 $(X\vee Y)$ 也是合式公式.

丁：只有适合以上三条的符号序列才是合式公式，简称为公式，记作 $Wff$.

在解释形成规则之前，我们先引进并说明一些有关的语法符号（有些前面已经出现过）.

(1)小写的希腊字母 $\pi$ 是语法变项，它的值是甲类中任一符号，如 $p,q$ 等；

(2)大写的拉丁字母 $X,Y,Z$ 是语法变项，它们的值是任一符号序列，如 $(p\vee q)$，$p\neg$ 等；

(3)小写的希腊字母 $\alpha,\beta,\gamma$ 等是语法变项，它们的值是任一合式公式；

(4)"$\vdash$"是语法符号，它被写在一个合式公式之前，表示紧跟其后的合式公式是本系统要肯定的.

形成规则甲规定了常项 $T,F$ 和命题变元 $p,q,r$ 等都是公式，这类公式也叫原子公式，因为它们不能再被分解. 形成规则乙和丙都是由原子公式生成的，因此，它们被称为复合公式. 根据主联结词，乙类公式叫否定式，丙类公式叫析取式. 按照形成规则乙的规定，$\neg p$，$\neg q$ 和 $\neg(p\vee q)$ 等都是否定式；按照形成规则丙的规定，$(p\vee q)$，$(p\vee\neg p)$ 等都是析取式. 形成规则丁是限制性规则，说明哪些符号序列不是公式. 如 $p\neg$，$\vee p$ 等都不是公式. 形成规则是按照公式的结构

构成的归纳定义,以后我们还会经常遇到这类定义.

根据形成规则,形式语言 $L_0$ 的公式可枚举如下:

第 0 层:$T, F, p, q, r, s, p_1, \cdots$

第 1 层:$\neg T, \neg F, \neg p, \neg q, \neg r, \neg s, \neg p_1, \cdots$

$(p \vee p), (p \vee q), (p \vee r), \cdots$

$(q \vee p), (q \vee q), (q \vee r), \cdots$

$\vdots$

第 2 层:$\neg\neg T, \neg\neg F, \neg\neg p, \neg\neg q, \neg\neg r, \neg\neg s, \neg\neg p_1, \cdots$

$\neg(p \vee p), \neg(p \vee q), \cdots$

$(\neg p \vee p), (\neg p \vee q), \cdots$

$((p \vee q) \vee \neg p), ((p_1 \vee q_1) \vee (p \vee q)), \cdots$

$\vdots$

第$(n+1)$层:$\neg \alpha_n$,

$(\alpha_n \vee \alpha_i)$或者$(\alpha_i \vee \alpha_n)$,这里 $\alpha_i$ 表示第 $i$ 层公式,$i=0,1,2,\cdots,n$.

$\vdots$

因为 $L_0$ 是可数无穷集,那么 $L_0$ 的全体公式组成的集合 $W_0=\{Wff: Wff$ 是 $L_0$ 的公式$\}$也是可数无限集.

在这里,我们没有将联结词 $\wedge, \rightarrow, \leftrightarrow$ 作为初始符号,下面将用定义引入它们. 这与将它们作为初始符号的作法没有本质的区别.

### 3.2.3 定义

定义甲:$(\alpha \wedge \beta)$被定义为$\neg(\neg\alpha \vee \neg\beta)$.

定义乙:$(\alpha \rightarrow \beta)$被定义为$(\neg\alpha \vee \beta)$.

定义丙:$(\alpha \leftrightarrow \beta)$被定义为$((\alpha \rightarrow \beta) \wedge (\beta \rightarrow \alpha))$.

有了定义甲、乙、丙,我们就可以将$(\alpha \wedge \beta)$作为符号序列$\neg(\neg\alpha \vee \neg\beta)$的缩写,将$(\alpha \rightarrow \beta)$作为符号序列$(\neg\alpha \vee \beta)$的缩写,将$(\alpha \leftrightarrow \beta)$作为符号序列$((\alpha \rightarrow \beta) \wedge (\beta \rightarrow \alpha))$的缩写.

**定义** 公式 $\alpha$ 中 $T$ 和 $F$ 的每次出现加 0,$\neg$的每次出现加 1,$\vee$、$\wedge$、$\rightarrow$和$\leftrightarrow$的每次出现加 2 所得的和数称为公式 $\alpha$ 的复杂度,记作$\deg(\alpha)$.

如果在公式 $\alpha$ 中出现$\wedge$,$\rightarrow$和$\leftrightarrow$,规定:它们的每次出现加 2.

为了阅读和书写的方便,我们有时可能省略各种括号. 括号的省略规则,仍与第二章规定的一致. 从严格意义上讲,这些省略了括号的符号或符号序列本身并不是公式.

如果令 $L_0$ 的全体公式组成的集合为 $W_0$，则有以下引理.

**引理**　一个公式集 $S$ 是 $W_0$ 的充要条件是：

(1)如果 $\alpha$ 是原子公式，则 $\alpha\in S$；

(2)如果 $\alpha\in S$，则 $\neg\alpha\in S$；

(3)如果 $\alpha,\beta\in S$，则 $(\alpha\vee\beta)\in S$.

**证明**　由 $L_0$ 的形成规则，必然性显然成立. 下面证明定理的充分性. 如果 $S$ 满足条件(1)～(3)，而 $S\neq W_0$，则必有一公式 $\alpha\notin S$. 由(1)，$\alpha$ 必是复合公式. 令

$$S'=\{n\mid n\in\mathbf{Z}^+ \text{ 并且 } n=\deg(\alpha) \text{ 并且 } \alpha\notin S\}.$$

设 $m$ 是 $S'$ 的最小元. 因此凡复杂度小于 $m$ 的公式均属于 $S$，且至少有一个复杂度为 $m$ 的公式不属于 $S$. 不妨设为 $\alpha$. $\alpha$ 只可能是下面的两种情况之一：

①$\alpha$ 形如 $\neg\beta$

因为 $\deg(\beta)=m-1$，所以 $\beta\in S$. 由(2)可得 $\neg\beta\in S$，即 $\alpha\in S$，这与 $\alpha\notin S$ 矛盾.

②$\alpha$ 形如 $(\beta\vee\gamma)$

因为 $\deg(\beta)<m$ 并且 $\deg(\gamma)<m$，所以 $\beta\in S$ 并且 $\gamma\in S$. 由(3)可得 $(\beta\vee\gamma)\in S$，即 $\alpha\in S$，这与 $\alpha\notin S$ 矛盾.

由以上的证明可知，$S$ 满足(1)～(3)，而 $S\neq W_0$ 是不可能的. 故如果满足(1)～(3)条，则 $S=W_0$，证毕.

一切合式公式，不论其构成多么复杂，都是根据形成规则构成的. 由前面的引理，如果我们要证明每个合式公式 $\alpha$ 具有某性质 $\varphi$，只需证明下面的定理.

**定理**　一切合式公式 $\alpha$ 均有性质 $\varphi$，如果满足：

(1)原子公式都具有性质 $\varphi$；

(2)如果 $\alpha$ 具有性质 $\varphi$，则 $\neg\alpha$ 具有性质 $\varphi$；

(3)如果 $\alpha$ 和 $\beta$ 都具有性质 $\varphi$，则 $(\alpha\vee\beta)$ 也具有性质 $\varphi$.

**证明**　利用前面的引理，详细证明留给读者.

### 3.2.4　练习

1. 判断下列符号序列是否合式公式：

(1) $(p\rightarrow q)\rightarrow(\vee r)$；　　(2) $((p\wedge q)\rightarrow q\rightarrow(r\vee s))$；

(3) $\neg(p\rightarrow q)\wedge(q\rightarrow r)\leftrightarrow(p\rightarrow r)$；　　(4) $((p\rightarrow q)\rightarrow r)$；

(5) $((p_1\rightarrow r)\rightarrow(p\rightarrow q))$；　　(6) $(\neg(p\rightarrow q)\wedge\neg r)$；

(7) $\neg p,\neg(p),\neg(\neg p)$.

2. 从下列符号序列中选出合式公式，指出哪些为重言式，哪些为可满足式.

(1)$p\rightarrow(p\vee q)$;　　(2)$(\neg q\wedge p)\wedge q$;

(3)$(\neg p\rightarrow q)\rightarrow(q\rightarrow p)$;　　(4)$(p\wedge\neg p)\rightarrow q$;

(5)$(p\vee q)\rightarrow r\leftrightarrow\wedge s$.

3. 判断下列公式是否公理.

(1)$\alpha\vee\alpha\rightarrow\alpha$;　　(2)$\alpha\rightarrow\alpha\vee\alpha$;

(3)$(\alpha\vee\alpha\rightarrow\alpha)\rightarrow((\alpha\rightarrow\alpha\vee\alpha)\rightarrow(\alpha\rightarrow\alpha))$.

## 第三节　命题演算的公理系统

17 世纪德国数学家和哲学家莱布尼茨在创立数理逻辑时，曾经有过两个设想：第一，建立一种精确的通用语言；第二，在这种通用语言的基础上，寻求一种推理演算，以便用计算来解决论辩和争论的问题．上一节，我们完成了他的第一个设想．本节我们来实现他的第二个设想．为实现他的第二个设想，我们采用公理化的方法．正如两千多年前欧几里得几何学一样，把一些较为自明的基本性质作为公理或公设，以此为出发点，严格地论证出一系列的定理．根据我们研究和讨论的对象，我们只能取重言式(或永真式)作为公理．另外，在我们建立的推理演算(系统)中，推理的研究和证明的研究都是从形式结构方面进行的，把形式和内容分离开进行的，因而得到的结果也是形式的．但就形式结构来说，它有普遍性．关于这一点，读者可以在学完了本节的内容以后，作一些对比．例如，把传统逻辑中的排中律、同一律和不矛盾律，与命题演算系统中的排中律、同一律和不矛盾律进行对比，然后体会一下二者的处理方法．其实，后者的处理方法，是数学化的方法．

由于数学的陈述通常用半形式化语言来表述，这种半形式化语言是由某种自然语言(例如，汉语、英语等等)辅之以专门的数学符号组成．本节中，我们关于形式定理的证明都是形式的．所以，这一节的讨论都是用符号表述的，读者可能会感到抽象一些．其实，弄清它的缘由就好了．这就像小孩儿做算术题一样，也有一个抽象的过程．开始，大人们告诉他们：1 个苹果加上 2 个苹果等于 3 个苹果．后来就可以把“1 个苹果加上 2 个苹果等于 3 个苹果”表示成：$1+2=3$(苹果)．再后来，他们就会做任意两个数 $a$ 和 $b$ 的加法 $a+b$ 了．特别地，他们还知道 $a+b=b+a$．即两个数相加满足交换律．在这一节里，我们要寻找命题之间的一些推理规律．如两个命题关于合取运算是否满足交换律等．

本书所采用的命题演算的公理系统是 D. 希尔伯特(Hilbert)型的系统．这一节将介绍公理系统 PC. 它的特点是，每一公理采用形式语言表示，每一公理模式代表无穷多条公理. 因此，推理比较简单，同时不需要作代入.

命题演算的公理系统 PC 所用的语言，是本章第二节中的 $L_0$. 本节要做的就是把所有的重言式汇集成一个系统，把我们心目中的重言式一并列出来，使得后面的总可以从前面的“演绎”出. 最前面的就是作为演绎出发点的“公理”，通过它们可以演绎出其他的“重言式”，而它们本身是不能由别的“重言式”演绎出的.

### 3.3.1 演绎的基础

1. PC 的公理(模式)[28]

$A_1:\alpha\vee\alpha\to\alpha$；　　$A_2:\alpha\to\alpha\vee\beta$；

$A_3:\alpha\vee\beta\to\beta\vee\alpha$；　　$A_4:(\beta\to\gamma)\to((\alpha\vee\beta)\to(\alpha\vee\gamma))$.

$A_1$ 至 $A_4$ 本身并不是公理，而是四个公理模式，每个公理模式都代表着无穷多条公理. 当我们对其中的 $\alpha$ 和 $\beta$ 作出某种指明后，公理模式就变成了一条公理. 如令 $\alpha$ 为 $p$，则由 $A_1$ 可得 $p\vee p\to p$，这代表着一条公理. 为了方便，在不引起混乱的情况下，有时我们也把公理模式叫公理. $A_1$ 的意思是：“如果 $\alpha$ 或 $\alpha$ 是真的，那么 $\alpha$ 也是真的.”$A_1$ 被称为“重言律”. $A_2$ 的意思是：“如果 $\alpha$ 是真的，那么 $\alpha$ 或 $\beta$ 也是真的.”由于前件中没有析取词而后件出现了析取词，所以 $A_2$ 又被称为“析取引入律”. $A_3$ 被称为“析取交换律”. $A_4$ 被称为“析取附加律”，它类似于算术里的命题“如果 $y<z$，那么 $x+y<x+z$”.

只有公理，我们还不能完全决定哪些公式在汇集之中，哪些不在. 下面给出从公理到定理的推演工具. 担当此重任的就是“推理规则”.

2. PC 的推理规则

由 $\alpha$ 和 $\alpha\to\beta$ 可推出 $\beta$.

这条规则的含义是：如果 $\alpha$ 和 $\alpha\to\beta$ 被断定，那么 $\beta$ 也被断定，即从 $\alpha$ 和 $\alpha\to\beta$ 可得 $\beta$，这是承认前件的假言推理，也可记作 MP 规则.

由公理和推理规则可以构成一个无穷集合. 这个无穷集合的元素有两类. 第一类是公理，第二类是由公理根据推理规则演绎出的新元素，这类元素是系统的定理. 实际上，这一集合就是本系统所有重言式的汇集，即 PC 的定理集，记作 Th(PC). 因此，Th(PC) 中的任一元素，或是公理，或是由公理根据推理规则演绎出的定理. 这也等于说，公理也是定理，而且它在 Th(PC) 中，可以排在前面.

### 3.3.2 命题演算

在对一个公理系统的研究过程中，人们所关心的主要问题是：在系统的公理和推理规则给定之后，根据这些公理和规则能够推演出哪些定理，能够推出多少定理以及如何推演定理. 现在，我们的任务就是要利用 PC 的公理和推理规则，将其余的“重言式”找出来. 这个推演的过程叫证明，其定义如下：

**定义 3.1** 满足下面两个条件之一的公式所组成的有穷公式序列 $\varphi_1,\varphi_2,\cdots,\varphi_n$ 称为本系统的一个证明.

(1)$\varphi_i(i=1,2,\cdots,n)$是公理之一；

(2)$\varphi_i$ 是由序列中排在前面的两个公式运用 MP 规则得到的，或者由序列中排在前面的一个公式运用定义得到的. 证明的有穷公式序列的最后一个公式 $\varphi_n$ 如果是 $\alpha$，那么称该证明是公式 $\alpha$ 的一个证明，或说 $\alpha$ 是可证的，记作 $\vdash_0\alpha$，并称 $\alpha$ 是本系统的一个定理. 在不引起混淆时，也记作 $\vdash\alpha$.

一般情况下，我们有如下的定义：

**定义 3.2** 设 $\alpha$ 是任一公式，$\Phi$ 是任一公式集. 如果存在一个有穷的公式序列，其末项是公式 $\alpha$，而且该序列中的每个公式或是一个公理，或是属于 $\Phi$，或是由排在前面的两个公式应用 MP 规则得到的，或者由序列中排在前面的一个公式运用定义得到的. 那么称公式 $\alpha$ 是从公式集 $\Phi$ 可演绎的，记作 $\Phi\vdash_0\alpha$. 当 $\Phi=\varnothing$ 时，即 $\vdash_0\alpha$.

PC 系统有下面的定理：

1. $\vdash(\beta\to\gamma)\to((\alpha\to\beta)\to(\alpha\to\gamma))$；
2. $\vdash\alpha\to\alpha$；
3. $\vdash\neg\alpha\vee\alpha$；
4. $\vdash\alpha\vee\neg\alpha$；
5. $\vdash\alpha\to\neg\neg\alpha$；
6. $\vdash\neg\neg\alpha\to\alpha$；
7. $\vdash(\alpha\to\beta)\to(\neg\beta\to\neg\alpha)$；
8. $\vdash\neg(\alpha\wedge\beta)\to\neg\alpha\vee\neg\beta$；
9. $\vdash\neg\alpha\vee\neg\beta\to\neg(\alpha\wedge\beta)$；
10. $\vdash\alpha\to\beta\vee\alpha$.

定理 1 和定理 2 分别被称为命题演算 PC 中的三段论原则和同一原则. 定理 3 和定理 4 均被称为命题演算 PC 中的排中律. 定理 5 是命题演算的双重否定原则，定理 6 是它的逆. 定理 7 是命题演算的假言易位原则. 定理 8 和定理 9 统称为命题演算 PC 的合取否定的德·摩根律. 定理 10 被称为析取的左附加原则.

下面证明定理 1.

现在我们能用的工具只有公理和推理规则. 为了证明定理 1, 我们首先观察它的形状与哪条公理相似, 然后确定使用的工具. 通过观察发现, 只要在公理 $A_4$ 中将 $\alpha$ 换成 $\neg\alpha$ 即可. 于是, 关于定理 1, 我们有如下的证明.

①$(\beta\to\gamma)\to((\neg\alpha\vee\beta)\to(\neg\alpha\vee\gamma))$　　$(A_4)$

②$(\beta\to\gamma)\to((\alpha\to\beta)\to(\alpha\to\gamma))$　　(①, 定义乙)

在以后的证明中, 除公理和 MP 规则以外, 定理 1 也可作为证明的工具使用. 这一点与数学中的定理一样.

下面证明定理 2.

为了证明它, 我们不妨取定理 1 中的 $\gamma$ 为 $\alpha$. 这样一来, 定理 1 就变形为 $((\beta\to\alpha)\to(\alpha\to\beta)\to(\alpha\to\alpha))$. 可以看出, 我们只要适当选取 $\beta$, 使得前件 $\beta\to\alpha$ 和 $\alpha\to\beta$ 恰好是公理. 于是, 使用两次 MP 规则, 就可以得到定理 2. 现在的问题是: $\beta$ 取什么, 才能将前件 $\beta\to\alpha$ 和 $\alpha\to\beta$ 分离掉. 通过把它们与公理 $A_1$ 和公理 $A_2$ 比较发现, 取 $\beta$ 为 $\alpha\vee\alpha$ 即可. 于是关于定理 2 我们有如下证明:

①$(\alpha\vee\alpha\to\alpha)\to((\alpha\to\alpha\vee\alpha)\to(\alpha\to\alpha))$　　(定理 1)

②$\alpha\vee\alpha\to\alpha$　　$(A_1)$

③$(\alpha\to\alpha\vee\alpha)\to(\alpha\to\alpha)$　　(①, ②, MP)

④$\alpha\to\alpha\vee\alpha$　　$(A_2)$

⑤$\alpha\to\alpha$　　(③, ④, MP)

下面证明定理 3.

①$\alpha\to\alpha$　　(定理 2)

②$\neg\alpha\vee\alpha$　　(①, 定义乙)

下面证明定理 4.

①$\neg\alpha\vee\alpha\to\alpha\vee\neg\alpha$　　$(A_3)$

②$\neg\alpha\vee\alpha$　　(定理 3)

③$\alpha\vee\neg\alpha$　　(①, ②, MP)

下面证明定理 5.

①$\neg\alpha\vee\neg\neg\alpha$　　(定理 4)

②$\alpha\to\neg\neg\alpha$　　(①, 定义乙)

下面证明定理 6.

①$\neg\alpha\to\neg\neg\neg\alpha$　　(定理 5)

②$(\neg\alpha\to\neg\neg\neg\alpha)\to(\alpha\vee\neg\alpha\to\alpha\vee\neg\neg\neg\alpha)$　　$(A_4)$

③$\alpha\vee\neg\alpha\to\alpha\vee\neg\neg\neg\alpha$　　(①, ②, MP)

④$\alpha\vee\neg\alpha$　　(定理 4)

⑤$\alpha\vee\neg\neg\neg\alpha$ (③,④,MP)

⑥$\alpha\vee\neg\neg\neg\alpha\to\neg\neg\neg\alpha\vee\alpha$ ($A_3$)

⑦$\neg\neg\neg\alpha\vee\alpha$ (⑤,⑥,MP)

⑧$\neg\neg\alpha\to\alpha$ (⑦,定义乙)

定理 7 的证明：

①$\beta\to\neg\neg\beta$ (定理 5)

②$(\beta\to\neg\neg\beta)\to(\neg\alpha\vee\beta\to\neg\alpha\vee\neg\neg\beta)$ ($A_4$)

③$\neg\alpha\vee\beta\to\neg\alpha\vee\neg\neg\beta$ (①,②,MP)

④$\neg\alpha\vee\neg\neg\beta\to\neg\neg\beta\vee\neg\alpha$ ($A_3$)

⑤$(\neg\alpha\vee\neg\neg\beta\to\neg\neg\beta\vee\neg\alpha)\to$
$((\neg\alpha\vee\beta\to\neg\alpha\vee\neg\neg\beta)\to(\neg\alpha\vee\beta\to\neg\neg\beta\vee\neg\alpha)$ (定理 1)

⑥$(\neg\alpha\vee\beta\to\neg\alpha\vee\neg\neg\beta)\to(\neg\alpha\vee\beta\to\neg\neg\beta\vee\neg\alpha)$ (④,⑤,MP)

⑦$\neg\alpha\vee\beta\to\neg\neg\beta\vee\neg\alpha$ (③,⑥,MP)

⑧$(\alpha\to\beta)\to(\neg\beta\to\neg\alpha)$ (⑦,定义乙)

定理 8 的证明：

①$\neg\neg(\neg\alpha\vee\neg\beta)\to\neg\alpha\vee\neg\beta$ (定理 6)

②$\neg(\alpha\wedge\beta)\to\neg\alpha\vee\neg\beta$ (①,定义甲)

定理 9 的证明：

①$\neg\alpha\vee\neg\beta\to\neg\neg(\neg\alpha\vee\neg\beta)$ (定理 5)

②$\neg\alpha\vee\neg\beta\to\neg(\alpha\wedge\beta)$ (①,定义甲)

定理 10 的证明：

①$\alpha\to\alpha\vee\beta$ ($A_2$)

②$\alpha\vee\beta\to\beta\vee\alpha$ ($A_3$)

③$(\alpha\vee\beta\to\beta\vee\alpha)\to((\alpha\to\alpha\vee\beta)\to(\alpha\to\beta\vee\alpha))$ (定理 1)

④$(\alpha\to\alpha\vee\beta)\to(\alpha\to\beta\vee\alpha)$ (②,③,MP)

⑤$\alpha\to\beta\vee\alpha$ (①,④,MP)

### 3.3.3 练习

1. 证明：公理 $A_1\sim A_4$ 是重言式.

2. 在定理 10 之后，证明：

(11) $\vdash\neg(\alpha\vee\beta)\to\neg\alpha\wedge\neg\beta$.

(12) $\vdash\neg\alpha\wedge\neg\beta\to\neg(\alpha\vee\beta)$.

(13) $\vdash\alpha\wedge\beta\to\beta\wedge\alpha$.

(14) $\vdash \alpha \wedge \beta \to \alpha$.

(15) $\vdash \alpha \wedge \beta \to \beta$.

(16) $\vdash \alpha \vee (\beta \vee \gamma) \to \beta \vee (\alpha \vee \gamma)$.

(17) $\vdash \alpha \vee (\beta \vee \gamma) \to (\alpha \vee \beta) \vee \gamma$.

(18) $\vdash (\alpha \vee \beta) \vee \gamma \to \alpha \vee (\beta \vee \gamma)$.

(19) $\vdash \alpha \wedge (\beta \wedge \gamma) \to (\alpha \wedge \beta) \wedge \gamma$.

(20) $\vdash (\alpha \wedge \beta) \wedge \gamma \to \alpha \wedge (\beta \wedge \gamma)$.

(21) $\vdash \alpha \to (\beta \to \alpha \wedge \beta)$.

(22) $\vdash (\alpha \to (\beta \to \gamma)) \to (\beta \to (\alpha \to \gamma))$.

(23) $\vdash (\alpha \to (\beta \to \gamma)) \to (\alpha \wedge \beta \to \gamma)$.

(24) $\vdash (\alpha \wedge \beta \to \gamma) \to (\alpha \to (\beta \to \gamma))$.

(25) $\vdash (\alpha \to (\alpha \to \beta)) \to (\alpha \to \beta)$.

(26) $\vdash (\alpha \to \beta) \to (\alpha \to (\alpha \to \beta))$.

(27) $\vdash \alpha \vee (\beta \wedge \gamma) \to (\alpha \vee \beta) \wedge (\alpha \vee \gamma)$.

(28) $\vdash (\alpha \vee \beta) \wedge (\alpha \vee \gamma) \to \alpha \vee (\beta \wedge \gamma)$.

(29) $\vdash \alpha \wedge (\beta \vee \gamma) \to (\alpha \wedge \beta) \vee (\alpha \wedge \gamma)$.

(30) $\vdash (\alpha \wedge \beta) \vee (\alpha \wedge \gamma) \to \alpha \wedge (\beta \vee \gamma)$.

(31) $\vdash (\alpha \to \beta) \wedge (\alpha \to \gamma) \to (\alpha \to \beta \wedge \gamma)$.

(32) $\vdash \alpha \leftrightarrow \neg\neg\alpha$.

(33) $\vdash \neg(\alpha \vee \beta) \leftrightarrow \neg\alpha \wedge \neg\beta$.

(34) $\vdash \neg(\alpha \wedge \beta) \leftrightarrow \neg\alpha \vee \neg\beta$.

(35) $\vdash \alpha \leftrightarrow \alpha$.

(36) $\vdash (\alpha \to \beta) \leftrightarrow (\neg\alpha \vee \beta)$.

(37) $\vdash (\alpha \leftrightarrow \beta) \leftrightarrow (\neg\alpha \vee \beta) \wedge (\neg\beta \vee \alpha)$.

(38) $\vdash (\alpha \leftrightarrow \beta) \leftrightarrow (\neg\alpha \leftrightarrow \neg\beta)$.

(39) $\vdash \alpha \leftrightarrow \alpha \wedge (\beta \vee \neg\beta)$.

3. 命题演算的求否定规则为：

从 $\vdash \alpha \to \beta$ 可得 $\vdash \beta^- \to \alpha^-$，从 $\vdash \alpha \leftrightarrow \beta$ 可得 $\vdash \alpha^- \leftrightarrow \beta^-$.

命题演算的求对偶规则为：

从 $\vdash \alpha \to \beta$ 可得 $\vdash \beta^* \to \alpha^*$，从 $\vdash \alpha \leftrightarrow \beta$ 可得 $\vdash \alpha^* \leftrightarrow \beta^*$.

在定理(39)之后，证明：

(40) $\vdash \alpha \leftrightarrow \alpha \vee (\beta \wedge \neg\beta)$.

(41) $\vdash \alpha \to (\beta \to \alpha)$.

(42) $\vdash \alpha \leftrightarrow \alpha \wedge (\beta \vee \neg\beta \vee \gamma)$.

(43) $\vdash \alpha \leftrightarrow \alpha \vee (\beta \wedge \neg\beta \wedge \gamma)$.

(44) $\vdash (\alpha \leftrightarrow \beta) \leftrightarrow (\alpha \wedge \beta) \vee (\neg\alpha \wedge \neg\beta)$.

4. 在以上 44 个定理之后证明以下定理:

(45) $\vdash (\alpha \to \gamma) \wedge (\beta \to \gamma) \to (\alpha \vee \beta \to \gamma)$.

(46) $\vdash (\alpha \to \beta) \wedge \alpha \to \beta$.

(47) $\vdash (\alpha \to \beta) \wedge \neg\beta \to \neg\alpha$.

(48) $\vdash (\alpha \vee \beta) \wedge \neg\alpha \to \beta$.

(49) $\vdash (\alpha \vee \beta \to \gamma) \to (\alpha \wedge \beta \to \gamma)$.

(50) $\vdash (\alpha \wedge \beta \to \gamma) \to (\alpha \wedge \neg\gamma \to \neg\beta)$.

(51) $\vdash \neg(\alpha \to \beta) \to (\neg\alpha \to \neg\beta)$.

(52) $\vdash \neg(\alpha \wedge \neg\alpha)$.

(53) $\vdash \neg(\neg\alpha \wedge \alpha)$.

## 第四节 命题演算的自然推理系统

上一节中,构造了逻辑演算的一个形式系统——公理系统 PC. 它是用以下方法来处理的:首先给出一些重言式作为形式公理,然后给出一些形式推理规则,由它们所生成的合式公式又都是重言式. 用这种方法能生成全部的重言式. 这样构造的逻辑演算又称为逻辑演算的重言式系统. 在这种系统中,推理关系是通过重言式来表示的. 由于这种形式系统中的形式公理并不能直接揭示演绎推理的规则,其公理的含义并不都是直观而明显的. 特别是,在公理系统中,形式定理的证明,演绎推理的刻画,都显得不直观、不自然. 本节将介绍命题演算的另一种推理系统——自然推理系统 FPC. 它的特点是:能够处理一般的形式推理关系 $\Phi \vdash \alpha$. 但是,在逻辑演算中,演绎定理总是成立的,即

$$\alpha_1, \alpha_2, \cdots, \alpha_n \vdash \alpha \text{ 当且仅当 } \vdash \alpha_1 \wedge \alpha_2 \wedge \cdots \wedge \alpha_n \to \alpha.$$

所以,从技术上讲,一般的形式推理关系都可以用重言式表示. 对 FPC 也如此. 因此,在这一节里,推理关系的形式表示仍然是用重言式.

自然推理系统不是以公理为出发点建立演绎系统, 而是引进假设、利用推理规则进行的演绎系统. 换句话说, 在自然推理系统中, 公理组成的集合是空集. 由于这种系统的形式推理规则、形式推理关系、形式证明比较直接并且比较自然地反映了推理过程. 因此, 它接近于自然科学, 特别是一般数学中的推

理．所以，它被称为自然推理系统．最早的自然推理系统是在20世纪30年代由德国的逻辑学家G．甘岑（Gentzen）和其他逻辑学家建立，后又经过发展和变化，1953年才得以完善的．

### 3.4.1　FPC 的推理规则

自然推理系统的出发点除了语言部分与公理系统相同外，只是一些用模式给出的推理规则．FPC系统的推理规则分两类，它们是：结构规则和逻辑联结词规则．

1．结构规则

（1）Hyp（假设引入规则）

这条规则允许：按需要随时可引入一个假设．

（2）Rep（重复规则）

这条规则允许：在一个假设下出现的公式（包括假设）可重复出现．

（3）Reit（重述规则）

这条规则允许：在一个假设下出现的公式（包括假设）可在随后的假设下重复出现．

这些规则可图示如图3-1。

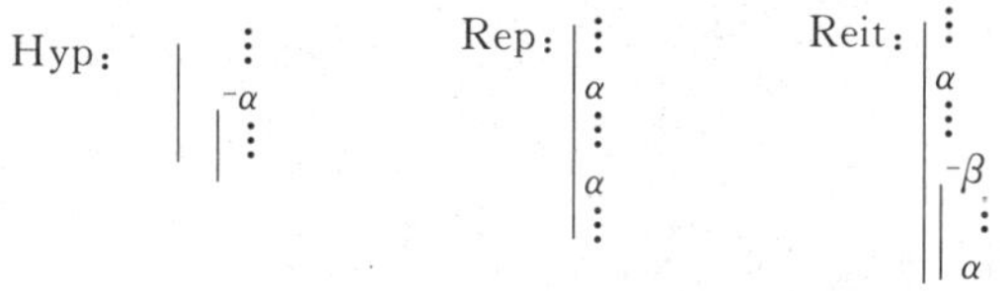


**图 3-1**

2．逻辑联结词规则

（1）$\to^+$（$\to$引入）　如果在 $\alpha$ 的假设下，可得到 $\beta$，则可推出 $\alpha\to\beta$．

（2）$\to^-$（$\to$消去）　从 $\alpha$ 和 $\alpha\to\beta$ 可推出 $\beta$．

（3）$\vee^+$（$\vee$引入）　从 $\alpha$ 可推出 $\alpha\vee\beta$；从 $\alpha$ 可推出 $\beta\vee\alpha$．

（4）$\vee^-$（$\vee$消去）　从 $\alpha\vee\beta$，$\alpha\to\gamma$ 和 $\beta\to\gamma$ 可推出 $\gamma$．

（5）$\wedge^+$（$\wedge$引入）　从 $\alpha$ 和 $\beta$ 可推出 $\alpha\wedge\beta$．

（6）$\wedge^-$（$\wedge$消去）　从 $\alpha\wedge\beta$ 可推出 $\alpha$；从 $\alpha\wedge\beta$ 可推出 $\beta$．

（7）$\leftrightarrow^+$（$\leftrightarrow$引入）　从 $\alpha\to\beta$ 和 $\beta\to\alpha$ 可推出 $\alpha\leftrightarrow\beta$．

（8）$\leftrightarrow^-$（$\leftrightarrow$消去）　从 $\alpha\leftrightarrow\beta$ 和 $\alpha$ 可推出 $\beta$；从 $\alpha\leftrightarrow\beta$ 和 $\beta$ 可推出 $\alpha$．或者从 $\alpha\leftrightarrow\beta$ 可推出 $\alpha\to\beta$；从 $\alpha\leftrightarrow\beta$ 可推出 $\beta\to\alpha$．

（9）$\neg$（$\neg$规则）　如果在 $\neg\alpha$ 的假设下，可得到 $\beta$ 和 $\neg\beta$，则可推出 $\alpha$．

这些规则的图示如图 3-2.

→⁺规则可记作:若 $\alpha \vdash \beta$,则 $\vdash \alpha \rightarrow \beta$. 实际上,应该记作若 $\alpha \vdash_{FPC} \beta$,则 $\vdash_{FPC} \alpha \rightarrow \beta$. 在不引起混淆的情况下,我们略去下标 FPC,以下均同. 这条规则表示:如果要证明形状为 $\alpha \rightarrow \beta$ 的公式,则可先假设 $\alpha$,再证由 $\alpha$ 可推出 $\beta$. 如果实现了这一步,则可说 $\alpha \rightarrow \beta$ 得证. 这是演绎推理中的演绎定理.

→⁻规则可记作:$\alpha \rightarrow \beta, \alpha \vdash \beta$. 它表示:由 $\alpha \rightarrow \beta$ 和 $\alpha$,可得 $\beta$. 这反映了演绎推理中的假言推理原则.

∨⁺规则可记作:$\alpha \vdash \alpha \vee \beta, \alpha \vdash \beta \vee \alpha$. 它表示:由 $\alpha$ 可得 $\alpha \vee \beta$;由 $\alpha$ 可得 $\beta \vee \alpha$. 这是演绎推理中选言推理的反映.

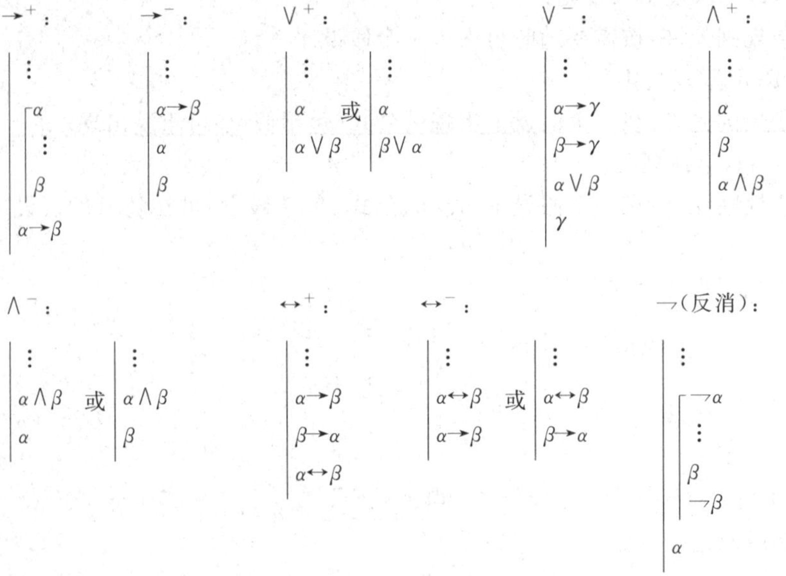

$$
\begin{array}{llllll}
\rightarrow^+: & \rightarrow^-: & \vee^+: & & \vee^-: & \wedge^+: \\
\vdots & \vdots & \vdots & \vdots & \vdots & \vdots \\
\lceil \alpha & \alpha \rightarrow \beta & \alpha \quad \text{或} \quad \alpha & & \alpha \rightarrow \gamma & \alpha \\
\vdots & \alpha & \alpha \vee \beta \quad \beta \vee \alpha & & \beta \rightarrow \gamma & \beta \\
\beta & \beta & & & \alpha \vee \beta & \alpha \wedge \beta \\
\alpha \rightarrow \beta & & & & \gamma &
\end{array}
$$

$$
\begin{array}{llllll}
\wedge^-: & & \leftrightarrow^+: & \leftrightarrow^-: & & \rightarrow(\text{反消}): \\
\vdots & \vdots & \vdots & \vdots & \vdots & \vdots \\
\alpha \wedge \beta \quad \text{或} \quad \alpha \wedge \beta & & \alpha \rightarrow \beta & \alpha \leftrightarrow \beta \quad \text{或} \quad \alpha \leftrightarrow \beta & & \lceil \neg \alpha \\
\alpha & \beta & \beta \rightarrow \alpha & \alpha \rightarrow \beta \quad \beta \rightarrow \alpha & & \vdots \\
& & \alpha \leftrightarrow \beta & & & \beta \\
& & & & & \neg \beta \\
& & & & & \alpha
\end{array}
$$

图 3-2

∨⁻规则可记作:$\alpha \rightarrow \gamma, \beta \rightarrow \gamma, \alpha \vee \beta \vdash \gamma$. 它表示:如果要证明 $\alpha \vee \beta$ 可推出 $\gamma$,还要证 $\alpha$ 和 $\beta$ 分别可推出 $\gamma$. 实现了这一步,才可以说 $\alpha \vee \beta$ 推出 $\gamma$. 这是演绎推理中二难推理的反映.

∧⁺规则可记作:$\alpha, \beta \vdash \alpha \wedge \beta$. 即从 $\alpha$ 和 $\beta$ 能得出 $\alpha \wedge \beta$. 这是演绎推理中联言推理的反映. 它表示:从 $\alpha$ 和 $\beta$ 真可得 $\alpha \wedge \beta$ 真.

∧⁻规则可记作:$\alpha \wedge \beta \vdash \alpha, \alpha \wedge \beta \vdash \beta$. 它也叫联言分解式,表示由 $\alpha \wedge \beta$ 可得 $\alpha$,也可得 $\beta$. 这也是演绎推理中联言推理的反映.

↔⁺规则可记作:$\alpha \rightarrow \beta, \beta \rightarrow \alpha \vdash \alpha \leftrightarrow \beta$. 它表示由 $\alpha \rightarrow \beta$ 和 $\beta \rightarrow \alpha$ 可得 $\alpha \leftrightarrow \beta$. 这是

演绎推理中既充分又必要的条件,是充分必要条件.

$\leftrightarrow^-$规则可记作:$\alpha\leftrightarrow\beta\vdash\alpha\to\beta$,$\alpha\leftrightarrow\beta\vdash\beta\to\alpha$. 它表示由$\alpha\leftrightarrow\beta$可得$\alpha\to\beta$和$\beta\to\alpha$. 这反映了演绎推理中的充分必要条件既是充分条件又是必要条件.

$\neg$规则可记作:若$\neg\alpha\vdash\beta$,$\neg\beta$,则$\vdash\alpha$. 它表示在$\neg\alpha$的假设下,如果得出一对矛盾的公式,则可消去$\neg\alpha$得到$\alpha$. 这一规则也就是反消规则. 它反映了演绎推理中的反证法.

上述九条规则又可以分为两类:一类直接表示前提和结论之间的推理关系,如$\to^-$规则表示:从前提$\alpha\to\beta$和$\alpha$可推出结论$\beta$. 这一类规则称为第一类规则. 另一类规则不是直接表示前提和结论之间的推理关系,而是说如果某个推理关系成立,则另一个推理关系也成立,如$\to^+$规则表示:如果推理关系$\alpha\vdash\beta$成立,则$\vdash\alpha\to\beta$也成立. 这一类规则称为第二类规则.

FPC 系统的一个证明就是依上述两类规则构造出来的一系列公式. 如果一个证明结束于某个假设下,则称该证明为假设性证明(即在每个假设下,并未都用了$\neg$规则或$\to^+$规则). 否则,称该证明为非假设性证明. 当公式$\alpha$是某个非假设性证明的最后一步时,称$\alpha$是(形式)可证的公式,或称$\alpha$是 FPC 的定理,记作$\vdash\alpha$,并称该证明为$\alpha$的一个(形式)证明.

下面我们将以 PC 系统的四条公理为例,说明 FPC 系统中可证公式的证明方法.

**例 4.1** 在 FPC 中,证明$\vdash\alpha\vee\alpha\to\alpha$.

**证明**

$$\begin{array}{ll}
\quad\ulcorner\alpha\vee\alpha & (\mathrm{Hyp})\\
\quad|\quad\ulcorner\alpha & (\mathrm{Hyp})\\
\quad|\quad|\ \alpha & (\mathrm{Rep})\\
\quad|\ \alpha\to\alpha & (\to^+)\\
\quad|\ \alpha\to\alpha & (\mathrm{Rep})\\
\quad|\ \alpha & (\vee^-)\\
\alpha\vee\alpha\to\alpha & (\to^+)
\end{array}$$

**例 4.2** 在 FPC 中,证明$\vdash\alpha\to\alpha\vee\beta$.

**证明**

$$\begin{array}{ll}
\quad\ulcorner\alpha & (\mathrm{Hyp})\\
\quad|\ \alpha\vee\beta & (\vee^+)\\
\alpha\to\alpha\vee\beta & (\to^+)
\end{array}$$

**例 4.3**　在 FPC 中,证明 $\vdash \alpha\vee\beta\rightarrow\beta\vee\alpha$.

**证明**

$$
\begin{array}{ll}
\lceil\ \alpha\vee\beta & (\mathrm{Hyp}) \\
\mid\ \lceil\ \alpha & (\mathrm{Hyp}) \\
\mid\ \mid\ \beta\vee\alpha & (\vee^{+}) \\
\mid\ \alpha\rightarrow\beta\vee\alpha & (\rightarrow^{+}) \\
\mid\ \lceil\ \beta & (\mathrm{Hyp}) \\
\mid\ \mid\ \beta\vee\alpha & (\vee^{+}) \\
\mid\ \beta\rightarrow\beta\vee\alpha & (\rightarrow^{+}) \\
\mid\ \beta\vee\alpha & (\vee^{-}) \\
\alpha\vee\beta\rightarrow\beta\vee\alpha & (\rightarrow^{+})
\end{array}
$$

**例 4.4**　在 FPC 中,证明 $\vdash(\beta\rightarrow\gamma)\rightarrow(\alpha\vee\beta\rightarrow\alpha\vee\gamma)$.

**证明**

$$
\begin{array}{ll}
\lceil\ \beta\rightarrow\gamma & (\mathrm{Hyp}) \\
\mid\ \lceil\ \alpha\vee\beta & (\mathrm{Hyp}) \\
\mid\ \mid\ \lceil\ \alpha & (\mathrm{Hyp}) \\
\mid\ \mid\ \mid\ \alpha\vee\gamma & (\vee^{+}) \\
\mid\ \mid\ \alpha\rightarrow\alpha\vee\gamma & (\rightarrow^{+}) \\
\mid\ \mid\ \lceil\ \beta & (\mathrm{Hyp}) \\
\mid\ \mid\ \mid\ \beta\rightarrow\gamma & (\mathrm{Reit}) \\
\mid\ \mid\ \mid\ \gamma & (\rightarrow^{-}) \\
\mid\ \mid\ \mid\ \alpha\vee\gamma & (\vee^{+}) \\
\mid\ \mid\ \beta\rightarrow\alpha\vee\gamma & (\rightarrow^{+}) \\
\mid\ \mid\ \alpha\vee\gamma & (\vee^{-}) \\
\mid\ \alpha\vee\beta\rightarrow\alpha\vee\gamma & (\rightarrow^{+}) \\
(\beta\rightarrow\gamma)\rightarrow(\alpha\vee\beta\rightarrow\alpha\vee\gamma) & (\rightarrow^{+})
\end{array}
$$

从上面的 4 个例子可以看出,FPC 的一个证明是利用上述规则构造出来的一个有穷公式序列. 一个证明中每个假设下的一系列公式(包括假设)称为该证明的一个子证明. 每个子证明的开始用一横一竖标出(即⌈,它起括号的作用). 横线的右边是该子证明的假设,竖线画到该子证明的最后一个公式的上端,表示整个非假设性证明(即不是终止于某个假设下的证明)的那个横上为空(没有公式),标志无假设. 在例④中,从 $\alpha\vee\beta$ 到 $\alpha\vee\gamma$ 的一列公式是在假设 $\beta\rightarrow\gamma$ 下的一个子证明,从 $\alpha$ 到 $\alpha\vee\gamma$ 和从 $\beta$ 到 $\alpha\vee\gamma$ 是在假设 $\alpha\vee\beta$ 下的两个子证明。但是,从 $\alpha$ 到 $\alpha\rightarrow\alpha\vee\beta$ 的一列公式和从 $\beta$ 和 $\beta\rightarrow\alpha\vee\gamma$ 的一列公式构成两个非假设性证明。同样,从 $\alpha\vee\beta$ 到 $\alpha\vee\beta\rightarrow\alpha\vee\gamma$ 和从 $\beta\rightarrow\gamma$ 到 $(\beta\rightarrow\gamma)\rightarrow(\alpha\vee\beta\rightarrow\alpha\vee\gamma)$ 也都是非假设性证明. 每个子证明的标志⌈分别依次右移. 作出几个可能的假设时,这些假设下的子证明排在一列.

从本章第三节和第四节看出,PC 系统和 FPC 系统形式各异,两个系统中的

“可证公式”的意义也不相同. 但我们能够证明:FPC 系统中的可证公式也是 PC 系统中的可证公式;反之,PC 系统中的可证公式也是 FPC 系统中的可证公式. 在这个意义上,命题演算的自然推理系统 FPC 和公理系统 PC 是等价的. 等价性证明留在下一章完成.

### 3.4.2　练习

HPC 系统的公理如下:

$A_1$: $\alpha\to\alpha$;

$A_2$: $\alpha\to(\beta\to\alpha)$;

$A_3$: $(\alpha\to(\beta\to\gamma))\to((\alpha\to\beta)\to(\alpha\to\gamma))$;

$A_4$: $(\alpha\to\beta)\to((\gamma\to\alpha)\to(\gamma\to\beta))$;

$A_5$: $(\alpha\to(\beta\to\gamma))\to(\beta\to(\alpha\to\gamma))$;

$A_6$: $(\alpha\to(\beta\to\alpha\wedge\beta))$;

$A_7$: $\alpha\wedge\beta\to\alpha$;

$A_8$: $\alpha\wedge\beta\to\beta$;

$A_9$: $\alpha\to\alpha\vee\beta$;

$A_{10}$: $\beta\to\alpha\vee\beta$;

$A_{11}$: $(\alpha\to\beta)\to((\gamma\to\beta)\to(\alpha\vee\gamma\to\beta))$;

$A_{12}$: $(\alpha\leftrightarrow\beta)\to(\alpha\to\beta)$;

$A_{13}$: $(\alpha\leftrightarrow\beta)\to(\beta\to\alpha)$;

$A_{14}$: $(\alpha\to\beta)\to((\beta\to\alpha)\to(\alpha\leftrightarrow\beta))$;

$A_{15}$: $(\neg\alpha\to\beta)\to((\neg\alpha\to\neg\beta)\to\alpha)$.

HPC 的推理规则只有一条,即 MP 规则:由 $\alpha$ 和 $\alpha\to\beta$ 可推出 $\beta$.

证明下面的公式是 HPC 的定理:

(1) $\vdash\neg\neg\alpha\to\alpha$;

(2) $\vdash\alpha\to\neg\neg\alpha$;

(3) $\vdash(\beta\to\gamma)\to((\alpha\to\beta)\to(\alpha\to\gamma))$;

(4) $\vdash\alpha\vee\beta\to\beta\vee\alpha$;

(5) $\vdash(\alpha\to\beta)\to((\beta\to\gamma)\to(\alpha\to\gamma))$;

(6) $\vdash\alpha\wedge\beta\to\beta\wedge\alpha$;

(7) $\vdash(\alpha\to\beta)\to((\alpha\to\gamma)\to(\alpha\to\beta\wedge\gamma))$;

(8) $\vdash(\alpha\vee\beta)\vee\gamma\to\alpha\vee(\beta\vee\gamma)$;

(9) $\vdash\alpha\vee(\beta\vee\gamma)\to(\alpha\vee\beta)\vee\gamma$;

(10) $\vdash\alpha\wedge(\beta\wedge\gamma)\to(\alpha\wedge\beta)\wedge\gamma$;

(11) $\vdash(\alpha\wedge\beta)\wedge\gamma\to\alpha\wedge(\beta\wedge\gamma)$;

(12) $\vdash(\alpha\to\beta)\to\neg\alpha\vee\beta$;

(13) $\vdash\neg\alpha\vee\beta\to(\alpha\to\beta)$;

(14) $\vdash(\alpha\to\beta)\to(\neg\beta\to\neg\alpha)$;

(15) $\vdash(\neg\beta\to\neg\alpha)\to(\alpha\to\beta)$.

# 第五节　FPC 中的可证公式

本节给出 FPC 系统中一些常用的可证公式及其证明,目的是使读者能熟练掌握本系统中可证公式的证明方法.关于可证公式的排列顺序,我们让它与本章第三节中公理系统 PC 中的可证公式的排列顺序基本相同.

**定理 5.1**　$\vdash(\beta\to\gamma)\to((\alpha\to\beta)\to(\alpha\to\gamma))$.

**证明**

$$\begin{array}{ll}
\vert\ \beta\to\gamma & (\text{Hyp})\\
\vert\ \vert\ \alpha\to\beta & (\text{Hyp})\\
\vert\ \vert\ \vert\ \alpha & (\text{Hyp})\\
\vert\ \vert\ \vert\ \alpha\to\beta & (\text{Reit})\\
\vert\ \vert\ \vert\ \beta & (\to^{-})\\
\vert\ \vert\ \vert\ \beta\to\gamma & (\text{Reit})\\
\vert\ \vert\ \vert\ \gamma & (\to^{-})\\
\vert\ \vert\ \alpha\to\gamma & (\to^{+})\\
\vert\ (\alpha\to\beta)\to(\alpha\to\gamma) & (\to^{+})\\
(\beta\to\gamma)\to(\alpha\to\beta)\to(\alpha\to\gamma) & (\to^{+})
\end{array}$$

**定理 5.2**　$\vdash(\alpha\to\beta)\to((\beta\to\gamma)\to(\alpha\to\gamma))$.

**证明**

$$\begin{array}{ll}
\vert\ \alpha\to\beta & (\text{Hyp})\\
\vert\ \vert\ \beta\to\gamma & (\text{Hyp})\\
\vert\ \vert\ \vert\ \alpha & (\text{Hyp})\\
\vert\ \vert\ \vert\ \alpha\to\beta & (\text{Reit})\\
\vert\ \vert\ \vert\ \beta & (\to^{-})\\
\vert\ \vert\ \vert\ \beta\to\gamma & (\text{Reit})\\
\vert\ \vert\ \vert\ \gamma & (\to^{-})\\
\vert\ \vert\ \alpha\to\gamma & (\to^{+})\\
\vert\ (\beta\to\gamma)\to(\alpha\to\gamma) & (\to^{+})\\
(\alpha\to\beta)\to((\beta\to\gamma)\to(\alpha\to\gamma)) & (\to^{+})
\end{array}$$

**定理 5.3**　$\vdash\alpha\to\alpha$.

**证明**

$$\begin{array}{ll}
\vert\ \alpha & (\text{Hyp})\\
\vert\ \alpha & (\text{Rep})\\
\alpha\to\alpha & (\to^{+})
\end{array}$$

**定理 5.4**　$\vdash\neg\alpha\vee\alpha$.

**证明**

| | |
|---|---|
| $\mid \neg(\neg\alpha\vee\alpha)$ | (Hyp) |
| $\mid\mid \neg\alpha$ | (Hyp) |
| $\mid\mid \neg\alpha\vee\alpha$ | $(\vee^{+})$ |
| $\mid\mid \neg(\neg\alpha\vee\alpha)$ | (Reit) |
| $\mid \alpha$ | $(\neg)$ |
| $\mid \neg\alpha\vee\alpha$ | $(\vee^{+})$ |
| $\mid \neg(\neg\alpha\vee\alpha)$ | (Rep) |
| $\neg\alpha\vee\alpha$ | $(\neg)$ |

**定理 5.5**　$\vdash\alpha\vee\neg\alpha$.

**证明**　证明方法同定理 5.4(略).

**定理 5.6**　$\vdash\alpha\to\neg\neg\alpha$.

**证明**

| | |
|---|---|
| $\mid \alpha$ | (Hyp) |
| $\mid\mid \neg\neg\neg\alpha$ | (Hyp) |
| $\mid\mid\mid \neg\neg\alpha$ | (Hyp) |
| $\mid\mid\mid \neg\neg\neg\alpha$ | (Reit) |
| $\mid\mid\mid \neg\neg\alpha$ | (Rep) |
| $\mid\mid \neg\alpha$ | $(\neg)$ |
| $\mid\mid \alpha$ | (Reit) |
| $\mid \neg\neg\alpha$ | $(\neg)$ |
| $\alpha\to\neg\neg\alpha$ | $(\to^{+})$ |

**定理 5.7**　$\vdash\neg\neg\alpha\to\alpha$.

**证明**

| | |
|---|---|
| $\mid \neg\neg\alpha$ | (Hyp) |
| $\mid\mid \neg\alpha$ | (Hyp) |
| $\mid\mid \neg\neg\alpha$ | (Reit) |
| $\mid\mid \neg\alpha$ | (Rep) |
| $\mid \alpha$ | $(\neg)$ |
| $\neg\neg\alpha\to\alpha$ | $(\to^{+})$ |

**定理 5.8**　$\vdash\alpha\leftrightarrow\neg\neg\alpha$.

因为我们已经证明了 $\vdash\alpha\to\beta$ 和 $\vdash\beta\to\alpha$，那么下面是 $\vdash\alpha\leftrightarrow\beta$ 的一个证明. 即取 $\alpha\to\beta$ 的一个证明 $\pi_1$ 和 $\beta\to\alpha$ 的一个证明 $\pi_2$ 并且再加上一个公式，我们就可以得到 $\alpha\leftrightarrow\beta$ 的一个证明 $\pi$.

$$\left.\begin{array}{l}\left.\begin{array}{l}\vdots\\ \alpha\to\beta\end{array}\right\}\pi_1\\ \left.\begin{array}{l}\vdots\\ \beta\to\alpha\end{array}\right\}\pi_2\\ \alpha\leftrightarrow\beta\quad(\leftrightarrow^{+})\end{array}\right\}\pi$$

以后，在得到了 $\vdash\alpha\to\beta$ 并且 $\vdash\beta\to\alpha$ 之后，我们就直接写下 $\vdash\alpha\leftrightarrow\beta$.

因此，定理 5.8 可以由定理 5.7 和定理 5.6 得.

**定理 5.9** $\vdash(\alpha\to\beta)\to(\neg\beta\to\neg\alpha)$.

**证明**

$$\begin{array}{ll}
\mid\ \alpha\to\beta & (\text{Hyp})\\
\mid\ \mid\ \neg\beta & (\text{Hyp})\\
\mid\ \mid\ \mid\ \neg\neg\alpha & (\text{Hyp})\\
\mid\ \mid\ \mid\ \neg\neg\alpha\to\alpha & (\text{定理 }5.7)\\
\mid\ \mid\ \mid\ \neg\neg\alpha & (\text{Rep})\\
\mid\ \mid\ \mid\ \alpha & (\to^{-})\\
\mid\ \mid\ \mid\ \alpha\to\beta & (\text{Reit})\\
\mid\ \mid\ \mid\ \beta & (\to^{-})\\
\mid\ \mid\ \mid\ \neg\beta & (\text{Reit})\\
\mid\ \mid\ \neg\alpha & (\neg)\\
\mid\ \neg\beta\to\neg\alpha & (\to^{+})\\
(\alpha\to\beta)\to(\neg\beta\to\neg\alpha) & (\to^{+})
\end{array}$$

**定理 5.10** $\vdash(\neg\beta\to\neg\alpha)\to(\alpha\to\beta)$.

**证明**

$$\begin{array}{ll}
\mid\ \neg\beta\to\neg\alpha & (\text{Hyp})\\
\mid\ \mid\ \alpha & (\text{Hyp})\\
\mid\ \mid\ \mid\ \neg\beta & (\text{Hyp})\\
\mid\ \mid\ \mid\ \neg\beta\to\neg\alpha & (\text{Reit})\\
\mid\ \mid\ \mid\ \neg\alpha & (\to^{-})\\
\mid\ \mid\ \mid\ \alpha & (\text{Reit})\\
\mid\ \mid\ \beta & (\neg)\\
\mid\ \alpha\to\beta & (\to^{+})\\
(\neg\beta\to\neg\alpha)\to(\alpha\to\beta) & (\to^{+})
\end{array}$$

**定理 5.11** $\vdash(\alpha\to\beta)\leftrightarrow(\neg\beta\to\neg\alpha)$.

**证明** 由定理 5.10 和定理 5.9 可得.

**定理 5.12** $\vdash(\alpha\leftrightarrow\beta)\to(\alpha\to\beta)$.

**证明**

$$\begin{array}{ll}
\mid\ \alpha\leftrightarrow\beta & (\text{Hyp})\\
\mid\ \alpha\to\beta & (\leftrightarrow^{-})\\
(\alpha\leftrightarrow\beta)\to(\alpha\to\beta) & (\to^{+})
\end{array}$$

**定理 5.13** $\vdash(\alpha\leftrightarrow\beta)\to(\beta\to\alpha)$.

**证明**

$$\begin{array}{ll}
\mid\ \alpha\leftrightarrow\beta & (\text{Hyp})\\
\mid\ \beta\to\alpha & (\leftrightarrow^{-})\\
(\alpha\leftrightarrow\beta)\to(\beta\to\alpha) & (\to^{+})
\end{array}$$

**定理 5.14** $\vdash\neg(\alpha\wedge\beta)\to\neg\alpha\vee\neg\beta$.

**证明**

| | |
|---|---|
| $\mid\ \neg(\alpha\wedge\beta)$ | (Hyp) |
| $\mid\ \mid\ \neg(\neg\alpha\vee\neg\beta)$ | (Hyp) |
| $\mid\ \mid\ \mid\ \neg\alpha$ | (Hyp) |
| $\mid\ \mid\ \mid\ \neg\alpha\vee\neg\beta$ | $(\vee^{+})$ |
| $\mid\ \mid\ \mid\ \neg(\neg\alpha\vee\neg\beta)$ | (Reit) |
| $\mid\ \mid\ \alpha$ | $(\neg)$ |
| $\mid\ \mid\ \mid\ \neg\beta$ | (Hyp) |
| $\mid\ \mid\ \mid\ \neg\alpha\vee\neg\beta$ | $(\vee^{+})$ |
| $\mid\ \mid\ \mid\ \neg(\neg\alpha\vee\neg\beta)$ | (Reit) |
| $\mid\ \mid\ \beta$ | $(\neg)$ |
| $\mid\ \mid\ \alpha\wedge\beta$ | $(\wedge^{+})$ |
| $\mid\ \mid\ \neg(\alpha\wedge\beta)$ | (Reit) |
| $\mid\ \neg\alpha\vee\neg\beta$ | $(\neg)$ |
| $\neg(\alpha\wedge\beta)\rightarrow\neg\alpha\vee\neg\beta$ | $(\rightarrow^{+})$ |

**定理 5.15**　$\vdash\neg\alpha\vee\neg\beta\rightarrow\neg(\alpha\wedge\beta)$.

**证明**

| | |
|---|---|
| $\mid\ \neg\alpha\vee\neg\beta$ | (Hyp) |
| $\mid\ \mid\ \neg\alpha$ | (Hyp) |
| $\mid\ \mid\ \mid\ \neg\neg(\alpha\wedge\beta)$ | (Hyp) |
| $\mid\ \mid\ \mid\ \mid\ \neg(\alpha\wedge\beta)$ | (Hyp) |
| $\mid\ \mid\ \mid\ \mid\ \neg\neg(\alpha\wedge\beta)$ | (Reit) |
| $\mid\ \mid\ \mid\ \mid\ \neg(\alpha\wedge\beta)$ | (Rep) |
| $\mid\ \mid\ \mid\ \alpha\wedge\beta$ | $(\neg)$ |
| $\mid\ \mid\ \mid\ \alpha$ | $(\wedge^{-})$ |
| $\mid\ \mid\ \mid\ \neg\alpha$ | (Reit) |
| $\mid\ \mid\ \neg(\alpha\wedge\beta)$ | $(\neg)$ |
| $\mid\ \neg\alpha\rightarrow\neg(\alpha\wedge\beta)$ | $(\rightarrow^{+})$ |
| $\mid\ \mid\ \neg\beta$ | (Hyp) |
| $\mid\ \mid\ \mid\ \neg\neg(\alpha\wedge\beta)$ | (Hyp) |
| $\mid\ \mid\ \mid\ \mid\ \neg(\alpha\wedge\beta)$ | (Hyp) |
| $\mid\ \mid\ \mid\ \mid\ \neg\neg(\alpha\wedge\beta)$ | (Reit) |
| $\mid\ \mid\ \mid\ \mid\ \neg(\alpha\wedge\beta)$ | (Rep) |
| $\mid\ \mid\ \mid\ \alpha\wedge\beta$ | $(\neg)$ |
| $\mid\ \mid\ \mid\ \beta$ | $(\wedge^{-})$ |
| $\mid\ \mid\ \mid\ \neg\beta$ | (Reit) |
| $\mid\ \mid\ \neg(\alpha\wedge\beta)$ | $(\neg)$ |
| $\mid\ \neg\beta\rightarrow\neg(\alpha\wedge\beta)$ | $(\rightarrow^{+})$ |
| $\mid\ \neg\alpha\vee\neg\beta$ | (Rep) |
| $\mid\ \neg(\alpha\wedge\beta)$ | $(\vee^{-})$ |
| $\neg\alpha\vee\neg\beta\rightarrow\neg(\alpha\wedge\beta)$ | $(\rightarrow^{+})$ |

**定理 5.16**　$\vdash\neg(\alpha\wedge\beta)\leftrightarrow\neg\alpha\vee\neg\beta$.

**证明**　由定理 5.14 和定理 5.15 可得.

**定理 5.17**　$\vdash \alpha \to \beta \vee \alpha$.

**证明**

| | |
|---|---|
| │ $\alpha$ | (Hyp) |
| │ $\beta \vee \alpha$ | ($\vee^{+}$) |
| $\alpha \to \beta \vee \alpha$ | ($\to^{+}$) |

**定理 5.18**　$\vdash \alpha \to \alpha \vee \alpha$.

**证明**　同定理 5.17 的证明,只要把其中的 $\beta$ 取为 $\alpha$ 即可.

**定理 5.19**　$\vdash \alpha \vee \alpha \leftrightarrow \alpha$.

**证明**　由本章第四节例 4.1 和定理 5.18 可得.

**定理 5.20**　$\vdash \neg(\alpha \vee \beta) \to \neg\alpha \wedge \neg\beta$.

**证明**

| | |
|---|---|
| │ $\neg(\alpha \vee \beta)$ | (Hyp) |
| │ │ $\neg(\neg\alpha \wedge \neg\beta)$ | (Hyp) |
| │ │ $\neg(\neg\alpha \wedge \neg\beta) \to \neg\neg\alpha \vee \neg\neg\beta$ | (定理 5.14) |
| │ │ $\neg\neg\alpha \vee \neg\neg\beta$ | ($\to^{-}$) |
| │ │ │ $\neg\neg\alpha$ | (Hyp) |
| │ │ │ $\neg\neg\alpha \to \alpha$ | (定理 5.7) |
| │ │ │ $\alpha$ | ($\to^{-}$) |
| │ │ │ $\alpha \vee \beta$ | ($\vee^{+}$) |
| │ │ $\neg\neg\alpha \to \alpha \vee \beta$ | ($\to^{+}$) |
| │ │ │ $\neg\neg\beta$ | (Hyp) |
| │ │ │ $\neg\neg\beta \to \beta$ | (定理 5.7) |
| │ │ │ $\beta$ | ($\to^{-}$) |
| │ │ │ $\alpha \vee \beta$ | ($\vee^{+}$) |
| │ │ $\neg\neg\beta \to \alpha \vee \beta$ | ($\to^{+}$) |
| │ │ $\alpha \vee \beta$ | ($\vee^{-}$) |
| │ │ $\neg(\alpha \vee \beta)$ | (Reit) |
| │ $\neg\alpha \wedge \neg\beta$ | ($\neg$) |
| $\neg(\alpha \vee \beta) \to \neg\alpha \wedge \neg\beta$ | ($\to^{+}$) |

**定理 5.21**　$\vdash \neg\alpha \wedge \neg\beta \to \neg(\alpha \vee \beta)$.

**证明**

| | |
|---|---|
| $\ulcorner \neg\alpha \wedge \neg\beta$ | (Hyp) |
| $\mid \neg\alpha$ | $(\wedge^-)$ |
| $\mid \neg\beta$ | $(\wedge^-)$ |
| $\mid\ \mid \neg\neg(\alpha \vee \beta)$ | (Hyp) |
| $\mid\ \mid \neg\neg(\alpha \vee \beta) \to (\alpha \vee \beta)$ | (定理 5.7) |
| $\mid\ \mid \alpha \vee \beta$ | $(\to^-)$ |
| $\mid\ \mid\ \mid \alpha$ | (Hyp) |
| $\mid\ \mid\ \mid\ \mid \neg\neg(\alpha \vee \beta)$ | (Hyp) |
| $\mid\ \mid\ \mid\ \mid \alpha$ | (Reit) |
| $\mid\ \mid\ \mid\ \mid \neg\alpha$ | (Reit) |
| $\mid\ \mid\ \mid \neg(\alpha \vee \beta)$ | $(\neg)$ |
| $\mid\ \mid \alpha \to \neg(\alpha \vee \beta)$ | $(\to^+)$ |
| $\mid\ \mid\ \mid \beta$ | (Hyp) |
| $\mid\ \mid\ \mid\ \mid \neg\neg(\alpha \vee \beta)$ | (Hyp) |
| $\mid\ \mid\ \mid\ \mid \beta$ | (Reit) |
| $\mid\ \mid\ \mid\ \mid \neg\beta$ | (Reit) |
| $\mid\ \mid\ \mid \neg(\alpha \vee \beta)$ | $(\neg)$ |
| $\mid\ \mid \beta \to \neg(\alpha \vee \beta)$ | $(\to^+)$ |
| $\mid\ \mid \neg(\alpha \vee \beta)$ | $(\vee^-)$ |
| $\mid\ \mid \alpha \vee \beta$ | (Rep) |
| $\mid \neg(\alpha \vee \beta)$ | $(\neg)$ |
| $\neg\alpha \wedge \neg\beta \to \neg(\alpha \vee \beta)$ | $(\to^+)$ |

**定理 5.22**　$\vdash \neg(\alpha \vee \beta) \leftrightarrow \neg\alpha \wedge \neg\beta$.

**证明**　由定理 5.21 和定理 5.20 可得.

**定理 5.23**　$\vdash \alpha \wedge \beta \to \beta \wedge \alpha$.

**证明**

| | |
|---|---|
| $\ulcorner \alpha \wedge \beta$ | (Hyp) |
| $\mid \alpha$ | $(\wedge^-)$ |
| $\mid \beta \wedge \alpha$ | $(\wedge^+)$ |
| $\alpha \wedge \beta \to \beta \wedge \alpha$ | $(\to^+)$ |

**定理 5.24**　$\vdash \alpha \wedge \beta \to \alpha$.

**证明**

| | |
|---|---|
| $\ulcorner \alpha \wedge \beta$ | (Hyp) |
| $\mid \alpha$ | $(\wedge^-)$ |
| $\alpha \wedge \beta \to \alpha$ | $(\to^+)$ |

**定理 5.25**　$\vdash \alpha \wedge \beta \to \beta$.

**证明**

$$\begin{array}{ll}
\quad\left|\begin{array}{l}\alpha\wedge\beta \\ \beta\end{array}\right. & \begin{array}{r}(\mathrm{Hyp}) \\ (\wedge^{-})\end{array} \\
\alpha\wedge\beta\rightarrow\beta & (\rightarrow^{+})
\end{array}$$

**定理 5.26** $\vdash\alpha\vee(\beta\vee\gamma)\rightarrow\beta\vee(\alpha\vee\gamma)$.

**证明**

| | |
|---|---|
| ┌ $\alpha\vee(\beta\vee\gamma)$ | (Hyp) |
| │ ┌ $\alpha$ | (Hyp) |
| │ │ $\alpha\vee\gamma$ | ($\vee^{+}$) |
| │ │ $\beta\vee(\alpha\vee\gamma)$ | ($\vee^{+}$) |
| │ $\alpha\rightarrow\beta\vee(\alpha\vee\gamma)$ | ($\rightarrow^{+}$) |
| │ ┌ $\beta\vee\gamma$ | (Hyp) |
| │ │ ┌ $\beta$ | (Hyp) |
| │ │ │ $\beta\vee(\alpha\vee\gamma)$ | ($\vee^{+}$) |
| │ │ $\beta\rightarrow\beta\vee(\alpha\vee\gamma)$ | ($\rightarrow^{+}$) |
| │ │ ┌ $\gamma$ | (Hyp) |
| │ │ │ $\alpha\vee\gamma$ | ($\vee^{+}$) |
| │ │ │ $\beta\vee(\alpha\vee\gamma)$ | ($\vee^{+}$) |
| │ │ $\gamma\rightarrow\beta\vee(\alpha\vee\gamma)$ | ($\rightarrow^{+}$) |
| │ │ $\beta\vee(\alpha\vee\gamma)$ | ($\vee^{-}$) |
| │ $\beta\vee\gamma\rightarrow\beta\vee(\alpha\vee\gamma)$ | ($\rightarrow^{+}$) |
| $\alpha\vee(\beta\vee\gamma)\rightarrow\beta\vee(\alpha\vee\gamma)$ | ($\rightarrow^{+}$) |

**定理 5.27** $\vdash\alpha\vee(\beta\vee\gamma)\rightarrow(\alpha\vee\beta)\vee\gamma$.

**证明**

| | |
|---|---|
| ┌ $\alpha\vee(\beta\vee\gamma)$ | (Hyp) |
| │ ┌ $\alpha$ | (Hyp) |
| │ │ $(\alpha\vee\beta)$ | ($\vee^{+}$) |
| │ │ $(\alpha\vee\beta)\vee\gamma$ | ($\vee^{+}$) |
| │ $\alpha\rightarrow(\alpha\vee\beta)\vee\gamma$ | ($\rightarrow^{+}$) |
| │ ┌ $\beta\vee\gamma$ | (Hyp) |
| │ │ ┌ $\beta$ | (Hyp) |
| │ │ │ $\alpha\vee\beta$ | ($\vee^{+}$) |
| │ │ │ $(\alpha\vee\beta)\vee\gamma$ | ($\vee^{+}$) |
| │ │ $\beta\rightarrow(\alpha\vee\beta)\vee\gamma$ | ($\rightarrow^{+}$) |
| │ │ ┌ $\gamma$ | (Hyp) |
| │ │ │ $(\alpha\vee\beta)\vee\gamma$ | ($\vee^{+}$) |
| │ │ $\gamma\rightarrow(\alpha\vee\beta)\vee\gamma$ | ($\rightarrow^{+}$) |
| │ │ $(\alpha\vee\beta)\vee\gamma$ | ($\vee^{-}$) |
| │ $\beta\vee\gamma\rightarrow(\alpha\vee\beta)\vee\gamma$ | ($\rightarrow^{+}$) |
| │ $(\alpha\vee\beta)\vee\gamma$ | ($\vee^{-}$) |
| $\alpha\vee(\beta\vee\gamma)\rightarrow(\alpha\vee\beta)\vee\gamma$ | ($\rightarrow^{+}$) |

**定理 5.28**　$\vdash (\alpha \vee \beta) \vee \gamma \to \alpha \vee (\beta \vee \gamma)$.

**证明**

|  |  |
|---|---|
| $(\alpha \vee \beta) \vee \gamma$ | (Hyp) |
| $\gamma$ | (Hyp) |
| $\beta \vee \gamma$ | $(\vee^+)$ |
| $\alpha \vee (\beta \vee \gamma)$ | $(\vee^+)$ |
| $\gamma \to \alpha \vee (\beta \vee \gamma)$ | $(\to^+)$ |
| $\alpha \vee \beta$ | (Hyp) |
| $\alpha$ | (Hyp) |
| $\alpha \vee (\beta \vee \gamma)$ | $(\vee^+)$ |
| $\alpha \to \alpha \vee (\beta \vee \gamma)$ | $(\to^+)$ |
| $\beta$ | (Hyp) |
| $\beta \vee \gamma$ | $(\vee^+)$ |
| $\alpha \vee (\beta \vee \gamma)$ | $(\vee^+)$ |
| $\beta \to \alpha \vee (\beta \vee \gamma)$ | $(\to^+)$ |
| $\alpha \vee (\beta \vee \gamma)$ | $(\vee^-)$ |
| $\alpha \vee \beta \to \alpha \vee (\beta \vee \gamma)$ | $(\to^+)$ |
| $\alpha \vee (\beta \vee \gamma)$ | $(\vee^-)$ |
| $(\alpha \vee \beta) \vee \gamma \to \alpha \vee (\beta \vee \gamma)$ | $(\to^+)$ |

**定理 5.29**　$\vdash \alpha \vee (\beta \vee \gamma) \leftrightarrow (\alpha \vee \beta) \vee \gamma$.

**证明**　由定理 5.28 和定理 5.27 可得.

**定理 5.30**　$\vdash \alpha \wedge (\beta \wedge \gamma) \to (\alpha \wedge \beta) \wedge \gamma$.

**证明**

|  |  |
|---|---|
| $\alpha \wedge (\beta \wedge \gamma)$ | (Hyp) |
| $\alpha$ | $(\wedge^-)$ |
| $\beta \wedge \gamma$ | $(\wedge^-)$ |
| $\beta$ | $(\wedge^-)$ |
| $\gamma$ | $(\wedge^-)$ |
| $\alpha \wedge \beta$ | $(\wedge^+)$ |
| $(\alpha \wedge \beta) \wedge \gamma$ | $(\wedge^+)$ |
| $\alpha \wedge (\beta \wedge \gamma) \to (\alpha \wedge \beta) \wedge \gamma$ | $(\to^+)$ |

**定理 5.31**　$\vdash (\alpha \wedge \beta) \wedge \gamma \to \alpha \wedge (\beta \wedge \gamma)$.

**证明**

|  |  |
|---|---|
| $(\alpha \wedge \beta) \wedge \gamma$ | (Hyp) |
| $\alpha \wedge \beta$ | $(\wedge^-)$ |
| $\gamma$ | $(\wedge^-)$ |
| $\beta$ | $(\wedge^-)$ |
| $\beta \wedge \gamma$ | $(\wedge^+)$ |
| $\alpha$ | $(\wedge^-)$ |
| $\alpha \wedge (\beta \wedge \gamma)$ | $(\wedge^+)$ |
| $(\alpha \wedge \beta) \wedge \gamma \to \alpha \wedge (\beta \wedge \gamma)$ | $(\to^+)$ |

**定理 5.32** $\vdash \alpha\wedge(\beta\wedge\gamma)\leftrightarrow(\alpha\wedge\beta)\wedge\gamma$.

**证明** 由定理 5.30 和定理 5.31 可得.

**定理 5.33** $\vdash \alpha\rightarrow(\beta\rightarrow\alpha\wedge\beta)$.

**证明**

| | |
|---|---|
| $\mid \alpha$ | (Hyp) |
| $\mid\mid \beta$ | (Hyp) |
| $\mid\mid \alpha$ | (Reit) |
| $\mid\mid \alpha\wedge\beta$ | $(\wedge^{+})$ |
| $\mid \beta\rightarrow\alpha\wedge\beta$ | $(\rightarrow^{+})$ |
| $\alpha\rightarrow(\beta\rightarrow\alpha\wedge\beta)$ | $(\rightarrow^{+})$ |

**定理 5.34** $\vdash(\alpha\rightarrow(\beta\rightarrow\gamma))\rightarrow(\beta\rightarrow(\alpha\rightarrow\gamma))$.

**证明**

| | |
|---|---|
| $\mid \alpha\rightarrow(\beta\rightarrow\gamma)$ | (Hyp) |
| $\mid\mid \beta$ | (Hyp) |
| $\mid\mid\mid \alpha$ | (Hyp) |
| $\mid\mid\mid \alpha\rightarrow(\beta\rightarrow\gamma)$ | (Reit) |
| $\mid\mid\mid \beta\rightarrow\gamma$ | $(\rightarrow^{-})$ |
| $\mid\mid\mid \beta$ | (Reit) |
| $\mid\mid\mid \gamma$ | $(\rightarrow^{-})$ |
| $\mid\mid \alpha\rightarrow\gamma$ | $(\rightarrow^{+})$ |
| $\mid \beta\rightarrow(\alpha\rightarrow\gamma)$ | $(\rightarrow^{+})$ |
| $(\alpha\rightarrow(\beta\rightarrow\gamma))\rightarrow(\beta\rightarrow(\alpha\rightarrow\gamma))$ | $(\rightarrow^{+})$ |

**定理 5.35** $\vdash(\alpha\rightarrow(\beta\rightarrow\gamma))\rightarrow(\alpha\wedge\beta\rightarrow\gamma)$.

**证明**

| | |
|---|---|
| $\mid \alpha\rightarrow(\beta\rightarrow\gamma)$ | (Hyp) |
| $\mid\mid \alpha\wedge\beta$ | (Hyp) |
| $\mid\mid \alpha$ | $(\wedge^{-})$ |
| $\mid\mid \alpha\rightarrow(\beta\rightarrow\gamma)$ | (Reit) |
| $\mid\mid \beta\rightarrow\gamma$ | $(\rightarrow^{-})$ |
| $\mid\mid \beta$ | $(\wedge^{-})$ |
| $\mid\mid \gamma$ | $(\rightarrow^{-})$ |
| $\mid \alpha\wedge\beta\rightarrow\gamma$ | $(\rightarrow^{+})$ |
| $(\alpha\rightarrow(\beta\rightarrow\gamma))\rightarrow(\alpha\wedge\beta\rightarrow\gamma)$ | $(\rightarrow^{+})$ |

**定理 5.36** $\vdash(\alpha\wedge\beta\rightarrow\gamma)\rightarrow(\alpha\rightarrow(\beta\rightarrow\gamma))$.

**证明**

| | |
|---|---|
| $\mid \alpha\wedge\beta\rightarrow\gamma$ | (Hyp) |
| $\mid\mid \alpha$ | (Hyp) |
| $\mid\mid\mid \beta$ | (Hyp) |
| $\mid\mid\mid \alpha$ | (Reit) |
| $\mid\mid\mid \alpha\wedge\beta$ | $(\wedge^{+})$ |
| $\mid\mid\mid \alpha\wedge\beta\rightarrow\gamma$ | (Reit) |
| $\mid\mid\mid \gamma$ | $(\rightarrow^{-})$ |
| $\mid\mid \beta\rightarrow\gamma$ | $(\rightarrow^{+})$ |
| $\mid \alpha\rightarrow(\beta\rightarrow\gamma)$ | $(\rightarrow^{+})$ |
| $(\alpha\wedge\beta\rightarrow\gamma)\rightarrow(\alpha\rightarrow(\beta\rightarrow\gamma))$ | $(\rightarrow^{+})$ |

**定理 5.37**　$\vdash(\alpha\to(\beta\to\gamma))\leftrightarrow(\alpha\wedge\beta\to\gamma)$.

**证明**　由定理 5.35 和定理 5.36 可得.

**定理 5.38**　$\vdash(\alpha\to(\alpha\to\beta))\to(\alpha\to\beta)$.

**证明**

| | |
|---|---|
| $\alpha\to(\alpha\to\beta)$ | (Hyp) |
| $\mid\ \alpha$ | (Hyp) |
| $\mid\ \alpha\to(\alpha\to\beta)$ | (Reit) |
| $\mid\ \alpha\to\beta$ | $(\to^-)$ |
| $\mid\ \beta$ | $(\to^-)$ |
| $\alpha\to\beta$ | $(\to^+)$ |
| $(\alpha\to(\alpha\to\beta))\to(\alpha\to\beta)$ | $(\to^+)$ |

**定理 5.39**　$\vdash(\alpha\to\beta)\to(\alpha\to(\alpha\to\beta))$.

**证明**

| | |
|---|---|
| $\alpha\to\beta$ | (Hyp) |
| $\mid\ \alpha$ | (Hyp) |
| $\mid\ \alpha\to\beta$ | (Reit) |
| $\alpha\to(\alpha\to\beta)$ | $(\to^+)$ |
| $(\alpha\to\beta)\to(\alpha\to(\alpha\to\beta))$ | $(\to^+)$ |

**定理 5.40**　$\vdash(\alpha\to(\alpha\to\beta))\leftrightarrow(\alpha\to\beta)$.

**证明**　由定理 5.38 和定理 5.39 可得.

**定理 5.41**　$\vdash\alpha\vee(\beta\wedge\gamma)\to(\alpha\vee\beta)\wedge(\alpha\vee\gamma)$.

**证明**

| | |
|---|---|
| $\alpha\vee(\beta\wedge\gamma)$ | (Hyp) |
| $\mid\ \beta\wedge\gamma$ | (Hyp) |
| $\mid\ \beta$ | $(\wedge^-)$ |
| $\mid\ \gamma$ | $(\wedge^-)$ |
| $\mid\ \alpha\vee\beta$ | $(\vee^+)$ |
| $\mid\ \alpha\vee\gamma$ | $(\vee^+)$ |
| $\mid\ (\alpha\vee\beta)\wedge(\alpha\vee\gamma)$ | $(\wedge^+)$ |
| $\beta\wedge\gamma\to(\alpha\vee\beta)\wedge(\alpha\vee\gamma)$ | $(\to^+)$ |
| $\mid\ \alpha$ | (Hyp) |
| $\mid\ \alpha\vee\beta$ | $(\vee^-)$ |
| $\mid\ \alpha\vee\gamma$ | $(\vee^-)$ |
| $\mid\ (\alpha\vee\beta)\wedge(\alpha\vee\gamma)$ | $(\wedge^+)$ |
| $\alpha\to(\alpha\vee\beta)\wedge(\alpha\vee\gamma)$ | $(\to^+)$ |
| $(\alpha\vee\beta)\wedge(\alpha\vee\gamma)$ | $(\vee^-)$ |
| $\alpha\vee(\beta\wedge\gamma)\to(\alpha\vee\beta)\wedge(\alpha\vee\gamma)$ | $(\to^+)$ |

**定理 5.42** $\vdash (\alpha\vee\beta)\wedge(\alpha\vee\gamma)\to\alpha\vee(\beta\wedge\gamma)$.

**证明**

| | |
|---|---|
| $\quad (\alpha\vee\beta)\wedge(\alpha\vee\gamma)$ | (Hyp) |
| $\quad \alpha\vee\beta$ | ($\wedge^-$) |
| $\quad \alpha\vee\gamma$ | ($\wedge^-$) |
| $\qquad \alpha$ | (Hyp) |
| $\qquad \alpha\vee(\beta\wedge\gamma)$ | ($\vee^+$) |
| $\quad \alpha\to\alpha\vee(\beta\wedge\gamma)$ | ($\to^+$) |
| $\qquad \beta$ | (Hyp) |
| $\qquad\quad \gamma$ | (Hyp) |
| $\qquad\quad \beta$ | (Reit) |
| $\qquad\quad \beta\wedge\gamma$ | ($\wedge^+$) |
| $\qquad\quad \alpha\vee(\beta\wedge\gamma)$ | ($\vee^+$) |
| $\qquad \gamma\to\alpha\vee(\beta\wedge\gamma)$ | ($\to^+$) |
| $\qquad \alpha\to\alpha\vee(\beta\wedge\gamma)$ | (Reit) |
| $\qquad \alpha\vee\gamma$ | (Reit) |
| $\qquad \alpha\vee(\beta\wedge\gamma)$ | ($\vee^-$) |
| $\quad \beta\to\alpha\vee(\beta\wedge\gamma)$ | ($\to^+$) |
| $\quad \alpha\vee(\beta\wedge\gamma)$ | ($\vee^-$) |
| $(\alpha\vee\beta)\wedge(\alpha\vee\gamma)\to\alpha\vee(\beta\wedge\gamma)$ | ($\to^+$) |

**定理 5.43** $\vdash \alpha\vee(\beta\wedge\gamma)\leftrightarrow(\alpha\vee\beta)\wedge(\alpha\vee\gamma)$.

**证明** 由定理 5.41 和定理 5.42 可得.

**定理 5.44** $\vdash \alpha\wedge(\beta\vee\gamma)\to(\alpha\wedge\beta)\vee(\alpha\wedge\gamma)$.

**证明**

| | |
|---|---|
| $\quad \alpha\wedge(\beta\vee\gamma)$ | (Hyp) |
| $\quad \alpha$ | ($\wedge^-$) |
| $\quad \beta\vee\gamma$ | ($\wedge^-$) |
| $\qquad \gamma$ | (Hyp) |
| $\qquad \alpha$ | (Reit) |
| $\qquad \alpha\wedge\gamma$ | ($\wedge^+$) |
| $\qquad (\alpha\wedge\beta)\vee(\alpha\wedge\gamma)$ | ($\vee^+$) |
| $\quad \gamma\to(\alpha\wedge\beta)\vee(\alpha\wedge\gamma)$ | ($\to^+$) |
| $\qquad \beta$ | (Hyp) |
| $\qquad \alpha$ | (Reit) |
| $\qquad \alpha\wedge\beta$ | ($\wedge^+$) |
| $\qquad (\alpha\wedge\beta)\vee(\alpha\wedge\gamma)$ | ($\vee^+$) |
| $\quad \beta\to(\alpha\wedge\beta)\vee(\alpha\wedge\gamma)$ | ($\to^+$) |
| $\quad (\alpha\wedge\beta)\vee(\alpha\wedge\gamma)$ | ($\vee^-$) |
| $\alpha\wedge(\beta\vee\gamma)\to(\alpha\wedge\beta)\vee(\alpha\wedge\gamma)$ | ($\to^+$) |

**定理 5.45**　$\vdash(\alpha\wedge\beta)\vee(\alpha\wedge\gamma)\to\alpha\wedge(\beta\vee\gamma)$.

**证明**

| | |
|---|---|
| $(\alpha\wedge\beta)\vee(\alpha\wedge\gamma)$ | (Hyp) |
| $\quad\alpha\wedge\gamma$ | (Hyp) |
| $\quad\alpha$ | $(\wedge^-)$ |
| $\quad\gamma$ | $(\wedge^-)$ |
| $\quad\beta\vee\gamma$ | $(\vee^+)$ |
| $\quad\alpha\wedge(\beta\vee\gamma)$ | $(\wedge^+)$ |
| $\alpha\wedge\gamma\to\alpha\wedge(\beta\vee\gamma)$ | $(\to^+)$ |
| $\quad\alpha\wedge\beta$ | (Hyp) |
| $\quad\alpha$ | $(\wedge^-)$ |
| $\quad\beta$ | $(\wedge^-)$ |
| $\quad\beta\vee\gamma$ | $(\vee^+)$ |
| $\quad\alpha\wedge(\beta\vee\gamma)$ | $(\wedge^+)$ |
| $\alpha\wedge\beta\to\alpha\wedge(\beta\vee\gamma)$ | $(\to^+)$ |
| $\alpha\wedge(\beta\vee\gamma)$ | $(\vee^-)$ |
| $(\alpha\wedge\beta)\vee(\alpha\wedge\gamma)\to\alpha\wedge(\beta\vee\gamma)$ | $(\to^+)$ |

**定理 5.46**　$\vdash\alpha\wedge(\beta\vee\gamma)\leftrightarrow(\alpha\wedge\beta)\vee(\alpha\wedge\gamma)$.

**证明**　由定理 5.44 和定理 5.45 可得.

**定理 5.47**　$\vdash(\alpha\to\beta)\wedge(\alpha\to\gamma)\to(\alpha\to\beta\wedge\gamma)$.

**证明**

| | |
|---|---|
| $(\alpha\to\beta)\wedge(\alpha\to\gamma)$ | (Hyp) |
| $\alpha\to\beta$ | $(\wedge^-)$ |
| $\alpha\to\gamma$ | $(\wedge^-)$ |
| $\quad\alpha$ | (Hyp) |
| $\quad\alpha\to\beta$ | (Reit) |
| $\quad\beta$ | $(\to^-)$ |
| $\quad\alpha\to\gamma$ | (Reit) |
| $\quad\gamma$ | $(\to^-)$ |
| $\quad\beta\wedge\gamma$ | $(\wedge^-)$ |
| $\alpha\to\beta\wedge\gamma$ | $(\to^+)$ |
| $(\alpha\to\beta)\wedge(\alpha\to\gamma)\to(\alpha\to\beta\wedge\gamma)$ | $(\to^+)$ |

**定理 5.48**　$\vdash(\alpha\to\beta)\to(\neg\alpha\vee\beta)$.

**证明**

| | |
|---|---|
| $\alpha\to\beta$ | (Hyp) |
| $\quad\neg(\neg\alpha\vee\beta)$ | (Hyp) |
| $\quad\neg(\neg\alpha\vee\beta)\to\neg\neg\alpha\wedge\neg\beta$ | (定理 5.20) |
| $\quad\neg\neg\alpha\wedge\neg\beta$ | $(\to^-)$ |
| $\quad\neg\neg\alpha$ | $(\wedge^-)$ |
| $\quad\neg\neg\alpha\to\alpha$ | (定理 5.7) |
| $\quad\alpha$ | $(\to^-)$ |
| $\quad\alpha\to\beta$ | (Reit) |
| $\quad\beta$ | $(\to^-)$ |
| $\quad\neg\beta$ | $(\wedge^-)$ |
| $\neg\alpha\vee\beta$ | $(\neg)$ |
| $(\alpha\to\beta)\to(\neg\alpha\vee\beta)$ | $(\to^+)$ |

**定理 5.49** $\vdash (\neg\alpha\vee\beta)\to(\alpha\to\beta)$.

**证明**

$$\begin{array}{ll}
\mid\ \neg\alpha\vee\beta & (\mathrm{Hyp})\\
\mid\ \mid\ \alpha & (\mathrm{Hyp})\\
\mid\ \mid\ \mid\ \neg\beta & (\mathrm{Hyp})\\
\mid\ \mid\ \mid\ \alpha & (\mathrm{Reit})\\
\mid\ \mid\ \mid\ \alpha\to\neg\neg\alpha & (\text{定理 } 5.6)\\
\mid\ \mid\ \mid\ \neg\neg\alpha & (\to^-)\\
\mid\ \mid\ \mid\ \neg\neg\alpha\wedge\neg\beta & (\vee^+)\\
\mid\ \mid\ \mid\ \neg\neg\alpha\wedge\neg\beta\to\neg(\neg\alpha\vee\beta) & (\text{定理 } 5.21)\\
\mid\ \mid\ \mid\ \neg(\neg\alpha\vee\beta) & (\to^-)\\
\mid\ \mid\ \mid\ \neg\alpha\vee\beta & (\mathrm{Reit})\\
\mid\ \mid\ \beta & (\neg)\\
\mid\ \alpha\to\beta & (\to^+)\\
(\neg\alpha\vee\beta)\to(\alpha\to\beta) & (\to^+)
\end{array}$$

**定理 5.50** $\vdash (\alpha\to\beta)\leftrightarrow(\neg\alpha\vee\beta)$.

**证明** 由定理 5.48 和定理 5.49 可得.

**定理 5.51** $\vdash (\alpha\to\beta)\to\neg(\alpha\wedge\neg\beta)$.

**证明**

$$\begin{array}{ll}
\mid\ \alpha\to\beta & (\mathrm{Hyp})\\
\mid\ \mid\ \neg\neg(\alpha\wedge\neg\beta) & (\mathrm{Hyp})\\
\mid\ \mid\ \neg\neg(\alpha\wedge\neg\beta)\to(\alpha\wedge\neg\beta) & (\text{定理 } 5.7)\\
\mid\ \mid\ \alpha\wedge\neg\beta & (\to^-)\\
\mid\ \mid\ \alpha & (\wedge^-)\\
\mid\ \mid\ \alpha\to\beta & (\mathrm{Reit})\\
\mid\ \mid\ \beta & (\to^-)\\
\mid\ \mid\ \neg\beta & (\wedge^-)\\
\mid\ \neg(\alpha\wedge\neg\beta) & (\neg)\\
(\alpha\to\beta)\to\neg(\alpha\wedge\neg\beta) & (\to^+)
\end{array}$$

**定理 5.52** $\vdash \neg(\alpha\wedge\neg\beta)\to(\alpha\to\beta)$.

**证明**

$$\begin{array}{ll}
\mid\ \neg(\alpha\wedge\neg\beta) & (\mathrm{Hyp})\\
\mid\ \mid\ \alpha & (\mathrm{Hyp})\\
\mid\ \mid\ \mid\ \neg\beta & (\mathrm{Hyp})\\
\mid\ \mid\ \mid\ \alpha & (\mathrm{Reit})\\
\mid\ \mid\ \mid\ \alpha\wedge\neg\beta & (\wedge^+)\\
\mid\ \mid\ \mid\ \neg(\alpha\wedge\neg\beta) & (\mathrm{Reit})\\
\mid\ \mid\ \beta & (\neg)\\
\mid\ \alpha\to\beta & (\to^+)\\
\neg(\alpha\wedge\neg\beta)\to(\alpha\to\beta) & (\to^+)
\end{array}$$

**定理 5.53**　$\vdash(\alpha\to\beta)\leftrightarrow\neg(\alpha\wedge\neg\beta)$.

**证明**　由定理 5.51 和定理 5.52 可得.

**定理 5.54**　$\vdash(\alpha\wedge\beta)\to\neg(\neg\alpha\vee\neg\beta)$.

**证明**

| | |
|---|---|
| $\mid\ \alpha\wedge\beta$ | (Hyp) |
| $\mid\ \mid\ \neg\neg(\neg\alpha\vee\neg\beta)$ | (Hyp) |
| $\mid\ \mid\ \neg\neg(\neg\alpha\vee\neg\beta)\to\neg\alpha\vee\neg\beta$ | (定理 5.7) |
| $\mid\ \mid\ \neg\alpha\vee\neg\beta$ | ($\to^-$) |
| $\mid\ \mid\ \neg\alpha\vee\neg\beta\to\neg(\alpha\wedge\beta)$ | (定理 5.15) |
| $\mid\ \mid\ \neg(\alpha\wedge\beta)$ | ($\to^-$) |
| $\mid\ \mid\ \alpha\wedge\beta$ | (Reit) |
| $\mid\ \neg(\neg\alpha\vee\neg\beta)$ | ($\neg$) |
| $\alpha\wedge\beta\to\neg(\neg\alpha\vee\neg\beta)$ | ($\to^+$) |

**定理 5.55**　$\vdash\neg(\neg\alpha\vee\neg\beta)\to(\alpha\wedge\beta)$.

**证明**

| | |
|---|---|
| $\mid\ \neg(\neg\alpha\vee\neg\beta)$ | (Hyp) |
| $\mid\ \mid\ \neg(\alpha\wedge\beta)$ | (Hyp) |
| $\mid\ \mid\ \neg(\alpha\wedge\beta)\to\neg\alpha\vee\neg\beta$ | (定理 5.14) |
| $\mid\ \mid\ \neg\alpha\vee\neg\beta$ | ($\to^-$) |
| $\mid\ \mid\ \neg(\neg\alpha\vee\neg\beta)$ | (Reit) |
| $\mid\ \alpha\wedge\beta$ | ($\neg$) |
| $\neg(\neg\alpha\vee\neg\beta)\to(\alpha\wedge\beta)$ | ($\to^+$) |

**定理 5.56**　$\vdash(\alpha\wedge\beta)\leftrightarrow\neg(\neg\alpha\vee\neg\beta)$.

**证明**　由定理 5.54 和定理 5.55 可得.

**定理 5.57**　$\vdash\alpha\vee\beta\to\neg(\neg\alpha\wedge\neg\beta)$.

**证明**

| | |
|---|---|
| $\mid\ \alpha\vee\beta$ | (Hyp) |
| $\mid\ \mid\ \neg\neg(\neg\alpha\wedge\neg\beta)$ | (Hyp) |
| $\mid\ \mid\ \neg\neg(\neg\alpha\wedge\neg\beta)\to\neg\alpha\wedge\neg\beta$ | (定理 5.7) |
| $\mid\ \mid\ \neg\alpha\wedge\neg\beta$ | ($\to^-$) |
| $\mid\ \mid\ \neg\alpha\wedge\neg\beta\to\neg(\alpha\vee\beta)$ | (定理 5.21) |
| $\mid\ \mid\ \alpha\vee\beta$ | (Reit) |
| $\mid\ \mid\ \neg(\alpha\vee\beta)$ | ($\to^-$) |
| $\mid\ \neg(\neg\alpha\wedge\neg\beta)$ | ($\neg$) |
| $\alpha\vee\beta\to\neg(\neg\alpha\wedge\neg\beta)$ | ($\to^+$) |

**定理 5.58**　$\vdash\neg(\neg\alpha\wedge\neg\beta)\to\alpha\vee\beta$.

**证明**

$$
\begin{array}{ll}
\mid\ \neg(\neg\alpha\wedge\neg\beta) & (\text{Hyp}) \\
\mid\ \mid\ \neg(\alpha\vee\beta) & (\text{Hyp}) \\
\mid\ \mid\ \neg(\alpha\vee\beta)\rightarrow\neg\alpha\wedge\neg\beta & (\text{定理 } 5.20) \\
\mid\ \mid\ \neg\alpha\wedge\neg\beta & (\rightarrow^{-}) \\
\mid\ \mid\ \neg(\neg\alpha\wedge\neg\beta) & (\text{Reit}) \\
\mid\ \alpha\vee\beta & (\neg) \\
\neg(\neg\alpha\wedge\neg\beta)\rightarrow\alpha\vee\beta & (\rightarrow^{+})
\end{array}
$$

**定理 5.59** $\vdash\alpha\vee\beta\leftrightarrow\neg(\neg\alpha\wedge\neg\beta)$.

**证明** 由定理 5.57 和定理 5.58 可得.

**定理 5.60** $\vdash(\alpha\leftrightarrow\beta)\rightarrow(\neg\beta\leftrightarrow\neg\alpha)$.

**证明**

$$
\begin{array}{ll}
\mid\ \alpha\leftrightarrow\beta & (\text{Hyp}) \\
\mid\ \alpha\rightarrow\beta & (\leftrightarrow^{-}) \\
\mid\ \beta\rightarrow\alpha & (\leftrightarrow^{-}) \\
\mid\ (\alpha\rightarrow\beta)\rightarrow(\neg\beta\rightarrow\neg\alpha) & (\text{定理 } 5.9) \\
\mid\ \neg\beta\rightarrow\neg\alpha & (\rightarrow^{-}) \\
\mid\ (\beta\rightarrow\alpha)\rightarrow(\neg\alpha\rightarrow\neg\beta) & (\text{定理 } 5.9) \\
\mid\ \neg\alpha\rightarrow\neg\beta & (\rightarrow^{-}) \\
\mid\ \neg\beta\leftrightarrow\neg\alpha & (\leftrightarrow^{+}) \\
(\alpha\leftrightarrow\beta)\rightarrow(\neg\beta\leftrightarrow\neg\alpha) & (\rightarrow^{+})
\end{array}
$$

**定理 5.61** $\vdash(\alpha\leftrightarrow\beta)\rightarrow((\beta\leftrightarrow\gamma)\leftrightarrow(\alpha\leftrightarrow\gamma))$.

**证明**

$$
\begin{array}{ll}
\mid\ \alpha\leftrightarrow\beta & (\text{Hyp}) \\
\mid\ \mid\ \beta\leftrightarrow\gamma & (\text{Hyp}) \\
\mid\ \mid\ \alpha\leftrightarrow\beta & (\text{Reit}) \\
\mid\ \mid\ \alpha\rightarrow\beta & (\leftrightarrow^{-}) \\
\mid\ \mid\ \beta\rightarrow\gamma & (\leftrightarrow^{-}) \\
\mid\ \mid\ (\alpha\rightarrow\beta)\rightarrow(\beta\rightarrow\gamma)\rightarrow(\alpha\rightarrow\gamma) & (\text{定理 } 5.2) \\
\mid\ \mid\ (\beta\rightarrow\gamma)\rightarrow(\alpha\rightarrow\gamma) & (\rightarrow^{-}) \\
\mid\ \mid\ \alpha\rightarrow\gamma & (\rightarrow^{-}) \\
\mid\ \mid\ \beta\rightarrow\alpha & (\leftrightarrow^{-}) \\
\mid\ \mid\ \gamma\rightarrow\beta & (\leftrightarrow^{-}) \\
\mid\ \mid\ (\gamma\rightarrow\beta)\rightarrow((\beta\rightarrow\alpha)\rightarrow(\gamma\rightarrow\alpha)) & (\text{定理 } 5.2) \\
\mid\ \mid\ (\beta\rightarrow\alpha)\rightarrow(\gamma\rightarrow\alpha) & (\rightarrow^{-}) \\
\mid\ \mid\ \gamma\rightarrow\alpha & (\rightarrow^{-}) \\
\mid\ \mid\ \alpha\leftrightarrow\gamma & (\leftrightarrow^{+}) \\
\mid\ (\beta\leftrightarrow\gamma)\rightarrow(\alpha\leftrightarrow\gamma) & (\rightarrow^{+}) \\
(\alpha\leftrightarrow\beta)\rightarrow((\beta\leftrightarrow\gamma)\rightarrow(\alpha\leftrightarrow\gamma)) & (\rightarrow^{+})
\end{array}
$$

**定理 5.62**　$\vdash(\alpha\leftrightarrow\beta)\to(\beta\leftrightarrow\alpha)$.

**证明**

| | |
|---|---|
| $\alpha\leftrightarrow\beta$ | (Hyp) |
| $\alpha\to\beta$ | $(\leftrightarrow^{-})$ |
| $\beta\to\alpha$ | $(\leftrightarrow^{-})$ |
| $\beta\leftrightarrow\alpha$ | $(\leftrightarrow^{+})$ |
| $(\alpha\leftrightarrow\beta)\to(\beta\leftrightarrow\alpha)$ | $(\to^{+})$ |

**定理 5.63**　$\vdash(\alpha\leftrightarrow\beta)\to(\neg\alpha\vee\beta)\wedge(\neg\beta\vee\alpha)$.

**证明**

| | |
|---|---|
| $\alpha\leftrightarrow\beta$ | (Hyp) |
| $\alpha\to\beta$ | $(\leftrightarrow^{-})$ |
| $(\alpha\to\beta)\to\neg\alpha\vee\beta$ | (定理 5.48) |
| $\neg\alpha\vee\beta$ | $(\to^{-})$ |
| $\beta\to\alpha$ | $(\leftrightarrow^{-})$ |
| $(\beta\to\alpha)\to\neg\beta\vee\alpha$ | (定理 5.48) |
| $\neg\beta\vee\alpha$ | $(\to^{-})$ |
| $(\neg\alpha\vee\beta)\wedge(\neg\beta\vee\alpha)$ | $(\wedge^{+})$ |
| $(\alpha\leftrightarrow\beta)\to(\neg\alpha\vee\beta)\wedge(\neg\beta\vee\alpha)$ | $(\to^{+})$ |

**定理 5.64**　$\vdash(\neg\alpha\vee\beta)\wedge(\neg\beta\vee\alpha)\to(\alpha\leftrightarrow\beta)$.

**证明**

| | |
|---|---|
| $(\neg\alpha\vee\beta)\wedge(\neg\beta\vee\alpha)$ | (Hyp) |
| $\neg\alpha\vee\beta$ | $(\wedge^{-})$ |
| $\neg\alpha\vee\beta\to(\alpha\to\beta)$ | (定理 5.49) |
| $\alpha\to\beta$ | $(\to^{-})$ |
| $\neg\beta\vee\alpha$ | $(\wedge^{-})$ |
| $\neg\beta\vee\alpha\to(\beta\to\alpha)$ | (定理 5.49) |
| $\beta\to\alpha$ | $(\to^{-})$ |
| $(\alpha\leftrightarrow\beta)$ | $(\leftrightarrow^{+})$ |
| $(\neg\alpha\vee\beta)\wedge(\neg\beta\vee\alpha)\to(\alpha\leftrightarrow\beta)$ | $(\to^{+})$ |

**定理 5.65**　$\vdash(\alpha\leftrightarrow\beta)\leftrightarrow(\neg\alpha\vee\beta)\wedge(\neg\beta\vee\alpha)$.

**证明**　由定理 5.63 和定理 5.64 可得.

**定理 5.66**　$\vdash(\alpha\leftrightarrow\beta)\to(\alpha\to\beta)\wedge(\beta\to\alpha)$.

**证明**

| | |
|---|---|
| $\alpha\leftrightarrow\beta$ | (Hyp) |
| $\alpha\to\beta$ | $(\leftrightarrow^{-})$ |
| $\beta\to\alpha$ | $(\leftrightarrow^{-})$ |
| $(\alpha\to\beta)\wedge(\beta\to\alpha)$ | $(\wedge^{+})$ |
| $(\alpha\leftrightarrow\beta)\to(\alpha\to\beta)\wedge(\beta\to\alpha)$ | $(\to^{+})$ |

**定理 5.67** $\vdash(\alpha\to\beta)\wedge(\beta\to\alpha)\to(\alpha\leftrightarrow\beta)$.

**证明**

| | |
|---|---|
| $(\alpha\to\beta)\wedge(\beta\to\alpha)$ | (Hyp) |
| $\alpha\to\beta$ | $(\wedge^-)$ |
| $\beta\to\alpha$ | $(\wedge^-)$ |
| $\alpha\leftrightarrow\beta$ | $(\leftrightarrow^+)$ |
| $(\alpha\to\beta)\wedge(\beta\to\alpha)\to(\alpha\leftrightarrow\beta)$ | $(\to^+)$ |

**定理 5.68** $\vdash(\alpha\leftrightarrow\beta)\to(\alpha\to\beta)\wedge(\beta\to\alpha)$.

**证明** 由定理 5.66 和定理 5.67 可得.

**定理 5.69** $\vdash(\alpha\leftrightarrow\beta)\to(\alpha\wedge\beta)\vee(\neg\alpha\wedge\neg\beta)$.

**证明**

| | |
|---|---|
| $\alpha\leftrightarrow\beta$ | (Hyp) |
| $\alpha\to\beta$ | $(\leftrightarrow^-)$ |
| $\beta\to\alpha$ | $(\leftrightarrow^-)$ |
| $\neg((\alpha\wedge\beta)\vee(\neg\alpha\wedge\neg\beta))$ | (Hyp) |
| $\neg((\alpha\wedge\beta)\vee(\neg\alpha\wedge\neg\beta))\to\neg(\alpha\wedge\beta)\wedge\neg(\neg\alpha\wedge\neg\beta)$ | (定理 5.20) |
| $\neg(\alpha\wedge\beta)\wedge\neg(\neg\alpha\wedge\neg\beta)$ | $(\to^-)$ |
| $\neg(\alpha\wedge\beta)$ | $(\wedge^-)$ |
| $\neg(\neg\alpha\wedge\neg\beta)$ | $(\wedge^-)$ |
| $\neg(\neg\alpha\wedge\neg\beta)\to\neg\neg\alpha\vee\neg\neg\beta$ | (定理 5.14) |
| $\neg\neg\alpha\vee\neg\neg\beta$ | $(\to^-)$ |
| $\neg\neg\alpha\to\alpha$ | (定理 5.7) |
| $\neg\neg\beta\to\beta$ | (定理 5.7) |
| $(\neg\neg\alpha\to\alpha)\to(\neg\neg\beta\to\beta)\to(\neg\neg\alpha\vee\neg\neg\beta\to\alpha\vee\beta)$ | (定理) |
| $(\neg\neg\beta\to\beta)\to(\neg\neg\alpha\vee\neg\neg\beta\to\alpha\vee\beta)$ | $(\to^-)$ |
| $\neg\neg\alpha\vee\neg\neg\beta\to\alpha\vee\beta$ | $(\to^-)$ |
| $\alpha\vee\beta$ | $(\to^-)$ |
| $\alpha\to\beta$ | (Reit) |
| $\beta\to\beta$ | (定理 5.3) |
| $\beta$ | $(\vee^-)$ |
| $\beta\to\alpha$ | (Reit) |
| $\alpha$ | $(\to^-)$ |
| $\alpha\wedge\beta$ | $(\wedge^+)$ |
| $(\alpha\wedge\beta)\vee(\neg\alpha\wedge\neg\beta)$ | $(\neg)$ |
| $(\alpha\leftrightarrow\beta)\to(\alpha\wedge\beta)\vee(\neg\alpha\wedge\neg\beta)$ | $(\to^+)$ |

其中定理:$(\alpha\to\beta)\to(\gamma\to\delta)\to(\alpha\vee\gamma\to\beta\vee\delta)$的证明留作练习.

**定理 5.70** $\vdash(\alpha\wedge\beta)\vee(\neg\alpha\wedge\neg\beta)\to(\alpha\leftrightarrow\beta)$.

**证明**

| | |
|---|---|
| $\mid (\alpha \wedge \beta) \vee (\neg\alpha \wedge \neg\beta)$ | (Hyp) |
| $\mid\ \mid \alpha \wedge \beta$ | (Hyp) |
| $\mid\ \mid\ \mid \alpha$ | (Hyp) |
| $\mid\ \mid\ \mid \alpha \wedge \beta$ | (Reit) |
| $\mid\ \mid\ \mid \beta$ | $(\wedge^-)$ |
| $\mid\ \mid \alpha \to \beta$ | $(\to^+)$ |
| $\mid\ \mid\ \mid \beta$ | (Hyp) |
| $\mid\ \mid\ \mid \alpha \wedge \beta$ | (Reit) |
| $\mid\ \mid\ \mid \alpha$ | $(\wedge^-)$ |
| $\mid\ \mid \beta \to \alpha$ | $(\to^+)$ |
| $\mid\ \mid \alpha \leftrightarrow \beta$ | $(\leftrightarrow^+)$ |
| $\mid (\alpha \wedge \beta) \to (\alpha \leftrightarrow \beta)$ | $(\to^+)$ |
| $\mid\ \mid \neg\alpha \wedge \neg\beta$ | (Hyp) |
| $\mid\ \mid\ \mid \alpha$ | (Hyp) |
| $\mid\ \mid\ \mid\ \mid \neg\beta$ | (Hyp) |
| $\mid\ \mid\ \mid\ \mid \alpha$ | (Reit) |
| $\mid\ \mid\ \mid\ \mid \neg\alpha \wedge \neg\beta$ | (Reit) |
| $\mid\ \mid\ \mid\ \mid \neg\alpha$ | $(\wedge^-)$ |
| $\mid\ \mid\ \mid \beta$ | $(\neg)$ |
| $\mid\ \mid \alpha \to \beta$ | $(\to^+)$ |
| $\mid\ \mid\ \mid \beta$ | (Hyp) |
| $\mid\ \mid\ \mid\ \mid \neg\alpha$ | (Hyp) |
| $\mid\ \mid\ \mid\ \mid \beta$ | (Reit) |
| $\mid\ \mid\ \mid\ \mid \neg\alpha \wedge \neg\beta$ | (Reit) |
| $\mid\ \mid\ \mid\ \mid \neg\beta$ | $(\wedge^-)$ |
| $\mid\ \mid\ \mid \alpha$ | $(\neg)$ |
| $\mid\ \mid \beta \to \alpha$ | $(\to^+)$ |
| $\mid\ \mid \alpha \leftrightarrow \beta$ | $(\leftrightarrow^+)$ |
| $\mid (\neg\alpha \wedge \neg\beta) \to (\alpha \leftrightarrow \beta)$ | $(\to^+)$ |
| $\mid \alpha \leftrightarrow \beta$ | $(\vee^-)$ |
| $(\alpha \wedge \beta) \vee (\neg\alpha \vee \neg\beta) \to (\alpha \leftrightarrow \beta)$ | $(\to^+)$ |

**定理 5.71**　$\vdash (\alpha \leftrightarrow \beta) \leftrightarrow (\alpha \wedge \beta) \vee (\neg\alpha \wedge \neg\beta)$.

**证明**　由定理 5.69 和定理 5.70 可得.

**定理 5.72**　$\vdash (\alpha \to \beta) \to ((\beta \to \alpha) \to (\alpha \leftrightarrow \beta))$.

**证明**

| | |
|---|---|
| $\mid \alpha \to \beta$ | (Hyp) |
| $\mid\ \mid \beta \to \alpha$ | (Hyp) |
| $\mid\ \mid \alpha \to \beta$ | (Reit) |
| $\mid\ \mid \alpha \leftrightarrow \beta$ | $(\leftrightarrow^+)$ |
| $\mid (\beta \to \alpha) \to (\alpha \leftrightarrow \beta)$ | $(\to^+)$ |
| $(\alpha \to \beta) \to ((\beta \to \alpha) \to (\alpha \leftrightarrow \beta))$ | $(\to^+)$ |

**定理 5.73**　$\vdash \alpha \vee \beta \to (\neg\alpha \to \beta)$.

**证明**

$\alpha \vee \beta$ (Hyp)

$\neg\alpha$ (Hyp)

$\neg\beta$ (Hyp)

$\neg\alpha$ (Reit)

$\neg\alpha \wedge \neg\beta$ ($\wedge^+$)

$\neg\alpha \wedge \neg\beta \to \neg(\alpha \vee \beta)$ (定理 5.21)

$\neg(\alpha \vee \beta)$ ($\to^-$)

$\alpha \vee \beta$ (Reit)

$\beta$ ($\neg$)

$\neg\alpha \to \beta$ ($\to^+$)

$\alpha \vee \beta \to (\neg\alpha \to \beta)$ ($\to^+$)

**定理 5.74** $\vdash (\neg\alpha \to \beta) \to \alpha \vee \beta$.

**证明**

$\neg\alpha \to \beta$ (Hyp)

$\neg(\alpha \vee \beta)$ (Hyp)

$\neg(\alpha \vee \beta) \to \neg\alpha \wedge \neg\beta$ (定理 5.20)

$\neg\alpha \wedge \neg\beta$ ($\to^-$)

$\neg\alpha$ ($\wedge^-$)

$\neg\beta$ ($\wedge^-$)

$\neg\alpha \to \beta$ (Reit)

$\beta$ ($\to^-$)

$\alpha \wedge \beta$ ($\neg$)

$(\neg\alpha \to \beta) \to \alpha \vee \beta$ ($\to^+$)

**定理 5.75** $\vdash (\alpha \vee \beta) \leftrightarrow (\neg\alpha \to \beta)$.

**证明** 由定理 5.73 和定理 5.74 可得.

**定理 5.76** $\vdash \alpha \wedge \beta \to \neg(\alpha \to \neg\beta)$.

**证明**

$\alpha \wedge \beta$ (Hyp)

$\neg\neg(\alpha \to \neg\beta)$ (Hyp)

$\neg\neg(\alpha \to \neg\beta) \to (\alpha \to \neg\beta)$ (定理 5.7)

$\alpha \to \neg\beta$ ($\to^-$)

$\alpha \wedge \beta$ (Reit)

$\alpha$ ($\wedge^-$)

$\neg\beta$ ($\to^-$)

$\beta$ ($\wedge^-$)

$\neg(\alpha \to \neg\beta)$ ($\neg$)

$\alpha \wedge \beta \to \neg(\alpha \to \neg\beta)$ ($\to^+$)

**定理 5.77** $\vdash \neg(\alpha \to \neg\beta) \to \alpha \wedge \beta$

**证明**

| | |
|---|---|
| $\mid \neg(\alpha\to\neg\beta)$ | (Hyp) |
| $\mid (\neg\alpha\vee\neg\beta)\to(\alpha\to\neg\beta)$ | (定理 5.49) |
| $\mid ((\neg\alpha\vee\neg\beta)\to(\alpha\to\neg\beta))\to$ $(\neg(\alpha\to\neg\beta)\to\neg(\neg\alpha\vee\neg\beta))$ | (定理 5.9) |
| $\mid \neg(\alpha\to\neg\beta)\to\neg(\neg\alpha\vee\neg\beta)$ | ($\to^-$) |
| $\mid \neg(\neg\alpha\vee\neg\beta)$ | ($\to^-$) |
| $\mid \neg(\neg\alpha\vee\neg\beta)\to\alpha\wedge\beta$ | (定理 5.55) |
| $\mid \alpha\wedge\beta$ | ($\to^-$) |
| $\neg(\alpha\to\neg\beta)\to\alpha\wedge\beta$ | ($\to^+$) |

**定理 5.78** $\vdash(\alpha\wedge\beta)\leftrightarrow\neg(\alpha\to\neg\beta)$.

**证明** 由定理 5.76 和定理 5.77 可得.

**定理 5.79** $\vdash\alpha\to\beta\to\alpha$.

**证明**

| | |
|---|---|
| $\mid \alpha$ | (Hyp) |
| $\mid\mid \beta$ | (Hyp) |
| $\mid\mid \alpha$ | (Reit) |
| $\mid \beta\to\alpha$ | ($\to^+$) |
| $\alpha\to\beta\to\alpha$ | ($\to^+$) |

**定理 5.80** $\vdash(\alpha\to\beta\to\gamma)\to(\alpha\to\beta)\to(\alpha\to\gamma)$.

**证明**

| | |
|---|---|
| $\mid \alpha\to\beta\to\gamma$ | (Hyp) |
| $\mid\mid \alpha\to\beta$ | (Hyp) |
| $\mid\mid\mid \alpha$ | (Hyp) |
| $\mid\mid\mid \alpha\to\beta$ | (Reit) |
| $\mid\mid\mid \beta$ | ($\to^-$) |
| $\mid\mid\mid \alpha\to\beta\to\gamma$ | (Reit) |
| $\mid\mid\mid \beta\to\gamma$ | ($\to^-$) |
| $\mid\mid\mid \gamma$ | ($\to^-$) |
| $\mid\mid \alpha\to\gamma$ | ($\to^+$) |
| $\mid (\alpha\to\beta)\to(\alpha\to\gamma)$ | ($\to^+$) |
| $(\alpha\to\beta\to\gamma)\to(\alpha\to\beta)\to(\alpha\to\gamma)$ | ($\to^+$) |

**定理 5.81** $\vdash(\neg\alpha\to\beta)\to(\neg\alpha\to\neg\beta)\to\alpha$.

**证明**

| | |
|---|---|
| $\mid \neg\alpha\to\beta$ | (Hyp) |
| $\mid\mid \neg\alpha\to\neg\beta$ | (Hyp) |
| $\mid\mid\mid \neg\alpha$ | (Hyp) |
| $\mid\mid\mid \neg\alpha\to\beta$ | (Reit) |
| $\mid\mid\mid \beta$ | ($\to^-$) |
| $\mid\mid\mid \neg\alpha\to\neg\beta$ | (Reit) |
| $\mid\mid\mid \neg\beta$ | ($\to^-$) |
| $\mid\mid \alpha$ | ($\neg$) |
| $\mid (\neg\alpha\to\neg\beta)\to\alpha$ | ($\to^+$) |
| $(\neg\alpha\to\beta)\to(\neg\alpha\to\neg\beta)\to\alpha$ | ($\to^+$) |

**定理 5.82** $\vdash(\alpha\to\beta)\to(\gamma\to\alpha)\to(\gamma\to\beta)$.

**证明**

| | |
|---|---|
| $\alpha\to\beta$ | (Hyp) |
| $\gamma\to\alpha$ | (Hyp) |
| $\gamma$ | (Hyp) |
| $\gamma\to\alpha$ | (Reit) |
| $\alpha$ | $(\to^-)$ |
| $\alpha\to\beta$ | (Reit) |
| $\beta$ | $(\to^-)$ |
| $\gamma\to\beta$ | $(\to^+)$ |
| $(\gamma\to\alpha)\to(\gamma\to\beta)$ | $(\to^+)$ |
| $(\alpha\to\beta)\to(\gamma\to\alpha)\to(\gamma\to\beta)$ | $(\to^+)$ |

**定理 5.83** $\vdash(\alpha\to\gamma)\to(\beta\to\gamma)\to(\alpha\vee\beta\to\gamma)$.

**证明**

| | |
|---|---|
| $\alpha\to\gamma$ | (Hyp) |
| $\beta\to\gamma$ | (Hyp) |
| $\alpha\vee\beta$ | (Hyp) |
| $\alpha\to\gamma$ | (Reit) |
| $\beta\to\gamma$ | (Reit) |
| $\gamma$ | $(\vee^-)$ |
| $\alpha\vee\beta\to\gamma$ | $(\to^+)$ |
| $(\beta\to\gamma)\to(\alpha\vee\beta\to\gamma)$ | $(\to^+)$ |
| $(\alpha\to\gamma)\to(\beta\to\gamma)\to(\alpha\vee\beta\to\gamma)$ | $(\to^+)$ |

**定理 5.84** $\vdash(\alpha\to\beta)\to(\beta\to\alpha)\to(\alpha\leftrightarrow\beta)$.

**证明**

| | |
|---|---|
| $\alpha\to\beta$ | (Hyp) |
| $\beta\to\alpha$ | (Hyp) |
| $\alpha\to\beta$ | (Reit) |
| $\alpha\leftrightarrow\beta$ | $(\leftrightarrow^+)$ |
| $(\beta\to\alpha)\to(\alpha\leftrightarrow\beta)$ | $(\to^+)$ |
| $(\alpha\to\beta)\to(\beta\to\alpha)\to(\alpha\leftrightarrow\beta)$ | $(\to^+)$ |

**定理 5.85** $\vdash(\alpha\to\beta)\wedge(\gamma\to\delta)\to(\alpha\wedge\gamma)\to(\beta\wedge\delta)$.

**证明**

| | |
|---|---|
| $(\alpha\to\beta)\wedge(\gamma\to\delta)$ | (Hyp) |
| $\alpha\wedge\gamma$ | (Hyp) |
| $(\alpha\to\beta)\wedge(\gamma\to\delta)$ | (Reit) |
| $\alpha\to\beta$ | $(\wedge^-)$ |
| $\alpha$ | $(\wedge^-)$ |
| $\beta$ | $(\to^-)$ |
| $\gamma\to\delta$ | $(\wedge^-)$ |
| $\gamma$ | $(\wedge^-)$ |
| $\delta$ | $(\to^-)$ |
| $\beta\wedge\delta$ | $(\wedge^+)$ |
| $\alpha\wedge\gamma\to\beta\wedge\delta$ | $(\to^+)$ |
| $(\alpha\to\beta)\wedge(\gamma\to\delta)\to(\alpha\wedge\gamma)\to(\beta\wedge\delta)$ | $(\to^+)$ |

**定理 5.86**　$\vdash(\alpha\rightarrow\beta)\rightarrow(\neg\alpha\rightarrow\beta)\rightarrow\beta.$

**证明**

| | |
|---|---|
| $\alpha\rightarrow\beta$ | (Hyp) |
| $\quad\neg\alpha\rightarrow\beta$ | (Hyp) |
| $\quad\quad\neg\beta$ | (Hyp) |
| $\quad\quad\alpha\rightarrow\beta$ | (Reit) |
| $\quad\quad(\alpha\rightarrow\beta)\rightarrow(\neg\beta\rightarrow\neg\alpha)$ | (定理 5.9) |
| $\quad\quad\neg\beta\rightarrow\neg\alpha$ | $(\rightarrow^{-})$ |
| $\quad\quad\neg\alpha$ | $(\rightarrow^{-})$ |
| $\quad\quad\neg\alpha\rightarrow\beta$ | (Reit) |
| $\quad\quad\beta$ | $(\rightarrow^{-})$ |
| $\quad\beta$ | $(\neg)$ |
| $(\neg\alpha\rightarrow\beta)\rightarrow\beta$ | $(\rightarrow^{+})$ |
| $(\alpha\rightarrow\beta)\rightarrow(\neg\alpha\rightarrow\beta)\rightarrow\beta$ | $(\rightarrow^{+})$ |

# 第六节　命题语义学

形式语言中的符号序列或公式，本身并没有意义.对于形式系统中的符号序列，我们前面的工作都是从语法的角度对其作了种种考察，看它是否为该系统中的一个"语句"(即合式公式)，该"语句"是不是本系统中的"定理"(即可证公式)等等.但是，形式系统的另一重要的研究价值在于它以其特有的方式，涉及我们生活的现实世界.因而探求形式系统的含义，解释符号序列的内容也是我们的一项十分重要的任务.总之，我们不仅要研究公式的语法规律，还要给它们赋予一种意义，使抽象的符号变成有具体内容的语句.例如，对于公式

$$(p\rightarrow q)\wedge p\rightarrow q \tag{1}$$

我们将其中的 $p$ 解释为"天下雨"，$q$ 解释为"地就湿"，那么，(1)式表示：

如果天下雨，那么地就湿；天下雨了，所以，地就湿了.

在现实世界里，这是一条客观真理.

在 3.2.1 节中，我们曾把 $p,q,r$ 等解释为命题变项，$\neg,\vee$ 分别解释成逻辑联结词中的"非"与"或"，这些只是为了当时讲述的方便.命题语义学就是对命题逻辑中所使用符号的含义给出解释，即真值赋值，从而使命题演算的公式得到真值刻画.命题演算系统是否命题逻辑的公理化系统，也只有在语义解释后才能确定.

对命题逻辑中所使用符号作出真值解释的方法，类似于真值表方法，即命题变项被指派为真值，联结词从真值的角度来定义，根据联结词的含义，来计算公式(复合命题)的真值.在这种解释下，系统中的定理，才能成为真的语句.

令 $2=\{0,1\}$,并且 2 被作为真值的集合. 其中:0 被解释为假,1 被解释为真. 每个联结词都可以看作是 2 上的一种运算. 例如:对一元联结词$\neg$,有:

$$\neg:2\to 2$$

并且 $\neg(x)=1-x$ (对每个 $x\in 2$).

对二元联结词$\vee$,有

$$\vee:2\times 2\to 2$$

并且 $\vee(x,y)=\max(x,y)$ (对每个 $x,y\in 2$).

即:

| $x$ | $y$ | $\vee(x,y)$ |
|---|---|---|
| 1 | 1 | 1 |
| 1 | 0 | 1 |
| 0 | 1 | 1 |
| 0 | 0 | 0 |

于是,对二元联结词 $*$ ($\wedge$或$\to$,或$\leftrightarrow$),有

$$*:2\times 2\to 2$$

| | | $x*y$ | | |
|---|---|---|---|---|
| $x$ | $y$ | $\wedge$ | $\to$ | $\leftrightarrow$ |
| 1 | 1 | 1 | 1 | 1 |
| 1 | 0 | 0 | 0 | 0 |
| 0 | 1 | 0 | 1 | 0 |
| 0 | 0 | 0 | 1 | 1 |

下面给出基本的语义概念,它建构了一个公式 $\alpha$ 的真值.

### 3.6.1 真值赋值

**定义 6.1** 真值赋值 $\sigma$ 是对每个公式 $\alpha$ 指派一个真值 $\sigma(\alpha)$ 的映射,即 $\sigma:W_0\to\{0,1\}$,并且满足以下条件:

(1)对常项 $T$ 和 $F$:$\sigma(T)=1,\sigma(F)=0$;

(2)对每个命题变项 $p$:$\sigma(p)\in\{0,1\}$;

(3)对否定式:$\sigma(\neg\beta)=1-\sigma(\beta)$;

(4)对析取式:$\sigma(\beta\vee\gamma)=\sigma(\beta)\vee\sigma(\gamma)(=\max(\sigma(\beta),\sigma(\gamma)))$.

由此看出:$\sigma$ 对否定式 $\neg\alpha$ 和析取式 $(\alpha\vee\beta)$ 的作用,分别等同于 $\neg\alpha$ 和 $\alpha\vee\beta$ 的真值表.

由定义 6.1 可得：

$$\sigma(\neg\alpha)=\neg\sigma(\alpha)=1-\sigma(\alpha),$$
$$\sigma(\alpha\vee\beta)=\sigma(\alpha)\vee\sigma(\beta).$$

由此可得：

$$\sigma(\alpha\wedge\beta)=\sigma(\alpha)\wedge\sigma(\beta),$$
$$\sigma(\alpha\rightarrow\beta)=\sigma(\alpha)\rightarrow\sigma(\beta),$$
$$\sigma(\alpha\leftrightarrow\beta)=\sigma(\alpha)\leftrightarrow\sigma(\beta).$$

定义 6.1 中的真值赋值 $\sigma$，可以由下面的真值表给出.

| | | $\sigma$ | | | |
|---|---|---|---|---|---|
| $\alpha$ | $\beta$ | $\vee$ | $\wedge$ | $\rightarrow$ | $\leftrightarrow$ |
| 1 | 1 | 1 | 1 | 1 | 1 |
| 1 | 0 | 1 | 0 | 0 | 0 |
| 0 | 1 | 1 | 0 | 1 | 0 |
| 0 | 0 | 0 | 0 | 1 | 1 |

由定义 6.1，真值赋值 $\sigma$ 可以计算出 $W_0$ 中每个公式在 $\sigma$ 下的真值. 特别有：

$\sigma(\neg\alpha)=1$ 当且仅当 $\sigma(\alpha)=0$，

$\sigma(\alpha\vee\beta)=0$ 当且仅当 $\sigma(\alpha)=\sigma(\beta)=0$，

$\sigma(\alpha\wedge\beta)=1$ 当且仅当 $\sigma(\alpha)=\sigma(\beta)=1$，

$\sigma(\alpha\rightarrow\beta)=0$ 当且仅当 $\sigma(\alpha)=1$ 且 $\sigma(\beta)=0$，

$\sigma(\alpha\leftrightarrow\beta)=1$ 当且仅当 $\sigma(\alpha)=\sigma(\beta)$.

**例 6.1**　如果 $\alpha: p\vee q\rightarrow q\vee p$，$\sigma$ 是任意的真值赋值，则 $\sigma(\alpha)=$ 恒为 1.

**解**　如果 $\sigma(\alpha)\neq 1$，则

$$\sigma(p\vee q\rightarrow q\vee p)=0.$$

于是有

$$\sigma(p\vee q)=1, \tag{1}$$

$$\sigma(q\vee p)=0. \tag{2}$$

由(2)式可得：　$\sigma(q)=\sigma(p)=0$，

利用 $\sigma$ 的定义得：

$$\sigma(p\vee q)=0. \tag{3}$$

(1)式与(3)式矛盾. 故 $\sigma(\alpha)$ 恒为 1.

### 3.6.2 重言式和重言后承

现在,我们从语义的角度给出重言式和重言后承两个概念.这是两个非常重要的概念.

**定义 6.2** 令 $\Phi$ 是一个公式集.如果对每个 $\varphi\in\Phi$,都有 $\sigma(\varphi)=1$,那么称真值赋值 $\sigma$ 满足 $\Phi$,记作 $\sigma\models_0\Phi$.特别地,当 $\Phi=\{\varphi\}$ 时,记作 $\sigma\models_0\varphi$,称真值赋值 $\sigma$ 满足 $\varphi$.

**定义 6.3** 如果对任一公式 $\alpha$,并且对任意的真值赋值 $\sigma$,都有 $\sigma\models_0\alpha$,那么称 $\alpha$ 为重言式.

**定义 6.4** 如果对于使 $\sigma\models_0\Phi$ 的每一真值赋值 $\sigma$,都有 $\sigma\models_0\alpha$,那么称 $\alpha$ 是公式集 $\Phi$ 的重言后承,记作 $\Phi\models_0\alpha$.特别地,当 $\Phi$ 为一空集时,记作 $\models_0\alpha$.当 $\Phi=\{\varphi\}$ 时,记作 $\varphi\models_0\alpha$.

由以上定义立即可得出以下结论:

1. $\alpha$ 是一个重言式,当且仅当 $\varnothing\models_0\alpha$($\alpha$ 是空集的重言后承),当且仅当 $\models_0\alpha$.
2. 若 $\alpha\in\Phi$,则 $\Phi\models_0\alpha$.
3. 若 $\models_0\alpha$,则 $\Phi\models_0\alpha$,即:重言式是任何公式集 $\Phi$ 的重言后承.

**例 6.2** 证明:$\alpha\models_0\alpha\vee\beta$,$\neg\alpha\models_0\alpha\to\beta$.

**证明** 对于任一真值赋值 $\sigma$,如果 $\sigma(\alpha)=1$,则 $\sigma(\alpha\vee\beta)=\max(\sigma(\alpha),\sigma(\beta))=1$;如果 $\sigma(\neg\alpha)=1$,则 $\sigma(\alpha)=1-\sigma(\neg\alpha)=0$,由此得 $\sigma(\alpha\to\beta)=1$.

**例 6.3** 证明:如果 $\Phi\models_0\alpha$ 并且 $\Phi\models_0\alpha\to\beta$,则 $\Phi\models_0\beta$.

**证明** 对任意的真值赋值 $\sigma$,如果 $\sigma\models\Phi$,并且当 $\sigma(\alpha)=\sigma(\alpha\to\beta)=1$ 时,由真值赋值的定义,可得 $\sigma(\beta)=1$.故:$\Phi\models_0\beta$.

**定义 6.5** 如果公式 $\alpha$ 和 $\beta$ 互为重言后承,即对每个真值赋值 $\sigma$,都有 $\sigma(\alpha)=\sigma(\beta)$,那么称 $\alpha$ 和 $\beta$ 是重言等值的.

**定理 6.1** $\{\alpha_1,\alpha_2,\cdots,\alpha_n\}\models_0\alpha$ 当且仅当 $\models_0\alpha_1\to\alpha_2\to\cdots\to\alpha_n\to\alpha$.

**证明** 只需证 $\not\models_0\alpha_1\to\alpha_2\to\cdots\to\alpha_n\to\alpha$ 当且仅当 $\{\alpha_1,\alpha_2,\cdots,\alpha_n\}\not\models_0\alpha$ 即可.事实上,

$$\not\models_0\alpha_1\to\alpha_2\to\cdots\to\alpha_n\to\alpha$$

当且仅当 $\sigma(\alpha_1\to\alpha_2\to\cdots\to\alpha_n\to\alpha)=0$,

当且仅当 $\sigma(\alpha_1)=1,\sigma(\alpha_2\to\alpha_3\to\cdots\to\alpha_n\to\alpha)=0$,

当且仅当 $\sigma(\alpha_1)=\sigma(\alpha_2)=1,\sigma(\alpha_3\to\alpha_4\to\cdots\to\alpha_n\to\alpha)=0$,

$\vdots$

当且仅当　$\sigma(\alpha_1)=\sigma(\alpha_2)=\cdots=\sigma(\alpha_n)=1,\sigma(\alpha)=0$,
当且仅当　$\{\alpha_1,\alpha_2,\cdots,\alpha_n\}\not\models\alpha$.

**定理 6.2**　$\Phi,\alpha\models_0\beta$ 当且仅当 $\Phi\models_0\alpha\to\beta$.

**证明**　设 $\Phi,\alpha\models_0\beta$ 并且设 $\sigma$ 是任意的使 $\Phi$ 中每个公式都为 1 的真值赋值. 如果 $\sigma(\alpha)=1$,则由 $\Phi,\alpha\models_0\beta$ 可得 $\sigma(\beta)=1$. 于是,$\sigma(\alpha\to\beta)=1$;如果 $\sigma(\alpha)=0$,则 $\sigma(\alpha\to\beta)=1$. 由此证得 $\Phi\models_0\alpha\to\beta$.

反之,设任意的真值赋值 $\sigma,\sigma\models_0\Phi$ 且 $\sigma\models_0\alpha$,又 $\Phi\models_0\alpha\to\beta$. 所以对所有满足 $\Phi$ 和 $\alpha$ 的真值赋值 $\sigma$,都有 $\sigma\models_0\alpha\to\beta$. 再由真值赋值的定义可得:$\sigma\models_0\beta$. 即:$\Phi,\alpha\models_0\beta$.

**定理 6.3**　对任意的公式 $\alpha$ 和 $\beta$,有 $\{\alpha,\alpha\to\beta\}\models_0\beta$.

**证明**　利用定义 6.1,可立刻得此结论.

**定理 6.4**　$\alpha$ 与 $\beta$ 重言等值当且仅当 $(\alpha\leftrightarrow\beta)$ 是重言式.

**证明**　$\alpha$ 与 $\beta$ 重言等值,当且仅当对任意的真值赋值 $\sigma$,都有 $\sigma(\alpha)=\sigma(\beta)$,当且仅当对任意的真值赋值 $\sigma$,有 $\sigma\models_0\alpha\leftrightarrow\beta$,当且仅当 $\alpha\leftrightarrow\beta$ 为重言式.

这一节,我们又从语义学的角度刻画了重言式和重言后承的概念. 重言后承是命题逻辑中前提和结论之间关系的语义刻画. 它说明在前提为真的条件下可以得出什么样的结论,即刻画了前提与结论之间的真假关系. 这两个概念都是从可真性引出的. 在本章第二、三、四节中,我们已从语法的角度描述了这两个概念,即从可证性描述了它们.

如果在一个系统里可证的公式都是重言式,即若 $\vdash_0\alpha$,那么 $\models_0\alpha$,则称该系统是可靠的. 反之,如果一个公式是重言的,那么它也是可证的,即若 $\models_0\alpha$,那么 $\vdash_0\alpha$,则称该系统是完全的. 如果一个系统同时具有这两个特性,那么它恰好包罗了全体重言式. 这样的系统从逻辑的角度说是一个好系统,因为在这样的系统里,一个推理是否正确在系统中完全能判明. 正确的推理所相应的蕴涵式在这个系统中都是可证公式;如果推理的蕴涵式在系统中不可证,那么推理就是不正确的. PC 系统和 FPC 系统都是这样的系统,它们既具有可靠性又具有完全性. 另外,PC 系统和 FPC 系统也是协调的,即不存在一个公式 $\alpha$,使得 $\vdash_{PC}\alpha,\neg\alpha$,或者 $\vdash_{FPC}\alpha,\neg\alpha$.(这些结论,将在第四章讨论)

值得注意的是:$\alpha\models_0\beta$ 和 $\alpha\vdash_0\beta$ 中的关系 $\models_0$ 和 $\vdash_0$ 不同. 前者是语义的,表明公式 $\alpha$ 和 $\beta$ 之间的真假关系,而同演绎系统中的公理和推理规则无关;后者是语法的,表示根据演绎系统中的公理和推理规则,从 $\alpha$ 能推导出 $\beta$,而与对公式的赋值以及真假无关. 但是,根据命题演算的完全性和可靠性,有 $\alpha\vdash_0\beta$ 当且仅当 $\alpha\models_0\beta$,从而表明:在命题逻辑中,$\vdash_0$ 精确严格地表达了 $\models_0$;反之亦然. 换句话说,命题语义学的目的就是给命题演算关系 $\vdash_0$ 做出一种有意义的描述;反之,命题演算的目的就是要通过建立适合的形式系统,对语义后承关系$\models_0$ 做出一种语法描述.

### 3.6.3 练习

1. 令 $\sigma$ 为真值赋值,$p,q,r,s$ 为原子公式并且 $\sigma(p)=\sigma(q)=0,\sigma(r)=\sigma(s)=1$,求下列公式在 $\sigma$ 下的值:

(1)$p\wedge(q\wedge r)$;

(2)$(p\wedge(q\wedge r))\vee\neg((p\vee q)\wedge(r\vee s))$;

(3)$(\neg(p\wedge q)\vee r)\vee(((\neg p\wedge q)\vee\neg r)\wedge s)$;

(4)$(\neg(p\wedge q)\vee\neg r)\vee((q\leftrightarrow\neg p)\rightarrow(r\vee\neg s))$;

(5)$(p\leftrightarrow r)\wedge(\neg q\rightarrow s)$;

(6)$(p\vee(q\rightarrow(r\wedge\neg p))\leftrightarrow(q\vee\neg s)$.

2. $\{p,p|(q|r)\}\models_0 r$ 是否成立?

3. 证明:

(1)$\models_0 p\vee p\rightarrow p$;

(2)$\models_0 p\rightarrow p\vee q$;

(3)$\models_0 (q\rightarrow r)\rightarrow(p\vee q\rightarrow p\vee r)$.

4. 证明下面的结果:

(1)$\alpha,\beta\models_0\alpha$;

(2)$\alpha\rightarrow\beta\rightarrow\gamma,\alpha\rightarrow\beta,\alpha\models_0\gamma$;

(3)$\neg\alpha\rightarrow\beta,\neg\alpha\rightarrow\neg\beta\models_0\alpha$;

(4)$(\alpha\rightarrow\beta)\wedge(\beta\rightarrow\gamma),\alpha\models_0\gamma$;

(5)$(\alpha\rightarrow\beta)\wedge(\alpha\rightarrow\gamma),\alpha\models_0\beta\wedge\gamma$;

(6)$(\alpha\rightarrow\gamma)\wedge(\beta\rightarrow\gamma),\alpha\vee\beta\models_0\gamma$;

(7)$\alpha\rightarrow\beta\vee\gamma\models_0(\alpha\rightarrow\beta)\vee(\alpha\rightarrow\gamma)$;

(8)$\alpha\rightarrow\neg\alpha\models_0\neg\alpha$.

5. 检查下面的结果是否正确:

$$\{p_1,p_2,p_3,p_4,(p_1\wedge p_2)\rightarrow(p_5\wedge p_6),(p_3\wedge p_4)\rightarrow p_7,(p_6\wedge p_7)\rightarrow p_8\}\models_0 p_3.$$

# 第四章　命题逻辑系统的特征

在本章中，我们将讨论系统本身的一些性质. 这些性质包括：可演绎性、相容性、可靠性、完全性和独立性. 特别要证明公理系统 PC 和自然推理系统 FPC 的等价性. 最后，还将给出公理系统 PC 的独立性证明.

相容性或协调性要求：在一个形式系统中不能既推出命题 $\alpha$，同时又推出它的否定 $\neg\alpha$. 也就是说，在一个形式系统中绝不允许命题 $\alpha$ 与 $\neg\alpha$ 同真. 因此，相容性的要求是对形式系统的一个基本要求.

可靠性要求：在一个形式系统中，所有可证的公式都是重言式. 即：如果 $\vdash_0\alpha$，那么 $\models_0\alpha$.

完全性要求：在一个形式系统中，所有重言式都是该系统中的可证公式. 即：如果 $\models_0\alpha$，那么 $\vdash_0\alpha$.

重言式是一个语义的概念，可证公式是一个语法的概念. 可靠性和完全性从不同的角度刻画了这二者之间的关系. 因此，我们有

**定理 1**　在 PC(或 FPC)系统中，$\models_0\alpha$ 当且仅当 $\vdash_0\alpha$.

这一结论还可以推广为：

**定理 2**　对任意的公式集 $\Phi$，和任意的公式 $\alpha$：$\Phi\models_0\alpha$ 当且仅当 $\Phi\vdash_0\alpha$.

独立性是指：在一个公理系统中，如果叫做公理的公式 $\alpha$ 不能根据给定的推演规则从其他的公理推演出来，称 $\alpha$ 是独立于其他公理或 $\alpha$ 是独立的. 一个公理系统具有独立性是指：系统的每一公理都是独立的. 因此，一个具有独立性的公理系统，其中每一条公理都是不可缺少的.

关系自然推理系统 FPC 和公理系统 PC 之间的关系，我们有下面的结论：

**定理 3**　对任一公式 $\alpha$，$\vdash_{FPC}\alpha$ 当且仅当 $\vdash_{PC}\alpha$. 即：自然推理系统 FPC 和公理系统 PC 是等价的. 亦即：它们具有相同的定理.

我们将在第六章第五节中，详细证明自然推理系统 FQC 和公理系统 QC 的等价性. 而 FQC 和 QC 是由 FPC 与 PC 分别加进关于量词的规则和公理而得到的一阶逻辑的自然推理系统和公理系统. 因此，我们只要去掉证明中关于量词规则的部分，就可以得到 FPC 和 PC 等价性的证明. 故此章略去该定理的证明.

# 第一节　可演绎性

## 4.1.1　可演绎性

**定义**　令 $\Phi$ 是一个公式集，$\varphi$ 是一个公式. 如果 $\varphi$ 是某个假设性证明的最后一步得出的公式，而该假设性证明的所有未曾消除的由 Hyp 规则所引入的公式都属于 $\Phi$，那么称公式 $\varphi$ 是从公式集 $\Phi$ 可演绎的. 简称 $\varphi$ 是从 $\Phi$ 可演绎的. 记作 $\Phi \vdash_0 \varphi$. 当 $\Phi$ 是空集时，即 $\Phi=\varnothing$，记作 $\varnothing \vdash_0 \varphi$，简记为 $\vdash_0 \varphi$，即 $\varphi$ 为系统内定理. 当 $\Phi$ 只有一个元素时，即 $\Phi=\{\psi\}$，记作 $\{\psi\} \vdash_0 \varphi$，或简记为 $\psi \vdash_0 \varphi$，并称 $\varphi$ 可从 $\psi$ 演绎. 当公式集是 $\Phi\cup\{\psi\}$ 时，即 $\Phi\cup\{\psi\} \vdash_0 \varphi$，简记作 $\Phi, \psi \vdash_0 \varphi$. 在不引起混淆时，下标 0 可以省略.

演绎 $\vdash_0$ 具有下面的一些性质：

**性质 1**　如果 $\Phi$ 和 $\Phi'$ 都是公式集，并且 $\Phi\subseteq\Phi'$，而 $\Phi \vdash_0 \alpha$，那么 $\Phi' \vdash_0 \alpha$.

**证明**　根据可演绎定义，$\Phi \vdash_0 \alpha$，即有一个假设性证明，它的最后一个公式是 $\alpha$，而所有未经消除的假设都属于 $\Phi$. 由于 $\Phi\subseteq\Phi'$，所以，所有这些未经消除的假设也都属于 $\Phi'$，故 $\Phi' \vdash_0 \alpha$.

**性质 2**　如果 $\alpha\in\Phi$，那么 $\Phi \vdash_0 \alpha$.

**证明**　存在仅含一个公式 $\alpha$ 的假设性证明如下：

$$-\alpha \qquad \text{Hyp}$$

因为 $\alpha\in\Phi$，按可演绎定义，有 $\Phi \vdash_0 \alpha$.

**性质 3**　$\Phi \vdash_0 \alpha$，当且仅当有一个 $\Phi$ 的有穷子集 $\Phi_0$，$\Phi_0 \vdash_0 \alpha$.

**证明**　如果 $\Phi \vdash_0 \alpha$，那么有一个假设性证明，它以 $\alpha$ 为最后一步得出的公式，而所有未被消除的假设都属于 $\Phi$，这些未被消除的假设的全体就是 $\Phi$ 的一个有穷子集，不妨设为 $\Phi_0$，即有 $\Phi_0 \vdash_0 \alpha$.

如果有 $\Phi$ 的一个有穷子集 $\Phi_0$，使得 $\Phi_0 \vdash_0 \alpha$，那么因为 $\Phi_0\subseteq\Phi$，由性质 1 可得：$\Phi \vdash_0 \alpha$.

**性质 4**　如果 $\Phi \vdash_0 \alpha$，并且 $\vdash_0 \alpha\rightarrow\beta$，那么 $\Phi \vdash_0 \beta$.

**证明**　如果 $\Phi \vdash_0 \alpha$，那么存在一个假设性证明，不妨设为 $\pi_1$，而 $\alpha$ 是 $\pi_1$ 的最后一步得出的公式，并且所有未被消除的假设都属于 $\Phi$，即

$$\pi_1 \left\{ \begin{array}{l} \vdots \\ \alpha \end{array} \right.$$

又因为 $\vdash_0 \alpha\rightarrow\beta$，所以存在一个证明，不妨设为 $\pi_2$，并且 $\alpha\rightarrow\beta$ 是 $\pi_2$ 的最后一

步得出的公式，且没有未被消除的假设，即

$$\pi_2 \begin{cases} \vdots \\ \alpha \to \beta \end{cases}$$

如果把 $\pi_2$ 写在 $\pi_1$ 的最后一个公式 $\alpha$ 的下面，在 $\pi_2$ 的最后一个公式 $\alpha \to \beta$ 下面写下 $\beta$，就得到一个假设性证明 $\pi$，公式 $\beta$ 为 $\pi$ 的最后一步得出的公式，且所有未被消除的假设都属于 $\Phi$，即

$$\pi \begin{cases} \pi_1 & \begin{cases} \vdots \\ \alpha \end{cases} \\ \pi_2 & \begin{cases} \vdots \\ \alpha \to \beta \end{cases} \\ & \quad \beta \qquad\qquad\qquad\qquad (\to^-) \end{cases}$$

根据可演绎的定义得：$\Phi \vdash_0 \beta$.

**性质 5** $\Phi \vdash_0 \alpha$，当且仅当 $\Phi \vdash_0 \neg\neg\alpha$.

**证明** 如果 $\Phi \vdash_0 \alpha$，并由第三章第五节的定理 5.6：$\vdash_0 \alpha \to \neg\neg\alpha$，由性质 4 可得：$\Phi \vdash_0 \neg\neg\alpha$. 反之，如果 $\Phi \vdash_0 \neg\neg\alpha$，又由第三章第五节定理 5.7：$\vdash_0 \neg\neg\alpha \to \alpha$，由性质 4 可得：$\Phi \vdash_0 \alpha$.

**性质 6** 如果 $\Phi \vdash_0 \beta$ 并且 $\Phi \vdash_0 \neg\beta$，那么对任意的公式 $\alpha$，都有 $\Phi \vdash_0 \alpha$.

**证明** 因为 $\Phi \vdash_0 \beta$，所以存在一个假设性证明，不妨设为 $\pi_1$，并且 $\pi_1$ 的最后一步是 $\beta$；又因为 $\Phi \vdash_0 \neg\beta$，所以也存在一个假设性证明，不妨设为 $\pi_2$，并且 $\pi_2$ 的最后一步是 $\neg\beta$. $\pi_1$ 和 $\pi_2$ 中所有未被消除的假设都属于 $\Phi$. 构造证明 $\pi$ 如下：在 $\beta$ 之下写 $\pi_2$，在 $\neg\beta$ 之下接如下的一个证明，作为 $\pi$ 的一个子证明：

$$\begin{array}{ll} \left[\begin{array}{l} \neg\alpha \\ \beta \\ \neg\beta \end{array}\right. & \begin{array}{l} (\text{Hyp}) \\ (\text{Reit}) \\ (\text{Reit}) \end{array} \\ \alpha & (\neg) \end{array}$$

这样就得到了一个证明 $\pi$，如下图所示：

$$\pi \begin{cases} \pi_1 & \begin{cases} \vdots \\ \beta \end{cases} \\ \pi_2 & \begin{cases} \vdots \\ \neg\beta \end{cases} \\ & \begin{array}{ll} \left[\begin{array}{l} \neg\alpha \\ \beta \\ \neg\beta \end{array}\right. & \begin{array}{l} (\text{Hyp}) \\ (\text{Reit}) \\ (\text{Reit}) \end{array} \\ \alpha & (\neg) \end{array} \end{cases}$$

$\pi$ 的最后一步得到 $\alpha$，并且所有未被消除的假设都属于 $\Phi$. 根据可演绎的定义得：$\Phi \vdash_0 \alpha$.

**性质 7** $\Phi \vdash_0 \alpha \wedge \beta$，当且仅当 $\Phi \vdash_0 \alpha$ 并且 $\Phi \vdash_0 \beta$.

**证明** (1)如果 $\Phi \vdash_0 \alpha \wedge \beta$，由第三章第五节 5.24 和定理 5.25，即：$\vdash_0 \alpha \wedge \beta \rightarrow \alpha$ 和 $\vdash_0 (\alpha \wedge \beta) \rightarrow \beta$，再由性质 4 可得 $\Phi \vdash_0 \alpha$ 并且 $\Phi \vdash_0 \beta$. (2)如果 $\Phi \vdash_0 \alpha$ 并且 $\Phi \vdash_0 \beta$，那么分别存在假设性证明 $\pi_1$ 和 $\pi_2$，使得在 $\pi_1$ 的最后一步得出 $\alpha$，在 $\pi_2$ 的最后一步得到 $\beta$，而且所有未被消除的假设都属于 $\Phi$. 即：

$$\pi_1 \begin{cases} \vdots \\ \alpha \end{cases} \qquad \pi_2 \begin{cases} \vdots \\ \beta \end{cases}$$

然后，把 $\pi_2$ 写在 $\alpha$ 之下，再在 $\beta$ 之下写

$$\begin{array}{ll} \alpha & (\text{Rep}) \\ \alpha \wedge \beta & (\wedge^+) \end{array}$$

这样就得到了一个证明 $\pi$，它的最后一步是 $\alpha \wedge \beta$，并且所有未被消除的假设都属于 $\Phi$(如下图所示). 根据可演绎的定义可得：$\Phi \vdash_0 \alpha \wedge \beta$.

$$\pi \begin{cases} \pi_1 \begin{cases} \vdots \\ \alpha \end{cases} \\ \pi_2 \begin{cases} \vdots \\ \beta \end{cases} \\ \quad \alpha \qquad\qquad\qquad (\text{Rep}) \\ \quad (\alpha \wedge \beta) \qquad\quad (\wedge^+) \end{cases}$$

**性质 8** (1)如果 $\Phi \vdash_0 \alpha$，那么 $\Phi \vdash_0 \alpha \vee \beta$.

(2)如果 $\Phi \vdash_0 \beta$，那么 $\Phi \vdash_0 \alpha \vee \beta$.

**证明** 因为 $\Phi \vdash_0 \alpha$，根据可演绎的定义得，存在一个假设性证明 $\pi$，$\pi$ 的最后一步得出的公式是 $\alpha$ 或 $\beta$，并且所有未被消除的假设都在 $\Phi$ 中. 因此，只要在 $\pi$ 之下，按照 $\vee^+$ 规则接着写一个公式 $\alpha \vee \beta$，该证明 $\pi'$ 就是由 $\Phi$ 得到 $\alpha \vee \beta$ 的一个证明. 如下图所示.

$$\pi' \begin{cases} \pi \begin{cases} \vdots \\ \alpha(\text{或 } \beta) \end{cases} \\ \quad (\alpha \vee \beta) \qquad\qquad (\vee^+) \end{cases}$$

**性质 9** 如果 $\Phi \vdash_0 \alpha \rightarrow \beta$ 且 $\Phi \vdash_0 \alpha$，那么 $\Phi \vdash_0 \beta$.

**证明** 因为 $\Phi \vdash_0 \alpha \rightarrow \beta$ 并且 $\Phi \vdash_0 \alpha$，根据可演绎的定义可得：存在假设性证明 $\pi_1$ 和 $\pi_2$，并且在证明的最后一步分别是公式 $\alpha \rightarrow \beta$ 和 $\alpha$，而所有未被消除的假设都属于 $\Phi$. 即

$$\pi_1 \left\{\begin{array}{l} \vdots \\ \alpha\to\beta \end{array}\right. \qquad\qquad \pi_2 \left\{\begin{array}{l} \vdots \\ \alpha \end{array}\right.$$

构造非假设性证明 $\pi$ 如下：

在证明 $\pi_1$ 的最后一个公式 $\alpha\to\beta$ 之下，紧接着写下 $\pi_2$，再接着 $\pi_2$ 的最后一个公式 $\alpha$ 之下，写如下两个公式：

$$\begin{array}{ll} \alpha\to\beta & \quad (\mathrm{Rep}) \\ \beta & \quad (\to^-) \end{array}$$

即：

$$\pi \left\{\begin{array}{lll} \pi_1 & \left\{\begin{array}{l} \vdots \\ \alpha\to\beta \end{array}\right. & \\ \pi_2 & \left\{\begin{array}{l} \vdots \\ \alpha \end{array}\right. & \\ & \alpha\to\beta & \qquad (\mathrm{Rep}) \\ & \beta & \qquad (\wedge^+) \end{array}\right.$$

因为 $\pi$ 的最后一步得出公式 $\beta$，而且 $\pi$ 中所有未被消除的假设都属于 $\Phi$. 根据可演绎的定义，有 $\Phi\vdash_0\beta$.

**性质 10**　如果 $\Phi\vdash_0\alpha\to\beta$，那么 $\Phi,\alpha\vdash_0\beta$.

**证明**　因为 $\Phi\vdash_0\alpha\to\beta$ 并且 $\Phi\subseteq\Phi\cup\{\alpha\}$（即：$\Phi\subseteq\Phi,\alpha$）. 由性质 1 得：$\Phi\cup\{\alpha\}\vdash_0\alpha\to\beta$，即：$\Phi,\alpha\vdash_0\alpha\to\beta$. 又 $\alpha\in\Phi\cup\{\alpha\}$，所以，由性质 2 得：$\Phi\cup\{\alpha\}\vdash_0\alpha$，即：$\Phi,\alpha\vdash_0\alpha$. 用性质 9 可得 $\Phi,\alpha\vdash_0\beta$.

**性质 11**　如果 $\Phi,\alpha\vdash_0\beta$，那么 $\Phi\vdash_0\alpha\to\beta$.

**证明**　因为 $\Phi,\alpha\vdash_0\beta$，根据可演绎的定义得：存在一个假设性证明 $\pi_1$，$\pi_1$ 的最后一个公式是 $\beta$，并且所有未被消除的假设都属于 $\Phi,\alpha$.

在 $\pi_1$ 中，把形如

$$\left\lceil\begin{array}{l} \alpha \\ \vdots \\ \beta' \end{array}\right.$$

而 $\alpha$ 未被消去的子证明都换成如下的子证明：

$$\begin{array}{l} \left\lceil\begin{array}{l} \alpha \\ \vdots \\ \beta' \end{array}\right. \\ \alpha\to\beta' \end{array}$$

在 $\pi_1$ 的最后一个子证明中，用 Hyp 规则引入的假设或是 $\alpha$ 或不是 $\alpha$. 如果是 $\alpha$，那么按上面的规定，$\pi_1$ 的最后一个子证明被换为

$$\begin{array}{l} \left\lceil\begin{array}{l} \alpha \\ \vdots \\ \beta \end{array}\right. \\ \alpha\to\beta \end{array}$$

这样就得到一个证明 $\pi_2$，而 $\pi_2$ 的最后一个公式就是$(\alpha\to\beta)$，并且所有未被消除的假设都属于 $\Phi$，根据可演绎的定义，有 $\Phi\vdash_0\alpha\to\beta$.

如果在 $\pi_1$ 的最后一个子证明中，用 Hyp 规则引入的假设不是 $\alpha$，不妨设为

$$\left\lceil\begin{array}{l}\gamma\\ \vdots\\ \beta\end{array}\right.$$

根据第三章第五节定理 5.79，即 $\vdash_0\beta\to\alpha\to\beta$，因此就存在一个证明 $\pi_3$，它的最后一个公式就是 $\beta\to\alpha\to\beta$. 把 $\pi_3$ 接在 $\pi_1$ 的公式 $\beta$ 之下，再在 $\beta\to\alpha\to\beta$ 之下写 $\alpha\to\beta$，即

$$\pi_3\left\{\begin{array}{ll}\gamma & \\ \vdots & \\ \beta & \\ \vdots & \\ \beta\to\alpha\to\beta & \\ \alpha\to\beta & (\to^-)\end{array}\right.$$

于是就得到一个证明 $\pi$，即

$$\pi\left\{\begin{array}{l}\{\ \vdots\\ \gamma\\ \vdots\\ \beta\\ \vdots\\ \beta\to\alpha\to\beta\\ \alpha\to\beta\end{array}\right.$$

它的最后一个子证明($\gamma$ 之前)的部分是将 $\pi_1$ 中把形如

$$\left\lceil\begin{array}{l}\alpha\\ \vdots\\ \beta'\end{array}\right.$$

而 $\alpha$ 未被消除的子证明换为子证明

$$\begin{array}{l}\left\lceil\begin{array}{l}\alpha\\ \vdots\\ \beta'\end{array}\right.\\ \alpha\to\beta'\end{array}$$

而得.

$\pi$ 的最后一个公式是$(\alpha\to\beta)$，并且所有未被消除的假设都属于 $\Phi$，根据可演绎的定义，有 $\Phi\vdash_0\alpha\to\beta$.

性质 11 也称为命题逻辑的演绎定理. 即：给定 $\beta$ 的一个从 $\Phi,\alpha$ 而来的演绎，我们就能构造 $\alpha\to\beta$ 的一个从 $\Phi$ 而来的演绎. 换句话说，如果我们想要构造 $\alpha\to\beta$

的一个从 $\Phi$ 而来的演绎，那么只要构造 $\beta$ 的一个从 $\Phi,\alpha$ 而来的演绎即可.

**性质 12**　$\Phi\vdash_0\alpha$，当且仅当有 $\Phi$ 的有限多个公式 $\varphi_0,\varphi_1,\cdots,\varphi_n$ 满足 $\vdash_0(\varphi_0\to(\varphi_1\to\cdots\to(\varphi_n\to\alpha))\cdots)$.

**证明**　由性质 3 知：$\Phi\vdash_0\alpha$，当且仅当 $\Phi$ 有一个有限子集 $\Phi_0$，使得 $\Phi_0\vdash_0\alpha$. 令 $\Phi_0=\{\varphi_0,\varphi_1,\cdots,\varphi_n\}$，由性质 10 和性质 11，得

$\Phi\vdash_0\alpha$，当且仅当 $\{\varphi_0,\varphi_1,\cdots,\varphi_n\}\vdash_0\alpha$，

当且仅当 $\{\varphi_0,\varphi_1,\cdots,\varphi_{n-1}\}\vdash_0\varphi_n\to\alpha$，

⋮

当且仅当 $\vdash(\varphi_0\to(\varphi_1\to\cdots\to(\varphi_n\to\alpha))\cdots)$.

**性质 13**　如果 $\Phi\vdash_0\alpha$ 并且 $\Phi,\alpha\vdash_0\beta$，那么 $\Phi\vdash_0\beta$.

**证明**　因为 $\Phi,\alpha\vdash_0\beta$. 由性质 11 可得：$\Phi\vdash_0\alpha\to\beta$. 又因为 $\Phi\vdash_0\alpha$，由性质 9 得：$\Phi\vdash_0\beta$.

**性质 14**　如果 $\Phi,\alpha\vdash_0\beta$，并且 $\Phi,\neg\alpha\vdash_0\beta$，那么 $\Phi\vdash_0\beta$.

**证明**　因为 $\Phi,\alpha\vdash_0\beta$，并且 $\Phi,\neg\alpha\vdash_0\beta$，由性质 11 得：$\Phi\vdash_0\alpha\to\beta$ 和 $\Phi\vdash_0\neg\alpha\to\beta$. 利用第三章第五节定理 5.86，即 $\vdash_0(\alpha\to\beta)\to(\neg\alpha\to\beta)\to\beta$. 于是，由性质 4 得：$\Phi\vdash_0(\neg\alpha\to\beta)\to\beta$. 再由性质 9 得：$\Phi\vdash_0\beta$.

**性质 15**　如果 $\Phi,\neg\alpha\vdash_0\beta$ 并且 $\Phi,\neg\alpha\vdash_0\neg\beta$，那么 $\Phi\vdash_0\alpha$.

**证明**　因为 $\Phi,\neg\alpha\vdash_0\beta$ 并且 $\Phi,\neg\alpha\vdash_0\neg\beta$，由性质 11 可得：$\Phi\vdash_0\neg\alpha\to\beta$，并且 $\Phi\vdash_0\neg\alpha\to\neg\beta$. 利用第三章第五节定理 5.81，即：$\vdash_0(\neg\alpha\to\beta)\to(\neg\alpha\to\neg\beta)\to\alpha$. 再由性质 4 和性质 9 可得：$\Phi\vdash_0\alpha$.

**性质 16**　如果 $\Phi,\alpha\vdash_0\gamma$ 并且 $\Phi,\beta\vdash_0\gamma$，那么 $\Phi,\alpha\vee\beta\vdash_0\gamma$.

**证明**　因为 $\Phi,\alpha\vdash_0\gamma$ 并且 $\Phi,\beta\vdash_0\gamma$，那么由性质 11 可得：$\Phi\vdash_0\alpha\to\gamma$ 并且 $\Phi\vdash_0\beta\to\gamma$. 利用第三章第五节定理 5.83，即 $\vdash_0(\alpha\to\gamma)\to((\beta\to\gamma)\to(\alpha\vee\beta\to\gamma))$. 再由性质 4 和性质 9 可得：$\Phi\vdash_0\alpha\vee\beta\to\gamma$，再由性质 10 得：$\Phi,\alpha\vee\beta\vdash_0\gamma$.

**性质 17**　$\Phi\vdash_0\alpha\leftrightarrow\beta$，当且仅当 $\Phi\vdash_0\alpha\to\beta$ 并且 $\Phi\vdash_0\beta\to\alpha$.

**证明**　如果 $\Phi\vdash_0\alpha\leftrightarrow\beta$，用第三章第五节定理 5.12 和定理 5.13，即 $\vdash_0(\alpha\leftrightarrow\beta)\to\alpha\to\beta$ 及 $\vdash_0(\alpha\leftrightarrow\beta)\to\beta\to\alpha$，由性质 4 得：$\Phi\vdash_0\alpha\to\beta$ 及 $\Phi\vdash_0\beta\to\alpha$.

如果 $\Phi\vdash_0\alpha\to\beta$ 及 $\Phi\vdash_0\beta\to\alpha$，由第三章第五节定理 5.72，即 $\vdash_0(\alpha\to\beta)\to(\beta\to\alpha)\to(\alpha\leftrightarrow\beta)$. 由性质 4 和性质 9 得：$\Phi\vdash_0\alpha\leftrightarrow\beta$.

**性质 18**　(1) 如果 $\Phi\vdash_0\alpha\leftrightarrow\beta$ 并且 $\Phi\vdash_0\alpha$，那么 $\Phi\vdash_0\beta$.

(2) 如果 $\Phi\vdash_0\alpha\leftrightarrow\beta$ 并且 $\Phi\vdash_0\beta$，那么 $\Phi\vdash_0\alpha$.

**证明**　(1) 因为 $\Phi\vdash_0\alpha\leftrightarrow\beta$，利用第三章第五节定理 5.12，即 $\vdash_0(\alpha\leftrightarrow\beta)\to\alpha\to\beta$，由性质 4 得：$\Phi\vdash_0\alpha\to\beta$，又因为 $\Phi\vdash_0\alpha$，由性质 9 得：$\Phi\vdash_0\beta$.

(2)因为 $\Phi\vdash_0\alpha\leftrightarrow\beta$,利用第三章第五节定理 5.13,即 $\vdash_0(\alpha\leftrightarrow\beta)\to\beta\to\alpha$,由性质 4 得:$\Phi\vdash_0\beta\to\alpha$,又因为 $\Phi\vdash_0\beta$,由性质 9 得:$\Phi\vdash_0\alpha$.

### 4.1.2 练习

1.用演绎定理证明下列公式都是 PC 的定理:

(1)$\neg\neg\alpha\to\alpha$;

(2)$(\alpha\to\alpha\to\beta)\to\alpha\to\beta$;

(3)$(\beta\to\gamma)\to(\alpha\to\beta)\to(\alpha\to\gamma)$.

2.用演绎定理证明下列公式都是 PC 的定理:

(1)$(\alpha\to\beta)\to(\beta\to\gamma)\to(\alpha\to\gamma)$;

(2)$(\alpha\to\beta\to\gamma)\to(\beta\to\alpha\to\gamma)$;

(3)$\alpha\to(\alpha\to\beta)\to\beta$;

(4)$(\alpha\to\beta\to\gamma)\to(\alpha_1\to\beta)\to(\alpha\to\alpha_1\to\gamma)$;

(5)$((\alpha\to\beta)\to\gamma)\to(\beta\to\gamma)$;

(6)$(((\alpha\to\beta)\to\beta)\to\gamma)\to(\alpha\to\gamma)$.

3.用演绎定理证明下列公式都是 PC 的定理:

(1)$\alpha\wedge\beta\to\alpha$;

(2)$\alpha\wedge\beta\to\beta$;

(3)$\neg(\alpha\wedge\neg\alpha)$;

(4)$\alpha\leftrightarrow\alpha\wedge\alpha$;

(5)$\alpha\wedge\beta\leftrightarrow\beta\wedge\alpha$;

(6)$(\alpha\wedge\beta)\wedge\gamma\leftrightarrow\alpha\wedge(\beta\wedge\gamma)$;

(7)$\alpha\to\beta\to\alpha\wedge\beta$;

(8)$(\alpha\to\beta)\to(\alpha\to\gamma)\to(\alpha\to\beta\wedge\gamma)$;

(9)$(\alpha\to\beta)\leftrightarrow\neg(\alpha\wedge\neg\beta)$;

(10)$(\alpha\to\beta\to\gamma)\leftrightarrow(\alpha\wedge\beta\to\gamma)$;

(11)$(\alpha\to\beta)\to(\alpha\wedge\gamma\to\beta\wedge\gamma)$;

(12)$(\alpha\to\beta)\to(\gamma_1\to\gamma_2)\to(\alpha\wedge\gamma_1\to\beta\wedge\gamma_2)$;

(13)$(\alpha\to\beta\wedge\gamma)\leftrightarrow(\alpha\to\beta)\wedge(\alpha\to\gamma)$;

(14)$(\alpha\to\gamma)\wedge(\beta\to\gamma)\to(\alpha\wedge\beta\to\gamma)$.

4.用演绎定理证明下列公式都是 PC 的定理:

(1)$\alpha\to\alpha\vee\beta$;

(2)$\beta\to\alpha\vee\beta$;

(3) $\alpha \vee \neg\alpha$；

(4) $\alpha \leftrightarrow \alpha \vee \alpha$；

(5) $\alpha \vee \beta \leftrightarrow \beta \vee \alpha$；

(6) $(\alpha \vee \beta) \vee \gamma \leftrightarrow \alpha \vee (\beta \vee \gamma)$；

(7) $(\alpha \to \gamma) \to (\beta \to \gamma) \to (\alpha \vee \beta \to \gamma)$；

(8) $\alpha \to \beta \leftrightarrow \neg\alpha \vee \beta$;

(9) $(\alpha \to \beta) \to (\alpha \vee \gamma \to \beta \vee \gamma)$；

(10) $(\alpha \to \beta) \to (\gamma_1 \to \gamma_2) \to (\alpha \vee \gamma_1 \to \beta \vee \gamma_2)$；

(11) $(\alpha \to \beta \vee \gamma) \leftrightarrow (\alpha \to \beta) \vee (\alpha \to \gamma)$；

(12) $(\alpha \vee \beta \to \gamma) \to (\alpha \to \gamma) \vee (\beta \to \gamma)$.

5. 用演绎定理证明下列公式都是 PC 的定理：

(1) $\alpha \wedge (\alpha \vee \beta) \leftrightarrow \alpha$；

(2) $\alpha \vee (\alpha \wedge \beta) \leftrightarrow \alpha$；

(3) $\alpha \wedge (\beta \vee \neg\beta) \leftrightarrow \alpha$；

(4) $\alpha \vee (\beta \wedge \neg\beta) \leftrightarrow \alpha$；

(5) $\alpha \wedge \beta \wedge \neg\beta \leftrightarrow \beta \wedge \neg\beta$;

(6) $\alpha \vee \beta \vee \neg\beta \leftrightarrow \beta \vee \neg\beta$;

(7) $\neg(\alpha \wedge \beta) \leftrightarrow \neg\alpha \vee \neg\beta$;

(8) $\neg(\alpha \vee \beta) \leftrightarrow \neg\alpha \wedge \neg\beta$;

(9) $\alpha \wedge (\beta \vee \gamma) \leftrightarrow (\alpha \wedge \beta) \vee (\alpha \wedge \gamma)$；

(10) $\alpha \vee (\beta \wedge \gamma) \leftrightarrow (\alpha \vee \beta) \wedge (\alpha \vee \gamma)$；

(11) $(\alpha \wedge \beta \to \gamma) \to (\alpha \to \gamma) \vee (\beta \to \gamma)$；

(12) $(\alpha \to \gamma) \wedge (\beta \to \gamma) \to (\alpha \vee \beta \to \gamma)$.

6. 用演绎定理证明下列公式都是 PC 的定理：

(1) $(\alpha \leftrightarrow \beta) \to (\alpha \to \beta)$；

(2) $(\alpha \leftrightarrow \beta) \to (\beta \to \alpha)$；

(3) $(\alpha \to \beta) \to (\beta \to \alpha) \to (\alpha \leftrightarrow \beta)$；

(4) $\alpha \leftrightarrow \alpha$；

(5) $(\alpha \leftrightarrow \beta) \leftrightarrow (\beta \leftrightarrow \alpha)$；

(6) $((\alpha \leftrightarrow \beta) \leftrightarrow \gamma) \leftrightarrow (\alpha \leftrightarrow (\beta \leftrightarrow \gamma))$；

(7) $(\alpha \leftrightarrow \beta) \leftrightarrow (\neg\alpha \vee \beta) \wedge (\alpha \vee \neg\beta)$；

(8) $(\alpha \leftrightarrow \beta) \leftrightarrow ((\alpha \wedge \beta) \vee (\neg\alpha \wedge \neg\beta))$；

(9) $(\alpha \leftrightarrow (\beta \leftrightarrow \gamma)) \leftrightarrow (\beta \leftrightarrow (\alpha \leftrightarrow \gamma))$；

(10) $(\alpha\leftrightarrow\beta)\leftrightarrow((\beta\leftrightarrow\gamma)\leftrightarrow(\alpha\leftrightarrow\gamma))$;

(11) $(\alpha\leftrightarrow\beta)\leftrightarrow(\neg\alpha\leftrightarrow\neg\beta)$;

(12) $\neg(\alpha\leftrightarrow\beta)\leftrightarrow(\neg\alpha\leftrightarrow\beta)$;

(13) $(\alpha\leftrightarrow\beta)\rightarrow(\alpha\wedge\gamma\leftrightarrow\beta\wedge\gamma)$;

(14) $(\alpha\leftrightarrow\beta)\rightarrow(\alpha\vee\gamma\leftrightarrow\beta\vee\gamma)$;

(15) $(\alpha\leftrightarrow\beta)\rightarrow(\gamma_1\leftrightarrow\gamma_2)\rightarrow(\alpha\rightarrow\gamma_1\leftrightarrow\beta\rightarrow\gamma_2)$;

(16) $(\alpha\leftrightarrow\beta)\rightarrow(\gamma_1\leftrightarrow\gamma_2)\rightarrow((\alpha\leftrightarrow\gamma_1)\leftrightarrow(\beta\leftrightarrow\gamma_2))$.

## 第二节　相容性

**定义**　令 $\Phi$ 是任一公式集,如果存在一个公式 $\beta$,使得 $\Phi\vdash_0\beta$ 并且 $\Phi\vdash_0\neg\beta$,那么称公式集 $\Phi$ 是不相容的. 否则,称 $\Phi$ 是相容的(即不存在公式 $\beta$,使得 $\Phi\vdash_0\beta$ 并且 $\Phi\vdash_0\neg\beta$).

根据以上定义,显然空公式集是相容的. 相容的公式集还具有如下一些性质:

**性质 1**(有穷特征)　公式集 $\Phi$ 是相容的,当且仅当 $\Phi$ 的每个有穷子集都相容.

**证明**　如果 $\Phi$ 是相容的,并且存在 $\Phi$ 的一个有穷子集 $\Phi_0$ 不相容,即 $\Phi_0\subseteq\Phi$. 由不相容定义,存在一个公式 $\beta$,使得 $\Phi_0\vdash_0\beta$ 并且 $\Phi_0\vdash_0\neg\beta$. 由第四章第一节演绎的性质 1 可得:$\Phi\vdash_0\beta$ 并且 $\Phi\vdash_0\neg\beta$. 此与 $\Phi$ 相容矛盾. 故 $\Phi$ 的每个有穷子集都相容.

反之,如果 $\Phi$ 的每个有穷子集都相容并且 $\Phi$ 是不相容的. 根据不相容定义,就存在一个公式 $\beta$,使得 $\Phi\vdash_0\beta$ 并且 $\Phi\vdash_0\neg\beta$. 由第四章第一节演绎的性质 3 得:分别有 $\Phi$ 的有穷子集 $\Phi_0$ 和 $\Phi_1$,使得 $\Phi_0\vdash_0\beta$ 并且 $\Phi_1\vdash_0\neg\beta$. 由性质 1 得:$\Phi_0\cup\Phi_1\vdash_0\beta$ 并且 $\Phi_0\cup\Phi_1\vdash_0\neg\beta$,这里 $\Phi_0\cup\Phi_1$ 仍然是 $\Phi$ 的有穷子集,此与 $\Phi$ 的每个有穷子集都相容矛盾! 故:$\Phi$ 相容.

**性质 2**(基本相容性)　对任意的命题变项 $p$,$\{p,\neg p\}$ 是不相容的. 特别地,$\{\bot\}$ 不相容.

**性质 3**(合取保持性)　令 $\Phi$ 是一个相容的公式集,并且 $\alpha,\beta$ 是任意的公式,那么下面的结论成立:

(1) 如果 $(\alpha\wedge\beta)\in\Phi$,那么 $\Phi\cup\{\alpha,\beta\}$ 相容;

(2) 如果 $\neg(\alpha\vee\beta)\in\Phi$,那么 $\Phi\cup\{\neg\alpha,\neg\beta\}$ 相容;

(3)如果$\neg(\alpha\to\beta)\in\Phi$,那么$\Phi\cup\{\alpha,\neg\beta\}$相容.

**性质 4**(析取保持性)　令$\Phi$是一个相容的公式集,并且$\alpha,\beta$是任意的公式,那么下面的结论成立:

(1)如果$(\alpha\vee\beta)\in\Phi$,那么$\Phi\cup\{\alpha\}$相容或$\Phi\cup\{\beta\}$相容;

(2)如果$\neg(\alpha\wedge\beta)\in\Phi$,那么$\Phi\cup\{\neg\alpha\}$相容或$\Phi\cup\{\neg\beta\}$相容;

(3)如果$\alpha\to\beta\in\Phi$,那么$\Phi\cup\{\neg\alpha\}$相容或$\Phi\cup\{\beta\}$相容.

**性质 5**(否定的保持性)　令$\Phi$是一个相容的公式集,并且$\alpha$是任意的公式,如果$\neg\neg\alpha\in\Phi$,那么$\Phi\cup\{\alpha\}$相容.

根据本节相容性的定义,很容易得到性质 2～5 的证明.

关于不相容性,我们有下面的一些结论:

**定理 2.1**　公式集$\Phi$是不相容的,当且仅当对每一公式$\alpha$,都有$\Phi\vdash_0\alpha$.

**证明**　如果$\Phi$是不相容的,那么存在一个公式$\beta$,使得$\Phi\vdash_0\beta$并且$\Phi\vdash_0\neg\beta$成立.由第四章第一节演绎的性质 6 得:对任何公式$\alpha$,都有$\Phi\vdash_0\alpha$.

反之,如果对任一公式$\alpha$,都有$\Phi\vdash_0\alpha$,那么对某个(实际上,对一切)$\beta$,有$\Phi\vdash_0\beta$及$\Phi\vdash_0\neg\beta$.故$\Phi$是不相容的.

**定理 2.2**　对任意的公式集$\Phi$和公式$\alpha$,有:

(1)$\Phi,\neg\alpha$是不相容的,当且仅当$\Phi\vdash_0\alpha$.

(2)$\Phi,\alpha$是不相容的,当且仅当$\Phi\vdash_0\neg\alpha$.

**证明**　(1)因为$\Phi,\neg\alpha$不相容,由定义可得:$\Phi,\neg\alpha\vdash_0\beta$和$\Phi,\neg\alpha\vdash_0\neg\beta$.再由第四章第一节演绎的性质 11 得:$\Phi\vdash_0\neg\alpha\to\beta$和$\Phi\vdash_0\neg\alpha\to\neg\beta$.利用第三章第五节定理 5.81,即:$\vdash_0(\neg\alpha\to\beta)\to(\neg\alpha\to\neg\beta)\to\alpha$.再运用第四章第一节演绎的性质 4 和性质 9 可得$\Phi\vdash_0\alpha$.反之,如果$\Phi\vdash_0\alpha$,因为由第四章第一节演绎的性质 1 和 2 可得:$\Phi,\neg\alpha\vdash_0\alpha$并且$\Phi,\neg\alpha\vdash_0\neg\alpha$.故$\Phi,\neg\alpha$不相容.

(2)因为$\Phi,\alpha$不相容,由定理 2.1 可得:$\Phi,\alpha\vdash_0\neg\alpha$.由第四章第一节演绎的性质 11 可得:$\Phi\vdash_0\alpha\to\neg\alpha$.利用第三章第五节定理 5.2 和定理 5.7,即:

$$\vdash_0(\neg\neg\alpha\to\alpha)\to(\alpha\to\neg\alpha)\to\neg\neg\alpha\to\neg\alpha$$

和

$$\vdash_0\neg\neg\alpha\to\alpha.$$

由此可得:$\vdash_0(\alpha\to\neg\alpha)\to\neg\neg\alpha\to\neg\alpha$.由第四章第一节演绎的性质 4 得:$\Phi\vdash_0\neg\neg\alpha\to\neg\alpha$.再用第三章第五节定理 5.81 和定理 5.3,即:

$$\vdash_0(\neg\neg\alpha\to\neg\alpha)\to(\neg\neg\alpha\to\neg\neg\alpha)\to\neg\alpha$$

和

$$\vdash_0\neg\neg\alpha\to\neg\neg\alpha.$$

于是,由第四章第一节演绎的性质 4 和 9 可得:$\Phi \vdash_0 \neg\alpha$. 反之,因为$\Phi \vdash_0 \neg\alpha$,并且 $\Phi \subseteq \{\Phi, \alpha\}$,所以由第四章第一节演绎的性质 1 和 2 有:$\Phi, \alpha \vdash_0 \neg\alpha$ 和 $\Phi, \alpha \vdash_0 \alpha$,故 $\Phi, \alpha$ 不相容.

**定理 2.3** 令 $\Phi$ 是任意的公式集,对任意的公式 $\alpha, \beta$

(1)如果 $\alpha \rightarrow \beta \in \Phi$,且 $\Phi, \neg\alpha$ 及 $\Phi, \beta$ 皆不相容,那么 $\Phi$ 不相容.

(2)如果 $\neg(\alpha \rightarrow \beta) \in \Phi$,且 $\Phi, \alpha, \neg\beta$ 不相容,那么 $\Phi$ 不相容.

**证明** (1)因为 $\Phi, \neg\alpha$ 不相容,由定理 2.2(1)得:$\Phi \vdash_0 \alpha$. 又因 $\Phi, \beta$ 不相容,由定理 2.2(2)得:$\Phi \vdash_0 \neg\beta$. 由于 $\alpha \rightarrow \beta \in \Phi$,根据第四章第一节演绎的性质 2 得:$\Phi \vdash_0 \alpha \rightarrow \beta$. 于是有:$\Phi \vdash_0 \beta$(演绎的性质 9). 故 $\Phi$ 不相容.

(2)因为 $\neg(\alpha \rightarrow \beta) \in \Phi$,由第四章第一节演绎的性质 2 得:$\Phi \vdash_0 \neg(\alpha \rightarrow \beta)$. 又因为 $\Phi, \alpha, \neg\beta$ 不相容,根据定理 2.2(1):$\Phi, \alpha \vdash_0 \beta$. 再用第四章第一节演绎的性质 11 得:$\Phi \vdash_0 \alpha \rightarrow \beta$. 故 $\Phi$ 不相容.

**定理 2.4** 令 $\Phi$ 是任意的公式集,对任意的公式 $\alpha, \beta$,

(1)如果 $\alpha \wedge \beta \in \Phi$,并且 $\Phi, \alpha$ 或 $\Phi, \beta$ 不相容,那么 $\Phi$ 不相容.

(2)如果 $\neg(\alpha \wedge \beta) \in \Phi$,并且 $\Phi, \neg\alpha$ 及 $\Phi, \neg\beta$ 不相容,那么 $\Phi$ 不相容.

**证明** (1)因为 $\alpha \wedge \beta \in \Phi$,由第四章第一节演绎的性质 2 得:$\Phi \vdash_0 \alpha \wedge \beta$. 于是 $\Phi \vdash_0 \alpha$ 并且 $\Phi \vdash_0 \beta$. 又因 $\Phi, \alpha$ 或 $\Phi, \beta$ 不相容,根据定理 2.2(2)得:$\Phi \vdash_0 \neg\alpha$ 或 $\Phi \vdash_0 \neg\beta$. 故 $\Phi$ 不相容.

(2)因为 $\neg(\alpha \wedge \beta) \in \Phi$,由第四章第一节演绎的性质 2 得:$\Phi \vdash_0 \neg(\alpha \wedge \beta)$. 又因 $\Phi, \neg\alpha$ 及 $\Phi, \neg\beta$ 不相容,根据定理 2.2(1)得:$\Phi \vdash_0 \alpha$ 且 $\Phi \vdash_0 \beta$,即:$\Phi \vdash_0 \alpha \wedge \beta$,故 $\Phi$ 不相容.

**定理 2.5** 令 $\Phi$ 是任意的公式集,对任意的公式 $\alpha, \beta$,

(1)如果 $\alpha \vee \beta \in \Phi$,且 $\Phi, \alpha$ 及 $\Phi, \beta$ 都不相容,那么 $\Phi$ 不相容.

(2)如果 $\neg(\alpha \vee \beta) \in \Phi$,且 $\Phi, \neg\alpha$ 或 $\Phi, \neg\beta$ 不相容,那么 $\Phi$ 不相容.

**证明** (1)因为 $\alpha \vee \beta \in \Phi$,由第四章第一节演绎的性质 2 得:$\Phi \vdash_0 \alpha \vee \beta$. 又因为 $\Phi, \alpha$ 及 $\Phi, \beta$ 都不相容,根据定理 2.2(2)得:$\Phi \vdash_0 \neg\alpha$ 且 $\Phi \vdash_0 \neg\beta$,即:$\Phi \vdash_0 \neg\alpha \wedge \neg\beta$. 由此得:$\Phi \vdash_0 \neg(\alpha \vee \beta)$,故 $\Phi$ 不相容.

(2)因为 $\neg(\alpha \vee \beta) \in \Phi$,由第四章第一节演绎的性质 2 得:$\Phi \vdash_0 \neg(\alpha \vee \beta)$. 又因为 $\Phi, \neg\alpha$ 或 $\Phi, \neg\beta$ 不相容,根据定理 2.2(1)得:$\Phi \vdash_0 \alpha$ 或 $\Phi \vdash_0 \beta$,由演绎的性质 8,得:$\Phi \vdash_0 \alpha \vee \beta$,故 $\Phi$ 不相容.

**定理 2.6** 令 $\Phi$ 是任意的公式集,对任意的公式 $\alpha, \beta$,

(1)如果 $\alpha \leftrightarrow \beta \in \Phi$,且 $\Phi, \neg\alpha$ 及 $\Phi, \beta$ 皆不相容或 $\Phi, \alpha$ 及 $\Phi, \neg\beta$ 皆不相容,那么 $\Phi$ 不相容.

(2)如果$\neg(\alpha\leftrightarrow\beta)\in\Phi$，且$\Phi,\neg\alpha,\beta$及$\Phi,\alpha,\neg\beta$皆不相容，那么$\Phi$不相容.

**证明**　(1)因为$\alpha\leftrightarrow\beta\in\Phi$，由第四章第一节演绎的性质 2 得：$\Phi\vdash_0\alpha\leftrightarrow\beta$. 再由演绎的性质 17 得：$\Phi\vdash_0\alpha\rightarrow\beta$并且$\Phi\vdash_0\beta\rightarrow\alpha$. 又因为$\Phi,\neg\alpha$及$\Phi,\beta$皆不相容或$\Phi,\alpha$及$\Phi,\neg\beta$皆不相容，根据定理 2.2(1)和(2)可得：$\Phi\vdash_0\alpha$且$\Phi\vdash_0\neg\beta$或$\Phi\vdash_0\neg\alpha$且$\Phi\vdash_0\beta$，若$\Phi\vdash_0\alpha$且$\Phi\vdash_0\neg\beta$成立，则由演绎的性质 9 可得：$\Phi\vdash_0\beta$，故$\Phi$不相容；若$\Phi\vdash_0\neg\alpha$且$\Phi\vdash_0\beta$成立，同理得：$\Phi\vdash_0\alpha$. 故$\Phi$不相容.

(2)因为$\neg(\alpha\leftrightarrow\beta)\in\Phi$，由第四章第一节演绎的性质 2 得：$\Phi\vdash_0\neg(\alpha\leftrightarrow\beta)$. 又因为$\Phi,\neg\alpha,\beta$及$\Phi,\alpha,\neg\beta$皆不相容，根据定理 2.2(1)和(2)得：$\Phi,\beta\vdash_0\alpha$且$\Phi,\alpha\vdash_0\beta$. 再由第四章第一节演绎的性质 11 得：$\Phi\vdash_0\beta\rightarrow\alpha$，且$\Phi\vdash_0\alpha\rightarrow\beta$，即：$\Phi\vdash_0(\alpha\leftrightarrow\beta)$，故$\Phi$不相容.

## 第三节　可靠性

可靠性是逻辑系统的一个重要性质，它表明逻辑系统正确地反映了演绎推理的规律，作为推理工具是可靠的. 当把逻辑系统中的推理规则和逻辑规律应用于其他理论作推理和证明时，不会由所用的逻辑工具而产生矛盾.

在本节里，我们将首先证明公理系统 PC 的可靠性，然后证明自然推理系统 FPC 的可靠性. 也就是要证明下面的断言：在 PC(或 FPC)系统中，如果$\Phi\vdash_0\alpha$，那么$\Phi\models_0\alpha$. 即：如果$\alpha$是从$\Phi$可演绎的，那么$\alpha$是$\Phi$的重言后承. 亦即：对任意的真值赋值$\sigma$，如果$\sigma\models\Phi$，则$\sigma\models\alpha$. 特别地，如果$\vdash_0\alpha$，则$\models_0\alpha$. 即：如果一个公式$\alpha$在系统中是可证的，则$\alpha$是常真的.

**定理 3.1**(PC 系统可靠性定理)　(1)如果$\Phi\vdash_0\alpha$，则$\Phi\models_0\alpha$. (2)如果$\vdash_0\alpha$，则$\models_0\alpha$.

**证明**　(1)的证明：因为$\Phi\vdash_0\alpha$，所以令$\varphi_0,\varphi_1,\cdots,\varphi_n$是$\alpha$的一个从$\Phi$而来的演绎，并且$\varphi_n=\alpha$. 下面施归纳于$k=0,1,\cdots,n$，证明$\Phi\models_0\varphi_k$(当$k=n$时，就有$\Phi\models_0\alpha$).

当$k=0$时，如果$\varphi_k$是一个命题公理，由第三章习题 3.3.3 的 1 知，$\varphi_k$是重言式. 于是，它为每一真值赋值所满足. 故它是任意公式集的重言后承. 即：若$\vdash_0\varphi_k$，则$\Phi\models_0\varphi_k$. 如果$\varphi_k\in\Phi$，则显然当$\Phi\vdash_0\varphi_k$时，有$\Phi\models_0\varphi_k$.

假设对所有的$i<k$，当$\Phi\vdash_0\varphi_i$时，有$\Phi\models_0\varphi_i$.

最后证明：对任意的$k$，有$\Phi\models_0\varphi_k$.

①如果$\varphi_k$是公理，那么$\models_0\varphi_k$，故$\Phi\models_0\varphi_k$；如果$\varphi_k\in\Phi$，那么$\Phi\models_0\varphi_k$.

②如果 $\varphi_k$ 是由 $\varphi_i$ 和 $\varphi_j$ 运用 MP 规则而得,并且 $\varphi_j=\varphi_i\rightarrow\varphi_k$,$1\leqslant i,j<k$,那么由归纳假设:$\Phi\models_0\varphi_i$,$\Phi\models\varphi_j$,即有:$\Phi\models_0\varphi_i\rightarrow\varphi_k$,$\Phi\models_0\varphi_i$. 由第三章第六节定理 6.3 得:$\{\varphi_i,\varphi_i\rightarrow\varphi_k\}\models_0\varphi_k$. 因此显然有:$\Phi\models_0\varphi_k$.

(2)是(1)的特殊情况,即 $\Phi=\varnothing$ 的情况.

对可靠性而言,如果 $\{\varphi_0,\varphi_1,\cdots,\varphi_n\}\subseteq\Phi$,那么由 $\{\varphi_0,\varphi_1,\cdots,\varphi_n\}\models_0\alpha$ 可得 $\Phi\models_0\alpha$. 再根据第三章第六节定理 6.1,即:

$$\{\varphi_0,\varphi_1,\cdots,\varphi_n\}\models_0\alpha \text{ 当且仅当} \models_0(\varphi_0\rightarrow(\varphi_1\rightarrow\cdots\rightarrow(\varphi_n\rightarrow\alpha))\cdots).$$

所以,“如果 $\Phi\vdash_0\alpha$,那么 $\Phi\models_0\alpha$”的证明也可以归结为证明:如果 $\vdash_0\alpha$,那么 $\models_0\alpha$. 即对前面的(1)的证明做适当的简化.

由于 PC 系统与 FPC 系统是等价的,那么我们现在就可以下结论:对 FPC 系统而言,可靠性定理成立. 不过,下面将重述并证明在 FPC 系统中的可靠性定理.

**定理 3.2**(FPC 系统的可靠性定理) (1)如果 $\vdash_0\alpha$,那么 $\models_0\alpha$;(2)如果 $\Phi\vdash_0\alpha$,那么 $\Phi\models_0\alpha$.

**证明** 先证(1),然后利用(1)证明(2).

因为 $\vdash_0\alpha$,那么存在一个证明,这个证明的长度是有限的,即:在这个证明中的公式只有有穷多个,按从前到后的顺序,不妨记为:$\varphi_0,\varphi_1,\cdots,\varphi_i,\cdots,\varphi_n$,而 $\varphi_n=\alpha$. 我们将施归纳于 $i$ 证明:

对一切真值赋值 $\sigma$,如果 $\sigma$ 满足 $\varphi_i$ 所依赖的由 Hyp 规则引入的公式,则 $\sigma$ 满足 $\varphi_i$. (*)

如果(*)式成立,当 $i=n$ 时,有 $\sigma\models\varphi_n$(即:$\sigma\models\alpha$). 由于 $\varphi_n$ 不依赖于由 Hyp 规则引入的公式,因此,$\alpha$ 为任何真值赋值所满足. 所以,$\models_0\varphi_n$. 即:$\models_0\alpha$,从而证毕.

1. 当 $i=0$ 时,假设真值赋值 $\sigma$ 满足 $\varphi_0$ 所依赖的由 Hyp 规则引入的公式. 由于此时 $\varphi_0$ 只能由 Hyp 引入,故 $\varphi_0$ 依赖于自身,所以(*)式成立.

2. 假设(*)式对 $\varphi_0,\varphi_1,\cdots,\varphi_j$ $(j<n)$ 已经成立. 现在只需证明(*)式对 $\varphi_{j+1}$ 也成立即可.

设真值赋值 $\sigma$ 满足 $\varphi_{j+1}$ 所依赖的由 Hyp 引入的公式. 根据得到 $\varphi_{j+1}$ 的规则不同,我们将考虑下面 12 种情况.

①如果 $\varphi_{j+1}$ 是利用 Hyp 规则而得到的公式,由 1 的结论显然成立.

②如果 $\varphi_{j+1}$ 是利用 Rep 规则而得到的公式,那么在 $\varphi_{j+1}$ 所属的子证明中必有某个 $\varphi_m$ $(m\leqslant j)$,使得 $\varphi_{j+1}=\varphi_m$. 由于 $\varphi_m$ 和 $\varphi_j$ 同属于一个子证明,因此 $\varphi_m$ 所依赖的由 Hyp 规则引入的公式跟 $\varphi_{j+1}$ 所依赖的相同. 根据归纳假设有:$\sigma\models\varphi_m$,于是 $\sigma\models\varphi_{j+1}$.

③如果 $\varphi_{j+1}$ 是利用 Reit 规则而得到的公式，那么必定有某个 $\varphi_m(m\leqslant j)$，使得 $\varphi_{j+1}=\varphi_m$，并且 $\varphi_{j+1}$ 所从属的子证明必定从属于 $\varphi_m$ 所属的子证明. 因此，$\varphi_m$ 所依赖的、由 Hyp 规则引入的公式也是 $\varphi_{j+1}$ 所依赖的. 根据归纳假设有：$\sigma\models\varphi_m$，即 $\sigma\models\varphi_{j+1}$.

④如果 $\varphi_{j+1}$ 是利用 $\rightarrow^+$ 规则而得到的公式，那么必有某个 $\varphi_m(m\leqslant j)$ 是由 Hyp 规则引入的，并且 $\varphi_j$ 是由 $\varphi_m$ 开始的子证明的最后一步. 因此，我们有 $\varphi_{j+1}=\varphi_m\rightarrow\varphi_j$. 而 $\varphi_j$ 所依赖的、由 Hyp 规则引入的公式，就是 $\varphi_m$ 再加上 $\varphi_{j+1}$ 所依赖的那些公式. 如果 $\sigma\not\models\varphi_{j+1}$，那么 $\sigma\models\varphi_m$ 并且 $\sigma\not\models\varphi_j$. 但此时 $\sigma$ 将满足 $\varphi_j$ 所依赖的所有公式，根据归纳假设得：$\sigma\models\varphi_j$，这是一个矛盾. 所以，$\sigma\models\varphi_{j+1}$.

⑤如果 $\varphi_{j+1}$ 是利用 $\rightarrow^-$ 规则而得到的公式，那么存在 $m_1,m_2\leqslant j$ 使得 $\varphi_{m_2}=(\varphi_{m_1}\rightarrow\varphi_{j+1})$，这里 $\varphi_{m_1}$，$\varphi_{m_2}$ 和 $\varphi_{j+1}$ 都属于一个子证明. 因此，$\varphi_{m_1}$，$\varphi_{m_2}$ 所依赖的、由 Hyp 规则引入的公式跟 $\varphi_{j+1}$ 所依赖的相同. 根据归纳假设有：$\sigma\models\varphi_{m_1}$ 和 $\sigma\models\varphi_{m_2}$. 如果 $\sigma\not\models\varphi_{j+1}$，那么由 $\sigma\models\varphi_{m_2}$ 必有 $\sigma\not\models\varphi_{m_1}$，这是一个矛盾. 所以，$\sigma\models\varphi_{j+1}$.

⑥如果 $\varphi_{j+1}$ 是利用 $\wedge^+$ 规则而得到的公式，那么在 $\varphi_{j+1}$ 所属的子证明中必有 $\varphi_{m_1}$，$\varphi_{m_2}(m_1,m_2\leqslant j)$，使得 $\varphi_{j+1}=(\varphi_{m_1}\wedge\varphi_{m_2})$，其中 $\varphi_{m_1}$ 和 $\varphi_{m_2}$ 所依赖的、由 Hyp 规则引入的公式都与 $\varphi_{j+1}$ 所依赖的相同. 根据归纳假设得：$\sigma\models\varphi_{m_1}$ 和 $\sigma\models\varphi_{m_2}$，所以 $\sigma\models(\varphi_{m_1}\wedge\varphi_{m_2})$，即 $\sigma\models\varphi_{j+1}$.

⑦如果 $\varphi_{j+1}$ 是利用 $\wedge^-$ 规则而得到的公式，那么必有某个公式 $\varphi$ 和自然数 $m(m\leqslant j)$，使得 $\varphi_m=(\varphi\wedge\varphi_{j+1})$ 或者 $\varphi_m=(\varphi_{j+1}\wedge\varphi)$，这里 $\varphi_m$ 和 $\varphi_{j+1}$ 同在一个子证明中. 因此，$\varphi_m$ 所依赖的、由 Hyp 规则引入的公式都与 $\varphi_{j+1}$ 所依赖的相同. 根据归纳假设得：$\sigma\models\varphi_m$，即 $\sigma\models(\varphi\wedge\varphi_{j+1})$ 或 $\sigma\models(\varphi_{j+1}\wedge\varphi)$，故：$\sigma\models\varphi_{j+1}$.

⑧如果 $\varphi_{j+1}$ 是利用 $\vee^+$ 规则而得到的公式，那么必有某个公式 $\varphi$ 和某个自然数 $m(m\leqslant j)$，使得 $\varphi_{j+1}=(\varphi_m\vee\varphi)$ 或者 $\varphi_{j+1}=(\varphi\vee\varphi_m)$，这里 $\varphi_m$ 和 $\varphi_{j+1}$ 同在一个子证明中. 因此，$\varphi_m$ 所依赖的、由 Hyp 规则引入的公式都与 $\varphi_{j+1}$ 所依赖的相同. 根据归纳假设有：$\sigma\models\varphi_m$，因此，$\sigma\models\varphi\vee\varphi_m$ 和 $\sigma\models\varphi_m\vee\varphi$，所以，$\sigma\models\varphi_{j+1}$.

⑨如果 $\varphi_{j+1}$ 是利用 $\vee^-$ 规则而得到的公式，那么一定存在公式 $\psi_1$，$\psi_2$ 和自然数 $m_1$，$m_2$ 和 $m_3(m_1,m_2,m_3\leqslant j)$，使得 $\varphi_{m_1}=\psi_1\vee\psi_2$，$\varphi_{m_2}=\psi_1\rightarrow\varphi_{j+1}$，$\varphi_{m_3}=\psi_2\rightarrow\varphi_{j+1}$；这里的 $\varphi_{m_1}$，$\varphi_{m_2}$，$\varphi_{m_3}$ 和 $\varphi_{j+1}$ 同在一个子证明中. 因此，$\varphi_{m_1}$，$\varphi_{m_2}$ 和 $\varphi_{m_3}$ 三者所依赖的、由 Hyp 规则引入的公式都跟 $\varphi_{j+1}$ 所依赖的相同. 根据归纳假设有：$\sigma\models\varphi_{m_1}$，$\sigma\models\varphi_{m_2}$ 和 $\sigma\models\varphi_{m_3}$. 如果 $\sigma\not\models\varphi_{j+1}$，那么由 $\varphi_{m_2}=\psi_1\rightarrow\varphi_{j+1}$ 和 $\varphi_{m_3}=\psi_2\rightarrow\varphi_{j+1}$ 知，$\sigma\not\models\psi_1$ 并且 $\sigma\not\models\psi_2$. 因此，$\sigma\not\models\psi_1\vee\psi_2$，即：$\sigma\not\models\varphi_{m_1}$. 这是一个矛盾，故 $\sigma\models\varphi_{j+1}$.

⑩如果 $\varphi_{j+1}$ 是用 $\leftrightarrow^+$ 规则而得到的公式，那么一定存在公式 $\varphi$，$\psi$ 和自然数

$m_1$ 和 $m_2(m_1, m_2 \leqslant j)$，使得 $\varphi_{m_1} = \varphi \to \psi, \varphi_{m_2} = \psi \to \varphi$，而且 $\varphi_{j+1} = \varphi \leftrightarrow \psi$；$\varphi_{m_1}, \varphi_{m_2}$ 和 $\varphi_{j+1}$ 同在一个子证明中. 因此 $\varphi_{m_1}$ 和 $\varphi_{m_2}$ 所依赖的、由 Hyp 规则引入的公式都与 $\varphi_{j+1}$ 所依赖的相同. 根据归纳假设有：$\sigma \vDash \varphi_{m_1}$ 和 $\sigma \vDash \varphi_{m_2}$. 因此，$\sigma \vDash (\varphi \to \psi)$ 和 $\sigma \vDash (\psi \to \varphi)$. 即 $\sigma \vDash \varphi \leftrightarrow \psi$. 于是，$\sigma \vDash \varphi_{j+1}$.

⑪如果 $\varphi_{j+1}$ 是利用 $\leftrightarrow^-$ 规则而得到的公式，那么存在自然数 $m_1$ 和 $m_2(m_1, m_2 \leqslant j)$，使得 $\varphi_{m_1} = (\varphi_{m_2} \leftrightarrow \varphi_{j+1})$ 或者 $\varphi_{m_1} = (\varphi_{j+1} \leftrightarrow \varphi_{m_2})$，而且 $\varphi_{m_1}, \varphi_{m_2}$ 和 $\varphi_{j+1}$ 同在一个子证明中. 因此，$\varphi_{m_1}$ 和 $\varphi_{m_2}$ 所依赖的、由 Hyp 规则引入的公式都与 $\varphi_{j+1}$ 所依赖的相同. 根据归纳假设有：$\sigma \vDash \varphi_{m_1}$ 和 $\sigma \vDash \varphi_{m_2}$. 因此，$\sigma \vDash \varphi_{m_2}$. 于是，$\sigma \vDash \varphi_{j+1}$.

⑫如果 $\varphi_{j+1}$ 是利用 $\neg$ 规则而得到的公式，那么一定存在某个公式 $\psi$ 和自然数 $m_1, m_2$ 和 $m_3(m_1, m_2, m_3 \leqslant j)$，使得 $\varphi_{m_1} = \neg \varphi_{j+1}, \varphi_{m_2} = \psi$ 而且 $\varphi_{m_3} = \neg \psi$. 由于公式 $\varphi_{m_1}$ 本身是由 Hyp 规则引入的，而 $\varphi_{m_2}, \varphi_{m_3}$ 所依赖的、由 Hyp 规则引入的公式就是 $\varphi_{m_1}$ 再加上 $\varphi_{j+1}$ 所依赖的那些公式. 如果 $\sigma \nvDash \varphi_{j+1}$，那么 $\sigma \vDash \neg \varphi_{j+1}$，即：$\sigma \vDash \varphi_{m_1}$. 因此，$\sigma$ 满足 $\varphi_{m_2}$ 和 $\varphi_{m_3}$ 所依赖的、由 Hyp 规则引入的公式. 根据归纳假设有：$\sigma \vDash \varphi_{m_2}$ 并且 $\sigma \vDash \varphi_{m_3}$，即：$\sigma \vDash \psi$ 和 $\sigma \vDash \neg \psi$，这是不可能的. 所以，$\sigma \vDash \varphi_{j+1}$.

至此，我们完成了归纳步骤的证明. 根据归纳法知，断言(*)式成立，从而(1)获证.

(2)的证明如下：

设 $\Phi \vdash_0 \alpha$，则 $\Phi$ 中含有有穷多个公式 $\varphi_0, \varphi_1, \cdots, \varphi_n$ 满足

$$\vdash_0 (\varphi_0 \to (\varphi_1 \to \cdots \to (\varphi_n \to \alpha))\cdots).$$

由(1)得

$$\vDash_0 (\varphi_0 \to (\varphi_1 \to \cdots \to (\varphi_n \to \alpha))\cdots).$$

因此，满足 $\varphi_0, \varphi_1, \cdots, \varphi_n$ 的任一真值赋值也一定满足 $\alpha$. 由于 $\varphi_0, \varphi_1, \cdots, \varphi_n$ 都属于 $\Phi$，因此满足 $\Phi$ 的真值赋值也满足 $\varphi_0, \varphi_1, \cdots, \varphi_n$，从而满足 $\alpha$. 所以，$\Phi \vDash_0 \alpha$.

## 第四节 完全性

完全性也是逻辑系统的一个重要的性质. 它表明：一个系统是(语义)完全的，如果系统中的所有真语句都是在系统中可证的. 即：如果 $\vDash_0 \alpha$，那么 $\vdash_0 \alpha$.

在本节中，我们将证明 FPC 系统的完全性. 由于 PC 系统与 FPC 系统等价，所以，在 PC 系统中，完全性也成立. 或者用类似于下面的方法，证明 PC 系统的完全性定理.

**定理 4.1**（完全性定理）　在 FPC 系统中，(1)如果 $\Phi \models_0 \alpha$，那么 $\Phi \vdash_0 \alpha$. (2)特别是，当 $\Phi = \varnothing$ 时，如果 $\models_0 \alpha$，那么 $\vdash_0 \alpha$.

因为 $\Phi \models_0 \alpha$，那么对任意的真值赋值 $\sigma$，若 $\sigma \models \Phi$，则 $\sigma \models \alpha$，即 $\sigma(\alpha)=1$. 即对任意的真值赋值 $\sigma$ 都不满足 $\Phi, \neg\alpha$. 由第四章第二节定理 2.2 的(1)知：$\Phi \vdash_0 \alpha$，当且仅当 $\Phi, \neg\alpha$ 不相容. 因此，要证明完全性定理，只需证以下结论：

如果 $\Phi$ 相容，那么 $\Phi$ 可满足.

这一结论又等价于：

如果 $\Phi$ 不可满足，那么 $\Phi$ 不相容.

由 $\Phi, \neg\alpha$ 不可满足可得：$\Phi, \neg\alpha$ 不相容. 再由第四章第二节定理 2.2 的(1)得：$\Phi \vdash_0 \alpha$. 于是，完全性定理获证.

根据上面的分析，我们只需构造一个真值赋值 $\sigma$，使得 $\sigma \models \Phi$. 为此，我们需要

**定义**　如果公式集 $\Phi$ 是相容的，但不是任一相容集的真子集，则称 $\Phi$ 是极大相容的.

**定理 4.2**　公式集 $\Phi$ 是极大相容的，当且仅当下面两个条件同时成立.

(1) $\Phi$ 相容；

(2)对任意的公式 $\alpha$，$\alpha \in \Phi$ 或者 $\neg\alpha \in \Phi$.

**证明**　如果 $\Phi$ 是极大相容的，由定义，(1)成立.

如果存在一个公式 $\alpha$，使得 $\alpha \notin \Phi$ 并且 $\neg\alpha \notin \Phi$，由极大相容的定义得：$\Phi, \alpha$ 和 $\Phi, \neg\alpha$ 都不相容. 再由第四章第二节定理 2.2 得：$\Phi \vdash_0 \alpha$ 并且 $\Phi \vdash_0 \neg\alpha$. 根据第四章第二节定义得：$\Phi$ 不相容，此与条件(1)矛盾. 故对任意公式 $\alpha$，$\alpha \in \Phi$ 或者 $\neg\alpha \in \Phi$.

反之，如果(1)和(2)成立，并假设 $\Phi$ 是 $\Psi$ 的真子集，令 $\alpha \in \Psi$ 且 $\alpha \notin \Phi$，根据(2)得，$\neg\alpha \in \Phi$，所以，$\neg\alpha \in \Psi$. 因此，$\Psi$ 不相容，故 $\Phi$ 是一极大相容集.

**定理 4.3**　如果 $\Phi$ 是极大相容的公式集，那么

(1) $\alpha \to \beta \in \Phi$，当且仅当，$\neg\alpha \in \Phi$ 或 $\beta \in \Phi$.

(2) $\alpha \wedge \beta \in \Phi$，当且仅当，$\alpha \in \Phi$ 且 $\beta \in \Phi$.

(3) $\alpha \vee \beta \in \Phi$，当且仅当，$\alpha \in \Phi$ 或 $\beta \in \Phi$.

(4) $\alpha \leftrightarrow \beta \in \Phi$，当且仅当，$\alpha \in \Phi$ 且 $\beta \in \Phi$ 或 $\alpha \notin \Phi$ 且 $\beta \notin \Phi$.

**证明**　(1)的证明：

因为 $\alpha \to \beta \in \Phi$，设 $\neg\alpha \notin \Phi$ 且 $\beta \notin \Phi$，那么由定义，$\Phi, \neg\alpha$ 和 $\Phi, \beta$ 皆不相容. 由第四章第二节定理 2.3 的(1)得：$\Phi$ 不相容. 此与已知矛盾. 故 $\neg\alpha \in \Phi$ 或 $\beta \in \Phi$.

反之，如果 $\neg\alpha \in \Phi$ 或 $\beta \in \Phi$，那么，由 $\Phi$ 的极大性可得：①$\alpha \notin \Phi$ 或 $\neg\beta \notin \Phi$；②$\Phi, \alpha, \neg\beta$ 不相容. 由第四章第二节定理 2.2(1)得：$\Phi, \alpha \vdash_0 \beta$. 再由第四章第一

节演绎的性质 11 得:$\Phi\vdash_0\alpha\rightarrow\beta$. 假设 $\alpha\rightarrow\beta\notin\Phi$,那么由定理 4.2 得:$\neg(\alpha\rightarrow\beta)\in\Phi$. 由第四章第一节演绎的性质 2 得:$\Phi\vdash_0\neg(\alpha\rightarrow\beta)$. 因此,$\Phi$ 不相容,矛盾. 故 $\alpha\rightarrow\beta\in\Phi$.

(2)的证明:

假设 $\alpha\notin\Phi$ 或 $\beta\notin\Phi$ 成立,由 $\Phi$ 的极大性可得:$\Phi,\alpha$ 或 $\Phi,\beta$ 不相容. 又 $\alpha\wedge\beta\in\Phi$,根据第四章第二节定理 2.4 得:$\Phi$ 不相容,矛盾. 故 $\alpha\in\Phi$ 且 $\beta\in\Phi$.

反之,如果 $\alpha\in\Phi$ 且 $\beta\in\Phi$,并设 $\alpha\wedge\beta\notin\Phi$,由 $\Phi$ 的极大性可得:$\neg(\alpha\wedge\beta)\in\Phi$,$\neg\alpha\notin\Phi$,$\neg\beta\notin\Phi$ 并且 $\Phi,\neg\alpha$ 及 $\Phi,\neg\beta$ 不相容. 由第四章第二节定理 2.4 得:$\Phi$ 不相容,矛盾. 故 $\alpha\wedge\beta\in\Phi$.

(3)的证明:

如果 $\alpha\notin\Phi$ 且 $\beta\in\Phi$,那么由 $\Phi$ 的极大性得:$\Phi,\alpha$ 及 $\Phi,\beta$ 均不相容. 又 $\alpha\vee\beta\in\Phi$,根据第四章第二节定理 2.5(1)得:$\Phi$ 不相容,矛盾. 故 $\alpha\in\Phi$ 或 $\beta\in\Phi$.

反之,如果 $\alpha\in\Phi$ 或 $\beta\in\Phi$,并且假设 $\alpha\vee\beta\notin\Phi$,由 $\Phi$ 的极大性可得:$\neg(\alpha\vee\beta)\in\Phi$,$\neg\alpha\notin\Phi$ 或 $\neg\beta\notin\Phi$ 并且 $\Phi,\neg\alpha$ 或 $\Phi,\neg\beta$ 不相容. 由第四章第二节定理 2.5(2)知:$\Phi$ 不相容,矛盾. 故 $\alpha\vee\beta\in\Phi$.

(4)的证明:

因为 $\alpha\leftrightarrow\beta\in\Phi$,假设"$\alpha\in\Phi$ 且 $\beta\in\Phi$ 或 $\alpha\notin\Phi$ 且 $\beta\notin\Phi$"不成立,得:$\alpha\in\Phi$且 $\beta\notin\Phi$ 或 $\alpha\notin\Phi$ 且 $\beta\in\Phi$ 成立. 由 $\Phi$ 的极大性可得:$\Phi,\neg\alpha$ 及 $\Phi,\beta$ 皆不相容或 $\Phi,\alpha$ 及 $\Phi,\neg\beta$ 皆不相容. 那么由第四章第二节定理2.6(1)得:$\Phi$ 不相容,矛盾. 故 $\alpha\in\Phi$ 且 $\beta\in\Phi$ 或 $\alpha\notin\Phi$ 且 $\beta\notin\Phi$.

反之,如果 $\alpha\leftrightarrow\beta\notin\Phi$,由 $\Phi$ 的极大性可得:$\neg(\alpha\leftrightarrow\beta)\in\Phi$,又 $\alpha\in\Phi$ 且 $\beta\in\Phi$ 或 $\alpha\notin\Phi$ 且 $\beta\notin\Phi$,那么 $\neg\alpha\notin\Phi$ 且 $\neg\beta\notin\Phi$ 或 $\alpha\notin\Phi$ 且 $\beta\notin\Phi$,所以,再由 $\Phi$ 的极大性可得:$\Phi,\neg\alpha,\beta$ 及 $\Phi,\alpha,\neg\beta$ 皆不相容. 由第四章第二节定理 2.6(2)得:$\Phi$ 不相容,矛盾. 故 $\alpha\leftrightarrow\beta\in\Phi$.

**定理 4.4** 如果 $\Phi$ 是一个相容的公式集,那么存在一个极大相容公式集 $\Psi$,使得 $\Phi\subseteq\Psi$.

**证明** 因为 $L_{FPC}$ 是可数的,所以 $W_0$ 也可数。于是,令 $L_{FPC}$ 的所有公式为:

$$\varphi_1,\varphi_2,\varphi_3,\cdots,\varphi_n,\cdots。$$

为了构造 $\Psi$,定义相容公式集链 $\Phi_n$ 如下:

(1)令 $\Phi_0=\Phi$;

(2)当 $n>0$ 时,令

$$\Phi_n=\begin{cases}\Phi_{n-1}\cup\{\varphi_n\}, & \text{如果 } \Phi_{n-1}\cup\{\varphi_n\}\text{相容}\\ \Phi_{n-1}, & \text{否则}\end{cases}$$

由定义知：$\Phi_n$ 相容，并且

$$\Phi=\Phi_0\subseteq\Phi_1\subseteq\Phi_2\subseteq\cdots\subseteq\Phi_n\subseteq\cdots$$

令 $\Psi=\bigcup_{n=0}^{\infty}\Phi_n$，则 $\Phi\subseteq\Psi$.

以下只需证 $\Psi$ 相容且极大相容.

首先，对 $\Psi$ 的任意有穷子集 $\Psi'$，必有某个 $n$，使得 $\Psi'\subseteq\Phi_n$. 因为 $\Phi_n$ 相容，由第四章第二节性质 1 得 $\Psi'$ 相容，再由性质 1 得 $\Psi$ 相容.

其次，设任意公式 $\varphi\notin\Psi$，并设 $\varphi$ 是 FPC 系统中第 $n$ 个公式，则 $\varphi\notin\Phi_n$. 由 $\Phi_n$ 的定义知：$\Phi_{n-1}\cup\{\varphi\}$ 不相容，因而 $\Psi\cup\{\varphi\}$ 也不相容. 所以，$\Psi$ 极大相容.

**定理 4.5**　如果 $\Phi$ 是一个相容的公式集，那么 $\Phi$ 是可满足的. 即存在一个满足 $\Phi$ 的真值赋值 $\sigma$.

**证明**　因为 $\Phi$ 相容，由定理 4.4 知：存在一个极大相容集 $\Psi$，使得 $\Phi\subseteq\Psi$.

现在，我们构造一个真值赋值 $\sigma$，满足对每个原子公式 $\alpha$ 有：

$$\sigma(\alpha)=1 \text{ 当且仅当 } \alpha\in\Psi. \qquad (*)$$

在这样的规定下，施归纳于 $\alpha$ 的结构证明：$(*)$式对每个公式 $\alpha$ 都成立.

(1)设 $\alpha$ 是原子公式，由$(*)$式得：

$$\sigma(\alpha)=1 \text{ 当且仅当 } \alpha\in\Psi.$$

(2)设 $\alpha=\neg\beta$，则

$\sigma(\alpha)=\sigma(\neg\beta)=1$ 当且仅当 $\sigma(\beta)=0$(由真值赋值的定义)；

当且仅当 $\beta\notin\Psi$(由归纳假设)；

当且仅当 $\neg\beta\in\Psi$(由 $\Psi$ 的极大性).

即 $\alpha\in\Psi$.

(3)设 $\alpha=\beta\wedge\gamma$，则

$\sigma(\alpha)=\sigma(\beta\wedge\gamma)=1$ 当且仅当 $\sigma(\beta)=1$ 且 $\sigma(\gamma)=1$

(真值赋值的定义)；

当且仅当 $\beta\in\Psi$ 且 $\gamma\in\Psi$(由归纳假设)；

当且仅当 $\beta\wedge\gamma\in\Psi$(由定理 4.3(2)).

即 $\alpha\in\Psi$.

(4)设 $\alpha=\beta\vee\gamma$，则

$\sigma(\alpha)=\sigma(\beta\vee\gamma)=1$ 当且仅当 $\sigma(\beta)=1$ 或 $\sigma(\gamma)=1$

(由真值赋值的定义)；

当且仅当 $\beta\in\Psi$ 或 $\gamma\in\Psi$(由归纳假设)；

当且仅当 $\beta\vee\gamma\in\Psi$(由定理 4.3(3)).

即 $\alpha\in\Psi$.

(5)设 $\alpha=\beta\to\gamma$,则

$\sigma(\alpha)=\sigma(\beta\to\gamma)=1$ 当且仅当 $\sigma(\beta)=0$ 或 $\sigma(\gamma)=1$

(真值赋值的定义);

当且仅当 $\beta\notin\Psi$ 或 $\gamma\in\Psi$(归纳假设);

当且仅当 $\neg\beta\in\Psi$ 或 $\gamma\in\Psi$($\Psi$ 的极大性);

当且仅当 $\beta\to\gamma\in\Psi$(由定理 4.3(1)).

即 $\alpha\in\Psi$.

(6)设 $\alpha=\beta\leftrightarrow\gamma$,则

$\sigma(\alpha)=\sigma(\beta\leftrightarrow\gamma)=1$ 当且仅当 $\sigma(\beta)=\sigma(\gamma)=1$ 或 $\sigma(\beta)=\sigma(\gamma)=0$

(由真值赋值的定义);

当且仅当 $\beta\in\Psi$ 且 $\gamma\in\Psi$ 或 $\beta\notin\Psi$ 且 $\gamma\notin\Psi$

(由归纳假设);

当且仅当 $\beta\leftrightarrow\gamma\in\Psi$(由定理 4.3(4)).

即 $\alpha\in\Psi$.

综上(1)~(6)得:对一切公式 $\alpha$,( * )式成立.由于 $\Phi\subseteq\Psi$,因此有 $\sigma\models\Phi$,即 $\Phi$ 是可满足的.

最后,关于定理 4.1 的证明:

因为 $\Phi\models_0\alpha$,所以,对任意的真值赋值 $\sigma$,若 $\sigma\models_0\Phi$,那么,$\sigma\models_0\alpha$,即 $\sigma(\alpha)=1$.所以,$\sigma(\neg\alpha)=0$.即:没有真值赋值可以满足 $\Phi\cup\{\neg\alpha\}$.由定理 4.5 得:$\Phi\cup\{\neg\alpha\}$ 不相容,由第四章第二节定理 2.3 得:$\Phi\vdash_0\alpha$.从而(1)获证.

当 $\Phi=\varnothing$ 时,即得(2).

## 第五节 独立性

本节我们将采用算术解释方法给出 PC 系统公理的独立性证明.

**定义 5.1** 一个公式集 $\Phi$ 是独立的,如果 $\Phi$ 中的每一个公式 $\alpha$ 都不能根据给定的推演规则从 $\Phi$ 中用其他公式推演出来.

这里需要注意:独立性就是不可推演性,并且独立性总是相对于给定的推理规则而言的.应用某些推理规则,不能推出公式 $\alpha$,应用另一些推理规则就可能推演出公式 $\alpha$.

或者说,公式 $\alpha$ 是独立于公式集 $\Phi$ 的,如果 $\alpha$ 和 $\neg\alpha$ 都不是 $\Phi$ 的推论,即:$\Phi$

$\nvdash_0 \alpha$ 并且 $\Phi \nvdash_0 \neg\alpha$. 由第四章定理 2.2 可得：$\Phi,\alpha$ 相容并且 $\Phi,\neg\alpha$ 也相容. 于是，就可以分别将 $\Phi,\alpha$ 和 $\Phi,\neg\alpha$ 扩充成极大相容的公式集，而每个极大相容的公式集都可满足(可参考第六章的第四节的相关内容). 因此，$\Phi,\alpha$ 可满足并且 $\Phi,\neg\alpha$ 也可满足. 于是，存在一个真值赋值 $\sigma$ 使得 $\sigma \models \Phi,\alpha$ 并且存在一个真值赋值 $\sigma'$ 使得 $\sigma' \models \Phi,\neg\alpha$. 对公理 $A_1,A_2,A_3,A_4$ 而言，因为 $A_1,A_2,A_3,A_4$ 都是重言式，所以对任意的真值赋值 $\sigma$，都有 $\sigma \models A_1,A_2,A_3,A_4$，即：$A_1,A_2,A_3,A_4$ 是可满足的. 因此，要证明公理 $A_1,A_2,A_3,A_4$ 之间的相互独立性，现在只需考虑下面四种情况：

1. 令 $\alpha = A_1, \Phi_1 = \{A_2,A_3,A_4\}$. 现在只需构造一个赋值 $\sigma_1$ 使得 $\sigma_1 \models A_2,A_3,A_4$ 并且 $\sigma_1 \not\models A_1$.

2. 令 $\alpha = A_2, \Phi_2 = \{A_1,A_3,A_4\}$. 现在只需构造一个赋值 $\sigma_2$ 使得 $\sigma_2 \models A_1,A_3,A_4$ 并且 $\sigma_1 \not\models A_2$.

3. 令 $\alpha = A_3, \Phi_3 = \{A_1,A_2,A_4\}$. 现在只需构造一个赋值 $\sigma_3$ 使得 $\sigma_3 \models A_1,A_2,A_4$ 并且 $\sigma_3 \not\models A_3$.

4. 令 $\alpha = A_4, \Phi_4 = \{A_1,A_2,A_3\}$. 现在只需构造一个赋值 $\sigma_4$ 使得 $\sigma_4 \models A_1,A_2,A_3$ 并且 $\sigma_1 \not\models A_4$.

以下是命题演算 PC 系统的诸公理的独立性证明.

公理 $A_1$ 的独立性是指：命题演算 PC 系统的公理 $A_1$ 不能从 PC 系统的其余公理 $A_2,A_3$ 和 $A_4$ 应用推理规则 MP 推演出来.

1. 公理 $A_1$ 的独立性证明

算术解释：

(1)命题变项 $p,q,r,s,p_1,\cdots$ 可有三个值 0,1 和 2.

(2)初始联结词的数值表如下：

| $\alpha$ | $\neg\alpha$ |
|---|---|
| 0 | 1 |
| 1 | 0 |
| 2 | 2 |

| $\alpha$ | $\beta$ | $\alpha\vee\beta$ |
|---|---|---|
| 0 | 0 | 0 |
| 0 | 1 | 0 |
| 0 | 2 | 0 |
| 1 | 0 | 0 |
| 1 | 1 | 1 |
| 1 | 2 | 2 |
| 2 | 0 | 0 |
| 2 | 1 | 2 |
| 2 | 2 | 0 |

(3)联结词→的数值表如下：

| $\alpha$ | $\beta$ | $\alpha\to\beta$ |
|---|---|---|
| 0 | 0 | 0 |
| 0 | 1 | 1 |
| 0 | 2 | 2 |
| 1 | 0 | 0 |
| 1 | 1 | 0 |
| 1 | 2 | 0 |
| 2 | 0 | 0 |
| 2 | 1 | 2 |
| 2 | 2 | 0 |

公理 $A_1$ 的数值表为：

| $\alpha$ | $\alpha\vee\alpha$ | $\alpha\vee\alpha\to\alpha$ |
|---|---|---|
| 0 | 0 | 0 |
| 1 | 1 | 0 |
| 2 | 0 | 2 |

公理 $A_2$ 的数值表为：

| $\alpha$ | $\beta$ | $\alpha\vee\beta$ | $\alpha\to\alpha\vee\beta$ |
|---|---|---|---|
| 0 | 0 | 0 | 0 |
| 0 | 1 | 0 | 0 |
| 0 | 2 | 0 | 0 |
| 1 | 0 | 0 | 0 |
| 1 | 1 | 1 | 0 |
| 1 | 2 | 2 | 0 |
| 2 | 0 | 0 | 0 |
| 2 | 1 | 2 | 0 |
| 2 | 2 | 0 | 0 |

公理 $A_3$ 的数值表为：

| $\alpha$ | $\beta$ | $\alpha\vee\beta$ | $\beta\vee\alpha$ | $\alpha\vee\beta\to\beta\vee\alpha$ |
|---|---|---|---|---|
| 0 | 0 | 0 | 0 | 0 |
| 0 | 1 | 0 | 0 | 0 |
| 0 | 2 | 0 | 0 | 0 |
| 1 | 0 | 0 | 0 | 0 |
| 1 | 1 | 1 | 1 | 0 |
| 1 | 2 | 2 | 2 | 0 |
| 2 | 0 | 0 | 0 | 0 |
| 2 | 1 | 2 | 2 | 0 |
| 2 | 2 | 0 | 0 | 0 |

公理 $A_4$ 的数值表为：

| $\alpha$ | $\beta$ | $\gamma$ | $\beta\to\gamma$ | $\alpha\vee\beta$ | $\alpha\vee\gamma$ | $\alpha\vee\beta\to\alpha\vee\gamma$ | $(\beta\to\gamma)\to(\alpha\vee\beta\to\alpha\vee\gamma)$ |
|---|---|---|---|---|---|---|---|
| 0 | 0 | 0 | 0 | 0 | 0 | 0 | 0 |
| 0 | 0 | 1 | 1 | 0 | 0 | 0 | 0 |
| 0 | 0 | 2 | 2 | 0 | 0 | 0 | 0 |
| 0 | 1 | 0 | 0 | 0 | 0 | 0 | 0 |
| 0 | 1 | 1 | 0 | 0 | 0 | 0 | 0 |
| 0 | 1 | 2 | 0 | 0 | 0 | 0 | 0 |
| 0 | 2 | 0 | 0 | 0 | 0 | 0 | 0 |
| 0 | 2 | 1 | 2 | 0 | 0 | 0 | 0 |
| 0 | 2 | 2 | 0 | 0 | 0 | 0 | 0 |
| 1 | 0 | 0 | 0 | 0 | 0 | 0 | 0 |
| 1 | 0 | 1 | 1 | 0 | 1 | 1 | 0 |
| 1 | 0 | 2 | 2 | 0 | 2 | 2 | 0 |
| 1 | 1 | 0 | 0 | 1 | 0 | 0 | 0 |
| 1 | 1 | 1 | 0 | 1 | 1 | 0 | 0 |
| 1 | 1 | 2 | 0 | 1 | 2 | 0 | 0 |
| 1 | 2 | 0 | 0 | 2 | 0 | 0 | 0 |
| 1 | 2 | 1 | 2 | 2 | 1 | 2 | 0 |
| 1 | 2 | 2 | 0 | 2 | 2 | 0 | 0 |
| 2 | 0 | 0 | 0 | 0 | 0 | 0 | 0 |
| 2 | 0 | 1 | 1 | 0 | 2 | 2 | 0 |
| 2 | 0 | 2 | 2 | 0 | 0 | 0 | 0 |
| 2 | 1 | 0 | 0 | 2 | 0 | 0 | 0 |
| 2 | 1 | 1 | 0 | 2 | 2 | 0 | 0 |
| 2 | 1 | 2 | 0 | 2 | 0 | 0 | 0 |
| 2 | 2 | 0 | 0 | 0 | 0 | 0 | 0 |
| 2 | 2 | 1 | 2 | 0 | 2 | 2 | 0 |
| 2 | 2 | 2 | 0 | 0 | 0 | 0 | 0 |

从以上数值表可以看出：公理 $A_2$，$A_3$ 和 $A_4$ 的数值常为 0，但公理 $A_1$ 的数值不常为 0. 从给定的→的数值表可以看出，当 $\alpha$ 和 $\alpha\to\beta$ 的数值皆为 0 时，$\beta$ 的值也是 0. 所以，如果 $\alpha$ 和 $\alpha\to\beta$ 的值常为 0，则 $\beta$ 的值也常为 0. 因此，应用分离规则从公理 $A_2$，$A_3$ 和 $A_4$ 只能得到其值常为 0 的公式，故公理 $A_1$ 不能从其他公理推出. 即：公理 $A_1$ 独立于公理 $A_2$，$A_3$ 和 $A_4$. 亦即：命题演算 PC 的公理 $A_1$ 不能从公理 $A_2$，$A_3$ 和 $A_4$ 应用推理规则 MP 推出.

2. 公理 $A_2$ 的独立性证明

算术解释：

(1)命题变项 $p,q,r,s,p_1,\cdots$ 可有三个值 0，1 和 2.

(2)初始联结词的数值表如下：

| $\alpha$ | $\neg\alpha$ |
|---|---|
| 0 | 1 |
| 1 | 0 |
| 2 | 2 |

| $\alpha$ | $\beta$ | $\alpha \vee \beta$ |
|---|---|---|
| 0 | 0 | 0 |
| 0 | 1 | 1 |
| 0 | 2 | 2 |
| 1 | 0 | 1 |
| 1 | 1 | 1 |
| 1 | 2 | 2 |
| 2 | 0 | 2 |
| 2 | 1 | 2 |
| 2 | 2 | 2 |

(3)联结词→的数值表如下：

| $\alpha$ | $\beta$ | $\alpha \to \beta$ |
|---|---|---|
| 0 | 0 | 0 |
| 0 | 1 | 1 |
| 0 | 2 | 2 |
| 1 | 0 | 0 |
| 1 | 1 | 0 |
| 1 | 2 | 1 |
| 2 | 0 | 0 |
| 2 | 1 | 0 |
| 2 | 2 | 0 |

公理 $A_1$ 的数值表为：

| $\alpha$ | $\alpha \vee \alpha$ | $\alpha \vee \alpha \to \alpha$ |
|---|---|---|
| 0 | 0 | 0 |
| 1 | 1 | 0 |
| 2 | 2 | 0 |

公理 $A_2$ 的数值表为：

| $\alpha$ | $\beta$ | $\alpha \vee \beta$ | $\alpha \to \alpha \vee \beta$ |
|---|---|---|---|
| 0 | 0 | 0 | 0 |
| 0 | 1 | 1 | 1 |
| 0 | 2 | 2 | 2 |
| 1 | 0 | 1 | 0 |
| 1 | 1 | 1 | 0 |
| 1 | 2 | 2 | 1 |
| 2 | 0 | 2 | 0 |
| 2 | 1 | 2 | 0 |
| 2 | 2 | 2 | 0 |

公理 $A_3$ 的数值表为：

| $\alpha$ | $\beta$ | $\alpha\vee\beta$ | $\beta\vee\alpha$ | $\alpha\vee\beta\to\beta\vee\alpha$ |
|---|---|---|---|---|
| 0 | 0 | 0 | 0 | 0 |
| 0 | 1 | 1 | 1 | 0 |
| 0 | 2 | 2 | 2 | 0 |
| 1 | 0 | 1 | 1 | 0 |
| 1 | 1 | 1 | 1 | 0 |
| 1 | 2 | 2 | 2 | 0 |
| 2 | 0 | 2 | 2 | 0 |
| 2 | 1 | 2 | 2 | 0 |
| 2 | 2 | 2 | 2 | 0 |

公理 $A_4$ 的数值表为：

| $\alpha$ | $\beta$ | $\gamma$ | $\beta\to\gamma$ | $\alpha\vee\beta$ | $\alpha\vee\gamma$ | $\alpha\vee\beta\to\alpha\vee\gamma$ | $(\beta\to\gamma)\to(\alpha\vee\beta\to\alpha\vee\gamma)$ |
|---|---|---|---|---|---|---|---|
| 0 | 0 | 0 | 0 | 0 | 0 | 0 | 0 |
| 0 | 0 | 1 | 1 | 0 | 1 | 1 | 0 |
| 0 | 0 | 2 | 2 | 0 | 2 | 2 | 0 |
| 0 | 1 | 0 | 0 | 1 | 0 | 0 | 0 |
| 0 | 1 | 1 | 0 | 1 | 1 | 0 | 0 |
| 0 | 1 | 2 | 1 | 1 | 2 | 1 | 0 |
| 0 | 2 | 0 | 0 | 2 | 0 | 0 | 0 |
| 0 | 2 | 1 | 0 | 2 | 1 | 0 | 0 |
| 0 | 2 | 2 | 0 | 2 | 2 | 0 | 0 |
| 1 | 0 | 0 | 0 | 1 | 1 | 0 | 0 |
| 1 | 0 | 1 | 1 | 1 | 1 | 0 | 0 |
| 1 | 0 | 2 | 2 | 1 | 2 | 1 | 0 |
| 1 | 1 | 0 | 0 | 1 | 1 | 0 | 0 |
| 1 | 1 | 1 | 0 | 1 | 1 | 0 | 0 |
| 1 | 1 | 2 | 1 | 1 | 2 | 1 | 0 |
| 1 | 2 | 0 | 0 | 2 | 1 | 0 | 0 |
| 1 | 2 | 1 | 0 | 2 | 1 | 0 | 0 |
| 1 | 2 | 2 | 0 | 2 | 2 | 0 | 0 |
| 2 | 0 | 0 | 0 | 2 | 2 | 0 | 0 |
| 2 | 0 | 1 | 1 | 2 | 2 | 0 | 0 |
| 2 | 0 | 2 | 2 | 2 | 2 | 0 | 0 |
| 2 | 1 | 0 | 0 | 2 | 2 | 0 | 0 |
| 2 | 1 | 1 | 0 | 2 | 2 | 0 | 0 |
| 2 | 1 | 2 | 1 | 2 | 2 | 0 | 0 |
| 2 | 2 | 0 | 0 | 2 | 2 | 0 | 0 |
| 2 | 2 | 1 | 0 | 2 | 2 | 0 | 0 |
| 2 | 2 | 2 | 0 | 2 | 2 | 0 | 0 |

由此可得：公理 $A_2$ 独立于公理 $A_1$、$A_3$ 和 $A_4$.

3. 公理 $A_3$ 的独立性证明

算术解释:

(1)命题变项 $p,q,r,s,p_1,\cdots$ 可有三个值 0,1 和 2.

(2)初始联结词的数值表如下:

| $\alpha$ | $\neg\alpha$ |
|---|---|
| 0 | 1 |
| 1 | 0 |
| 2 | 2 |

| $\alpha$ | $\beta$ | $\alpha\vee\beta$ |
|---|---|---|
| 0 | 0 | 2 |
| 0 | 1 | 1 |
| 0 | 2 | 0 |
| 1 | 0 | 2 |
| 1 | 1 | 2 |
| 1 | 2 | 1 |
| 2 | 0 | 2 |
| 2 | 1 | 0 |
| 2 | 2 | 2 |

(3)联结词→的数值表如下:

| $\alpha$ | $\beta$ | $\alpha\rightarrow\beta$ |
|---|---|---|
| 0 | 0 | 0 |
| 0 | 1 | 0 |
| 0 | 2 | 0 |
| 1 | 0 | 2 |
| 1 | 1 | 0 |
| 1 | 2 | 0 |
| 2 | 0 | 0 |
| 2 | 1 | 0 |
| 2 | 2 | 0 |

公理 $A_1$ 的数值表为:

| $\alpha$ | $\alpha\vee\alpha$ | $\alpha\vee\alpha\rightarrow\alpha$ |
|---|---|---|
| 0 | 2 | 0 |
| 1 | 2 | 0 |
| 2 | 2 | 0 |

公理 $A_2$ 的数值表为:

| $\alpha$ | $\beta$ | $\alpha\vee\beta$ | $\alpha\rightarrow\alpha\vee\beta$ |
|---|---|---|---|
| 0 | 0 | 2 | 0 |
| 0 | 1 | 1 | 0 |
| 0 | 2 | 0 | 0 |
| 1 | 0 | 2 | 0 |
| 1 | 1 | 2 | 0 |
| 1 | 2 | 1 | 0 |
| 2 | 0 | 2 | 0 |
| 2 | 1 | 0 | 0 |
| 2 | 2 | 2 | 0 |

公理 $A_3$ 的数值表为：

| $\alpha$ | $\beta$ | $\alpha \vee \beta$ | $\beta \vee \alpha$ | $\alpha \vee \beta \rightarrow \beta \vee \alpha$ |
|---|---|---|---|---|
| 0 | 0 | 2 | 2 | 0 |
| 0 | 1 | 1 | 2 | 0 |
| 0 | 2 | 0 | 2 | 0 |
| 1 | 0 | 2 | 1 | 0 |
| 1 | 1 | 2 | 2 | 0 |
| 1 | 2 | 1 | 0 | 2 |
| 2 | 0 | 2 | 0 | 0 |
| 2 | 1 | 0 | 1 | 0 |
| 2 | 2 | 2 | 2 | 0 |

公理 $A_4$ 的数值表为：

| $\alpha$ | $\beta$ | $\gamma$ | $\beta \rightarrow \gamma$ | $\alpha \vee \beta$ | $\alpha \vee \gamma$ | $\alpha \vee \beta \rightarrow \alpha \vee \gamma$ | $(\beta \rightarrow \gamma) \rightarrow (\alpha \vee \beta \rightarrow \alpha \vee \gamma)$ |
|---|---|---|---|---|---|---|---|
| 0 | 0 | 0 | 0 | 2 | 2 | 0 | 0 |
| 0 | 0 | 1 | 0 | 2 | 1 | 0 | 0 |
| 0 | 0 | 2 | 0 | 2 | 0 | 0 | 0 |
| 0 | 1 | 0 | 2 | 1 | 2 | 0 | 0 |
| 0 | 1 | 1 | 0 | 1 | 1 | 0 | 0 |
| 0 | 1 | 2 | 0 | 1 | 0 | 2 | 0 |
| 0 | 2 | 0 | 0 | 0 | 2 | 0 | 0 |
| 0 | 2 | 1 | 0 | 0 | 1 | 0 | 0 |
| 0 | 2 | 2 | 0 | 0 | 0 | 0 | 0 |
| 1 | 0 | 0 | 0 | 2 | 2 | 0 | 0 |
| 1 | 0 | 1 | 0 | 2 | 2 | 0 | 0 |
| 1 | 0 | 2 | 0 | 2 | 1 | 0 | 0 |
| 1 | 1 | 0 | 2 | 2 | 2 | 0 | 0 |
| 1 | 1 | 1 | 0 | 2 | 2 | 0 | 0 |
| 1 | 1 | 2 | 0 | 2 | 1 | 0 | 0 |
| 1 | 2 | 0 | 0 | 1 | 2 | 0 | 0 |
| 1 | 2 | 1 | 0 | 1 | 2 | 0 | 0 |
| 1 | 2 | 2 | 0 | 1 | 1 | 0 | 0 |
| 2 | 0 | 0 | 0 | 2 | 2 | 0 | 0 |
| 2 | 0 | 1 | 0 | 2 | 0 | 0 | 0 |
| 2 | 0 | 2 | 0 | 2 | 2 | 0 | 0 |
| 2 | 1 | 0 | 2 | 0 | 2 | 0 | 0 |
| 2 | 1 | 1 | 0 | 0 | 0 | 0 | 0 |
| 2 | 1 | 2 | 0 | 0 | 2 | 0 | 0 |
| 2 | 2 | 0 | 0 | 2 | 2 | 0 | 0 |
| 2 | 2 | 1 | 0 | 2 | 0 | 0 | 0 |
| 2 | 2 | 2 | 0 | 2 | 2 | 0 | 0 |

由此可得：公理 $A_3$ 独立于公理 $A_1$、$A_2$ 和 $A_4$.

4.公理 $A_4$ 的独立性证明

算术解释：

(1)命题变项 $p,q,r,s,p_1,\cdots$ 可取三个值 0,1 和 2.

(2)初始联结词的数值表如下：

| $\alpha$ | $\neg\alpha$ |
|---|---|
| 0 | 1 |
| 1 | 0 |
| 2 | 2 |

| $\alpha$ | $\beta$ | $\alpha\vee\beta$ |
|---|---|---|
| 0 | 0 | 0 |
| 0 | 1 | 1 |
| 0 | 2 | 2 |
| 1 | 0 | 1 |
| 1 | 1 | 1 |
| 1 | 2 | 2 |
| 2 | 0 | 2 |
| 2 | 1 | 2 |
| 2 | 2 | 2 |

(3)联结词→的数值表如下：

| $\alpha$ | $\beta$ | $\alpha\to\beta$ |
|---|---|---|
| 0 | 0 | 0 |
| 0 | 1 | 2 |
| 0 | 2 | 2 |
| 1 | 0 | 1 |
| 1 | 1 | 2 |
| 1 | 2 | 2 |
| 2 | 0 | 1 |
| 2 | 1 | 0 |
| 2 | 2 | 2 |

公理 $A_1$ 的数值表为：

| $\alpha$ | $\alpha\vee\alpha$ | $\alpha\vee\alpha\to\alpha$ |
|---|---|---|
| 0 | 0 | 0 |
| 1 | 1 | 2 |
| 2 | 2 | 2 |

公理 $A_2$ 的数值表为：

| $\alpha$ | $\beta$ | $\alpha\vee\beta$ | $\alpha\to\alpha\vee\beta$ |
|---|---|---|---|
| 0 | 0 | 0 | 0 |
| 0 | 1 | 1 | 2 |
| 0 | 2 | 2 | 2 |
| 1 | 0 | 1 | 2 |
| 1 | 1 | 1 | 2 |
| 1 | 2 | 2 | 2 |
| 2 | 0 | 2 | 2 |
| 2 | 1 | 2 | 2 |
| 2 | 2 | 2 | 2 |

公理 $A_3$ 的数值表为：

| $\alpha$ | $\beta$ | $\alpha\vee\beta$ | $\beta\vee\alpha$ | $\alpha\vee\beta\to\beta\vee\alpha$ |
|---|---|---|---|---|
| 0 | 0 | 0 | 0 | 0 |
| 0 | 1 | 1 | 1 | 2 |
| 0 | 2 | 2 | 2 | 2 |
| 1 | 0 | 1 | 1 | 2 |
| 1 | 1 | 1 | 1 | 2 |
| 1 | 2 | 2 | 2 | 2 |
| 2 | 0 | 2 | 2 | 2 |
| 2 | 1 | 2 | 2 | 2 |
| 2 | 2 | 2 | 2 | 2 |

公理 $A_4$ 的数值表为：

| $\alpha$ | $\beta$ | $\gamma$ | $\beta\to\gamma$ | $\alpha\vee\beta$ | $\alpha\vee\gamma$ | $\alpha\vee\beta\to\alpha\vee\gamma$ | $(\beta\to\gamma)\to(\alpha\vee\beta\to\alpha\vee\gamma)$ |
|---|---|---|---|---|---|---|---|
| 0 | 0 | 0 | 0 | 0 | 0 | 0 | 0 |
| 0 | 0 | 1 | 2 | 0 | 1 | 2 | 2 |
| 0 | 0 | 2 | 2 | 0 | 2 | 2 | 2 |
| 0 | 1 | 0 | 1 | 1 | 0 | 1 | 2 |
| 0 | 1 | 1 | 2 | 1 | 1 | 2 | 2 |
| 0 | 1 | 2 | 2 | 1 | 2 | 2 | 2 |
| 0 | 2 | 0 | 1 | 2 | 0 | 1 | 2 |
| 0 | 2 | 1 | 0 | 2 | 1 | 0 | 0 |
| 0 | 2 | 2 | 2 | 2 | 2 | 2 | 2 |
| 1 | 0 | 0 | 0 | 1 | 1 | 2 | 2 |
| 1 | 0 | 1 | 2 | 1 | 1 | 2 | 2 |
| 1 | 0 | 2 | 2 | 1 | 2 | 2 | 2 |
| 1 | 1 | 0 | 1 | 1 | 1 | 2 | 2 |
| 1 | 1 | 1 | 2 | 1 | 1 | 2 | 2 |
| 1 | 1 | 2 | 2 | 1 | 2 | 2 | 2 |
| 1 | 2 | 0 | 1 | 2 | 1 | 0 | 1 |
| 1 | 2 | 1 | 0 | 2 | 1 | 0 | 0 |
| 1 | 2 | 2 | 2 | 2 | 2 | 2 | 2 |
| 2 | 0 | 0 | 0 | 2 | 2 | 2 | 2 |
| 2 | 0 | 1 | 2 | 2 | 2 | 2 | 2 |
| 2 | 0 | 2 | 2 | 2 | 2 | 2 | 2 |
| 2 | 1 | 0 | 1 | 2 | 2 | 2 | 2 |
| 2 | 1 | 1 | 2 | 2 | 2 | 2 | 2 |
| 2 | 1 | 2 | 2 | 2 | 2 | 2 | 2 |
| 2 | 2 | 0 | 1 | 2 | 2 | 2 | 2 |
| 2 | 2 | 1 | 0 | 2 | 2 | 2 | 2 |
| 2 | 2 | 2 | 2 | 2 | 2 | 2 | 2 |

根据算术解释，公理 $A_1$，$A_2$ 和 $A_3$ 的值常为 0 或 2，推理规则也传递“等于 0 或 2”这一性质，但公理 $A_4$ 并不常“等于 0 或 2”. 当 $\alpha$ 取值 1、$\beta$ 取值 2、$\gamma$ 取值 0 时，公理 $A_4$ 的值为 1. 所以，公理 $A_4$ 独立于公理 $A_1$，$A_2$ 和 $A_3$.

**例 5.2**　(独立性)证明下面的语句独立于文件 Buridan's Sentences 中的语

句,即:这个语句和它的否定都不是那些语句的推论.

$$\exists x \exists y(x \neq y \wedge \mathrm{Tet}(x) \wedge \mathrm{Tet}(y) \wedge \mathrm{Medium}(x) \wedge \mathrm{Medium}(y))$$

要建立两个世界才能完成这个工作.其中在一个世界中使这个语句为假,在另一个世界中使这个语句为真.但是在这两个世界中都使所有的 Buridan's Sentences 中的语句为真.

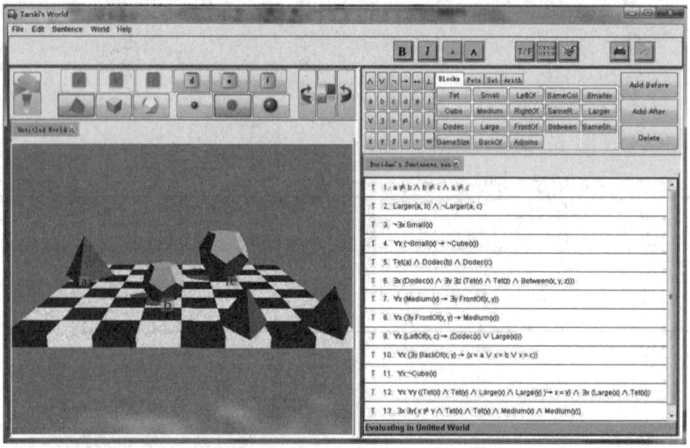


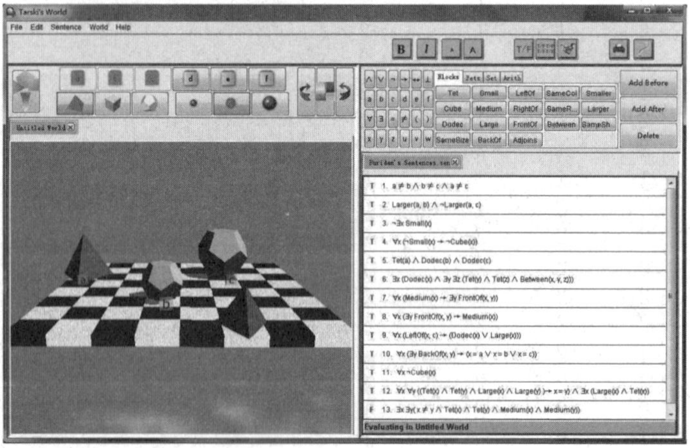

# 第五章　狭谓词逻辑

在命题逻辑中，起本质作用的是联结词.我们已在第三章中确定了常用联结词的意义和使用规则.在命题逻辑中，主要研究的是复合命题的逻辑性质和推理关系，复合命题是由简单命题和联结词组成的，它的真假由所含简单命题的真假和所含联结词的意义所确定.简单命题是命题逻辑的基本单位.在命题逻辑中，我们并不分析这些基本单位又具有怎样的逻辑特征和结构.因此，使得有些命题之间正确的推理关系(如：传统的三段论原则)在命题逻辑中得不到反映.例如：

所有金属都是导电体；

铁是金属；

所以，铁是导电体.

这是一个正确的推理.但是，在命题逻辑里，它的前提和结论只能处理成不同的简单命题，它的推理形式只能是：

$p$,

$q$,

所以，$r$.

即：$\{p,q\} \nvdash_0 r$.显然，这不是命题逻辑中正确的推理形式.但是，这个推理是正确的，它的正确性并不能在命题逻辑中表现出来.造成这一现象的原因就在于，这个推理的正确性依赖于前提和结论中所含命题的内部结构.因此，要表现这类推理的正确性，就必须建立新系统.在新系统中，首先要涉及简单命题的内部结构，即对简单命题作进一步分析.只有这样，才能揭示前提和结论在形式结构方面的联系，也才能认识这类推理的形式和规律.

本章讨论的狭谓词逻辑也是数理逻辑的基础部分.狭谓词逻辑将包含命题逻辑作为一个子系统.因此，在狭谓词逻辑中，前面关于复合命题的逻辑性质及其推理关系的讨论仍然成立.本章将对命题逻辑的基本单位——简单命题继续分解，分解出个体词、谓词(即关系词)和量词，从而揭示简单命题的形式结构，研究它们的逻辑性质和规律，使之能更深入、更广泛地表现实际推理过程.但这里的重点是研究量词的逻辑性质和关于它们的推理规律. 但是,在狭谓词逻辑中,量词只允许修饰个体变项,不允许修饰命题变项和谓词. 也就是说,在狭谓词逻辑中,我们只研究如下形式的公式:

$$\forall x Q(x),$$

不研究如下形式的公式:

$$\forall p(p\rightarrow p),$$

$$\forall Q\forall x(P(x)\wedge\neg P(x)).$$

这里 $p$ 是命题变项,$\forall$是全称量词,$x$ 是个体变项,$P$ 是一元谓词. 所以,称这样的谓词逻辑为狭谓词逻辑.

# 第一节 一阶语言

## 5.1.1 一阶语言概述

让我们先看下面的例子.

**例 1.1** 设集合 $A=\{1,2,\cdots,10\}$,考察下面的推理:

"$A$ 中的数皆大于零. 6 是 $A$ 中的数,所以 6 大于零."

如果用 $p_i$ 表示"$i\in A$",用 $q_i$ 表示:"$i>0$"($i=1,2,\cdots,10$). 上面的推理在命题演算 PC 中,可以化为下面正确的推理形式:

$$\{(p_1\rightarrow q_1)\wedge(p_2\rightarrow q_2)\wedge\cdots\wedge(p_{10}\rightarrow q_{10}),p_6\}\vdash_0 q_6.$$

若把 $A$ 改成全体自然数集或者正有理数的集合,那么上面的形式推理就遇到了麻烦,遇到了从有限的个体对象到无限的个体对象的转变. 为了建立新的形式化方法,我们需要下面的一些概念.

**定义 1.1** 某一语言环境中可能论及的每一件事物所组成的整体,叫做论域或者个体域. 论域中的元素叫个体;表示个体的符号叫个体词;表示某一论域中任意个体的符号叫个体变项;表示某一论域中一个特定个体的符号叫个体常项.

**例 1.2** 在集合论中,取全体集合作成的类 **V** 作为个体域,空集$\varnothing$就是其中的一个个体常项,对任意的 $x\in\mathbf{V}$,$x$(表示任意的集合)是一个个体变项. 我们还可以取自然数集 **N** 作为个体域,任意的 $n\in\mathbf{N}$,$n$(表示任意的自然数)是一个个体变项,0 是它的一个个体常项.

**例 1.3**　考虑下面的两个命题：

这个皮球是圆的.　(1)

周建人是鲁迅的弟弟.　(2)

在命题(1)中，如果令 $F$ 表示“……是圆的”这个性质，则 $F(x)$ 就表示“$x$ 是圆的”. 如果用 $a$ 表示“这个皮球”，那么 $F(a)$ 就表示“这个皮球是圆的”. 也就是说，命题(1)的形式表达式为 $F(a)$，这里，$F$ 是一个一元谓词，表示“圆”这种性质. $x$ 和 $a$ 是个体词，它们表示具有“圆”这种性质的个体. 其中 $x$ 是不固定的，因此，$x$ 是一个个体变项，$a$ 是固定的，$a$ 是一个个体常项.

在命题(2)中，如果令 $G$ 表示“……是……的弟弟”，则 $G(x,y)$ 表示“$x$ 是 $y$ 的弟弟”. 如果用 $a$ 表示“周建人”，用 $b$ 表示“鲁迅”，那么 $G(a,b)$ 就表示“周建人是鲁迅的弟弟”. 也就是说，命题(2)可以表示为 $G(a,b)$. 这里，$G$ 是一个二元谓词，表示“甲是乙的弟弟”这种关系，$x$，$y$ 和 $a$，$b$ 都是个体词. 其中 $x$ 和 $y$ 是个体变项，$a$ 和 $b$ 是个体常项.

**定义 1.2**　刻画一个个体性质的词称为一元谓词，刻画两个个体之间关系的词称为二元谓词. 一般地，刻画 $n$ 个个体之间关系的词称为 $n$ 元谓词.

与命题相比，谓词具有更强的表达能力：其一，谓词具有概括能力，但命题没有概括能力. 例如，为了表达：××是一种动物，则有多少动物就要用多少个命题来表示. 令

$p_1$ 表示：“老虎是一种动物”.

$p_2$ 表示：“河马是一种动物”.

$p_3$ 表示：“猩猩是一种动物”.

但是，这些命题只要用一个谓词 animal($x$)就可以了，其中 $x$ 可以是老虎、河马、猩猩，等等. 于是，上面三个命题又可以表示成：

$p_1$：animal(老虎).

$p_2$：animal(河马).

$p_3$：animal(猩猩).

其二，命题只能代表某种固定的情况，而谓词可以代表变化着的情况. 例如，设有两个命题 $p$ 和 $q$，$p$ 表示：“天津是一座城市”，$q$ 表示：“老虎是一座城市”. 那么 $p$ 是一个真命题，$q$ 是一个假命题. 但是，谓词值的真假却可以因参数而异. 如：city($x$). 同是一个谓词 city，当它的参数 $x$ 为天津时，city(天津)(即：天津是一座城市)是一个真命题；当参数 $x$ 为老虎时，city(老虎)(即：老虎是一座城市)是一个假命题.

其三，可以利用谓词在不同的知识之间建立联系. 例如，设Human($x$)表示：

“$x$ 是人”，Lawed($x$)表示：“$x$ 受法律管制”，则这两个谓词可以联结成一个更复杂的命题：Human($x$)→Lawed($x$). 它表示：“人人都要受法律的管制”.

值得注意的是：谓词或关系词是不能脱离个体词而独立存在的.

除了个体词和谓词以外，组成命题成分的还有量词.

**定义 1.3** 用来表示命题中数量的词叫量词.

在狭谓词逻辑中，常用的量词有全称量词和存在量词两种. 全称量词表示“所有的”或“任一个”等等. 存在量词表示“有的”或“存在”等等. 全称量词表示所有的个体都具有给定谓词所表示的性质或关系；存在量词表示存在(即至少有一个)个体具有给定谓词所表示的性质或关系。

通过以上分析可以看出，一个一阶语言 $L$ 除了包含命题语言 $L_0$ 的一切符号外，还要包括一些表示个体词、谓词和量词的符号.

### 5.1.2 一阶语言的字母表

**定义 1.4** 由一些符号形成的一个非空集称为一张字母表，记作 $A$ 或 $B$ 等.

例如，26 个大写英语字母组成的一张字母表为 $A'=\{A,B,C,\cdots,X,Y,Z\}$. 26 个小写英语字母组成的一张字母表为 $B=\{a,b,c,\cdots,x,y,z\}$. 又如，汉语拼音的声母组成的一张字母表 $C=\{b,p,m,\cdots,y,w\}$，汉语拼音的韵母组成的字母表 $D=\{a,o,e,\cdots,ong\}$. 集合$\{+,-,\times,\div,x,y,z,a,b,c\}$和集合$\{\in\}$也都是字母表.

**定义 1.5** 一阶语言 $L$ 的字母表为：

甲类：$v,v_0,v_1,v_2,\cdots$；

乙类：$T,F,\neg,\vee$；

丙类：$\forall$, $\exists$;

丁类：，,(,)；

戊类：对于每个大于等于 1 的自然数 $n$，$P_n,Q_n,R_n,\cdots$(可以没有)；

己类：$c,c_0,c_1,c_2,\cdots$(可以没有).

这里，甲类符号表示可数无穷多个个体变项；乙类符号表示逻辑联结词；丙类符号表示量词，其中 $\forall$为全称量词符号，$\exists$为存在量词符号；丁类符号是技术性符号，表示一对括号和一个逗号，它们起标点的作用；戊类符号表示无穷多个 $n$ 元谓词或关系符号；己类符号表示无穷多个个体常项.

约定：用 $A_0$ 表示甲～丁类符号中所有符号的集合，用 $S$ 表示戊类和己类中所有符号的集合. $S$ 可以是空集，并且 $A_0\cap S=\varnothing$，称 $A_S=A_0\cup S$为由 $S$ 所确定

的一个一阶语言 $L$ 的符号集.

对任何一个一阶语言 $L$ 来说，$A_0$ 都是不变的，所以甲～丁类符号又叫做逻辑符号. $S$ 是可变的，戊～己类符号又叫做非逻辑符号. 给定 $S$ 以后，也就确定了一个一阶语言 $L$. $S$ 不同，所确定的一阶语言也不同. 因此，我们将由符号集 $S$ 确定的一阶语言 $L$ 记作 $L_S$. 今后，我们说给定一个一阶语言 $L_S$，就是给定了 $L_S$ 的符号集 $S$. 需要注意的是，如果语言 $L_S$ 中有二元关系符号＝（等词），则也把它作为逻辑符号。

约定：用字母 $x,y,z,u,v,w,\cdots$（或加下标）表示语法变项，它们的值是任一个体变项；用字母 $F,G,H,P,Q,R,\cdots$（或加下标）表示语法变项，它们的值是任一（$n$ 元）谓词符号.

### 5.1.3　一阶公式

**定义 1.6**　设 $A$ 是一张字母表，由 $A$ 中的符号组成的有穷序列叫做 $A$ 上的符号串，简称 $A$ 上的串. $A$ 上的全部符号串的集合记成 $E(A)$.

**定义 1.7**　在一个符号串中出现的符号的个数（同一符号的重复出现按重复的次数计算），称为该符号串的长度. 空符号串，称为空串. 它的长度为 0. 由单独一个符号的一次出现组成的符号串，其长度为 1.

一个拼音语言，当它的字母表给定以后，人们就可以随意地对字母表中的字母进行排列，这样随意排列出来的符号序列，并不一定都有意义. 如：like，model，wuv，bxy 等都是英语字母表上的符号串，而 like 和 model 有意义，wuv 和 bxy 无意义. 又如：令字母表 $A=\{0,1,2,\cdots,9,+\}$，那么 $1+2$ 和 $9+3$ 等等所有有意义的算式都是 $A$ 上的符号串，而且还有许多无意义的符号串，如 $0+$，$++9$ 等.

于是，我们需要规定一些拼音规则，使得用这些规则排列出来的符号串有意义，即表示字或者表示一个有意义的语句. 对于一阶语言 $L$ 来说也是如此. 我们将规定一些规则，使得按我们的规则所形成的符号序列有意义，否则就无意义. 并称这样的符号序列是由 $S$ 确定的一阶语言 $L_S$ 的项或公式.

**定义 1.8**　$L_S$ 的形成规则：

甲：个体变项和 $S$ 中的个体常项统称为 $S$—项；

乙：如果 $t_0,t_1,\cdots,t_{n-1}$ 都是 $S$ 项，而 $R_n$ 是 $S$ 中的任一 $n$ 元谓词符号，那么 $R_n(t_0,t_1,\cdots,t_{n-1})$ 是一个 $S$—公式；

丙：如果 $\alpha$ 是 $S$—公式，那么 $\neg\alpha$ 也是；

丁：如果 $\alpha$ 和 $\beta$ 都是 $S$—公式，那么 $(\alpha\vee\beta)$ 也是；

戊:如果 $\alpha$ 是一个 $S$—公式,而 $x$ 是一个个体变项,那么 $\forall x\alpha$ 和 $\exists x\alpha$ 都是 $S$—公式;

己:$E(A_S)$中的符号串是 $S$—公式,当且仅当该符号串可由上述规则乙~戊的有穷多次运用而得.

当 $S$ 在上下文中显然或不重要时,我们也常把 $S$—项和 $S$—公式分别简称为项和公式. $S$ 项用 $t$ 或加下标表示。

当 $S$—公式的全体组成的集合记作 $W_S$ 或 $L_S$ 或 $W$. 其中,由规则乙形成的 $S$—公式 $R(t_0, t_1, \cdots, t_{n-1})$称为原子公式,按规则丙形成的公式$\neg\alpha$ 叫做 $\alpha$ 的否定式. 由规则丁形成的公式$(\alpha \vee \beta)$称为 $\alpha$ 和 $\beta$ 的析取式,由规则戊形成的公式 $\forall x\alpha$ 和 $\exists x\alpha$ 分别称为 $\alpha$ 的全称式和存在式,这里的 $x$ 为量化变项,而符号串 $x\alpha$ 为初始符号 $\forall$和 $\exists$的辖域.

为经济起见,我们只给出了两个二元联结词。因此,现在我们谈论或使用符号$\wedge$或$\rightarrow$等都没有意义. 为了使用方便,现在我们将通过定义引入其他联结词.

**定义 1.9**

定义甲:$(\alpha \wedge \beta)$被定义为$\neg(\neg\alpha \vee \neg\beta)$.

定义乙:$(\alpha \rightarrow \beta)$被定义为$(\neg\alpha \vee \beta)$.

定义丙:$(\alpha \leftrightarrow \beta)$被定义为$((\alpha \rightarrow \beta) \wedge (\beta \rightarrow \alpha))$.

现在,我们可以将等式左端的式子看成等式右端式子的缩写.

下面是 $S$—公式的一些例子.

**例 1.4** 将命题“2 是偶数”和“郑州在开封和洛阳之间”写成 $S$—公式.

**解** 令 $P(v)$表示“$v$ 是偶数”,这里 $P$ 是一个一元谓词,即性质,$v$ 是个体变项;令 $Q(v_0, v_1, v_2)$表示“$v_0$ 在 $v_1$ 和 $v_2$ 之间”,这里 $Q$ 是一个三元谓词(或关系词),$v_0$,$v_1$ 和 $v_2$ 是个体变项,则 $P(2)$和 $Q$(郑州,开封,洛阳)分别表示“2 是偶数”和“郑州在开封和洛阳之间”,这里“2”、“郑州”、“开封”和“洛阳”都是个体常项.

这里值得注意的是:命题“2 是偶数”,在命题逻辑中原本是一个简单命题,可记作 $p$. 但是,在狭谓词逻辑中,我们又对它作了进一步分析. 把它表示成原子公式 $P(2)$. 因此,所有的简单命题都可以表示成原子公式. 由此可得:命题公式集 $W_0$ 是一阶公式集 $W$ 的一个子集. 即:$W_0 \subseteq W$.

**例 1.5** 将命题“对任一自然数,都有一个比它大的素数”表示成一阶公式.

**解** 令 $\forall x$ 表示:“任一 $x$”,$\exists y$ 表示:“有一 $y$”,$P_1(x)$表示:“$x$ 是自然数”,$Q_1(y)$表示:“$y$ 是素数”,$R(x, y)$表示“$y$ 大于 $x$”,原命题可以表示为以下 $S$—公式:

$$\forall x(P_1(x)\rightarrow \exists y(Q_1(y)\wedge R(x,y))).$$

**例 1.6**　把论断："世上决没有无缘无故的爱，也没有无缘无故的恨"表达成一阶公式的形式.

**解**　最简单的表示方法是用一个单个的命题变项来表示，如：

$$p$$

从推理的角度看，我们还应该把这个论断的表示形式再细分. 在这个意义上，上述命题起码可以再细分为：

$$\text{没有无缘无故的爱}\wedge\text{没有无缘无故的恨} \tag{1}$$

(1)式已被分解为两个命题.

$$\neg\text{存在无缘无故的爱}\wedge\neg\text{存在无缘无故的恨} \tag{2}$$

(2)式把否定词分析了出来.

$$\neg\exists x(\text{无缘无故的爱}(x))\wedge\neg\exists y(\text{无缘无故的恨}(y)) \tag{3}$$

(3)式把存在量词分析了出来.

$$\neg\exists x(\text{爱}(x)\wedge\text{无缘无故}(x))\wedge\neg\exists y(\text{恨}(y)\wedge\text{无缘无故}(y)) \tag{4}$$

(4)式把爱和恨的概念分析了出来.

$$\neg\exists x(\text{爱}(x)\wedge\neg\text{有缘故}(x))\wedge\neg\exists y(\text{恨}(y)\wedge\neg\text{有缘故}(y)) \tag{5}$$

(5)式把缘故的否定词分析了出来.

$$\neg\exists x(\text{爱}(x)\wedge\neg\exists y\,\text{缘故}(x,y))\wedge\neg\exists z(\text{恨}(z)\wedge\neg\exists x_1\,\text{缘故}(z,x_1)) \tag{6}$$

(6)式又把"$A$ 是 $B$ 的原因"这个概念中的 $A$ 和 $B$ 分解了出来.

**例 1.7**　令 $S=\{R\}$，$R$ 是一个二元关系符号，下面的三个符号串都是 $S$—公式：

(1) $\forall v_0\, R(v_0,v_0)$；

(2) $\forall v_0\,\forall v_1(R(v_0,v_1)\rightarrow R(v_1,v_0))$；

(3) $\forall v_0\,\forall v_1\,\forall v_2(R(v_0,v_1)\wedge R(v_1,v_2)\rightarrow R(v_0,v_2))$.

**解**　(1)说明每一个体与其自身有 $R$ 关系. 也就是说，$R$ 具有自返性；(2)说明如果一个个体与另一个体有 $R$ 关系，则后一个体也与前一个体有 $R$ 关系. 也就是说，$R$ 具有对称性；(3)说明如果个体 $v_0$ 与个体 $v_1$ 有 $R$ 关系而个体 $v_1$ 与个体 $v_2$ 也有 $R$ 关系，则个体 $v_0$ 与个体 $v_2$ 也有 $R$ 关系. 也就是说，$R$ 具有传递性. 因此，这三个公式刻画了第一章中等价关系理论中的三条公理. 即：$R$ 是一个等价关系. 这里的 $R(x,y)$ 通常记成 $xRy$.

**例 1.8**　令 $S=\{R,=\}$，$R$ 和 $=$ 都是二元关系符号，下面的符号串是 $S$—公式：

(1) $\forall v_0 R(v_0,v_0)$；

(2) $\forall v_0 \forall v_1 (R(v_0, v_1) \land R(v_1, v_0) \to (v_0 = v_1))$;

(3) $\forall v_0 \forall v_1 \forall v_2 (R(v_0, v_1) \land R(v_1, v_2) \to R(v_0, v_2))$.

**解** (1)说明 $R$ 是自返的;(2)说明 $R$ 是反对称的;(3)说明 $R$ 是传递的.因此,这三个公式恰好刻画了第一章中偏序关系理论中的三条公理,即 $R$ 是一个偏序关系.这里的 $R(x,y)$ 通常也记成 $xRy$.

一阶语言 $L_S$ 是我们的研究对象.在研究它们时,我们要使用汉语和一些数学符号来进行讨论.因此,前者是对象语言,后者是元语言.这一点我们必须注意区分.

类似于第三章第二节的定理,要想证明 $L_S$ 中每个公式都具有某个性质 $\varphi$,我们只要证明下面的定理.

**定理** $L_S$ 中的一切 $S$—公式均具有性质 $\varphi$,如果满足:

(1)每个形如 $R(t_0, t_1, \cdots, t_{n-1})$ 的 $S$—公式有性质 $\varphi$;

(2)如果 $S$—公式 $\alpha$ 有性质 $\varphi$,则 $\neg\alpha$ 亦然;

(3)如果 $S$—公式 $\alpha$ 和 $\beta$ 都有性质 $\varphi$,则 $(\alpha \lor \beta)$ 也有性质 $\varphi$;

(4)如果 $S$—公式 $\alpha$ 有性质 $\varphi$ 并且 $x$ 是一个个体变项,则 $\forall x\alpha$ 和 $\exists x\alpha$ 也都有性质 $\varphi$.

用这种方法证明关于公式的一些结论时,我们说施归纳于公式的结构.这种证明的思想是归纳法的思想.同样,如果在 $L_S$ 上定义一个概念,如映射,也可施归纳于公式的结构,只要完成下面的四步即可:

第一步,对各个原子公式指派真值;

第二步,如果已经对 $\alpha$ 指派了真值,然后确定 $\neg\alpha$ 的真值;

第三步,如果已经对 $\alpha$ 和 $\beta$ 指定了真值,然后确定 $(\alpha \lor \beta)$ 的真值;

第四步:如果对 $\alpha$ 指定了真值,然后确定 $\forall x\alpha$ 和 $\exists x\alpha$ 的真值.

这种定义方式也称作公式上的归纳定义.作为这种证明方法的运用,我们来完成下面引理 1.1 的证明.

**引理 1.1** 每个 $S$—公式所含的左括号的个数等于其中所含右括号的个数.

**证明** $\alpha$ 有性质 $\varphi$,当且仅当,$\alpha$ 中所含左括号的个数等于其中所含右括号的个数.

施归纳于公式的结构.

(1)每个形如 $R(t_0, t_1, \cdots, t_{n-1})$ 的 $S$—公式中,只有一个左括号和一个右括号.因此,结论成立.

(2)设结论对 $S$—公式 $\alpha$ 成立,即 $\alpha$ 中左括号的个数等于右括号的个数.根据定义 1.8 丙可知,$\neg\alpha$ 所含括号数与 $\alpha$ 所含括号数完全相同,因此结论对 $\neg\alpha$

也成立.

(3)设结论对 $S$—公式 $\alpha$ 和 $\beta$ 都成立.根据定义 1.8 丁可知,$S$—公式$(\alpha\vee\beta)$中所含左括号数是 $\alpha$ 中的左括号个数加上 $\beta$ 中的左括号个数再加 1,而$(\alpha\vee\beta)$中所含右括号数是 $\alpha$ 中的右括号个数加上 $\beta$ 中的右括号个数再加 1.由假设可知:$\alpha$ 中的左括号数等于 $\alpha$ 中的右括号数,$\beta$ 中的左括号数等于 $\beta$ 中的右括号数.因此,结论对 $S$—公式$(\alpha\vee\beta)$成立.

(4)设结论对 $S$—公式 $\alpha$ 成立.由于 $x$ 是个体变项.根据定义 1.8 戊可知,$S$—公式 $\forall x\alpha$ 和 $\exists x\alpha$ 中所含左括号数都是 $\alpha$ 中左括号数,它们所含的右括号数都是 $\alpha$ 中右括号数,由假设可知:$\alpha$ 中所含左括号数等于 $\alpha$ 中所含右括号数.因此,结论对 $S$—公式 $\forall x\alpha$ 和 $\exists x\alpha$ 成立.

**定义 1.10**　设 $S$ 是任意的符号集,对于 $E(A_S)$中的任一个符号串 $s$,我们规定 $s$ 的权,记作 $w(s)$,如下:

$w(()=w())=(,)=w(\neg)=w(\top)=w(\bot)=0$,

$w(x)=w(c)=-1$,

$w(\vee)=w(\forall)=w(\exists)=1$,

$w(R)=n-1$(这里 $R$ 是 $S$ 中的一个 $n$ 元关系符号),

$w(s)=s$ 中所含符号的权的总和.

如:$w(R(t_0,t_1,\cdots,t_{n-1}))=(n-1)+n\cdot(-1)=-1$.

**定义 1.11**　设 $s$ 是一个符号串,如果 $s$ 可以写成 $s_0s_1$,那么称 $s_0$ 为 $s$ 的始段,并称 $s_1$ 为 $s$ 的终段.当 $s_0$ 或 $s_1$ 不是空串时,称 $s_0$ 是 $s$ 的真始段,$s_1$ 是 $s$ 的真终段.

**引理 1.2**　任一公式的权是$-1$.但是,它的真始段的权数都大于等于 0.

**证明**　证明留给读者去做.

由引理 1.2 可知,对任意的公式 $\alpha$ 和 $\alpha'$,$\alpha$ 不能是 $\alpha'$的一个真始段.利用这一点,我们可以证明每一个公式有且仅有下列各种形式之一:$R(t_0,t_1,\cdots,t_{n-1})$,$\neg\alpha$,$(\alpha\vee\beta)$,$\forall x\alpha$ 和 $\exists x\alpha$.

**定义 1.12**　对于任一公式 $\alpha$,$\alpha$ 的全体子公式 $\mathrm{sub}(\alpha)$定义如下:

(1)$\mathrm{sub}(R(t_0,t_1,\cdots,t_{n-1}))=\{R(t_0,t_1,\cdots,t_{n-1})\}$;

(2)$\mathrm{sub}(\neg\alpha)=\{\neg\alpha\}\cup\mathrm{sub}(\alpha)$;

(3)$\mathrm{sub}((\alpha\vee\beta))=\{\alpha\vee\beta\}\cup\mathrm{sub}(\alpha)\cup\mathrm{sub}(\beta)$;

(4)$\mathrm{sub}(\forall x\alpha)=\{\forall x\alpha\}\cup\mathrm{sub}(\alpha)$,

$\mathrm{sub}(\exists x\alpha)=\{\exists x\alpha\}\cup\mathrm{sub}(\alpha)$.

由此可得:

$\mathrm{sub}((\alpha\wedge\beta))=\{\alpha\wedge\beta\}\cup\mathrm{sub}(\alpha)\cup\mathrm{sub}(\beta)$,

$\mathrm{sub}((\alpha\rightarrow\beta))=\{\alpha\rightarrow\beta\}\cup\mathrm{sub}(\alpha)\cup\mathrm{sub}(\beta)$,

$\mathrm{sub}((\alpha\leftrightarrow\beta))=\{\alpha\leftrightarrow\beta\}\cup\mathrm{sub}(\alpha)\cup\mathrm{sub}(\beta)$.

### 5.1.4　约束变项和自由变项

**定义 1.13**　如果个体变项的某个出现不受量词的管辖，那么称该出现是自由的，否则称为约束的.

在一个公式中，一个个体变项的出现既可以是自由的又可以是约束的. 例如，令 $S=\{R\}$，在下面的 $S$—公式

$$\forall x(R(x,y)\wedge\exists yR(y,x))\vee\exists z\neg R(x,z)$$

中，有 $x,y,z$ 三个个体变项，$x$ 的前三次出现都是约束的，最后一次出现是自由的；而 $y$ 的第一次出现是自由的，后两次出现都是约束的，$z$ 的两次出现均为约束的.

**定义 1.14**　如果个体变项 $x$ 在公式 $\alpha$ 中至少有一次自由出现，我们就说 $x$ 在 $\alpha$ 中自由出现，$x$ 称为 $\alpha$ 的自由变项.

**定义 1.15**　对于任一公式 $\alpha$，$\alpha$ 的全体自由变项，记作 $\mathrm{free}(\alpha)$，如下：

(1) $\mathrm{var}(x)=\{x\}$，$\mathrm{var}(c)=\varnothing$；

(2) $\mathrm{free}(R_n(t_0,t_1,\cdots,t_{n-1}))=\mathrm{var}(t_0)\cup\mathrm{var}(t_1)\cup\cdots\cup\mathrm{var}(t_{n-1})$；

(3) $\mathrm{free}(\neg\alpha)=\mathrm{free}(\alpha)$；

(4) $\mathrm{free}((\alpha\vee\beta))=\mathrm{free}(\alpha)\cup\mathrm{free}(\beta)$；

(5) $\mathrm{free}(\forall x\alpha)=\mathrm{free}(\alpha)-\{x\}$，$\mathrm{free}(\exists x\alpha)=\mathrm{free}(\alpha)-\{x\}$.

由定义 1.14 可得：

$$\mathrm{free}((\alpha\wedge\beta))=\mathrm{free}(\alpha)\cup\mathrm{free}(\beta),$$

$$\mathrm{free}((\alpha\rightarrow\beta))=\mathrm{free}(\alpha)\cup\mathrm{free}(\beta),$$

$$\mathrm{free}((\alpha\leftrightarrow\beta))=\mathrm{free}(\alpha)\cup\mathrm{free}(\beta).$$

**例 1.9**　求 $\mathrm{free}(\forall x(R(x,y)\wedge\exists yR(y,x))\vee\exists z\neg R(x,z))$.

**解**　$\mathrm{free}(\forall x(R(x,y)\wedge\exists yR(y,x))\vee\exists z\neg R(x,z))$

$=\mathrm{free}(\forall x(R(x,y)\wedge\exists yR(y,x)))\cup\mathrm{free}(\exists z\neg R(x,z))$

$=(\mathrm{free}(R(x,y)\wedge\exists yR(y,x))-\{x\})\cup$

$(\mathrm{free}(\neg R(x,z))-\{z\})$

$=((\mathrm{free}(R(x,y))\cup(\mathrm{free}(R(y,x))-\{y\}))-\{x\})\cup$

$(\mathrm{var}(x)\cup\mathrm{var}(z)-\{z\})$

$=((\mathrm{var}(x)\cup\mathrm{var}(y))\cup(\mathrm{var}(y)\cup\mathrm{var}(x)-\{y\}))-\{x\})\cup$

$$\begin{aligned}&(\{x\}\cup\{z\}-\{z\})\\&=(\{x,y\}\cup\{x\}-\{x\})\cup\{x\}\\&=\{y\}\cup\{x\}=\{x,y\}.\end{aligned}$$

因此，只有 $x,y$ 是所给公式的自由变项.

**定义 1.16**　不含自由变项的公式叫闭公式.

例如，公式 $\forall x(R(x,y)\rightarrow\forall yP(y))$ 不是闭公式，因为 $y$ 的第一次出现是自由出现；公式 $\forall x(R(x,c)\rightarrow\forall yP(y))$ 是闭公式.

从原子公式出发，应用逻辑联结词规则和量词规则，我们就可以构造出无穷多各种各样的一阶公式. 现在，我们将一阶语言 $L_S$ 的所有公式列举如下：

第 0 层：$T,F,p,q,r,\cdots$

$P(x),Q(x,y),R(x,y,z),\cdots$

第 1 层：$\neg T,\neg F,\neg p,\neg q,\neg r,\cdots$

$\neg P(x),\neg Q(x,y),\neg R(x,y,z),\cdots$

$p\vee P(x),P(x)\vee R(x,y,z),q\vee r,\cdots$

$\forall xP(x),\exists xQ(x,y),\exists yQ(x,y),\cdots$

第 2 层：$\neg\neg T,\neg\neg F,\neg\neg p,\neg\neg q,\neg\neg r,\cdots$

$\neg\neg P(x),\neg\neg Q(x,y),\neg\neg R(x,y,z),\cdots$

$\neg(p\vee P(x)),\neg(P(x)\vee R(x,y,z)),\neg(q\vee r),\cdots$

$\forall xP(x)\vee\exists xQ(x,y),\cdots$

$\forall x\exists yQ(x,y),\cdots$

$\vdots$

第 $n+1$ 层：$\neg\alpha$，其中：$\alpha$ 是第 $n$ 层的公式；

$(\alpha\vee\beta)$，其中：$\alpha$ 是第 $n$ 层的公式，$\beta$ 是低于第 $n$ 层的公式；

$\forall x\alpha,\exists x\alpha$，其中：$\alpha$ 是第 $n$ 层的公式，$x$ 在 $\alpha$ 中自由.

### 5.1.5　练习

1. 选择适当的符号，把下列语句翻译成一阶语言的语句.

(1)凡事物都是发展变化的.

(2)凡有理数都等于一个分数.

(3)凡实数均能比较大小.

(4)有的事物是有新陈代谢的.

(5)有的自然数是素数.

(6)所有参观者欣赏每一件展品.

(7)所有参观者欣赏一些展品.

(8)有的参观者欣赏每一件展品.

(9)有些参观者欣赏一些展品.

(10)人人都要尊重教师.

(11)并不是每个班的学生都喜欢这门课.

(12)有些学生喜欢下棋好的老师.

(13)张三打败了所有的对手.

(14)所有对手都打败了张三.

2.用自然语言描述下面的一阶公式:

(1) $\exists v_1 \forall v_2(\neg R(N_1, N_2))$;

(2) $\forall v_1 \exists v_2 \forall v_3(R(v_2, v_3) \leftrightarrow \forall v_4(R(v_3, v_4) \to R(v_1, v_4)))$;

(3) $\forall v_1 \exists v_2 \forall v_3(R(v_2, v_3) \leftrightarrow \exists v_4(R(v_1, v_4) \wedge R(v_4, v_3)))$.

这里的 $R(x,y)$表示 $y \in x$.

3.判断以下符号序列是否一阶公式:

(1) $\forall x(P(x) \wedge Q(x))$;

(2) $\exists x R(x,y) \vee P$;

(3) $P(x) \to Q(x,y)$;

(4) $\forall x \forall x(P(x) \vee Q(x))$;

(5) $\forall x \neg(P(x) \wedge \exists y(Q(z) \wedge R(x,z)))$;

(6) $\exists x(P(x) \wedge \neg \exists y(Q(y) \wedge R(x,y)))$;

(7) $P(c) \vee \forall x P(x) \wedge Q(w)$;

(8) $\exists x \exists y(A(x) \wedge B(y))$.

4.指出下列公式中量词的辖域(即量词的约束范围),指明哪些个体变项是约束出现,哪些是自由出现.

(1) $R(x,y) \to R(y,x) \wedge \forall y Q(y)$;

(2) $\forall x(P(x) \to \exists y(R(x,y) \wedge Q(y)))$;

(3) $\exists x(P(x) \to Q(x)) \to (P(y) \to Q(y))$;

(4) $\forall y(R(x,y) \wedge Q(y)) \vee \forall x P(x)$;

(5) $\forall x \exists y R(x,y) \to \exists y R(z,y)$;

(6) $\exists x P(x) \vee \exists x R(x,y) \to P(y) \vee \forall x P(x,y)$;

(7) $\exists x \forall y R(y,x,z) \to \exists z R(y,x,z)$;

(8) $\forall x \exists y R(x,y) \wedge \exists z R(z,y,x)$.

5.求上题中各公式 $\alpha$ 的 sub 和 free.

6. 试用 ∀和 ¬ 定义 ∃,试用 ∃和 ¬ 定义 ∀.

7. 给定符号集 $S$,对于 $A_S$ 中任意符号序列 $X$,规定 $X$ 的权数$w(X)$如下:

$w(()=w())=w(,)=w(\neg)=w(\top)=w(\bot)=0$,

$w(x)=w(c)=-1$,

$w(\vee)=w(\wedge)=w(\rightarrow)=w(\leftrightarrow)=w(\forall)=w(\exists)=1$,

$w(R_n)=n-1$(这里 $R_n$ 是 $X$ 中的一个 $n$ 元关系符号),

$w(X)=X$ 中所含符号的权的总和.

施归纳于公式的结构,证明任一公式的权等于$-1$.但是,它的真始段的权都大于等于 0.(注:设 $X,Y,Z$ 都是符号序列,若 $X=YZ$,则称 $Y$ 是 $X$ 的一个始段;若 $Z$ 非空,则称 $Y$ 是 $X$ 的真始段.)

## 第二节　谓词演算的公理系统

本节目的是研究一组一阶公式之间的相互关系.例如,如何由某些一阶公式的真假推出另一些一阶公式的真假.这给了我们从某些知识推出另一些知识,或者从知识的某种表示方式推出另一种表示方式的手段.建立一阶公式之间关系的方法,就是使用一些联结词(或称运算符号)或量词,把单个的一阶公式组合成较复杂的一阶公式,并按固定的规则进行运算.这又被称为谓词演算.

作为谓词演算的出发点,通常是给定一组永真的公式,并称它们为公理集.再给定一组推导规则,其中每个规则可以把一个永真公式变成另一个永真公式.如果公理集和推导规则集都是有限的,或者虽然公理集是无限的,但它是若干个公理模式,则此公理集和推导规则集在一起就构成一个谓词演算的公理系统.由公理集出发,经过推导规则的推演而得到的公式一定是永真式.

谓词演算系统可以用各种方式来建构.这里,我们将在第三章第三节命题演算的公理系统 PC 的基础上,构造一个一阶谓词演算的公理系统 QC,也称它为希尔伯特型系统.但是,最早的谓词演算系统是 1879 年弗雷格建立的.1910 年怀特海和罗素纠正了弗雷格系统中的一些缺陷.本书的谓词演算系统的公理和推理规则如下.

### 5.2.1　演绎的基础

1. QC 的公理(模式)

$A_1$:$\alpha\vee\alpha\rightarrow\alpha$;

$A_2$:$\alpha \to \alpha \vee \beta$;

$A_3$:$\alpha \vee \beta \to \beta \vee \alpha$;

$A_4$:$(\beta \to \gamma) \to ((\alpha \vee \beta) \to (\alpha \vee \gamma))$;

$A_5$:$\forall x\alpha(x) \to \alpha(y)$;

$A_6$:$\alpha(y) \to \exists x\alpha(x)$.

前四条公理从形式上讲同命题演算 PC 系统中的公理(模式)一样,后两条是新增加的关于量词的公理(模式).其中 $A_5$ 是关于全称量词的,它说明:"如果一切个体都具有性质 $\alpha$,则某一特定的个体 $y$ 也具有性质 $\alpha$."$A_6$ 是关于存在量词的,它说明:"如果某个特定的个体 $y$ 具有性质 $\alpha$,则存在一个个体 $x$ 具有性质 $\alpha$."

2. QC 的推理规则

$R_1$:由 $\alpha(y/x) \to \beta$ 可得 $\exists x\alpha(x) \to \beta$,这里的 $y$ 不在 $\exists x\alpha(x)$ 和 $\beta$ 中自由出现.

$R_2$:由 $\alpha \to \beta(y/x)$ 可得 $\alpha \to \forall x\beta(x)$,这里的 $y$ 不在 $\forall x\beta(x)$ 和 $\alpha$ 中自由出现.

$R_3$:由 $\alpha$ 和 $\alpha \to \beta$ 可得 $\beta$.

注:这里 $\alpha(y/x)$ 是将 $\alpha$ 中所含 $x$ 都换为 $y$ 的结果,$\beta(y/x)$ 同样.

前两条推理规则是新增加的.$R_1$ 叫做关于前件的存在规则,$R_2$ 叫做关于后件的概括规则.这里需要注意的是:在这个演绎系统中,有些推理规则看起来是显然的,但我们绝不可因此而掉以轻心,认为似乎规则多一个少一个没有关系.须知逻辑推理是一件极其严格的事情,不能只依靠直觉,直觉往往会欺骗我们.我们已经看到,这个系统中的规则 $R_1$ 和 $R_2$ 是加了限制的.如果不加说明,很难看出某些规则需要加这样或那样的限制,这就是直觉的欺骗性.在和涉及量词的运算打交道时,特别要注意这个问题.演绎系统必须十分严格的第二个原因,是因为我们希望把相当一部分逻辑推理的工作交给计算机去做(这个希望现在已经实现).然而,计算机是没有直觉的,它只能一步一步死板地去做,即所谓机械化运算.因此,除了规定的变换规则以外,不允许它做任何其他的变换.所以严格的逻辑系统必须设计得使计算机能照办才行.(见文献[20])

现在,从总体上来说,一个狭谓词逻辑的公理系统 QC 已经建立起来了.下面,我们将第三章 3.3.2 节中 $\Phi \vdash_0 \alpha$ 和 $\vdash_0 \alpha$ 的定义推广到 QC 系统中.

**定义 2.1** 满足下面两个条件之一的公式所组成的有穷公式序列 $\varphi_1, \varphi_2, \cdots, \varphi_n$ 称为本系统的一个证明:

(1)$\varphi_i (i=1,2,\cdots,n)$是公理之一;或

(2)是由序列中排在前面的一个或两个公式运用推理规则得到的.

证明的有穷公式序列的最后一个公式 $\varphi_n$,如果是 $\alpha$,称该证明是公式 $\alpha$ 的一

个证明，或说 $\alpha$ 在 QC 系统中是可证的，记作 $\vdash \alpha$，并称 $\alpha$ 是 QC 系统的一个定理.

一般情况下，我们有如下的定义：

**定义 2.2**　设 $\alpha$ 是任一公式，$\Phi$ 是任一公式集. 如果存在一个有穷的公式序列，其末项是公式 $\alpha$，而且该序列中的每个公式或是一个公理，或是属于 $\Phi$，或是由排在前面的一个或两个公式应用推理规则得到的，那么称公式 $\alpha$ 是从公式集 $\Phi$ 可演绎的，记作 $\Phi \vdash \alpha$，当 $\Phi = \varnothing$ 时，即 $\vdash \alpha$.

### 5.2.2　谓词演算

谓词演算的公理系统 QC 建立以后，运用它的公理和推理规则，能生成无穷多条定理. 但是，本节中，我们只给出 QC 系统中常用的，有关量词的一些可证公式及其证明.

由于命题演算系统 PC 是一阶谓词演算系统 QC 的一个子系统，因此，PC 的定理也都是 QC 的定理，并且在 PC 的定理中，用 $L$ 公式替换后的结果，也都是 QC 的定理.（不妨设 $\alpha$ 是 PC 的定理并且 $\alpha'$ 是在 $\alpha$ 中用 $L$ 公式替换后的结果，那么 $\alpha$ 在 PC 中就有一个证明. 根据这个证明，我们可以构造一个 $\alpha'$ 的证明.）特别地，由于 FPC 系统和 PC 系统是等价的，所以，在证明中，我们也可以把 FPC 系统中的定理作为 QC 系统中已证的定理来使用.

QC 系统有下面的定理：

1. $\vdash \forall x(P(x) \vee \neg P(x))$.

2. $\vdash \forall x P(x) \to \exists x P(x)$.

**证明**　定理 1 被称为一阶谓词逻辑的排中律.

关于定理 1 的证明：

①$P(x) \vee \neg P(x)$　（QC 定理）

②$P(x) \vee \neg P(x) \to (p \vee \neg p \to P(x) \vee \neg P(x))$　（QC 定理）

③$p \vee \neg p \to P(x) \vee \neg P(x)$　（①，②，$R_3$）

④$p \vee \neg p \to \forall x(P(x) \vee \neg P(x))$　（③，$R_2$）

⑤$p \vee \neg p$　（QC 定理）

⑥$\forall x(P(x) \vee \neg P(x))$　（④，⑤，$R_3$）

关于定理 2 的证明：

①$\forall x P(x) \to P(y)$　（$A_5$）

②$P(y) \to \exists x P(x)$　（$A_6$）

③$(\forall x P(x) \to P(y)) \to ((P(y) \to \exists x P(x)) \to$

$(\forall xP(x)\to\exists xP(x)))$ (QC 定理)

④$(p(y)\to\exists xP(x))\to(\forall xP(x)\to\exists xP(x))$ (①,③,$R_3$)

⑤ $\forall xP(x)\to\exists xP(x)$ (②,④,$R_3$)

QC 系统有下面的定理:

3. $\vdash\forall x(P(x)\wedge Q(x))\to\forall xP(x)\wedge\forall xQ(x)$.

4. $\vdash\forall xP(x)\wedge\forall xQ(x)\to\forall x(P(x)\wedge Q(x))$.

5. $\vdash\forall x(P(x)\wedge Q(x))\leftrightarrow\forall xP(x)\wedge\forall xQ(x)$.

6. $\vdash\forall x(P(x)\to Q(x))\to(\forall xP(x)\to\forall xQ(x))$.

7. $\vdash\forall x(P(x)\leftrightarrow Q(x))\to(\forall xP(x)\leftrightarrow\forall xQ(x))$.

8. $\vdash\forall xP(x)\vee\forall xQ(x)\to\forall x(P(x)\vee Q(x))$.

**证明** 关于定理 3 的证明:

① $\forall x(P(x)\wedge Q(x))\to P(y)\wedge Q(y)$ (QC 定理)

②$P(y)\wedge Q(y)\to P(y)$ (QC 定理)

③$(\forall x(P(x)\wedge Q(x))\to P(y)\wedge Q(y))\to$
$((P(y)\wedge Q(y)\to P(y))\to(\forall x(P(x)\wedge Q(x))\to P(y)))$ (QC 定理)

④ $\forall x(P(x)\wedge Q(x))\to P(y)$ (①,②,③,$R_3$)

⑤ $\forall x(P(x)\wedge Q(x))\to\forall xP(x)$ (④,$R_2$)

⑥$P(y)\wedge Q(y)\to Q(y)$ (QC 定理)

⑦$(\forall x(P(x)\wedge Q(x))\to P(y)\wedge Q(y))\to((P(y)\wedge Q(y)\to$
$Q(y))\to(\forall x(P(x)\wedge Q(x))\to Q(y))$ (QC 定理)

⑧ $\forall x(P(x)\wedge Q(x))\to Q(y)$ (①,⑥,⑦,$R_3$)

⑨ $\forall x(P(x)\wedge Q(x))\to\forall xQ(x)$ (⑧,$R_2$)

⑩$(\forall x(P(x)\wedge Q(x))\to\forall xP(x))\wedge(\forall x(P(x)\wedge Q(x))\to$
$\forall xQ(x))\to(\forall x(P(x)\wedge Q(x))\to\forall xP(x)\wedge\forall xQ(x))$ (QC 定理)

⑪$(\forall x(P(x)\wedge Q(x))\to\forall xP(x))\to(\forall x(P(x)\wedge Q(x))\to$
$\forall xQ(x))\to(\forall x(P(x)\wedge Q(x))\to\forall xP(x))\wedge$
$(\forall x(Q(x)\wedge Q(x))\to\forall xQ(x))$ (QC 定理)

⑫$(\forall x(P(x)\wedge Q(x))\to\forall xP(x))\wedge(\forall x(P(x)\wedge Q(x))\to$
$\forall xQ(x))$ (⑤,⑨,⑪,$R_3$)

⑬ $\forall x(P(x)\wedge Q(x))\to\forall xP(x)\wedge\forall xQ(x)$ (⑫,⑩,$R_3$)

关于定理 4 的证明:

① $\forall xP(x)\to P(y)$ ($A_5$)

② $\forall xQ(x)\to Q(y)$ ($A_5$)

③ $(\forall xP(x)\to P(y))\wedge(\forall xQ(x)\to Q(y))\to$
$(\forall xP(x)\wedge\forall xQ(x)\to P(y)\wedge Q(y))$ (QC 定理)

④ $(\forall xP(x)\to P(y))\to(\forall xQ(x)\to Q(y))\to$
$(\forall xP(x)\to P(y))\wedge(\forall xQ(x)\to Q(y))$ (QC 定理)

⑤ $(\forall xP(x)\to P(y))\wedge(\forall xQ(x)\to Q(y))$ (①,②,④,$R_3$)

⑥ $\forall xP(x)\wedge\forall xQ(x)\to P(y)\wedge Q(y)$ (⑤,③,$R_3$)

⑦ $\forall xP(x)\wedge\forall xQ(x)\to\forall x(P(x)\wedge Q(x))$ (⑥,$R_2$)

关于定理 5 的证明：

① $\forall x(P(x)\wedge Q(x))\to\forall xP(x)\wedge\forall xQ(x)$ (QC 定理)

② $\forall xP(x)\wedge\forall xQ(x)\to\forall x(P(x)\wedge Q(x))$ (QC 定理)

③ $(\forall x(P(x)\wedge Q(x))\to\forall xP(x)\wedge\forall xQ(x))\wedge(\forall xP(x)\wedge\forall xQ(x)\to\forall x$
$(P(x)\wedge Q(x)))\to(\forall x(P(x)\wedge Q(x))\leftrightarrow\forall xP(x)\wedge\forall xQ(x))$ (QC 定理)

④ $(\forall x(P(x)\wedge Q(x))\to\forall xP(x)\wedge\forall xQ(x))\to$
$(\forall xP(x)\wedge\forall xQ(x)\to\forall x(P(x)\wedge Q(x)))\to$
$(\forall x(P(x)\wedge Q(x))\to\forall xP(x)\wedge\forall xQ(x))\wedge(\forall xP(x)\wedge\forall xQ(x)\to\forall x$
$(P(x)\wedge Q(x))$ (QC 定理)

⑤ $(\forall x(P(x)\wedge Q(x))\to\forall xP(x)\wedge\forall xQ(x))\wedge(\forall xP(x)\wedge\forall xQ(x)\to\forall x$
$(P(x)\wedge Q(x)))$ (①,②,④,$R_3$)

⑥ $\forall x(P(x)\wedge Q(x))\leftrightarrow\forall xP(x)\wedge\forall xQ(x)$ (⑤,③,$R_3$)

关于定理 6 的证明：

① $\forall xP(x)\to P(y)$ ($A_5$)

② $\forall x(P(x)\to Q(x))\to(P(y)\to Q(y))$ ($A_5$)

③ $(\forall x(P(x)\to Q(x))\to(P(y)\to Q(y)))\to(P(y)\to\forall x(P(x)\to Q(x))\to Q$
$(y))$ (QC 定理)

④ $P(y)\to\forall x(P(x)\to Q(x))\to Q(y)$ (②,③,$R_3$)

⑤ $(\forall xP(x)\to P(y))\to((P(y)\to\forall x(P(x)\to Q(x))\to Q(y))\to(\forall xP(x)\to$
$\forall x(P(x)\to Q(x))\to Q(y))$ (QC 定理)

⑥ $\forall xP(x)\to\forall x(P(x)\to Q(x))\to Q(y)$ (①,④,⑤,$R_3$)

⑦ $(\forall xP(x)\to\forall x(P(x)\to Q(x))\to Q(y))\to$
$(\forall xP(x)\wedge\forall x(P(x)\to Q(x))\to Q(y))$ (QC 定理)

⑧ $\forall xP(x)\wedge\forall x(P(x)\to Q(x))\to Q(y)$ (⑥,⑦,$R_3$)

⑨ $\forall xP(x)\wedge\forall x(P(x)\to Q(x))\to\forall xQ(x)$ (⑧,$R_2$)

⑩ $(\forall xP(x)\wedge\forall x(P(x)\to Q(x))\to\forall xQ(x))\to$

$(\forall x(P(x)\to Q(x))\to(\forall xP(x)\to\forall xQ(x)))$ (QC 定理)

⑪ $\forall x(P(x)\to Q(x))\to(\forall xP(x)\to\forall xQ(x))$ (⑨,⑩,$R_3$)

关于定理 7 的证明:

① $\forall x((P(x)\to Q(x))\land(Q(x)\to P(x)))\to\forall x(P(x)\to Q(x))\land\forall x(Q(x)\to P(x))$ (定理 3)

即:$\forall x(P(x)\leftrightarrow Q(x))\to\forall x(P(x)\to Q(x))\land\forall x(Q(x)\to P(x))$

② $\forall x(P(x)\to Q(x))\land\forall x(Q(x)\to P(x))\to\forall x(P(x)\to Q(x))$ (QC 定理)

③ $\forall x(P(x)\to Q(x))\to(\forall xP(x)\to\forall xQ(x))$ (定理 6)

④ $(\forall x(P(x)\to Q(x))\land\forall x(Q(x)\to P(x))\to\forall x(P(x)\to Q(x)))\to((\forall x(P(x)\to Q(x))\to(\forall xP(x)\to\forall xQ(x)))\to(\forall x(P(x)\to Q(x))\land\forall x(Q(x)\to P(x))\to\forall xP(x)\to\forall xQ(x)))$ (QC 定理)

⑤ $\forall x(P(x)\to Q(x))\land\forall x(Q(x)\to P(x))\to(\forall xP(x)\to\forall xQ(x))$ (②,③,④,$R_3$)

⑥ $\forall x(P(x)\leftrightarrow Q(x))\to(\forall xP(x)\to\forall xQ(x))$ (定理 5,⑤,$R_3$)

同理可证:

⑦ $\forall x(P(x)\leftrightarrow Q(x))\to(\forall xQ(x)\to\forall xP(x))$

⑧ $((\forall x(P(x)\leftrightarrow Q(x)))\to(\forall xP(x)\to\forall xQ(x)))\to(\forall x(P(x)\leftrightarrow Q(x))\to(\forall xQ(x)\to\forall xP(x)))\to(\forall x(P(x)\leftrightarrow Q(x))\to(\forall xP(x)\to\forall xQ(x))\land(\forall xQ(x)\to\forall xP(x)))$

(QC 定理)

⑨ $\forall x(P(x)\leftrightarrow Q(x))\to(\forall xP(x)\to\forall xQ(x))\land(\forall xQ(x)\to\forall xP(x))$

(⑧,⑥,⑦,$R_3$)

⑩ $\forall x(P(x)\leftrightarrow Q(x))\to(\forall xP(x)\leftrightarrow\forall xQ(x))$ (⑨,定义 1.9 丙)

关于定理 8 的证明:

① $P(x)\to P(x)\lor Q(x)$ ($A_2$)

② $(P(x)\to P(x)\lor Q(x))\to(p\lor\neg p\to(P(x)\to P(x)\lor Q(x)))$ (QC 定理)

③ $p\lor\neg p\to(P(x)\to P(x)\lor Q(x))$ (①,②,$R_3$)

④ $p\lor\neg p\to\forall x(P(x)\to P(x)\lor Q(x))$ (③,$R_2$)

⑤ $p\lor\neg p$ (QC 定理)

⑥ $\forall x(P(x)\to P(x)\lor Q(x))$ (④,⑤,$R_3$)

⑦ $\forall x(P(x)\to P(x)\lor Q(x))\to(\forall xP(x)\to\forall x(P(x)\lor Q(x)))$ (定理 6)

⑧ $\forall xP(x)\rightarrow\forall x(P(x)\vee Q(x))$ (⑥,⑦,$R_3$)

同理可证：

⑨ $\forall xQ(x)\rightarrow\forall x(P(x)\vee Q(x))$

⑩ $(\forall xP(x)\rightarrow\forall x(P(x)\vee Q(x)))\rightarrow$

$(\forall xQ(x)\rightarrow\forall x(P(x)\vee Q(x)))\rightarrow$

$(\forall xP(x)\vee\forall xQ(x)\rightarrow\forall x(P(x)\vee Q(x)))$ (QC 定理)

⑪ $\forall xP(x)\vee\forall xQ(x)\rightarrow\forall x(P(x)\vee Q(x))$ (⑧,⑨,⑩,$R_3$)

QC 系统有下面的定理：

9. $\vdash\exists xP(x)\rightarrow\neg\forall x\neg P(x)$.

10. $\vdash\neg\forall x\neg P(x)\rightarrow\exists xP(x)$.

11. $\vdash\exists xP(x)\leftrightarrow\neg\forall x\neg P(x)$.

12. $\vdash\exists x\neg P(x)\rightarrow\neg\forall xP(x)$.

13. $\vdash\neg\exists x\neg P(x)\rightarrow\forall xP(x)$.

14. $\vdash\neg\exists xP(x)\rightarrow\forall x\neg P(x)$.

**证明** 关于定理 9 的证明：

① $\forall x\neg P(x)\rightarrow\neg P(y)$ ($A_5$)

② $(\forall x\neg P(x)\rightarrow\neg P(y))\rightarrow(\neg\neg P(y)\rightarrow\neg\forall x\neg P(x))$ (QC 定理)

③ $\neg\neg P(y)\rightarrow\neg\forall x\neg P(x)$ (①,②,$R_3$)

④ $P(y)\rightarrow\neg\neg P(y)$ (QC 定理)

⑤ $(P(y)\rightarrow\neg\neg P(y))\rightarrow((\neg\neg P(y)\rightarrow\neg\forall x\neg P(x))\rightarrow$

$(P(y)\rightarrow\neg\forall x\neg P(x)))$ (QC 定理)

⑥ $P(y)\rightarrow\neg\forall x\neg P(x)$ (③,④,⑤,$R_3$)

⑦ $\exists xP(x)\rightarrow\neg\forall x\neg P(x)$ (⑥,$R_1$)

关于定理 10 的证明：

① $P(y)\rightarrow\exists xP(x)$ ($A_6$)

② $(P(y)\rightarrow\exists xP(x))\rightarrow(\neg\exists xP(x)\rightarrow\neg P(y))$ (QC 定理)

③ $\neg\exists xP(x)\rightarrow\neg P(y)$ (①,②,$R_3$)

④ $\neg\exists xP(x)\rightarrow\forall x\neg P(x)$ (③,$R_2$)

⑤ $(\neg\exists xP(x)\rightarrow\forall x\neg P(x))\rightarrow(\neg\forall x\neg P(x)\rightarrow\neg\neg\exists xP(x))$ (QC 定理)

⑥ $\neg\forall x\neg P(x)\rightarrow\neg\neg\exists xP(x)$ (④,⑤,$R_3$)

⑦ $\neg\neg\exists xP(x)\rightarrow\exists xP(x)$ (QC 定理)

⑧ $(\neg\forall x\neg P(x)\rightarrow\neg\neg\exists xP(x))\rightarrow(\neg\neg\exists xP(x)\rightarrow\exists xP(x))\rightarrow(\neg\forall x\neg P$

$(x)\rightarrow\exists xP(x))$ (QC 定理)

⑨ $\neg\forall x\neg P(x)\rightarrow\exists xP(x)$ (⑥,⑦,⑧,$R_3$)

关于定理 11 的证明:

① $\exists xP(x)\to\neg\forall x\neg P(x)$ (定理 9)

② $\neg\forall x\neg P(x)\to\exists xP(x)$ (定理 10)

③ $(\exists xP(x)\to\neg\forall x\neg P(x))\to(\neg\forall x\neg P(x)\to\exists xP(x))\to$
$(\exists xP(x)\to\neg\forall x\neg P(x))\wedge(\neg\forall x\neg P(x)\to\exists xP(x))$ (QC 定理)

④ $(\exists xP(x)\to\neg\forall x\neg P(x))\wedge(\neg\forall x\neg P(x)\to\exists xP(x))$ (①,②,③,$R_3$)

⑤ $(\exists xP(x)\to\neg\forall x\neg P(x))\wedge(\neg\forall x\neg P(x)\to\exists xP(x))\to(\exists xP(x)\leftrightarrow$
$\neg\forall x\neg P(x))$ (QC 定理)

⑥ $\exists xP(x)\leftrightarrow\neg\forall x\neg P(x)$ (④,⑤,$R_3$)

关于定理 12 的证明:

① $P(y)\leftrightarrow\neg\neg P(y)$ (QC 定理)

② $(P(y)\leftrightarrow\neg\neg P(y))\to(p\vee\neg p\to(P(y)\leftrightarrow\neg\neg P(y))$ (QC 定理)

③ $p\vee\neg p\to(P(y)\leftrightarrow\neg\neg P(y))$ (①,②,$R_3$)

④ $p\vee\neg p\to\forall x(P(x)\leftrightarrow\neg\neg P(x))$ (③,$R_2$)

⑤ $p\vee\neg p$ (QC 定理)

⑥ $\forall x(P(x)\leftrightarrow\neg\neg P(x))$ (④,⑤,$R_3$)

⑦ $\forall x(P(x)\leftrightarrow\neg\neg P(x))\to(\forall xP(x)\leftrightarrow\forall x\neg\neg P(x))$ (定理 7)

⑧ $\forall xP(x)\leftrightarrow\forall x\neg\neg P(x)$ (⑥,⑦,$R_3$)

⑨ $(\forall xP(x)\leftrightarrow\forall x\neg\neg P(x))\to(\neg\forall x\neg\neg P(x)\leftrightarrow\neg\forall xP(x))$ (QC 定理)

⑩ $\neg\forall x\neg\neg P(x)\leftrightarrow\neg\forall xP(x)$ (⑧,⑨,$R_3$)

⑪ $\exists x\neg P(x)\leftrightarrow\neg\forall x\neg\neg P(x)$ (定理⑪)

⑫ $(\neg\forall x\neg\neg P(x)\leftrightarrow\neg\forall xP(x))\to$
$(\neg\forall x\neg\neg P(x)\to\neg\forall xP(x))$ (QC 定理)

⑬ $\neg\forall x\neg\neg P(x)\to\neg\forall xP(x)$ (⑩,⑫,$R_3$)

⑭ $(\exists x\neg P(x)\leftrightarrow\neg\forall x\neg\neg P(x))\to$
$(\exists x\neg P(x)\to\neg\forall x\neg\neg P(x))$ (QC 定理)

⑮ $\exists x\neg P(x)\to\neg\forall x\neg\neg P(x)$ (⑪,⑭,$R_3$)

⑯ $(\exists x\neg P(x)\to\neg\forall x\neg\neg P(x))\to$
$(\neg\forall x\neg\neg P(x)\to\neg\forall xP(x))\to(\exists x\neg P(x)\to\neg\forall xP(x))$ (QC 定理)

⑰ $\exists x\neg P(x)\to\neg\forall xP(x)$ (⑬,⑮,⑯,$R_3$)

同理可证:

⑱ $\neg\forall xP(x)\to\exists x\neg P(x)$

⑲ $(\exists x\neg P(x)\to\neg\forall xP(x))\to((\neg\forall xP(x)\to\exists x\neg P(x))\to(\exists x\neg P(x)\leftrightarrow$
$\neg\forall xP(x)))$ (QC 定理)

⑳ $\exists x \neg P(x) \leftrightarrow \neg \forall x P(x)$ （⑰，⑱，⑲，$R_3$）

关于定理 13 的证明：

① $\exists x \neg P(x) \leftrightarrow \neg \forall x P(x)$ （定理 12）

②$(\exists x \neg P(x) \leftrightarrow \neg \forall x P(x)) \rightarrow (\neg\neg \forall x P(x) \leftrightarrow \neg \exists x \neg P(x))$ （QC 定理）

③$\neg\neg \forall x P(x) \leftrightarrow \neg \exists x \neg P(x)$ （①，②，$R_3$）

④$\neg\neg \forall x P(x) \leftrightarrow \forall x P(x)$ （QC 定理）

⑤ $\forall x P(x) \leftrightarrow \neg\neg \forall x P(x)$ （QC 定理）

⑥$(\neg\neg \forall x P(x) \leftrightarrow \neg \exists x \neg P(x)) \rightarrow (\forall x P(x) \leftrightarrow$

$\neg\neg \forall x P(x)) \rightarrow (\forall x P(x) \leftrightarrow \neg \exists x \neg P(x))$ （QC 定理）

⑦ $\forall x P(x) \leftrightarrow \neg \exists x \neg P(x)$ （③，⑤，⑥，$R_3$）

⑧$(\forall x P(x) \leftrightarrow \neg \exists x \neg P(x)) \rightarrow (\neg \exists x \neg P(x) \leftrightarrow \forall x P(x))$ （QC 定理）

⑨$\neg \exists x \neg P(x) \leftrightarrow \forall x P(x)$ （⑦，⑧，$R_3$）

关于定理 14 的证明：

① $\exists x P(x) \leftrightarrow \neg \forall x \neg P(x)$ （定理 11）

②$(\exists x P(x) \leftrightarrow \neg \forall x \neg P(x)) \rightarrow (\neg\neg \forall x \neg P(x) \leftrightarrow \neg \exists x P(x))$ （QC 定理）

③$\neg\neg \forall x \neg P(x) \leftrightarrow \neg \exists x P(x)$ （①，②，$R_3$）

④$\neg\neg \forall x \neg P(x) \leftrightarrow \forall x \neg P(x)$ （QC 定理）

⑤$\neg \exists x P(x) \leftrightarrow \neg\neg \forall x \neg P(x)$ （QC 定理）

⑥$(\neg \exists x P(x) \leftrightarrow \neg\neg \forall x \neg P(x)) \rightarrow (\neg\neg \forall x \neg P(x) \leftrightarrow$

$\forall x \neg P(x)) \rightarrow (\neg \exists x P(x) \leftrightarrow \forall x \neg P(x))$ （QC 定理）

⑦$\neg \exists x P(x) \leftrightarrow \forall x \neg P(x)$ （⑤，⑥，④，$R_3$）

QC 系统有下面的定理：

15. $\vdash \forall x(P(x) \rightarrow Q(x)) \rightarrow (\exists x P(x) \rightarrow \exists x Q(x))$.

16. $\vdash \forall x(P(x) \leftrightarrow Q(x)) \rightarrow (\exists x P(x) \leftrightarrow \exists x Q(x))$.

**证明**　关于定理 15 的证明：

①$(P(x) \rightarrow Q(x)) \rightarrow (\neg Q(x) \rightarrow \neg P(x))$ （QC 定理）

②$((P(x) \rightarrow Q(x)) \rightarrow (\neg Q(x) \rightarrow \neg P(x))) \rightarrow$

$(p \vee \neg p \rightarrow ((P(x) \rightarrow Q(x)) \rightarrow (\neg Q(x) \rightarrow \neg P(x))))$ （QC 定理）

③$p \vee \neg p \rightarrow ((P(x) \rightarrow Q(x)) \rightarrow (\neg Q(x) \rightarrow \neg P(x)))$ （①，②，$R_3$）

④$p \vee \neg p \rightarrow \forall x((P(x) \rightarrow Q(x)) \rightarrow (\neg Q(x) \rightarrow \neg P(x)))$ （③，$R_2$）

⑤$p \vee \neg p$ （QC 定理）

⑥ $\forall x((P(x) \rightarrow Q(x)) \rightarrow (\neg Q(x) \rightarrow \neg P(x)))$ （④，⑤，$R_3$）

⑦ $\forall x((P(x) \rightarrow Q(x)) \rightarrow (\neg Q(x) \rightarrow \neg P(x))) \rightarrow$

$(\forall x(P(x) \rightarrow Q(x)) \rightarrow \forall x(\neg Q(x) \rightarrow \neg P(x)))$ （定理 6）

⑧ $\forall x(P(x)\to Q(x))\to\forall x(\neg Q(x)\to\neg P(x))$ （⑥,⑦,$R_3$）

⑨ $\forall x(\neg Q(x)\to\neg P(x))\to(\forall x\neg Q(x)\to\forall x\neg P(x))$ （定理 6）

⑩ $(\forall x(P(x)\to Q(x))\to\forall x(\neg Q(x)\to\neg P(x)))\to$
$(\forall x(\neg Q(x)\to\neg P(x))\to(\forall x\neg Q(x)\to\forall x\neg P(x)))\to$
$(\forall x(P(x)\to Q(x))\to(\forall x\neg Q(x)\to\forall x\neg P(x)))$ （QC 定理）

⑪ $\forall x(P(x)\to Q(x))\to(\forall x\neg Q(x)\to\forall x\neg P(x))$ （⑧,⑨,⑩,$R_3$）

⑫ $(\forall x\neg Q(x)\to\forall x\neg P(x))\to(\neg\forall x\neg P(x)\to\neg\forall x\neg Q(x))$ （QC 定理）

⑬ $(\forall x(P(x)\to Q(x))\to(\forall x\neg Q(x)\to\forall x\neg P(x)))\to$
$((\forall x\neg Q(x)\to\forall x\neg P(x))\to$
$(\neg\forall x\neg P(x)\to\neg\forall x\neg Q(x)))\to(\forall x(P(x)\to Q(x))\to$
$(\neg\forall x\neg P(x)\to\neg\forall x\neg Q(x)))$ （QC 定理）

⑭ $\forall x(P(x)\to Q(x))\to(\neg\forall x\neg P(x)\to\neg\forall x\neg Q(x))$ （⑪,⑫,⑬,$R_3$）

⑮ $(\forall x(P(x)\to Q(x))\to(\neg\forall x\neg P(x)\to\neg\forall x\neg Q(x)))\to$
$(\forall x(P(x)\to Q(x))\wedge\neg\forall x\neg P(x)\to\neg\forall x\neg Q(x))$ （QC 定理）

⑯ $\forall x(P(x)\to Q(x))\wedge\neg\forall x\neg P(x)\to\neg\forall x\neg Q(x)$ （⑭,⑮,$R_3$）

⑰ $\neg\forall x\neg Q(x)\to(\exists x)Q(x)$ （定理 10）

⑱ $(\forall x(P(x)\to Q(x))\wedge\neg\forall x\neg P(x)\to\neg\forall x\neg Q(x))\to$
$(\neg\forall x\neg Q(x)\to\exists xQ(x))\to$
$(\forall x(P(x)\to Q(x))\wedge\neg\forall x\neg P(x)\to\exists xQ(x))$ （QC 定理）

⑲ $\forall x(P(x)\to Q(x))\wedge\neg\forall x\neg P(x)\to\exists xQ(x)$ （⑯,⑰,⑱,$R_3$）

⑳ $(\forall x(P(x)\to Q(x))\wedge\neg\forall x\neg P(x)\to\exists xQ(x))\to$
$(\neg\forall x\neg P(x)\to(\forall x(P(x)\to Q(x))\to\exists xQ(x)))$ （QC 定理）

㉑ $\neg\forall x\neg P(x)\to\forall x(P(x)\to Q(x))\to\exists xQ(x)$ （⑲,⑳,$R_3$）

㉒ $\exists xP(x)\to\neg\forall x\neg P(x)$ （定理 9）

㉓ $(\exists xP(x)\to\neg\forall x\neg P(x))\to$
$(\neg\forall x\neg P(x)\to\forall x(P(x)\to Q(x))\to\exists xQ(x))\to$
$(\exists xP(x)\to\forall x(P(x)\to Q(x))\to\exists xQ(x))$ （QC 定理）

㉔ $\exists xP(x)\to\forall x(P(x)\to Q(x))\to\exists xQ(x)$ （㉑,㉒,㉓,$R_3$）

㉕ $(\exists xP(x)\to\forall x(P(x)\to Q(x))\to\exists xQ(x))\to$
$(\exists xP(x)\wedge\forall x(P(x)\to Q(x))\to\exists xQ(x))$ （QC 定理）

㉖ $\exists xP(x)\wedge\forall x(P(x)\to Q(x))\to\exists xQ(x)$ （㉔,㉕,$R_3$）

㉗ $\forall x(P(x)\to Q(x))\wedge\exists xP(x)\to\exists xP(x)\wedge\forall x(P(x)\to Q(x))$ （$A_3$）

㉘ $(\forall x(P(x)\to Q(x))\wedge\exists xP(x)\to$
$\exists xP(x)\wedge\forall x(P(x)\to Q(x)))\to$

$(\exists xP(x)\wedge\forall x(P(x)\rightarrow Q(x))\rightarrow\exists xQ(x))\rightarrow$

$(\forall x(P(x)\rightarrow Q(x))\wedge\exists xP(x)\rightarrow\exists xQ(x))$　(QC 定理)

㉙ $\forall x(P(x)\rightarrow Q(x))\wedge\exists xP(x)\rightarrow\exists xQ(x)$　(㉘,㉗,㉖,$R_3$)

㉚ $(\forall x(P(x)\rightarrow Q(x))\wedge\exists xP(x)\rightarrow\exists xQ(x))\rightarrow$

$(\forall x(P(x)\rightarrow Q(x))\rightarrow(\exists xP(x)\rightarrow\exists xQ(x)))$　(QC 定理)

㉛ $\forall x(P(x)\rightarrow Q(x))\rightarrow(\exists xP(x)\rightarrow\exists xQ(x))$　(㉙,㉚,$R_3$)

关于定理 16 的证明：

① $\forall x(P(x)\rightarrow Q(x))\rightarrow(\exists xP(x)\rightarrow\exists xQ(x))$　(定理 15)

② $\forall x(Q(x)\rightarrow P(x))\rightarrow(\exists xQ(x)\rightarrow\exists xP(x))$　(定理 15)

③ $(\forall x(P(x)\rightarrow Q(x))\rightarrow(\exists xP(x)\rightarrow\exists xQ(x)))\rightarrow$

$(\forall x(Q(x)\rightarrow P(x))\rightarrow(\exists xQ(x)\rightarrow\exists xP(x)))\rightarrow$

$(\forall x(P(x)\rightarrow Q(x))\rightarrow(\exists xP(x)\rightarrow\exists xQ(x)))\wedge(\forall xQ(x)\rightarrow$

$P(x))\rightarrow(\exists xQ(x)\rightarrow\exists xP(x)))$　(QC 定理)

④ $(\forall x(P(x)\rightarrow Q(x))\rightarrow(\exists xP(x)\rightarrow\exists xQ(x)))\wedge(\forall x(Q(x)\rightarrow P(x))\rightarrow$

$(\exists xQ(x)\rightarrow\exists xP(x)))$　(①,②,③,$R_3$)

⑤ $(\forall x(P(x)\rightarrow Q(x))\rightarrow(\exists xP(x)\rightarrow\exists xQ(x)))\wedge(\forall x(Q(x)\rightarrow P(x))\rightarrow$

$(\exists xQ(x)\rightarrow\exists xP(x)))\rightarrow\forall x(P(x)\rightarrow Q(x))\wedge\forall x(Q(x)\rightarrow P(x))\rightarrow(\exists xP$

$(x)\rightarrow\exists xQ(x))\wedge(\exists xQ(x))\rightarrow\exists xP(x))$　(QC 定理)

⑥ $\forall x(P(x)\rightarrow Q(x))\wedge\forall x(Q(x)\rightarrow P(x))\rightarrow$

$(\exists xP(x)\rightarrow\exists xQ(x))\wedge(\exists xQ(x)\rightarrow\exists xP(x))$　(④,⑤,$R_3$)

⑦ $(\exists xP(x)\rightarrow\exists xQ(x))\wedge(\exists xQ(x)\rightarrow\exists xP(x))\rightarrow$

$(\exists xP(x)\leftrightarrow\exists xQ(x))$　(QC 定理)

⑧ $(\forall x(P(x)\rightarrow Q(x))\wedge\forall x(Q(x)\rightarrow P(x))\rightarrow$

$(\exists xP(x)\rightarrow\exists xQ(x))\wedge(\exists xQ(x)\rightarrow\exists xP(x)))\rightarrow$

$((\exists xP(x)\rightarrow\exists xQ(x))\wedge(\exists xQ(x)\rightarrow\exists xP(x))\rightarrow$

$(\exists xP(x)\leftrightarrow\exists xQ(x)))\rightarrow(\forall x(P(x)\rightarrow Q(x))\wedge\forall x(Q(x)\rightarrow$

$P(x))\rightarrow(\exists xP(x)\leftrightarrow\exists xQ(x)))$　(QC 定理)

⑨ $\forall x(P(x)\rightarrow Q(x))\wedge\forall x(Q(x)\rightarrow P(x))\rightarrow$

$(\exists xP(x)\leftrightarrow\exists xQ(x))$　(⑥,⑦,⑧,$R_3$)

⑩ $\forall x((P(x)\rightarrow Q(x))\wedge(Q(x)\rightarrow P(x)))\rightarrow$

$\forall x(P(x)\rightarrow Q(x))\wedge\forall x(Q(x)\rightarrow P(x))$　(定理 3)

即：$\forall x(P(x)\leftrightarrow Q(x))\rightarrow\forall x(P(x)\rightarrow Q(x))\wedge\forall x(Q(x)\rightarrow P(x))$

⑪ $(\forall x(P(x)\leftrightarrow Q(x))\rightarrow\forall x(P(x)\rightarrow Q(x)\wedge\forall x(Q(x)\rightarrow$

$P(x)))\rightarrow(\forall x(P(x)\rightarrow Q(x))\wedge\forall x(Q(x)\rightarrow P(x))\rightarrow$

$(\exists xP(x)\leftrightarrow\exists xQ(x)))\to(\forall x(P(x)\leftrightarrow Q(x))\to$
$(\exists xP(x)\leftrightarrow\exists xQ(x)))$ (QC 定理)

⑫ $\forall x(P(x)\leftrightarrow Q(x))\to(\exists xP(x)\leftrightarrow\exists xQ(x))$ (⑨,⑩,⑪,$R_3$)

QC 系统有下面的定理:

17. $\vdash\forall x\forall yR(x,y)\leftrightarrow\forall y\forall xR(x,y)$.

18. $\vdash\exists x\forall yR(x,y)\to\forall y\exists xR(x,y)$.

**证明** 关于定理 17 的证明:

① $\forall x\forall yR(x,y)\to\forall yR(x,y)$ ($A_5$)

② $\forall yR(x,y)\to R(x,y)$ ($A_5$)

③ $(\forall x\forall yR(x,y)\to\forall yR(x,y))\to(\forall yR(x,y)\to R(x,y))\to$
$(\forall x\forall yR(x,y)\to R(x,y))$ (QC 定理)

④ $\forall x\forall yR(x,y)\to R(x,y)$ (①,②,③,$R_3$)

⑤ $\forall x\forall yR(x,y)\to\forall xR(x,y)$ ($R_2$)

⑥ $\forall x\forall yR(x,y)\to\forall y\forall xR(x,y)$ ($R_2$)

同理可证:

⑦ $\forall y\forall xR(x,y)\to\forall x\forall yR(x,y)$

⑧ $(\forall x\forall yR(x,y)\to\forall y\forall xR(x,y))\wedge(\forall y\forall xR(x,y)\to$
$\forall x\forall yR(x,y))\to(\forall x\forall yR(x,y)\leftrightarrow\forall y\forall xR(x,y))$ (QC 定理)

⑨ $(\forall x\forall yR(x,y)\to\forall y\forall xR(x,y))\to$
$((\forall y\forall xR(x,y)\to\forall x\forall yR(x,y))\to$
$(\forall x\forall yR(x,y)\to\forall y\forall xR(x,y))\wedge$
$(\forall y\forall xR(x,y)\to\forall x\forall yR(x,y)))$ (QC 定理)

⑩ $(\forall x\forall yR(x,y)\to\forall y\forall xR(x,y))\wedge(\forall y\forall xR(x,y)\to$
$\forall x\forall yR(x,y))$ (⑥,⑦,⑨,$R_3$)

⑪ $\forall x\forall yR(x,y)\leftrightarrow\forall y\forall xR(x,y)$ (⑧,⑩,$R_3$)

关于定理 18 的证明:

① $R(x,y)\to\exists xR(x,y)$ ($A_6$)

② $(R(x,y)\to\exists xR(x,y))\to(p\vee\neg p\to(R(x,y)\to\exists xR(x,y)))$ (QC 定理)

③ $p\vee\neg p\to(R(x,y)\to\exists xR(x,y))$ (①,②,$R_3$)

④ $p\vee\neg p\to\forall y(R(x,y)\to\exists xR(x,y))$ (③,$R_2$)

⑤ $p\vee\neg p$ (QC 定理)

⑥ $\forall y(R(x,y)\to\exists xR(x,y))$ (④,⑤,$R_3$)

⑦ $\forall y(R(x,y)\to\exists xR(x,y))\to(\forall yR(x,y)\to\forall y\exists xR(x,y))$ (定理 6)

⑧ $\forall yR(x,y)\to\forall y\exists xR(x,y)$ (⑥,⑦,$R_3$)

⑨ $\exists x\,\forall y R(x,y)\rightarrow\forall y\,\exists x R(x,y)$　　(⑧,$R_1$)

由此可见,用逻辑系统证明一些公式,不是一件十分容易的事情.也就是说,机械地证明一个定理并不像有些人想象的那么容易.证明的效率与演绎系统和算法的设计都有关系.王浩 1958 年设计出了一个具有相当高效率的命题演绎系统,他的结果引起了人们的广泛注意(见文献[20]).但是,引入量词后,证明依旧很困难.

我们将在第六章的第四节中证明:谓词演算系统 QC 能够推出一阶公式中的所有永真的公式.这样一来,似乎 QC 的功能非常强了.但是,它的本事也就到此为止.在实际应用中,仅仅推演出永真公式是远远不够的.任何有意义的知识推理系统都要和非永真公式打交道,它的谓词都被指派以某种解释,即语义.在这些系统中的公式,一般都不是永真的.因此,我们应该使用含有语义的演绎系统.不过,现在讨论的这个语法演绎系统依然是一切语义演绎系统的共同基础,仍具有重要的意义.

### 5.2.3　练习

1. 在 QC 中,证明下列定理:

(1) $\vdash\neg(\exists x P(x)\wedge Q(y))\rightarrow(\exists x P(x)\rightarrow\neg Q(y))$;

(2) $\vdash(\forall x(\neg P(x)\rightarrow Q(x))\wedge\forall x\neg Q(x))\rightarrow P(y)$;

(3) $\vdash\forall x(P(x)\rightarrow Q(x))\wedge\forall x(Q(x)\rightarrow R(x))\rightarrow(P(y)\rightarrow R(y))$;

(4) $\vdash\forall x(P(x)\vee Q(x))\wedge(\forall x\neg P(x))\rightarrow\exists x Q(x)$;

(5) $\vdash\forall x(P(x)\vee Q(x))\wedge(\forall x\neg P(x))\rightarrow\forall x Q(x)$;

(6) $\vdash\neg\forall x(P(x)\vee Q(x))\wedge(\forall x\neg P(x))\rightarrow\neg\forall x Q(x)$.

2. 在 QC 中证明下列定理:

(1) $\vdash\forall x(p\vee P(x))\rightarrow p\vee\forall x P(x)$;

(2) $\vdash p\vee\forall x P(x)\rightarrow\forall x(p\vee P(x))$;

(3) $\vdash\forall x(p\vee P(x))\leftrightarrow p\vee\forall x P(x)$;

(4) $\vdash\forall x(p\wedge P(x))\rightarrow p\wedge\forall x P(x)$;

(5) $\vdash p\wedge\forall x P(x)\rightarrow\forall x(p\wedge P(x))$;

(6) $\vdash\forall x(p\wedge P(x))\leftrightarrow p\wedge\forall x P(x)$;

(7) $\vdash\forall x(p\rightarrow P(x))\leftrightarrow(p\rightarrow\forall x P(x))$;

(8) $\vdash\forall x(P(x)\rightarrow p)\leftrightarrow(\exists x P(x)\rightarrow p)$;

(9) $\vdash\exists x(p\rightarrow P(x))\leftrightarrow(p\rightarrow\exists x P(x))$;

(10) $\vdash\exists x(P(x)\rightarrow p)\leftrightarrow(\forall x P(x)\rightarrow p)$;

(11) $\vdash\exists x(P(x)\rightarrow p)\leftrightarrow(\forall x P(x)\rightarrow p)$;

(12) $\vdash \exists x(p \vee P(x)) \leftrightarrow p \vee \exists x P(x)$;

(13) $\vdash \forall x P(x) \wedge \exists x Q(x) \rightarrow \exists x(P(x) \wedge Q(x))$;

(14) $\vdash \forall x \forall y(P(x,y) \rightarrow Q(x,y)) \rightarrow (\forall x \forall y P(x,y) \rightarrow \forall x \forall y Q(x,y))$;

(15) $\vdash \forall x \exists y(P(x,y) \rightarrow Q(x,y)) \rightarrow (\exists x \forall y P(x,y) \rightarrow \exists x \exists y Q(x,y))$;

(16) $\vdash \forall x \exists y(P(x,y) \rightarrow Q(x,y)) \rightarrow (\forall x \forall y P(x,y) \rightarrow \forall x \exists y Q(x,y))$.

3.谓词演算的求否定规则为:设 $\alpha$ 为一阶公式,其中→和↔不出现,$\alpha$ 的否定式 $\alpha^-$ 可用下面的方法直接求得:

(1) $\vee$ 被代以 $\wedge$,$\wedge$ 被代以 $\vee$;

(2) $\forall\Delta$ 被代以 $\exists\Delta$,$\exists\Delta$ 被代以 $\forall\Delta$;

(3) $\neg\pi$ 被代以 $\pi$,$\neg\rho(\Delta_1,\Delta_2,\cdots,\Delta_n)$ 被代以 $\rho(\Delta_1,\Delta_2,\cdots,\Delta_n)$;

(4)不出现于部分公式 $\neg\pi$ 中的 $\pi$ 被代以 $\neg\pi$,不出现于部分公式 $\neg\rho$ 中的 $\rho(\Delta_1,\Delta_2,\cdots,\Delta_n)$ 被代以 $\neg\rho(\Delta_1,\Delta_2,\cdots,\Delta_n)$,其中 $\Delta$ 表示任意的 $x,y,\cdots$,$\rho$ 表示任意的谓词,并且,从 $\vdash\alpha\rightarrow\beta$ 可得 $\vdash\beta^-\rightarrow\alpha^-$,从 $\vdash\alpha\leftrightarrow\beta$,可得 $\vdash\alpha^-\leftrightarrow\beta^-$.

求下面公式的否定式:

① $p \wedge \neg \forall x \exists y(P(x) \wedge Q(y))$;

② $\forall x(P(x) \leftrightarrow Q(x))$;

③ $\exists x(P(x) \wedge \forall y(\neg Q(y) \rightarrow R(x,y)))$;

④ $\forall x P(x) \rightarrow \forall x Q(x)$.

4.谓词演算的求对偶规则为:设 $\alpha$ 为一阶公式,其中→和↔不出现,$\alpha$ 的对偶公式 $\alpha^*$ 可用下面的方法求得:

(1)把 $\wedge$ 和 $\vee$ 互换;

(2)把 $\forall\Delta$ 和 $\exists\Delta$ 互换;

并且,从 $\vdash\alpha\rightarrow\beta$ 可得 $\vdash\beta^*\rightarrow\alpha^*$,从 $\vdash\alpha\leftrightarrow\beta$ 可得 $\vdash\alpha^*\leftrightarrow\beta^*$.

利用对偶规则证明下面的定理:

① $\vdash \exists x(P(x) \vee Q(x)) \leftrightarrow \exists x P(x) \vee \exists x Q(x)$;

② $\vdash \forall x(P(x) \wedge Q(x)) \leftrightarrow \forall x P(x) \wedge \forall x Q(x)$;

③ $\vdash \exists x(p \wedge P(x)) \leftrightarrow p \wedge \exists x P(x)$;

④ $\vdash \exists x(p \vee P(x)) \leftrightarrow p \vee \exists x P(x)$;

⑤ $\vdash \exists x \exists y R(x,y) \leftrightarrow \exists y \exists x R(x,y)$;

⑥ $\vdash \exists x R(x,y) \rightarrow \exists x \exists y R(x,y)$.

## 第三节　谓词演算的自然推理系统

现在，我们在第三章第四节命题逻辑的自然推理系统 FPC 的基础上，建立狭谓词逻辑的自然推理系统 FQC. 并在第六章中证明：狭谓词逻辑的自然推理系统 FQC 与公理系统 QC 是等价的. 即：一个公式若在 FQC 中是可证的，当且仅当它在 QC 中也是可证的.

FQC 系统的规则分为三类：结构规则、联结词规则和量词规则. 由于前两类规则从形式上看与 FPC 系统的推理规则相同，所以下面仅给出关于量词的规则.

关于量词的规则如下：

(1) $\forall^+$ ：从 $\alpha(y/x)$ 可以推出 $\forall x\alpha$. 这里 $y$ 既不在 $\forall x\alpha$ 中自由出现，也不在 $\alpha(y/x)$ 所依赖的假设中自由出现. $y$ 被称为关键变项.

(2) $\forall^-$ ：从 $(\forall x)\alpha$ 可推出 $\alpha(t/x)$.

(3) $\exists^+$ ：从 $\alpha(t/x)$ 可推出 $\exists x\alpha$.

(4) $\exists^-$ ：从 $\exists x\alpha$ 和 $\alpha(y/x)\rightarrow\beta$ 可推出 $\beta$. 这里 $y$ 也被称为关键变项. 它既不在 $\exists x\alpha$ 和 $\beta$ 中自由出现，也不在 $\alpha(y/x)\rightarrow\beta$ 所依赖的假设中自由出现.

这些规则的图示如图 5-1 所示。

$\forall^+$：

| $\vdots$
| $\alpha(y/x)$　$y$ 是关键变项
| $\forall x\alpha$

$\forall^-$：

| $\vdots$
| $\forall x\alpha$
| $\alpha(t/x)$

$\exists^+$：

| $\vdots$
| $\alpha(t/x)$
| $\exists x\alpha$

$\exists^-$：

| $\vdots$
| $\alpha(y/x)\rightarrow\beta$　$y$ 是关键变项
| $\exists x\alpha$
| $\beta$

**图 5-1**

FQC 的一个证明就是依上述三类规则构造出来的一个有穷公式序列. 另外，第三章第四节的其他概念，也可毫不费力地推广到 FQC 系统中. 下面是对量词规则所作的一些说明.

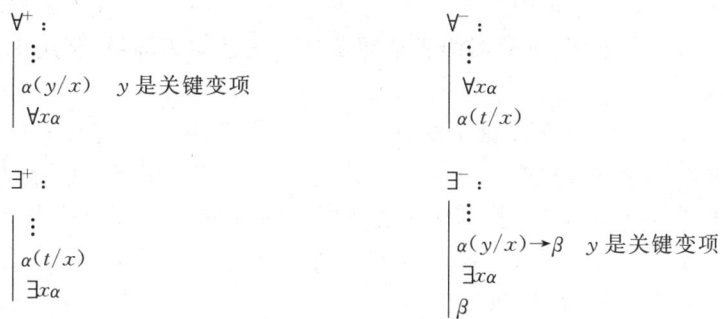

$\forall^+$ 规则叫做全称量词引入规则，它可以表示成为：若 $\vdash\alpha(y/x)$，则 $\vdash\forall x\alpha$. 这里 $y$ 是关键变项. 在使用这个规则时，一定要注意对关键变项所附加的

限制条件.规则要求“$y$也不在$\alpha(y/x)$所依赖的假设中自由出现”是指,$y$不在$\alpha(y/x)$所属子证明利用 Hyp 规则引入的公式中自由出现,也不在该子证明所从属的子证明,所从属的子证明的子证明等等中,利用 Hyp 规则引入的公式中自由出现.但是,当$x$在$\alpha$中有自由出现而$\alpha(y/x)$本身又是 Hyp 规则引入时,就不能直接引用$\forall^+$ 规则而得到$\forall x\alpha$.

$\forall^-$ 规则叫做全称量词消去规则.它可以表示为:若$\vdash \forall x\alpha$,则$\vdash \alpha(t/x)$.它反映演绎推理中这样的规则:如果已经断定某个个体域中的一切个体都有某个性质,那么任取该个体域中的一个个体,就可以推知这个个体也具有那个性质.

$\exists^+$ 规则叫做存在量词引入规则.它可以表示为:若$\vdash \alpha(t/x)$,则$\vdash \exists x\alpha$.它反映演绎推理中这样的规则:如果已经断定某个个体域中有个体具有某个性质,那么就可以推知在该个体域中至少有一个个体具有这一性质.

$\exists^-$ 规则叫做存在量词消去规则.它可以表示为:若$\vdash \alpha(y/x)\to\beta$并且$\vdash \exists x\alpha$,则$\vdash \beta$.这里的$y$是关键变项.它反映演绎推理中的这样的规则:任取个体域中一个个体$a$,从这个个体有某个性质能推出某个命题,那么个体域中至少有一个个体具有这一性质,也能推出这个命题.因此,当我们想要从给定前提$\exists x\alpha$推出$\beta$时,我们不必直接从$\exists x\alpha$出发来进行推导,可以从$\alpha(y/x)$出发,只要能从$\alpha(y/x)$推出$\beta$,也就证明了从前提$\exists x\alpha$能推出$\beta$.这与$\forall^+$ 规则相类似,在使用这一规则时,一定要注意对关键变项所附加的限制条件.规则中所说“也不在$\alpha(y/x)\to\beta$所依赖的假设中自由出现”是指,$y$不在$\alpha(y/x)\to\beta$所属子证明.该子证明所从属的子证明、所从属的子证明所从属子证明等等中,利用 Hyp 规则引入的公式中自由出现.

**定义** FQC 的一个证明就是按上述三类规则构造的一个有穷公式序列.如果一个证明在其论证过程中引进的假设并未都用$\neg$规则和$\to^+$规则消除,则称该证明为假设性证明.否则,称该证明为非假设性证明.当$\alpha$是某个非假设性证明的最后一步时,则称$\alpha$为(形式)可证的或称为 FQC 的定理,记作$\vdash \alpha$;同时也称该证明为$\alpha$的一个(形式)证明.

FPC 中的可证公式也都是 FQC 的可证公式.

下面将通过几个例子来说明量词规则的使用.特别是说明,在使用$\forall^+$ 和$\exists^-$ 两个规则时必须注意对关键变项所附加的限制条件,否则会使并非有效的公式成为可证公式.

**例 3.1**

$$\begin{array}{lll}
\exists v_0\alpha & v_0\text{ 在 }\alpha\text{ 中自由出现} & (\text{Hyp})\\
\quad\alpha(x/v_0) & \text{任取不在 }\alpha\text{ 中出现的 }x & (\text{Hyp})\\
\quad\alpha(x/v_0) & & (\text{Rep})\\
\quad\forall v_0\alpha & & (\text{误用 }\forall^+)\\
\quad\alpha & & (\forall^-)\\
\alpha(x/v_0)\to\alpha & & (\to^+)\\
\alpha & & (\exists^-)\\
\exists v_0\alpha\to\alpha & & (\to^+)
\end{array}$$

在这个“证明”中，错误地使用了 $\forall^+$ 规则，因为 $\alpha(x/v_0)$ 是由 Hyp 规则引入的，并且由 $v_0$ 在 $\alpha$ 中自由出现可知 $x$ 也必在 $\alpha(x/v_0)$ 中自由出现. 所以，这个证明是错误的.

**例 3.2**

$$\begin{array}{ll}
R(v_0,v_0) & (\text{Hyp})\\
\quad R(v_0,v_1) & (\text{Hyp})\\
\quad\forall v_2R(v_2,v_1) & (\text{误用 }\forall^+)\\
R(v_0,v_1)\to\forall v_2R(v_2,v_1) & (\to^+)\\
R(v_0,v_0)\to(R(v_0,v_1)\to\forall v_2R(v_2,v_1)) & (\to^+)
\end{array}$$

在这个“证明”中，也错误地使用了 $\forall^+$ 规则，因为关键变项 $v_0$ 在由 Hyp 引入的公式 $R(v_0,v_0)$ 和 $R(v_0,v_1)$ 中自由出现. 所以，这个证明是错误的.

**例 3.3**

$$\begin{array}{ll}
\forall v_0(R(v_0,v_1)\to R(v_0,v_2)) & (\text{Hyp})\\
\quad\exists v_0R(v_0,v_1) & (\text{Hyp})\\
\quad\quad R(v_3,v_1) & (\text{Hyp})\\
\quad\quad\forall v_0(R(v_0,v_1)\to R(v_0,v_2)) & (\text{Reit})\\
\quad\quad R(v_3,v_1)\to R(v_3,v_2) & (\forall^-)\\
\quad\quad R(v_3,v_2) & (\to^-)\\
\quad R(v_3,v_1)\to R(v_3,v_2) & (\to^+)\\
\quad R(v_3,v_2) & (\text{误用 }\exists^-)\\
\quad\forall v_0R(v_0,v_2) & (\forall^+)\\
\exists v_0R(v_0,v_1)\to\forall v_0R(v_0,v_2) & (\to^+)\\
\forall v_0(R(v_0,v_1)\to R(v_0,v_2))\to(\exists v_0R(v_0,v_1)\to\forall v_0R(v_0,v_2)) & (\to^+)
\end{array}$$

在这个“证明”中，错误地使用了 $\exists^-$ 规则，因为关键变项 $v_3$ 在 $R(v_3,v_2)$ 中自由出现.

**例 3.4**

$$
\begin{array}{lr}
\quad \forall x(\alpha \vee \beta) & (\mathrm{Hyp}) \\
\alpha \vee \beta & (\forall^-) \\
\quad \alpha & (\mathrm{Hyp}) \\
\quad \forall x\alpha & (\text{误用}\ \forall^+) \\
\quad \forall x\alpha \vee \beta & (\vee^+) \\
\alpha \to \forall x\alpha \vee \beta & (\to^+) \\
\quad \beta & (\mathrm{Hyp}) \\
\quad \forall x\alpha \vee \beta & (\vee^+) \\
\beta \to \forall x\alpha \vee \beta & (\to^+) \\
\forall x\alpha \vee \beta & (\vee^-) \\
\forall x(\alpha \vee \beta) \to \forall x\alpha \vee \beta & (\to^+)
\end{array}
$$

在这个“证明”中,错误地使用了 $\forall^+$ 规则,因为 $\alpha$ 是由 Hyp 规则引入的,并且不能保证 $x$ 不在 $\alpha$ 中自由出现.

## 第四节 FQC 中的可证公式

在本节里,我们只给出 FQC 系统中常用的、有关量词的一些可证公式及其证明.

### 5.4.1 FQC 中的可证公式

(1) $\vdash \forall x\alpha \to \alpha$.

**证明**

$$
\begin{array}{lr}
\quad \forall x\alpha & (\mathrm{Hyp}) \\
\quad \alpha(x/x) \quad \text{即}\ \alpha & (\forall^-) \\
\quad \alpha & (\mathrm{Rep}) \\
\forall x\alpha \to \alpha & (\to^+)
\end{array}
$$

(2) $\vdash \alpha \to \forall x\alpha$, $x$ 不在 $\alpha$ 中自由出现.

**证明**

$$
\begin{array}{lr}
\quad \alpha(x/x) \quad \text{即}\ \alpha & (\mathrm{Hyp}) \\
\quad \forall x\alpha \quad x\ \text{是关键变项} & (\forall^+) \\
\alpha \to \forall x\alpha & (\to^+)
\end{array}
$$

由于 $x$ 不在 $\alpha$ 中自由出现,当然更不会在 $\forall x\alpha$ 中自由出现,所以我们可以使用 $\forall^+$ 规则.

(3) $\vdash \alpha \leftrightarrow \forall x\alpha$，$x$ 不在 $\alpha$ 中自由出现.

**证明**

| | |
|---|---|
| $\quad\neg(\alpha \leftrightarrow \forall x\alpha)$ | (Hyp) |
| $\quad\forall x\alpha \rightarrow \alpha$ | ((1)) |
| $\quad\alpha \rightarrow \forall x\alpha$　$x$ 是关键变项 | ((2)) |
| $\quad\alpha \leftrightarrow \forall x\alpha$ | ($\leftrightarrow^{+}$) |
| $\quad\neg(\alpha \leftrightarrow \forall x\alpha)$ | (Rep) |
| $\alpha \leftrightarrow \forall x\alpha$ | ($\neg$) |

在以后的证明中，如果 $\vdash\alpha\rightarrow\beta$ 和 $\vdash\beta\rightarrow\alpha$ 均成立，则 $\vdash\alpha\leftrightarrow\beta$ 成立. 详细证明同(3)，略去.

(4) $\vdash \alpha \rightarrow \exists x\alpha$.

**证明**

| | |
|---|---|
| $\quad\alpha$ | (Hyp) |
| $\quad\exists x\alpha$ | ($\exists^{+}$) |
| $\alpha \rightarrow \exists x\alpha$ | ($\rightarrow^{+}$) |

(5) $\vdash \exists x\alpha \rightarrow \alpha$，$x$ 不在 $\alpha$ 中自由出现.

**证明**

| | |
|---|---|
| $\quad\exists x\alpha$ | (Hyp) |
| $\quad\quad\alpha(x/x)$　即 $\alpha$ | (Hyp) |
| $\quad\quad\alpha$ | (Rep) |
| $\quad\alpha \rightarrow \alpha$ | ($\rightarrow^{+}$) |
| $\quad\alpha$　$x$ 是关键变项 | ($\exists^{-}$) |
| $\exists x\alpha \rightarrow \alpha$ | ($\rightarrow^{+}$) |

由于 $x$ 不在 $\alpha$ 中自由出现，当然更不会在 $\exists x\alpha$ 中自由出现，所以我们可以使用 $\exists^{-}$ 规则.

(6) $\vdash \alpha \leftrightarrow \exists x\alpha$，$x$ 不在 $\alpha$ 中自由出现.

**证明**　由(4)和(5)可得.

(7) $\vdash \forall x\alpha \rightarrow \exists x\alpha$.

**证明**

| | |
|---|---|
| $\quad\forall x\alpha$ | (Hyp) |
| $\quad\alpha(x/x)$　即 $\alpha$ | ($\forall^{-}$) |
| $\quad\alpha$ | (Rep) |
| $\quad\exists x\alpha$ | ($\exists^{+}$) |
| $\forall x\alpha \rightarrow \exists x\alpha$ | ($\rightarrow^{+}$) |

(8) $\vdash \exists x\alpha \to \forall x\alpha$,$x$ 不在 $\alpha$ 中自由出现.

**证明**

$$
\begin{array}{lr}
\quad \exists x\alpha & (\mathrm{Hyp}) \\
\quad\quad \alpha(x/x) & (\mathrm{Hyp}) \\
\quad\quad \alpha & (\mathrm{Rep}) \\
\quad \alpha \to \alpha & (\to^{+}) \\
\quad \alpha \quad x\text{ 是关键变项} & (\exists^{-}) \\
\quad \forall x\alpha \quad x\text{ 是关键变项} & (\forall^{+}) \\
\exists x\alpha \to \forall x\alpha & (\to^{+})
\end{array}
$$

由于 $x$ 不在 $\alpha$ 中自由出现,当然更不会在 $\exists x\alpha$ 和 $\forall x\alpha$ 中自由出现,因此 $\exists^{-}$ 和 $\forall^{+}$ 规则在这里都可以使用.

(9) $\vdash \forall x\alpha \leftrightarrow \exists x\alpha$,$x$ 不在 $\alpha$ 中自由出现.

**证明** 由(7)和(8)可得.

从(3),(6)和(9)中可以看出:对于不在一个公式中自由出现的个体变项,用全称量词修饰和不用量词修饰,用存在量词修饰和不用量词修饰,以及用全称量词修饰和用存在量词修饰所得结果都是可证等值的.

(10) $\vdash \forall x\,\forall y\alpha \to \forall y\,\forall x\alpha$.

**证明**

$$
\begin{array}{lr}
\quad \forall x\,\forall y\alpha & (\mathrm{Hyp}) \\
\quad \forall y\alpha & (\forall^{-}) \\
\quad \alpha & (\forall^{-}) \\
\quad \forall x\alpha \quad x\text{ 是关键变项} & (\forall^{+}) \\
\quad \forall y\,\forall x\alpha \quad y\text{ 是关键变项} & (\forall^{+}) \\
\forall x\,\forall y\alpha \to \forall y\,\forall x\alpha & (\to^{+})
\end{array}
$$

(11) $\vdash \exists x\,\exists y\alpha \to \exists y\,\exists x\alpha$.

**证明**

$$
\begin{array}{lr}
\quad \exists x\,\exists y\alpha & (\mathrm{Hyp}) \\
\quad\quad \exists y\alpha & (\mathrm{Hyp}) \\
\quad\quad\quad \alpha & (\mathrm{Hyp}) \\
\quad\quad\quad \exists x\alpha & (\exists^{+}) \\
\quad\quad\quad \exists y\,\exists x\alpha & (\exists^{+}) \\
\quad\quad \alpha \to \exists y\,\exists x\alpha & (\to^{+}) \\
\quad\quad \exists y\,\exists x\alpha \quad y\text{ 是关键变项} & (\exists^{-}) \\
\quad \exists y\alpha \to \exists y\,\exists x\alpha & (\to^{+}) \\
\quad \exists y\,\exists x\alpha \quad x\text{ 是关键变项} & (\exists^{-}) \\
\exists x\,\exists y\alpha \to \exists y\,\exists x\alpha & (\to^{+})
\end{array}
$$

(12) $\vdash \exists x \forall y \alpha \to \forall y \exists x \alpha$.

**证明**

| | |
|---|---|
| $\exists x \forall y \alpha$ | (Hyp) |
| $\forall y \alpha$ | (Hyp) |
| $\alpha$ | ($\forall^-$) |
| $\exists x \alpha$ | ($\exists^+$) |
| $\forall y \exists x \alpha$　$y$ 是关键变项 | ($\forall^+$) |
| $\forall y \alpha \to \forall y \exists x \alpha$ | ($\to^+$) |
| $\forall y \exists x \alpha$　$x$ 是关键变项 | ($\exists^-$) |
| $\exists x \forall y \alpha \to \forall y \exists x \alpha$ | ($\to^+$) |

(10),(11)和(12)刻画了重叠量词的特征.(10)和(11)中的$\to$可以换成$\leftrightarrow$,由此可得:同名的量词可以任意交换,交换后所得的结果跟原公式仍然是可证等值的.但是,(12)中的$\to$不能换成$\leftrightarrow$.由此可得:不同名的量词不能任意交换.否则,交换后的结果跟原公式不是可证等值的.

(13) $\vdash \forall x(\alpha \wedge \beta) \to \forall x \alpha \wedge \forall x \beta$.

**证明**

| | |
|---|---|
| $\forall x(\alpha \wedge \beta)$ | (Hyp) |
| $\alpha \wedge \beta$ | ($\forall^-$) |
| $\alpha$ | ($\wedge^-$) |
| $\beta$ | ($\wedge^-$) |
| $\forall x \alpha$　$x$ 是关键变项 | ($\forall^+$) |
| $\forall x \beta$　$x$ 是关键变项 | ($\forall^+$) |
| $\forall x \alpha \wedge \forall x \beta$ | ($\wedge^+$) |
| $\forall x(\alpha \wedge \beta) \to \forall x \alpha \wedge \forall x \beta$ | ($\to^+$) |

(14) $\vdash \forall x \alpha \wedge \forall x \beta \to \forall x(\alpha \wedge \beta)$.

**证明**

| | |
|---|---|
| $\forall x \alpha \wedge \forall x \beta$ | (Hyp) |
| $\forall x \alpha$ | ($\wedge^-$) |
| $\forall x \beta$ | ($\wedge^-$) |
| $\alpha$ | ($\forall^-$) |
| $\beta$ | ($\forall^-$) |
| $\alpha \wedge \beta$ | ($\wedge^+$) |
| $\forall x(\alpha \wedge \beta)$ | ($\forall^+$) |
| $\forall x \alpha \wedge \forall x \beta \to \forall x(\alpha \wedge \beta)$ | ($\to^+$) |

(15) $\vdash \forall x(\alpha \wedge \beta) \leftrightarrow \forall x \alpha \wedge \forall x \beta$.

**证明**　由(13)和(14)可得.

(16) $\vdash \forall x(\alpha \wedge \beta) \rightarrow \alpha \wedge \forall x\beta$.

**证明**

| | |
|---|---|
| $\forall x(\alpha \wedge \beta)$ | (Hyp) |
| $\alpha \wedge \beta$ | ($\forall^-$) |
| $\alpha$ | ($\wedge^-$) |
| $\beta$ | ($\wedge^-$) |
| $\forall x\beta$　$x$ 是关键变项 | ($\forall^+$) |
| $\alpha \wedge \forall x\beta$ | ($\wedge^+$) |
| $\forall x(\alpha \wedge \beta) \rightarrow \alpha \wedge \forall x\beta$ | ($\rightarrow^+$) |

(17) $\vdash \alpha \wedge \forall x\beta \rightarrow \forall x(\alpha \wedge \beta)$, $x$ 不在 $\alpha$ 中自由出现.

**证明**

| | |
|---|---|
| $\alpha \wedge \forall x\beta$ | (Hyp) |
| $\alpha$ | ($\wedge^-$) |
| $\forall x\beta$ | ($\wedge^-$) |
| $\beta$ | ($\forall^-$) |
| $\alpha \wedge \beta$ | ($\wedge^+$) |
| $\forall x(\alpha \wedge \beta)$　　$x$ 是关键变项 | ($\forall^+$) |
| $\alpha \wedge \forall x\beta \rightarrow \forall x(\alpha \wedge \beta)$ | ($\rightarrow^+$) |

(18) $\vdash \forall x(\alpha \wedge \beta) \leftrightarrow \alpha \wedge \forall x\beta$, $x$ 不在 $\alpha$ 中自由出现.

**证明**　由(16)和(17)可得.

(19) $\vdash \forall x(\alpha \wedge \beta) \leftrightarrow \forall x\alpha \wedge \beta$, $x$ 不在 $\beta$ 中自由出现.

**证明**　证法同(16),(17)和(18).

(15)是全称量词对于合取的分配律.(18)和(19)分别是全称量词对合取的右和左的移置律.

(20) $\vdash \exists x(\alpha \wedge \beta) \rightarrow \exists x\alpha \wedge \exists x\beta$.

**证明**

| | |
|---|---|
| $\exists x(\alpha \wedge \beta)$ | (Hyp) |
| $\alpha \wedge \beta$ | (Hyp) |
| $\alpha$ | ($\wedge^-$) |
| $\beta$ | ($\wedge^-$) |
| $\exists x\alpha$ | ($\exists^+$) |
| $\exists x\beta$ | ($\exists^+$) |
| $\exists x\alpha \wedge \exists x\beta$ | ($\wedge^+$) |
| $\alpha \wedge \beta \rightarrow \exists x\alpha \wedge \exists x\beta$ | ($\rightarrow^+$) |
| $\exists x\alpha \wedge \exists x\beta$　$x$ 是关键变项 | ($\exists^-$) |
| $\exists x(\alpha \wedge \beta) \rightarrow \exists x\alpha \wedge \exists x\beta$ | ($\rightarrow^+$) |

(21) $\vdash \exists x(\alpha \wedge \beta) \to \exists x\alpha \wedge \beta$，$x$ 不在 $\beta$ 中自由出现.

**证明**

| | |
|---|---|
| $\exists x(\alpha \wedge \beta)$ | (Hyp) |
| $\alpha \wedge \beta$ | (Hyp) |
| $\alpha$ | ($\wedge^-$) |
| $\beta$ | ($\wedge^-$) |
| $\exists x\alpha$ | ($\exists^+$) |
| $\exists x\alpha \wedge \beta$ | ($\wedge^+$) |
| $\alpha \wedge \beta \to \exists x\alpha \wedge \beta$ | ($\to^+$) |
| $\exists x\alpha \wedge \beta$　$x$ 是关键变项 | ($\exists^-$) |
| $\exists x(\alpha \wedge \beta) \to \exists x\alpha \wedge \beta$ | ($\to^+$) |

(22) $\vdash \exists x\alpha \wedge \beta \to \exists x(\alpha \wedge \beta)$，$x$ 不在 $\beta$ 中自由出现.

**证明**

| | |
|---|---|
| $\exists x\alpha \wedge \beta$ | (Hyp) |
| $\exists x\alpha$ | ($\wedge^-$) |
| $\alpha$ | (Hyp) |
| $\exists x\alpha \wedge \beta$ | (Reit) |
| $\beta$ | ($\wedge^-$) |
| $\alpha \wedge \beta$ | ($\wedge^+$) |
| $\exists x(\alpha \wedge \beta)$ | ($\exists^+$) |
| $\alpha \to \exists x(\alpha \wedge \beta)$ | ($\to^+$) |
| $\exists x(\alpha \wedge \beta)$　$x$ 是关键变项 | ($\exists^-$) |
| $\exists x\alpha \wedge \beta \to \exists x(\alpha \wedge \beta)$ | ($\to^+$) |

(23) $\vdash \exists x(\alpha \wedge \beta) \leftrightarrow \exists x\alpha \wedge \beta$，$x$ 不在 $\beta$ 中自由出现.

**证明**　由(21)和(22)可得.

(24) $\vdash \exists x(\alpha \wedge \beta) \leftrightarrow \alpha \wedge \exists x\beta$，$x$ 不在 $\alpha$ 中自由出现.

**证明**　证法同(21)，(22)和(23).

(23)和(24)分别是存在量词对合取的左、右移置律. 虽然(20)成立，但其中的→不能换成↔，所以对于存在量词来说，合取分配律不成立.

(25) $\vdash \forall x(\alpha \vee \beta) \to \forall x\alpha \vee \beta$，$x$ 不在 $\beta$ 中自由出现.

**证明**

$\mid\ \forall x(\alpha\vee\beta)$ (Hyp)
$\mid\ \alpha\vee\beta$ ($\forall^-$)
$\mid\ \mid\ \neg(\forall x\alpha\vee\beta)$ (Hyp)
$\mid\ \mid\ \mid\ \neg\alpha$ (Hyp)
$\mid\ \mid\ \mid\ \alpha\vee\beta$ (Reit)
$\mid\ \mid\ \mid\ \mid\ \beta$ (Hyp)
$\mid\ \mid\ \mid\ \mid\ \beta$ (Rep)
$\mid\ \mid\ \mid\ \beta\rightarrow\beta$ ($\rightarrow^+$)
$\mid\ \mid\ \mid\ \mid\ \alpha$ (Hyp)
$\mid\ \mid\ \mid\ \mid\ \mid\ \neg\beta$ (Hyp)
$\mid\ \mid\ \mid\ \mid\ \mid\ \alpha$ (Reit)
$\mid\ \mid\ \mid\ \mid\ \mid\ \neg\alpha$ (Reit)
$\mid\ \mid\ \mid\ \mid\ \beta$ ($\neg$)
$\mid\ \mid\ \mid\ \alpha\rightarrow\beta$ ($\rightarrow^+$)
$\mid\ \mid\ \mid\ \beta$ ($\vee^-$)
$\mid\ \mid\ \mid\ \forall x\alpha\vee\beta$ ($\vee^+$)
$\mid\ \mid\ \mid\ \neg(\forall x\alpha\vee\beta)$ (Reit)
$\mid\ \mid\ \alpha$ ($\neg$)
$\mid\ \mid\ \forall x\alpha$ $x$ 是关键变项 ($\forall^+$)
$\mid\ \mid\ \mid\ \neg\neg\forall x\alpha$ (Hyp)
$\mid\ \mid\ \mid\ \forall x\alpha$ (Reit)
$\mid\ \mid\ \mid\ \forall x\alpha\vee\beta$ ($\vee^+$)
$\mid\ \mid\ \mid\ \neg(\forall x\alpha\vee\beta)$ (Reit)
$\mid\ \mid\ \neg\forall x\alpha$ ($\neg$)
$\mid\ \forall x\alpha\vee\beta$ ($\neg$)
$\forall x(\alpha\vee\beta)\rightarrow\forall x\alpha\vee\beta$ ($\rightarrow^+$)

(26) $\vdash\forall x\alpha\vee\beta\rightarrow\forall x(\alpha\vee\beta)$，$x$ 不在 $\beta$ 中自由出现.

**证明**

$\mid\ \forall x\alpha\vee\beta$ (Hyp)
$\mid\ \mid\ \beta$ (Hyp)
$\mid\ \mid\ \alpha\vee\beta$ ($\vee^+$)
$\mid\ \beta\rightarrow\alpha\vee\beta$ ($\rightarrow^+$)
$\mid\ \mid\ \forall x\alpha$ (Hyp)
$\mid\ \mid\ \alpha$ ($\forall^-$)
$\mid\ \mid\ \alpha\vee\beta$ ($\vee^+$)
$\mid\ \forall x\alpha\rightarrow\alpha\vee\beta$ ($\rightarrow^+$)
$\mid\ \alpha\vee\beta$ ($\vee^-$)
$\mid\ \forall x(\alpha\vee\beta)$ $x$ 是关键变项 ($\forall^+$)
$\forall x\alpha\vee\beta\rightarrow\forall x(\alpha\vee\beta)$ ($\rightarrow^+$)

(27) $\vdash\forall x(\alpha\vee\beta)\leftrightarrow\forall x\alpha\vee\beta$，$x$ 不在 $\beta$ 中自由出现.

**证明** 由(25)和(26)可得.

(28) $\vdash \forall x(\alpha \vee \beta) \leftrightarrow \alpha \vee \forall x\beta$，$x$ 不在 $\beta$ 中自由出现.

**证明**　证法同(25)，(26)和(27).

(29) $\vdash \forall x\alpha \vee \forall x\beta \rightarrow \forall x(\alpha \vee \beta)$.

**证明**

| | |
|---|---|
| ┌ $\forall x\alpha \vee \forall x\beta$ | (Hyp) |
| │ ┌ $\forall x\alpha$ | (Hyp) |
| │ │ $\alpha$ | ($\forall^-$) |
| │ │ $\alpha \vee \beta$ | ($\vee^+$) |
| │ $\forall x\alpha \rightarrow \alpha \vee \beta$ | ($\rightarrow^+$) |
| │ ┌ $\forall x\beta$ | (Hyp) |
| │ │ $\beta$ | ($\forall^-$) |
| │ │ $\alpha \vee \beta$ | ($\vee^+$) |
| │ $\forall x\beta \rightarrow \alpha \vee \beta$ | ($\rightarrow^+$) |
| │ $\alpha \vee \beta$ | ($\vee^-$) |
| │ $\forall x(\alpha \vee \beta)$　$x$ 是关键变项 | ($\forall^+$) |
| $\forall x\alpha \vee \forall\beta \rightarrow \forall x(\alpha \vee \beta)$ | ($\rightarrow^+$) |

(27)和(28)分别是全称量词对析取的左、右移置律. 虽然(29)成立，但其中的→不能换成↔，所以对于全称量词来说，析取分配律不成立.

(30) $\vdash \exists x(\alpha \vee \beta) \rightarrow \exists x\alpha \vee \exists x\beta$.

**证明**

| | |
|---|---|
| ┌ $\exists x(\alpha \vee \beta)$ | (Hyp) |
| │ ┌ $\alpha \vee \beta$ | (Hyp) |
| │ │ ┌ $\alpha$ | (Hyp) |
| │ │ │ $\exists x\alpha$ | ($\exists^+$) |
| │ │ │ $\exists x\alpha \vee \exists x\beta$ | ($\vee^+$) |
| │ │ $\alpha \rightarrow \exists x\alpha \vee \exists x\beta$ | ($\rightarrow^+$) |
| │ │ ┌ $\beta$ | (Hyp) |
| │ │ │ $\exists x\beta$ | ($\exists^+$) |
| │ │ │ $\exists x\alpha \vee \exists x\beta$ | ($\vee^+$) |
| │ │ $\beta \rightarrow \exists x\alpha \vee \exists x\beta$ | ($\rightarrow^+$) |
| │ │ $\exists x\alpha \vee \exists x\beta$ | ($\vee^-$) |
| │ $\alpha \vee \beta \rightarrow \exists x\alpha \vee \exists x\beta$ | ($\rightarrow^+$) |
| │ $\exists x\alpha \vee \exists x\beta$　　$x$ 是关键变项 | ($\exists^-$) |
| $\exists x(\alpha \vee \beta) \rightarrow \exists x\alpha \vee \exists x\beta$ | ($\rightarrow^+$) |

(31) $\vdash \exists x\alpha \vee \exists x\beta \rightarrow \exists x(\alpha \vee \beta)$.

**证明**

| | |
|---|---|
| $\exists x\alpha \vee \exists x\beta$ | (Hyp) |
| $\exists x\alpha$ | (Hyp) |
| $\alpha$ | (Hyp) |
| $\alpha \vee \beta$ | ($\vee^{+}$) |
| $\exists x(\alpha \vee \beta)$ | ($\exists^{+}$) |
| $\alpha \rightarrow \exists x(\alpha \vee \beta)$ | ($\rightarrow^{+}$) |
| $\exists x(\alpha \vee \beta)$　$x$ 是关键变项 | ($\exists^{-}$) |
| $\exists x\alpha \rightarrow \exists x(\alpha \vee \beta)$ | ($\rightarrow^{+}$) |
| $\exists x\beta$ | (Hyp) |
| $\beta$ | (Hyp) |
| $\alpha \vee \beta$ | ($\vee^{+}$) |
| $\exists x(\alpha \vee \beta$ | ($\exists^{+}$) |
| $\beta \rightarrow \exists x(\alpha \vee \beta)$ | ($\rightarrow^{+}$) |
| $\exists x(\alpha \vee \beta)$　$x$ 是关键变项 | ($\exists^{-}$) |
| $\exists x\beta \rightarrow \exists x(\alpha \vee \beta)$ | ($\rightarrow^{+}$) |
| $\exists x(\alpha \vee \beta)$ | ($\vee^{-}$) |
| $\exists x\alpha \vee \exists x\beta \rightarrow \exists x(\alpha \vee \beta)$ | ($\rightarrow^{+}$) |

(32) $\vdash \exists x(\alpha \vee \beta) \leftrightarrow \exists x\alpha \vee \exists x\beta$.

**证明**　由(30)和(31)可得.

(33) $\vdash \exists x(\alpha \vee \beta) \rightarrow \exists x\alpha \vee \beta$, $x$ 不在 $\beta$ 中自由出现.

**证明**

| | |
|---|---|
| $\exists x(\alpha \vee \beta)$ | (Hyp) |
| $\alpha \vee \beta$ | (Hyp) |
| $\alpha$ | (Hyp) |
| $\exists x\alpha$ | ($\exists^{+}$) |
| $\exists x\alpha \vee \beta$ | ($\vee^{+}$) |
| $\alpha \rightarrow \exists x\alpha \vee \beta$ | ($\rightarrow^{+}$) |
| $\beta$ | (Hyp) |
| $\exists x\alpha \vee \beta$ | ($\vee^{+}$) |
| $\beta \rightarrow \exists x\alpha \vee \beta$ | ($\rightarrow^{+}$) |
| $\exists x\alpha \vee \beta$ | ($\vee^{-}$) |
| $\alpha \vee \beta \rightarrow \exists x\alpha \vee \beta$ | ($\rightarrow^{+}$) |
| $\exists x\alpha \vee \beta$　$x$ 是关键变项 | ($\exists^{-}$) |
| $\exists x(\alpha \vee \beta) \rightarrow \exists x\alpha \vee \beta$ | ($\rightarrow^{+}$) |

(34) $\vdash \exists x\alpha \vee \beta \rightarrow \exists x(\alpha \vee \beta)$, $x$ 不在 $\beta$ 中自由出现.

**证明**

| | |
|---|---|
| $\exists x\alpha \vee \beta$ | (Hyp) |
| $\quad \exists x\alpha$ | (Hyp) |
| $\quad\quad \alpha$ | (Hyp) |
| $\quad\quad \alpha \vee \beta$ | ($\vee^{+}$) |
| $\quad\quad \exists x(\alpha \vee \beta)$ | ($\exists^{+}$) |
| $\quad \alpha \rightarrow \exists x(\alpha \vee \beta)$ | ($\rightarrow^{+}$) |
| $\quad \exists x(\alpha \vee \beta)$　$x$ 是关键变项 | ($\exists^{-}$) |
| $\exists x\alpha \rightarrow \exists x(\alpha \vee \beta)$ | ($\rightarrow^{+}$) |
| $\quad \beta$ | (Hyp) |
| $\quad \alpha \vee \beta$ | ($\vee^{+}$) |
| $\quad \exists x(\alpha \vee \beta)$ | ($\exists^{+}$) |
| $\beta \rightarrow \exists x(\alpha \vee \beta)$ | ($\rightarrow^{+}$) |
| $\exists x(\alpha \vee \beta)$ | ($\vee^{-}$) |
| $\exists x\alpha \vee \beta \rightarrow \exists x(\alpha \vee \beta)$ | ($\rightarrow^{+}$) |

(35) $\vdash \exists x(\alpha \vee \beta) \leftrightarrow \exists x\alpha \vee \beta$，$x$ 不在 $\beta$ 中自由出现.

**证明**　由(33)和(34)可得.

(36) $\vdash \exists x(\alpha \vee \beta) \leftrightarrow \alpha \vee \exists x\beta$，$x$ 不在 $\alpha$ 中自由出现.

**证明**　证法同(33)，(34)和(35).

(35)和(36)分别是存在量词对于析取的左、右移置律.(32)是存在量词对于析取的分配律.

(37) $\vdash \forall x \neg\alpha \rightarrow \neg \exists x\alpha$.

**证明**

| | |
|---|---|
| $\forall x \neg\alpha$ | (Hyp) |
| $\quad \neg\neg \exists x\alpha$ | (Hyp) |
| $\quad \neg\neg \exists x\alpha \rightarrow \exists x\alpha$ | (FQC 定理) |
| $\quad \exists x\alpha$ | ($\rightarrow^{-}$) |
| $\quad\quad \alpha$ | (Hyp) |
| $\quad\quad\quad \neg\neg \forall x \neg\alpha$ | (Hyp) |
| $\quad\quad\quad \forall x \neg\alpha$ | (Reit) |
| $\quad\quad\quad \neg\alpha$ | ($\forall^{-}$) |
| $\quad\quad\quad \alpha$ | (Reit) |
| $\quad\quad \neg \forall x \neg\alpha$ | ($\neg$) |
| $\quad \alpha \rightarrow \neg \forall x \neg\alpha$ | ($\rightarrow^{+}$) |
| $\quad \neg \forall x \neg\alpha$　$x$ 是关键变项 | ($\exists^{-}$) |
| $\quad \forall x \neg\alpha$ | (Reit) |
| $\neg \exists x\alpha$ | ($\neg$) |
| $\forall x \neg\alpha \rightarrow \neg \exists x\alpha$ | ($\rightarrow^{+}$) |

(38) $\vdash \neg \exists x\alpha \rightarrow \forall x \neg\alpha$.

**证明**

$$
\begin{array}{ll}
\mid\ \neg\exists x\alpha & (\text{Hyp}) \\
\mid\ \mid\ \neg\neg\alpha & (\text{Hyp}) \\
\mid\ \mid\ \neg\neg\alpha\to\alpha & (\text{FQC 定理}) \\
\mid\ \mid\ \alpha & (\to^{-}) \\
\mid\ \mid\ \exists x\alpha & (\exists^{+}) \\
\mid\ \mid\ \neg\exists x\alpha & (\text{Reit}) \\
\mid\ \neg\alpha & (\neg) \\
\mid\ \forall x\neg\alpha \quad x\text{ 是关键变项} & (\forall^{+}) \\
\neg\exists x\alpha\to\forall x\neg\alpha & (\to^{+})
\end{array}
$$

(39) $\vdash\forall x\neg\alpha\leftrightarrow\neg\exists x\alpha$.

**证明** 由(37)和(38)可得.

(40) $\vdash\exists x\neg\alpha\to\neg\forall x\alpha$.

**证明**

$$
\begin{array}{ll}
\mid\ \exists x\neg\alpha & (\text{Hyp}) \\
\mid\ \mid\ \neg\alpha & (\text{Hyp}) \\
\mid\ \mid\ \mid\ \neg\neg\forall x\alpha & (\text{Hyp}) \\
\mid\ \mid\ \mid\ \neg\neg\forall x\alpha\to\forall x\alpha & (\text{FQC 定理}) \\
\mid\ \mid\ \mid\ \forall x\alpha & (\to^{-}) \\
\mid\ \mid\ \mid\ \alpha & (\forall^{-}) \\
\mid\ \mid\ \mid\ \neg\alpha & (\text{Reit}) \\
\mid\ \mid\ \neg\forall x\alpha & (\neg) \\
\mid\ \neg\alpha\to\neg\forall x\alpha & (\to^{+}) \\
\mid\ \neg\forall x\alpha \quad x\text{ 是关键变项} & (\exists^{-}) \\
\exists x\neg\alpha\to\neg\forall x\alpha & (\to^{+})
\end{array}
$$

(41) $\vdash\neg\forall x\alpha\to\exists x\neg\alpha$.

**证明**

$$
\begin{array}{ll}
\mid\ \neg\forall x\alpha & (\text{Hyp}) \\
\mid\ \mid\ \neg\exists x\neg\alpha & (\text{Hyp}) \\
\mid\ \mid\ \mid\ \neg\alpha & (\text{Hyp}) \\
\mid\ \mid\ \mid\ \exists x\neg\alpha & (\exists^{+}) \\
\mid\ \mid\ \mid\ \neg\exists x\neg\alpha & (\text{Reit}) \\
\mid\ \mid\ \alpha & (\neg) \\
\mid\ \mid\ \forall x\alpha \quad x\text{ 是关键变项} & (\forall^{+}) \\
\mid\ \mid\ \neg\forall x\alpha & (\text{Reit}) \\
\mid\ \exists x\neg\alpha & (\neg) \\
\neg\forall x\alpha\to\exists x\neg\alpha & (\to^{+})
\end{array}
$$

(42) $\vdash\neg\forall x\alpha\leftrightarrow\exists x\neg\alpha$.

**证明** 由(40)和(41)可得.

(43) $\vdash\forall x\alpha\to\neg\exists x\neg\alpha$.

**证明**

| | |
|---|---|
| $\quad\forall x\alpha$ | (Hyp) |
| $\quad\quad\neg\neg\exists x\neg\alpha$ | (Hyp) |
| $\quad\quad\neg\neg\exists x\neg\alpha\rightarrow\exists x\neg\alpha$ | (FQC 定理) |
| $\quad\quad\exists x\neg\alpha$ | $(\rightarrow^-)$ |
| $\quad\quad\exists x\neg\alpha\rightarrow\neg\forall x\alpha$ | ((40)) |
| $\quad\quad\neg\forall x\alpha$ | $(\rightarrow^-)$ |
| $\quad\quad\forall x\alpha$ | (Reit) |
| $\quad\neg\exists x\neg\alpha$ | $(\neg)$ |
| $\forall x\alpha\rightarrow\neg\exists x\neg\alpha$ | $(\rightarrow^+)$ |

(44) $\vdash\neg\exists x\neg\alpha\rightarrow\forall x\alpha$.

**证明**

| | |
|---|---|
| $\quad\neg\exists x\neg\alpha$ | (Hyp) |
| $\quad\quad\neg\forall x\alpha$ | (Hyp) |
| $\quad\quad\neg\forall x\alpha\rightarrow\exists x\neg\alpha$ | ((41)) |
| $\quad\quad\exists x\neg\alpha$ | $(\rightarrow^-)$ |
| $\quad\quad\neg\exists x\neg\alpha$ | (Reit) |
| $\quad\forall x\alpha$ | $(\neg)$ |
| $\neg\exists x\neg\alpha\rightarrow\forall x\alpha$ | $(\rightarrow^+)$ |

(45) $\vdash\forall x\alpha\leftrightarrow\neg\exists x\neg\alpha$.

**证明**　由(43)和(44)可得.

(46) $\vdash\exists x\alpha\rightarrow\neg\forall x\neg\alpha$.

**证明**

| | |
|---|---|
| $\quad\exists x\alpha$ | (Hyp) |
| $\quad\quad\neg\neg\forall x\neg\alpha$ | (Hyp) |
| $\quad\quad\neg\neg\forall x\neg\alpha\rightarrow\forall x\neg\alpha$ | (FQC 定理) |
| $\quad\quad\forall x\neg\alpha$ | $(\rightarrow^-)$ |
| $\quad\quad\forall x\neg\alpha\rightarrow\neg\exists x\alpha$ | ((37)) |
| $\quad\quad\neg\exists x\alpha$ | $(\rightarrow^-)$ |
| $\quad\quad\exists x\alpha$ | (Reit) |
| $\quad\neg\forall x\neg\alpha$ | $(\neg)$ |
| $\exists x\alpha\rightarrow\neg\forall x\neg\alpha$ | $(\rightarrow^+)$ |

(47) $\vdash\neg\forall x\neg\alpha\rightarrow\exists x\alpha$.

**证明**

| | |
|---|---|
| $\quad\neg\forall x\neg\alpha$ | (Hyp) |
| $\quad\quad\neg\exists x\alpha$ | (Hyp) |
| $\quad\quad\neg\exists x\alpha\rightarrow\forall x\neg\alpha$ | ((38)) |
| $\quad\quad\forall x\neg\alpha$ | $(\rightarrow^-)$ |
| $\quad\quad\neg\forall x\neg\alpha$ | (Reit) |
| $\quad\exists x\alpha$ | $(\neg)$ |
| $\neg\forall x\neg\alpha\rightarrow\exists x\alpha$ | $(\rightarrow^+)$ |

(48) $\vdash \exists x\alpha \leftrightarrow \neg\forall x\neg\alpha$.

**证明**　由(46)和(47)可得.

(49) $\vdash \forall x(\alpha\to\beta)\to(\forall x\alpha\to\forall x\beta)$.

**证明**

| | |
|---|---|
| $\mid\ \forall x(\alpha\to\beta)$ | (Hyp) |
| $\mid\ \mid\ \forall x\alpha$ | (Hyp) |
| $\mid\ \mid\ \alpha$ | $(\forall^-)$ |
| $\mid\ \mid\ \forall x(\alpha\to\beta)$ | (Reit) |
| $\mid\ \mid\ \alpha\to\beta$ | $(\forall^-)$ |
| $\mid\ \mid\ \beta$ | $(\to^-)$ |
| $\mid\ \mid\ \forall x\beta$　$x$ 是关键变项 | $(\forall^+)$ |
| $\mid\ \forall x\alpha\to\forall x\beta$ | $(\to^+)$ |
| $\forall x(\alpha\to\beta)\to\forall x\alpha\to\forall x\beta$ | $(\to^+)$ |

(50) $\vdash \forall x(\alpha\to\beta)\to(\exists x\alpha\to\exists x\beta)$.

**证明**

| | |
|---|---|
| $\mid\ \forall x(\alpha\to\beta)$ | (Hyp) |
| $\mid\ \mid\ \exists x\alpha$ | (Hyp) |
| $\mid\ \mid\ \mid\ \alpha$ | (Hyp) |
| $\mid\ \mid\ \mid\ \forall x(\alpha\to\beta)$ | (Reit) |
| $\mid\ \mid\ \mid\ \alpha\to\beta$ | $(\forall^-)$ |
| $\mid\ \mid\ \mid\ \beta$ | $(\to^-)$ |
| $\mid\ \mid\ \mid\ \exists x\beta$ | $(\exists^+)$ |
| $\mid\ \mid\ \alpha\to\exists x\beta$ | $(\to^+)$ |
| $\mid\ \mid\ \exists x\beta$　$x$ 是关键变项 | $(\exists^-)$ |
| $\mid\ \exists x\alpha\to\exists x\beta$ | $(\to^+)$ |
| $\forall x(\alpha\to\beta)\to(\exists x\alpha\to\exists x\beta)$ | $(\to^+)$ |

(51) $\vdash \forall x(\alpha\to\beta)\to(\alpha\to\forall x\beta)$, $x$ 不在 $\alpha$ 中自由出现.

**证明**

| | |
|---|---|
| $\mid\ \forall x(\alpha\to\beta)$ | (Hyp) |
| $\mid\ \mid\ \alpha$ | (Hyp) |
| $\mid\ \mid\ \forall x(\alpha\to\beta)$ | (Reit) |
| $\mid\ \mid\ \alpha\to\beta$ | $(\forall^-)$ |
| $\mid\ \mid\ \beta$ | $(\to^-)$ |
| $\mid\ \mid\ \forall x\beta$　$x$ 是关键变项 | $(\forall)$ |
| $\mid\ \alpha\to\forall x\beta$ | $(\to^+)$ |
| $\forall x(\alpha\to\beta)\to(\alpha\to\forall x\beta)$ | $(\to^+)$ |

(52) $\vdash(\alpha\to\forall x\beta)\to\forall x(\alpha\to\beta)$, $x$ 不在 $\alpha$ 中自由出现.

**证明**

| | |
|---|---|
| $\mid\ \alpha\to\forall x\beta$ | (Hyp) |
| $\mid\ \mid\ \alpha$ | (Hyp) |
| $\mid\ \mid\ \alpha\to\forall x\beta$ | (Reit) |
| $\mid\ \mid\ \forall x\beta$ | $(\to^-)$ |
| $\mid\ \mid\ \beta$ | $(\forall^-)$ |
| $\mid\ \alpha\to\beta$ | $(\to^+)$ |
| $\mid\ \forall x(\alpha\to\beta)$　$x$ 是关键变项 | $(\forall^+)$ |
| $(\alpha\to\forall x\beta)\to\forall x(\alpha\to\beta)$ | $(\to^+)$ |

(53) $\vdash\forall x(\alpha\to\beta)\leftrightarrow(\alpha\to\forall x\beta)$, $x$ 不在 $\alpha$ 中自由出现.

**证明** 由(51)和(52)可得.

(54) $\vdash\exists x(\alpha\to\beta)\to(\alpha\to\exists x\beta)$, $x$ 不在 $\alpha$ 中自由出现.

**证明**

| | |
|---|---|
| $\mid\ \exists x(\alpha\to\beta)$ | (Hyp) |
| $\mid\ \mid\ \alpha\to\beta$ | (Hyp) |
| $\mid\ \mid\ \mid\ \alpha$ | (Hyp) |
| $\mid\ \mid\ \mid\ \alpha\to\beta$ | (Reit) |
| $\mid\ \mid\ \mid\ \beta$ | $(\to^-)$ |
| $\mid\ \mid\ \mid\ \exists x\beta$ | $(\exists^+)$ |
| $\mid\ \mid\ \alpha\to\exists x\beta$ | $(\to^+)$ |
| $\mid\ (\alpha\to\beta)\to(\alpha\to\exists x\beta)$ | $(\to^+)$ |
| $\mid\ \alpha\to\exists x\beta$　$x$ 是关键变项 | $(\exists^-)$ |
| $\exists x(\alpha\to\beta)\to(\alpha\to\exists x\beta)$ | $(\to^+)$ |

(55) $\vdash(\alpha\to\exists x\beta)\to\exists x(\alpha\to\beta)$, $x$ 不在 $\alpha$ 中自由出现.

**证明**

| | |
|---|---|
| $\alpha\to\exists x\beta$ | (Hyp) |
| $\quad\neg\exists x(\alpha\to\beta)$ | (Hyp) |
| $\quad\quad\neg\neg\alpha$ | (Hyp) |
| $\quad\quad\neg\neg\alpha\to\alpha$ | (FQC 定理) |
| $\quad\quad\alpha$ | $(\to^-)$ |
| $\quad\quad\alpha\to\exists x\beta$ | (Reit) |
| $\quad\quad\exists x\beta$ | $(\to^-)$ |
| $\quad\quad\quad\beta$ | (Hyp) |
| $\quad\quad\quad\quad\alpha$ | (Hyp) |
| $\quad\quad\quad\quad\beta$ | (Reit) |
| $\quad\quad\quad\alpha\to\beta$ | $(\to^+)$ |
| $\quad\quad\quad\exists x(\alpha\to\beta)$ | $(\exists^+)$ |
| $\quad\quad\beta\to\exists x(\alpha\to\beta)$ | $(\to^+)$ |
| $\quad\quad\exists x(\alpha\to\beta)$　$x$ 是关键变项 | $(\exists^-)$ |
| $\quad\quad\neg\exists x(\alpha\to\beta)$ | (Reit) |
| $\quad\neg\alpha$ | $(\neg)$ |
| $\quad\quad\alpha$ | (Hyp) |
| $\quad\quad\quad\neg\beta$ | (Hyp) |
| $\quad\quad\quad\alpha$ | (Reit) |
| $\quad\quad\quad\neg\alpha$ | (Reit) |
| $\quad\quad\beta$ | $(\neg)$ |
| $\quad\alpha\to\beta$ | $(\to^+)$ |
| $\quad\exists x(\alpha\to\beta)$ | $(\exists^+)$ |
| $\quad\neg\exists x(\alpha\to\beta)$ | (Rep) |
| $\exists x(\alpha\to\beta)$ | $(\neg)$ |
| $(\alpha\to\exists x\beta)\to\exists x(\alpha\to\beta)$ | $(\to^+)$ |

(56) $\vdash\exists x(\alpha\to\beta)\leftrightarrow(\alpha\to\exists x\beta)$，$x$ 不在 $\alpha$ 中自由出现.

**证明**　由(54)和(55)可得.

(57) $\vdash(\forall x\alpha\to\beta)\to\exists x(\alpha\to\beta)$，$x$ 不在 $\beta$ 中自由出现.

**证明**

$\forall x\alpha\rightarrow\beta$ (Hyp)
$\neg\exists x(\alpha\rightarrow\beta)$ (Hyp)
$\neg\exists x(\alpha\rightarrow\beta)\rightarrow\forall x\neg(\alpha\rightarrow\beta)$ ((38))
$\forall x\neg(\alpha\rightarrow\beta)$ ($\rightarrow^{-}$)
$\neg(\alpha\rightarrow\beta)\rightarrow\alpha\wedge\neg\beta$ (FQC 定理)
$\forall x(\neg(\alpha\rightarrow\beta)\rightarrow\alpha\wedge\neg\beta)$　$x$ 是关键变项 ($\forall^{+}$)
$\forall x(\neg(\alpha\rightarrow\beta)\rightarrow\alpha\wedge\neg\beta)\rightarrow$
$\quad\forall x\neg(\alpha\rightarrow\beta)\rightarrow\forall x(\alpha\wedge\neg\beta)$ ((49))
$\forall x\neg(\alpha\rightarrow\beta)\rightarrow\forall x(\alpha\wedge\neg\beta)$ ($\rightarrow^{-}$)
$\forall x(\alpha\wedge\neg\beta)$ ($\rightarrow^{-}$)
$\forall x(\alpha\wedge\neg\beta)\rightarrow\forall x\alpha\wedge\forall x\neg\beta$ ((13))
$\forall x\alpha\wedge\forall x\neg\beta$ ($\rightarrow^{-}$)
$\forall x\alpha$ ($\wedge^{-}$)
$\forall x\neg\beta$ ($\wedge^{-}$)
$\forall x\alpha\rightarrow\beta$ (Reit)
$\beta$ ($\rightarrow^{-}$)
$\neg\beta$ ($\forall^{-}$)
$\exists x(\alpha\rightarrow\beta)$ ($\neg$)
$(\forall x\alpha\rightarrow\beta)\rightarrow\exists x(\alpha\rightarrow\beta)$ ($\rightarrow^{+}$)

(58) $\vdash\exists x(\alpha\rightarrow\beta)\rightarrow(\forall x\alpha\rightarrow\beta)$，$x$ 不在 $\beta$ 中自由出现.

**证明**

$\exists x(\alpha\rightarrow\beta)$ (Hyp)
$\alpha\rightarrow\beta$ (Hyp)
$\forall x\alpha$ (Hyp)
$\alpha$ ($\forall^{-}$)
$\alpha\rightarrow\beta$ (Reit)
$\beta$ ($\rightarrow^{-}$)
$\forall x\alpha\rightarrow\beta$ ($\rightarrow^{+}$)
$(\alpha\rightarrow\beta)\rightarrow(\forall x\alpha\rightarrow\beta)$ ($\rightarrow^{+}$)
$\forall x\alpha\rightarrow\beta$　$x$ 是关键变项 ($\exists^{-}$)
$\exists x(\alpha\rightarrow\beta)\rightarrow(\forall x\alpha\rightarrow\beta)$ ($\rightarrow^{+}$)

(59) $\vdash(\forall x\alpha\rightarrow\beta)\leftrightarrow\exists x(\alpha\rightarrow\beta)$，$x$ 不在 $\beta$ 中自由出现.

**证明**　由(57)和(58)可得.

(60) $\vdash\forall x(\alpha\rightarrow\beta)\rightarrow(\exists x\alpha\rightarrow\beta)$，$x$ 不在 $\beta$ 中自由出现.

**证明**

$\forall x(\alpha\rightarrow\beta)$ (Hyp)
$\exists x\alpha$ (Hyp)
$\forall x(\alpha\rightarrow\beta)$ (Reit)
$\alpha\rightarrow\beta$ ($\forall^{-}$)
$\beta$　$x$ 是关键变项 ($\exists^{-}$)
$\exists x\alpha\rightarrow\beta$ ($\rightarrow^{+}$)
$\forall x(\alpha\rightarrow\beta)\rightarrow(\exists x\alpha\rightarrow\beta)$ ($\rightarrow^{+}$)

(61) $\vdash(\exists x\alpha\to\beta)\to\forall x(\alpha\to\beta)$，$x$ 不在 $\beta$ 中自由出现.

**证明**

$$
\begin{array}{ll}
\quad\exists x\alpha\to\beta & \text{(Hyp)}\\
\quad\quad\alpha & \text{(Hyp)}\\
\quad\quad\exists x\alpha\to\beta & \text{(Reit)}\\
\quad\quad\exists x\alpha & (\exists^+)\\
\quad\quad\beta & (\to^-)\\
\quad\alpha\to\beta & (\to^+)\\
\quad\forall x(\alpha\to\beta)\quad x\text{ 是关键变项} & (\forall^+)\\
(\exists x\alpha\to\beta)\to\forall x(\alpha\to\beta) & (\to^+)
\end{array}
$$

(62) $\vdash\forall x(\alpha\to\beta)\leftrightarrow(\exists x\alpha\to\beta)$，$x$ 不在 $\beta$ 中自由出现.

**证明** 由(60)和(61)可得.

(49)～(62)刻画了量词与蕴涵之间的关系.其中，(53)和(56)是量词对于蕴涵的移置律.(59)和(62)叫做量词转换律，它们把全称量词转换为存在量词，把存在量词转换为全称量词.(49)中的→不能换成↔，即全称量词对蕴涵的分配律不成立.

(63) $\vdash\forall x(\alpha\to\beta)\to(\forall x(\beta\to\gamma)\to\forall x(\alpha\to\gamma))$.

**证明**

$$
\begin{array}{ll}
\quad\forall x(\alpha\to\beta) & \text{(Hyp)}\\
\quad\alpha\to\beta & (\forall^-)\\
\quad\quad\forall x(\beta\to\gamma) & \text{(Hyp)}\\
\quad\quad\beta\to\gamma & (\forall^-)\\
\quad\quad\quad\alpha & \text{(Hyp)}\\
\quad\quad\quad\alpha\to\beta & \text{(Reit)}\\
\quad\quad\quad\beta & (\to^-)\\
\quad\quad\quad\beta\to\gamma & \text{(Reit)}\\
\quad\quad\quad\gamma & (\to^-)\\
\quad\quad\alpha\to\gamma & (\to^+)\\
\quad\quad\forall x(\alpha\to\gamma)\quad x\text{ 是关键变项} & (\forall^+)\\
\quad\forall x(\beta\to\gamma)\to\forall x(\alpha\to\gamma) & (\to^+)\\
\forall x(\alpha\to\beta)\to(\forall x(\beta\to\gamma)\to\forall x(\alpha\to\gamma)) & (\to^+)
\end{array}
$$

(64) $\vdash\forall x(\alpha\leftrightarrow\beta)\to(\forall x\alpha\leftrightarrow\forall x\beta)$.

**证明**

| | |
|---|---|
| $\quad \forall x(\alpha\leftrightarrow\beta)$ | $(\mathrm{Hyp})$ |
| $\quad \alpha\leftrightarrow\beta$ | $(\forall^-)$ |
| $\quad \alpha\to\beta$ | $(\leftrightarrow^-)$ |
| $\quad \beta\to\alpha$ | $(\leftrightarrow^-)$ |
| $\quad\quad \forall x\alpha$ | $(\mathrm{Hyp})$ |
| $\quad\quad \alpha$ | $(\forall^-)$ |
| $\quad\quad \alpha\to\beta$ | $(\mathrm{Reit})$ |
| $\quad\quad \beta$ | $(\to^-)$ |
| $\quad\quad \forall x\beta$　$x$ 是关键变项 | $(\forall^+)$ |
| $\quad \forall x\alpha\to\forall x\beta$ | $(\to^+)$ |
| $\quad\quad \forall x\beta$ | $(\mathrm{Hyp})$ |
| $\quad\quad \beta$ | $(\forall^-)$ |
| $\quad\quad \beta\to\alpha$ | $(\mathrm{Reit})$ |
| $\quad\quad \alpha$ | $(\to^-)$ |
| $\quad\quad \forall x\alpha$　$x$ 是关键变项 | $(\forall^+)$ |
| $\quad \forall x\beta\to\forall x\beta$ | $(\to^+)$ |
| $\quad \forall x\alpha\leftrightarrow\forall x\beta$ | $(\leftrightarrow^+)$ |
| $\forall x(\alpha\leftrightarrow\beta)\to(\forall x\alpha\leftrightarrow\forall x\beta)$ | $(\to^+)$ |

(65) $\vdash\forall x(\alpha\leftrightarrow\beta)\to(\exists x\alpha\leftrightarrow\exists x\beta)$.

**证明**

| | |
|---|---|
| $\quad \forall x(\alpha\leftrightarrow\beta)$ | $(\mathrm{Hyp})$ |
| $\quad \alpha\leftrightarrow\beta$ | $(\forall^-)$ |
| $\quad \alpha\to\beta$ | $(\to^-)$ |
| $\quad \beta\to\alpha$ | $(\to^-)$ |
| $\quad\quad \exists x\alpha$ | $(\mathrm{Hyp})$ |
| $\quad\quad\quad \alpha$ | $(\mathrm{Hyp})$ |
| $\quad\quad\quad \alpha\to\beta$ | $(\mathrm{Reit})$ |
| $\quad\quad\quad \beta$ | $(\to^-)$ |
| $\quad\quad\quad \exists x\beta$ | $(\exists^+)$ |
| $\quad\quad \alpha\to\exists x\beta$ | $(\to^+)$ |
| $\quad\quad \exists x\beta$　$x$ 是关键变项 | $(\exists^-)$ |
| $\quad \exists x\alpha\to\exists x\beta$ | $(\to^+)$ |
| $\quad\quad \exists x\beta$ | $(\mathrm{Hyp})$ |
| $\quad\quad\quad \beta$ | $(\mathrm{Hyp})$ |
| $\quad\quad\quad \beta\to\alpha$ | $(\mathrm{Reit})$ |
| $\quad\quad\quad \alpha$ | $(\to^-)$ |
| $\quad\quad\quad \exists x\alpha$ | $(\exists^+)$ |
| $\quad\quad \beta\to\exists x\alpha$ | $(\to^+)$ |
| $\quad\quad \exists x\alpha$　$x$ 是关键变项 | $(\exists^-)$ |
| $\quad \exists x\beta\to\exists x\alpha$ | $(\to^+)$ |
| $\quad \exists x\alpha\leftrightarrow\exists x\beta$ | $(\leftrightarrow^+)$ |
| $\forall x(\alpha\leftrightarrow\beta)\to(\exists x\alpha\leftrightarrow\exists x\beta)$ | $(\to^+)$ |

(66) $\vdash\forall x(\alpha\leftrightarrow\beta)\to(\forall x(\beta\leftrightarrow\gamma)\to\forall x(\alpha\leftrightarrow\gamma))$.

**证明**

| | |
|---|---|
| │ $\forall x(\alpha\leftrightarrow\beta)$ | (Hyp) |
| │ $\alpha\leftrightarrow\beta$ | ($\forall^-$) |
| │ $\alpha\rightarrow\beta$ | ($\leftrightarrow^-$) |
| │ $\beta\rightarrow\alpha$ | ($\leftrightarrow^-$) |
| │ │ $\forall x(\beta\leftrightarrow\gamma)$ | (Hyp) |
| │ │ $\beta\leftrightarrow\gamma$ | ($\forall^-$) |
| │ │ $\beta\rightarrow\gamma$ | ($\leftrightarrow^-$) |
| │ │ $\gamma\rightarrow\beta$ | ($\leftrightarrow^-$) |
| │ │ │ $\alpha$ | (Hyp) |
| │ │ │ $\alpha\rightarrow\beta$ | (Reit) |
| │ │ │ $\beta$ | ($\rightarrow^-$) |
| │ │ │ $\beta\rightarrow\gamma$ | (Reit) |
| │ │ │ $\gamma$ | ($\rightarrow^-$) |
| │ │ $\alpha\rightarrow\gamma$ | ($\rightarrow^+$) |
| │ │ │ $\gamma$ | (Hyp) |
| │ │ │ $\gamma\rightarrow\beta$ | (Reit) |
| │ │ │ $\beta$ | ($\rightarrow^-$) |
| │ │ │ $\beta\rightarrow\alpha$ | (Reit) |
| │ │ │ $\alpha$ | ($\rightarrow^-$) |
| │ │ $\gamma\rightarrow\alpha$ | ($\rightarrow^+$) |
| │ │ $\alpha\leftrightarrow\gamma$ | ($\leftrightarrow^+$) |
| │ │ $\forall x(\alpha\leftrightarrow\gamma)$  $x$ 是关键变项 | ($\forall^+$) |
| │ $\forall x(\beta\leftrightarrow\gamma)\rightarrow\forall x(\alpha\leftrightarrow\gamma)$ | ($\rightarrow^+$) |
| $\forall x(\alpha\leftrightarrow\beta)\rightarrow(\forall x(\beta\leftrightarrow\gamma)\rightarrow\forall x(\alpha\leftrightarrow\gamma))$ | ($\rightarrow^+$) |

(64)～(66)刻画了量词与等值之间的关系.

### 5.4.2 练习

1. 在公式(66)之后证明:

(1) $\vdash\neg(\exists xP(x)\wedge Q(x))\rightarrow(\exists xP(x)\rightarrow\neg Q(y))$;

(2) $\vdash(\forall x(\neg P(x)\rightarrow Q(x))\wedge\forall x\neg Q(x))\rightarrow P(y)$;

(3) $\vdash(\forall x(P(x)\rightarrow Q(x)))\wedge(\forall x(Q(x)\rightarrow R(x)))\rightarrow(P(y)\rightarrow R(y))$;

(4) $\vdash(\forall x(P(x)\vee Q(x))\wedge\forall x\neg P(x))\rightarrow\exists xQ(x)$;

(5) $\vdash(\forall x(P(x)\vee Q(x))\wedge\forall x\neg P(x))\rightarrow\forall xQ(x)$;

(6) $\vdash(\neg\forall x(P(x)\wedge Q(x))\wedge\forall xP(x))\rightarrow\neg\forall xQ(x)$.

2. 在公式(66)之后,再证明第五章第二节练习的 2.

## 第五节　狭谓词逻辑的语义学

对于逻辑学家来说,每一形式系统的建立都可以通过一些先于理论的直觉知识引入，并讨论与之相应的形式化理论. 但是，那些先于形式化理论的直觉知识有些往往可能是不合法的，或者会把我们引入歧途. 但是，给出形式化语义的目的，可以使我们对直觉知识进行衡量. 如果发现不合适的地方，我们还可以对它进行修改. 当然在形式化工作的初期，有可能没有完全引入我们的基本直觉知识. 但是，一旦建立了精确的形式化语义学，就可以通过精确的公式表达来增强对直觉知识的理解. 此外，形式化语义学理论还为形式系统的可靠性和完全性提供了衡量的标准. 因此，没有形式化语义学，可靠性和完全性这些概念就没有明确的意义.

### 5.5.1　一阶语言的语义

对于一个形式系统，不仅仅要研究它本身的语法规律，更重要的是给形式系统赋予一种含义，使抽象的符号变成有内容的语句. 这也正是莱布尼茨最初设想的要建立一种表意的符号语言. 因而探求形式系统的含义和解释符号序列的内容是这一节的主要研究内容.

通常，对于一个给定的符号集 $S$，首先要确定一个个体域，然后把 $S$ 中的常项和关系（谓词）符号分别解释成该个体域中的个体和个体间的关系. 这样，才能使 $S$—公式具有一定的含义. 闭公式在这种解释下，是具有一定含义的命题. 对于含自由变项的公式，如果希望它表示命题，就需要对其中的自由变项指定个体. 也就是说，只有在对其中的自由变项指定某个个体以后，它才表示命题. 怎样确定个体域和解释个体间的关系是相当自由的，下面将通过几个具体的例子来说明.

**例 5.1**　令 $R$ 是一个二元关系符号，设 $\{R\}$—公式为：

$$\exists v_0 \forall v_1 \neg R(v_1, v_0). \tag{1}$$

假定取全体集合组成的类 $\mathbf{V}$ 为个体域，"$\exists v_0$"表示"有一个集合 $x$"，"$\forall v_1$"表示"对任意的集合 $y$"，$R$ 被解释为 $\mathbf{V}$ 上的属于关系 $\in$，那么(1)式表示下面的命题：

"存在一个集合 $x$，使得对任意的集合 $y$，$y \notin x$."

只要取集合 $x$ 为空集 $\varnothing$，这个命题在集合论中就是一个真命题. 此时称公式(1)在 $(\mathbf{V}, \in)$ 中成立.

**例 5.2**　令 $R$ 是一个二元关系符号，$\{R\}$—公式为：

$$\forall v_0 \exists v_1 R(v_0, v_1) \tag{2}$$

假定取全体自然数集 $\mathbf{N}$ 为个体域，"$\forall v_0$"表示"对任一个自然数 $n$"，"$\exists v_1$"表示"有一个自然数 $m$"，并把 $R$ 解释为 $\mathbf{N}$ 上的小于关系 $<$，那么(2)式表示下面的命题：

“对任一个自然数 $n$ 都有一个自然数 $m$,使得 $n<m$.”

因为对任意的自然数 $n$,只要取 $m=n+1$,上述命题就成立.因此,这个命题在初等数论中是一个真命题.此时也称公式(2)在($\mathbf{N},<$)中成立.

但是,如果取全体负整数的集合 $\mathbf{Z}^-$ 作为个体域,$R$ 仍被解释为小于关系$<$,那么(2)式表示下面的命题:

“对于任一负整数 $k$ 有一个负整数 $l$,使得 $k<l$.”

因为在全体负整数的集合 $\mathbf{Z}^-$ 中,不存在比$-1$还大的负整数,因此,该命题在初等数论中是一个假命题.此时我们称公式(2)在($\mathbf{Z}^-,<$)中不成立.

**例 5.3** 令 $R$ 仍然是一个二元关系符号,$\{R\}$—公式为:

$$R(v_0,v_1)\rightarrow \exists v_2(R(v_0,v_2)\wedge R(v_2,v_1)). \tag{3}$$

在($\mathbf{N},<$)中是否表示一个命题,只有在对(3)式中的自由变项指定自然数.例如,对 $v_0$ 和 $v_1$ 分别指定 6 和 8,那么(3)式就表示下面的真命题:

“如果 $6<8$,则有一个自然数 $n$,使得 $6<n$ 并且 $n<8$.”

显然 $n=7$ 即可.如果对 $v_0$ 和 $v_1$ 分别指定 6 和 7,那么(3)式表示下面的假命题:

“如果 $6<7$,则有一个自然数 $n$,使得 $6<n$ 并且 $n<7$.”

显然 $n$ 不存在.

下面将给出解释的精确定义,同时也将定义一个解释什么时候产生一个真(或假)的命题.由于这一节引进的概念都与符号序列所指的意义有关,因此把这些概念叫做语义概念.在下面的讨论中,将沿用第一章中的一些符号和记法.

**定义 5.1** 一个 $S$ 结构 $\mathscr{A}$ 就是具有下面性质的一个二元组$(A,F)$:

(1)$A$ 是一个非空集,称为 $\mathscr{A}$ 的个体域或论域,$A$ 中的元素称为个体;

(2)$F$ 是符号集 $S$ 上的一个映射,它满足:

①对 $S$ 中每个 $n$ 元关系符号 $R$,$F(R)$是 $A$ 上的一个 $n$ 元关系;

②对 $S$ 中每个个体常项 $c$,$F(c)$是 $A$ 中的一个个体.

注意:定义中的①对 $S$ 中的每个 $n$ 元关系符号 $R$ 指定 $A$ 上的一个 $n$ 元关系 $F(R)$,即 $F(R)\subseteq A^n$.另外,$F(R)$和 $F(c)$常被分别记作 $R^{\mathscr{A}}$ 和 $c^{\mathscr{A}}$.

约定:用 $A,B,\cdots$分别表示结构 $\mathscr{A},\mathscr{B},\cdots$的个体域,还把 $S$ 结构 $\mathscr{A}=(A,F)$用列举 $F$ 值的方法来代替 $F$.例如,$\{R,c\}$结构可以记作 $\mathscr{A}=(A,R^{\mathscr{A}},c^{\mathscr{A}})$.在前面例 5.1 中,$\{R\}$结构 $\mathscr{A}=(\mathbf{V},F)$也可以记作$(\mathbf{V},\in^V)$,即$(\mathbf{V},\in)$.例 5.2 中的$\{R\}$结构 $\mathscr{A}=(\mathbf{N},F)$,即$(\mathbf{N},<)$或者$(\mathbf{Z}^-,<)$.

**定义 5.2** 一个 $S$ 结构 $\mathscr{A}$ 的一个个体指派(简称指派)是全体个体变项到 $\mathscr{A}$ 的个体域 A 的一个映射 $\theta$,也就是说,$\theta$ 对每个个体变项指定一个个体.亦即,对一切 $\mathrm{x}$,$\theta(\mathrm{x})\in \mathrm{A}$.

**定义 5.3**　一个S解释Σ就是由S结构$\mathscr{A}$和$\mathscr{A}$的一个指派$\theta$组成的一个二元有序组$(\mathscr{A},\theta)$.

对于给定的符号集$S$来说,在不致于混淆的情况下,常把$S$结构和$S$解释分别简称为结构和解释.

如果$\theta$是$\mathscr{A}$的一个指派,$a\in A$并且$x$是一个个体变项,那么$\theta(a/x)$是如下定义的一个指派：

$$\theta(a/x)(y)=\begin{cases}\theta(y), & \text{当 } y\neq x \text{ 时}\\ a, & \text{当 } y=x \text{ 时}\end{cases}$$

即：指派$\theta(a/x)$除了对$x$指定$a$外,其余都跟$\theta$相同.当$\Sigma=(\mathscr{A},\theta)$时,令

$$\Sigma(a/x)=(\mathscr{A},\theta(a/x)).$$

**例 5.4**　令$S=\{R\}$,$R$是一个二元关系符号,令$\Sigma=(\mathscr{A},\theta)$,其中$\mathscr{A}=(\mathbf{N},\geqslant)$,$\theta$为自然数集$\mathbf{N}$上的恒等映射,"$\geqslant$"是$\mathbf{N}$上的大于等于关系,则$\{R\}$—公式为：

$$\forall x\,\forall y\,\forall z(R(x,y)\wedge R(y,z)\rightarrow R(x,z)) \tag{1}$$

$$\forall x\,\forall y(R(x,y)\vee R(y,x)) \tag{2}$$

现在可以被分别解释为：

$$\forall x\,\forall y\,\forall z(x\geqslant y\wedge y\geqslant z\rightarrow x\geqslant z), \tag{3}$$

$$\forall x\,\forall y(x\geqslant y\vee y\geqslant x). \tag{4}$$

因此,例5.4中的"$\geqslant$"关系为自然数集$\mathbf{N}$上的线序关系.这是自然数域上的算术真理.

如果将$R$解释为$\mathbf{N}$上的小于关系$<$,则$\{R\}$—公式(1)和(2)在$\Sigma'=((\mathbf{N},<),\theta)$下被分别解释为：

$$\forall x\,\forall y\,\forall z(x<y\wedge y<z\rightarrow x<z), \tag{3$'$}$$

$$\forall x\,\forall y(x<y\vee y<x). \tag{4$'$}$$

此时,公式(3′)成立而公式(4′)不成立,因为并不是任意的两个自然数$x$和$y$满足$x<y$或者$y<x$.除此之外,还有相等关系.因此,可以说$\{R\}$—公式(1)和(2)在给定的解释Σ下均为真,而在给定的解释Σ′下一个是真命题另一个是假命题.

一般地,给定一个$S$解释,任一$S$—公式都表示一个命题.如何确定这些命题在所给解释下的真假,可以用下面的定义来判断.

**定义 5.4**(可满足关系的定义)　$S$解释$\Sigma=(\mathscr{A},\theta)$满足$S$—公式$\alpha$,记作$\Sigma\models\alpha$,其归纳定义如下：

(1)$\Sigma\models R(t_0,t_1,\cdots,t_{n-1})$当且仅当$R^{\mathscr{A}}(\Sigma(t_0),\Sigma(t_1),\cdots,\Sigma(t_{n-1}))$成立(即：

$R^{\mathscr{A}}$ 对 $\Sigma(t_0),\Sigma(t_1),\cdots,\Sigma(t_{n-1})$成立),这里 $\Sigma(t_i)$定义如下:

$$\Sigma(t_i)=\begin{cases}\theta(x), & \text{当 } t_i(i=0,\cdots,(n-1))\text{是个体变项 } x \text{ 时;}\\ c^{\mathscr{A}}, & \text{当 } t_i(i=0,\cdots,(n-1))\text{是个体常项 } c \text{ 时.}\end{cases}$$

(2)$\Sigma\models\neg\alpha$ 当且仅当 $\Sigma\not\models\alpha$(即:$\Sigma$ 不满足 $\alpha$);

(3)$\Sigma\models(\alpha\vee\beta)$当且仅当 $\Sigma\models\alpha$ 或者 $\Sigma\models\beta$;

(4)$\Sigma\models\forall x\alpha$ 当且仅当对一切 $a\in A$,$\Sigma(a/x)\models\alpha$,

$\Sigma\models\exists x\alpha$ 当且仅当有一个 $a\in A$,$\Sigma(a/x)\models\alpha$.

当 $\Sigma\models\alpha$ 成立时,也称 $\Sigma$ 是 $\alpha$ 的一个模型或者 $\alpha$ 在 $\Sigma$ 中成立.

令 $\Phi$ 是一个公式集,如果 $\Sigma$ 满足 $\Phi$ 中的每个公式,那么称 $\Sigma$ 是 $\Phi$ 的一个模型,记作 $\Sigma\models\Phi$.

由定义 5.4 可得:

$\Sigma\models(\alpha\wedge\beta)$ 当且仅当 $\Sigma\models\alpha$ 并且 $\Sigma\models\beta$;

$\Sigma\models(\alpha\rightarrow\beta)$ 当且仅当 如果 $\Sigma\models\alpha$ 则 $\Sigma\models\beta$;

$\Sigma\models(\alpha\leftrightarrow\beta)$ 当且仅当 $\Sigma\models\alpha$ 当且仅当 $\Sigma\models\beta$.

定义 5.4 看起来比较复杂,但实际应用起来还是很方便的.下面举例说明它的使用.

**例 5.5** 考虑$\{R\}$—公式:$\exists v_1R(v_0,v_1)$.
结构 $\mathscr{A}=(\mathbf{N},<)$,$\mathscr{A}$ 中的指派 $\theta$ 为对一切个体变项 $x$,$\theta(x)=8$.对于这一$\{R\}$解释 $\Sigma=(\mathscr{A},\theta)$,有

$\Sigma\models\exists v_1R(v_0,v_1)$ 当且仅当 有一个 $n\in\mathbf{N}$,

$\Sigma(n/v_1)\models R(v_0,v_1)$ 当且仅当 有一个$n\in\mathbf{N}$,$<(\Sigma(n/v_1)(v_0),\Sigma(n/v_1)(v_1))$,

即:有一个 $n\in\mathbf{N}$,使得

$\Sigma(n/v_1)(v_0)<\Sigma(n/v_1)(v_1)$ 当且仅当 有一个 $n\in\mathbf{N}$,使 $8<n$.

因为只需取 $n=9$,就有 $8<n$ 成立.所以,$\Sigma\models\exists v_1R(v_0,v_1)$.

**例 5.6** 考虑本节例 5.1 中的$\{R\}$—公式

$$\exists v_0\forall v_1\neg R(v_1,v_0).$$

结构 $\mathscr{A}=(\mathbf{V},\in)$,$\mathscr{A}$ 中的指派 $\theta$ 取 $\mathbf{V}$ 上的恒等映射,对于这一$\{R\}$解释 $\Sigma=(\mathscr{A},\theta)$,有

$$\Sigma\models\exists v_0\forall v_1\neg R(v_1,v_0)$$

当且仅当 有一个 $a\in\mathbf{V}$,$\Sigma(a/v_0)\models\forall v_1\neg R(v_1,v_0)$,

当且仅当 有一个 $a\in\mathbf{V}$ 并且对一切 $b\in\mathbf{V}$,使得

$$\Sigma(a/v_0)(b/v_1)\models\neg R(v_1,v_0),$$

当且仅当　有一个 $a\in\mathbf{V}$ 并且对一切 $b\in\mathbf{V}$,使得

$$\Sigma(a/v_0)(b/v_1)\not\models R(v_1,v_0),$$

当且仅当　有一个 $a\in\mathbf{V}$ 并且对一切 $b\in\mathbf{V}$,使得

$$\notin(\Sigma(a/v_0)(b/v_1)(v_1),\Sigma(a/v_0)(b/v_1)(v_0)).$$

即:有一个 $a\in\mathbf{V}$ 并且对一切 $b\in\mathbf{V}$,

$$\Sigma(a/v_0)(b/v_1)(v_1)\notin\Sigma(a/v_0)(b/v_1)(v_0),$$

当且仅当　有一个 $a\in\mathbf{V}$ 并且对一切 $b\in\mathbf{V}$,$b\notin a$.

因为只需取 $a=\varnothing$,对一切 $b\in\mathbf{V}$,有 $b\notin\varnothing$ 成立. 所以,

$$\Sigma\models\exists v_0\,\forall v_1\,\neg R(v_1,v_0).$$

**例 5.7**　考虑本节例 5.4 中的 $\{R\}$—公式

$$\forall x\,\forall y\,\forall z(R(x,y)\wedge R(y,z)\rightarrow R(x,z)),\tag{1}$$

$$\forall x\,\forall y(R(x,y)\vee R(y,x)).\tag{2}$$

结构 $\mathscr{A}=(\mathbf{N},<)$,$\mathscr{A}$ 中的指派 $\theta$ 取 $\mathbf{N}$ 上的恒等映射. 对于这一 $\{R\}$ 解释 $\Sigma=(\mathscr{A},\theta)$,有

$$\Sigma\models\forall x\,\forall y\,\forall z(R(x,y)\wedge R(y,z)\rightarrow R(x,z))$$

当且仅当　对任意的 $n_1,n_2,n_3\in\mathbf{N}$,使得

$$\Sigma(n_1/x)(n_2/y)(n_3/z)\models R(x,y)\wedge R(y,z)\rightarrow R(x,z)$$

当且仅当　对任意的 $n_1,n_2,n_3\in\mathbf{N}$,如果

$$\Sigma(n_1/x)(n_2/y)(n_3/z)\models R(x,y)\wedge R(y,z),$$

则

$$\Sigma(n_1/x)(n_2/y)(n_3/z)\models R(x,z)$$

当且仅当　对任意的 $n_1,n_2,n_3\in\mathbf{N}$,如果

$$\Sigma(n_1/x)(n_2/y)(n_3/z)\models R(x,y),$$

并且

$$\Sigma(n_1/x)(n_2/y)(n_3/z)\models R(y,z),$$

则

$$\Sigma(n_1/x)(n_2/y)(n_3/z)\models R(x,z).$$

即:对任意的 $n_1,n_2,n_3\in\mathbf{N}$,如果

$$\Sigma(n_1/x)(n_2/y)(n_3/z)(x)<\Sigma(n_1/x)(n_2/y)(n_3/z)(y),$$

并且

$$\Sigma(n_1/x)(n_2/y)(n_3/z)(y)<\Sigma(n_1/x)(n_2/y)(n_3/z)(z),$$

则

$$\Sigma(n_1/x)(n_2/y)(n_3/z)(x)<\Sigma(n_1/x)(n_2/y)(n_3/z)(z).$$

亦即:对任意的 $n_1, n_2, n_3 \in \mathbf{N}$,如果 $n_1 < n_2$,并且 $n_2 < n_3$,则 $n_1 < n_3$ 成立. 所以,

$$\Sigma \models \forall x \forall y \forall z(R(x,y) \land R(y,z) \to R(x,z)).$$

但是,如果 $\Sigma \models \forall x \forall y(R(x,y) \lor R(y,x))$

当且仅当　对一切 $n, m \in \mathbf{N}$,有

$$\Sigma(n/x)(m/y) \models R(x,y) \lor R(y,x)$$

当且仅当　对一切 $n, m \in \mathbf{N}$,有

$$\Sigma(n/x)(m/y) \models R(x,y) \text{或者} \Sigma(n/x)(m/y) \models R(y,x)$$

当且仅当　对一切 $n, m \in \mathbf{N}$,有

$$\Sigma(n/x)(m/y)(x) < \Sigma(n/x)(m/y)(y)$$

或者

$$\Sigma(n/x)(m/y)(y) < \Sigma(n/x)(m/y)(x)$$

即:对一切 $n, m \in \mathbf{N}, n < m$ 或者 $m < n$.

因为对任意两个自然数 $n$ 和 $m$,当 $n = m$ 时,$n < m$ 或 $m < n$ 均不成立. 所以:

$$\Sigma \not\models \forall x \forall y(R(x,y) \lor R(y,x)).$$

利用可满足的概念,我们可以将命题逻辑中的重言后承、可满足性和重言等值等概念进行拓展. 在下面的定义中,假定 $S$ 是一个固定的符号集,我们有:

**定义 5.5**　(1)称公式 $\alpha$ 是公式集 $\Phi$ 的一个逻辑后承,如果每一个满足 $\Phi$ 的解释也满足 $\alpha$,记作 $\Phi \models \alpha$. 特别地,当 $\Phi = \{\beta\}$ 时,将 $\{\beta\} \models \alpha$ 简记作 $\beta \models \alpha$. 而 $\Phi \cup \{\beta\} \models \alpha$ 简记作 $\Phi, \beta \models \alpha$.

(2)称公式 $\alpha$ 是逻辑有效的,如果它是空集的逻辑后承,即:$\varnothing \models \alpha$,记作 $\models \alpha$. 即:对任意的解释 $\Sigma$,$\Sigma \models \alpha$.

(3)称公式 $\alpha$ 和 $\beta$ 是逻辑等值的,如果它们互为逻辑后承,即:$\alpha \models \beta$ 并且 $\beta \models \alpha$,记作 $\alpha \models\!\dashv \beta$.

(4)称公式 $\alpha$ 是可满足的,如果有一个解释 $\Sigma$ 满足 $\alpha$,记作 sat$\alpha$;称公式集 $\Phi$ 是可满足的,如果有一个解释 $\Sigma$ 满足 $\Phi$ 中每一个公式,记作 sat$\Phi$.

**例 5.8**　QC 的公理 $A_1$ 至 $A_6$ 是逻辑有效的.

**证明**　(1) $A_1$: $\alpha \lor \alpha \to \alpha$.

假设有一个解释 $\Sigma$,使得

$$\Sigma \not\models (\alpha \lor \alpha \to \alpha),$$

则 $\Sigma \models \alpha \lor \alpha$ 并且 $\Sigma \not\models \alpha$. 于是,可得:($\Sigma \models \alpha$ 或 $\Sigma \models \alpha$)并且 $\Sigma \not\models \alpha$.

即($\Sigma \models \alpha$ 并且 $\Sigma \not\models \alpha$)或者($\Sigma \models \alpha$ 并且 $\Sigma \not\models \alpha$)矛盾.

故:对任意的解释 $\Sigma$,都有 $\Sigma \models \alpha \lor \alpha \to \alpha$. 所以,公理 $A_1$ 是逻辑有效的.

(2)容易证明:$A_2$ 和 $A_3$ 也是逻辑有效的.

(3)证 $A_4$ 也是逻辑有效的.

假设有一个解释 $\Sigma$,使得

$$\Sigma \not\models ((\beta \to \gamma) \to (\alpha \vee \beta \to \alpha \vee \gamma)),$$

则 $\Sigma \models (\beta \to \gamma)$ 并且 $\Sigma \not\models (\alpha \vee \beta \to \alpha \vee \gamma)$.

由此可得:$\Sigma \models (\beta \to \gamma)$ 并且 $\Sigma \models (\alpha \vee \beta)$ 并且 $\Sigma \not\models (\alpha \vee \gamma)$.

由此可得:$\Sigma \models (\beta \to \gamma)$ 并且 $\Sigma \models (\alpha \vee \beta)$ 并且 $\Sigma \not\models \alpha$ 并且 $\Sigma \not\models \gamma$. 由 $\Sigma \models (\alpha \vee \beta)$ 且 $\Sigma \not\models \alpha$ 可得:$\Sigma \models \beta$.

由 $\Sigma \models \beta$ 并且 $\Sigma \not\models \gamma$ 可得:$\Sigma \not\models (\beta \to \gamma)$. 矛盾. 故:对任意的解释 $\Sigma$,都有:

$$\Sigma \models ((\beta \to \gamma) \to (\alpha \vee \beta \to \alpha \vee \gamma)).$$

所以,公理 $A_4$ 逻辑有效的.

(4)证 $A_5$ 也是逻辑有效的.

假设有一个解释 $\Sigma$,使得

$$\Sigma \not\models (\forall x\alpha \to \alpha(y)).$$

由此得:$\Sigma \models \forall x\alpha$ 并且 $\Sigma \not\models \alpha(y)$. 利用定义 4.4 可得:对一切 $a \in A$,$\Sigma(a/x) \models \alpha$,但由代入引理可得:

$$\Sigma(\Sigma(y)/x) \not\models \alpha.$$

矛盾. 故:对任意的解释 $\Sigma$,都有:

$$\Sigma \models (\forall x\alpha \to \alpha(y)).$$

所以,公理 $A_5$ 是逻辑有效的.

公理 $A_6$ 的有效性证明,类似于(4),从而详细证明略.

**引理 5.1**　对任意的公式 $\alpha$ 和 $\beta$,$\{\alpha, \alpha \to \beta\} \models \beta$.

**证明**　由定义 5.5 易证.

**引理 5.2**　对任意的公式集 $\Phi$ 和任意的公式 $\alpha$,$\Phi \models \alpha$ 当且仅当 $\Phi \cup \{\neg\alpha\}$ 不可满足. 特别地,$\alpha$ 逻辑有效当且仅当 $\neg\alpha$ 不可满足.

**证明**　$\Phi \models \alpha$,当且仅当,每一个满足 $\Phi$ 的解释也满足 $\alpha$,当且仅当没有一个满足 $\Phi$ 的解释不满足 $\alpha$,当且仅当没有一个解释满足 $\Phi \cup \neg\alpha$,当且仅当 $\Phi \cup \neg\alpha$ 不可满足.

公式 $\alpha$ 和 $\beta$ 是逻辑等值的,(记作:$\alpha \sim \beta$)当且仅当它们在相同的解释下是逻辑有效的,即 $\models \alpha \leftrightarrow \beta$ 成立. 在前面的一节里,已经知道下面的各对公式是可证等值的,从而不难证明它们也是逻辑等值的.

(1)$(\alpha \wedge \beta)$ 和 $\neg(\neg\alpha \vee \neg\beta)$;

(2)$(\alpha \vee \beta)$ 和 $\neg(\neg\alpha \wedge \neg\beta)$;

(3)$(\alpha \to \beta)$ 和 $(\neg\alpha \vee \beta)$;

(4) $(\alpha\rightarrow\beta)$和$\neg(\alpha\wedge\neg\beta)$;

(5) $(\alpha\leftrightarrow\beta)$和$(\alpha\rightarrow\beta)\wedge(\beta\rightarrow\alpha)$;

(6) $(\alpha\leftrightarrow\beta)$和$\neg(\alpha\vee\beta)\vee\neg(\neg\alpha\vee\neg\beta)$;

(7) $(\alpha\leftrightarrow\beta)$和$(\alpha\wedge\beta)\vee(\neg\alpha\wedge\neg\beta)$;

(8) $\forall x\alpha$ 和$\neg\exists x\neg\alpha$;

(9) $\exists x\alpha$ 和$\neg\forall x\neg\alpha$.

特别地,如果$\models(\alpha\leftrightarrow\beta)$并且公式$\gamma'$是以$\beta$替换公式$\gamma$中所有形如$\alpha$的子公式而得,则$\models(\gamma\leftrightarrow\gamma')$. 证明留给读者完成.

下面的结论表明,$S$—公式$\alpha$和$S$解释$\Sigma$之间的满足关系$\Sigma\models\alpha$仅仅依赖于对$\alpha$中所含的自由变项、个体常项和关系符号所作的解释.

**引理 5.3**(叠合引理)　令$\Sigma_1=(\mathscr{A}_1,\theta_1)$是$S_1$解释,$\Sigma_2=(\mathscr{A}_2,\theta_2)$是$S_2$解释,二者的个体域相同(即$A_1=A_2$),并且令$S=S_1\cap S_2$. 如果$\Sigma_1$和$\Sigma_2$对于$S$—公式$\alpha$的自由变项和出现在$\alpha$中的$S$符号作出的解释相同(或者说:$\Sigma_1$和$\Sigma_2$对于$S$—公式$\alpha$的自由变项和出现在$\alpha$中的$S$符号是一致的),那么$\Sigma_1\models\alpha$当且仅当$\Sigma_2\models\alpha$.

**证明**　施归纳公式于$\alpha$的结构.

$\Sigma_1\models R(t_0,t_1,\cdots,t_{n-1})$当且仅当$R^{\mathscr{A}_1}(\Sigma_1(t_0),\Sigma_1(t_1),\cdots,\Sigma_1(t_{n-1}))$

当且仅当$R^{\mathscr{A}_1}(\Sigma_2(t_0),\Sigma_2(t_1),\cdots,\Sigma_2(t_{n-1}))$

(归纳假设)

当且仅当$R^{\mathscr{A}_2}(\Sigma_2(t_0),\Sigma_2(t_1),\cdots,\Sigma_2(t_{n-1}))$

当且仅当$\Sigma_2\models R(t_0,t_1,\cdots,t_{n-1})$;

$\Sigma_1\models\neg\beta$当且仅当$\Sigma_1\not\models\beta$

当且仅当$\Sigma_2\not\models\beta$(归纳假设)

当且仅当$\Sigma_2\models\neg\beta$;

$\Sigma_1\models(\beta\vee\gamma)$当且仅当$\Sigma_1\models\beta$或者$\Sigma_1\models\gamma$

当且仅当$\Sigma_2\models\beta$或者$\Sigma_2\models\gamma$(归纳假设)

当且仅当$\Sigma_2\models(\beta\vee\gamma)$;

$\Sigma_1\models\forall x\beta$当且仅当对一切$a\in A_1$,$\Sigma_1(a/x)\models\beta$

当且仅当对一切$a\in A_2$,$\Sigma_2(a/x)\models\beta$(归纳假设)

当且仅当$\Sigma_2\models\forall x\beta$;

$\Sigma_1\models\exists x\beta$当且仅当有一个$a\in A_1$,$\Sigma_1(a/x)\models\beta$

当且仅当有一个$a\in A_2$,$\Sigma_2(a/x)\models\beta$(归纳假设)

当且仅当$\Sigma_2\models\exists x\beta$.

(注意:在证明含有量词的公式时,归纳假设能应用于 $\beta$ 和$\Sigma_1(a/x)$以及 $\Sigma_2(a/x)$,是由于 $\mathrm{free}(\beta)\subseteq\mathrm{free}(\alpha)\cup\{x\}$,而解释$\Sigma_1(a/x)$和 $\Sigma_2(a/x)$对于出现在 $\beta$ 中的一切符号和所有自由变项的解释相同.)

**定义 5.6**　令 $S$ 和 $S'$都是符号集并且 $S\subseteq S'$;令 $\mathscr{A}=(A,F)$是一个 $S$ 结构,而 $\mathscr{A}'=(A',F')$是一个 $S'$结构. 称 $\mathscr{A}$ 是 $\mathscr{A}'$的一个 $S$ 归约(简称归约),当且仅当 $A=A'$并且 $F$ 和 $F'$对于 $S$ 中任一符号的解释都相同. 此时,也称 $\mathscr{A}'$为 $\mathscr{A}$ 的一个扩充,记作 $\mathscr{A}=\mathscr{A}'\upharpoonright S$.

关于解释、后承和可满足性等概念的定义都是在一个固定的符号集 $S$ 上而作的. 下面的引理表明,这样的要求不是必要的.

**引理 5.4**　令 $\Phi$ 是一个公式集并且 $S\subseteq S'$,则 $\Phi$ 相对于 $S$ 是可满足的当且仅当 $\Phi$ 相对于 $S'$是可满足的.

**证明**　如果 $\Sigma'=(\mathscr{A}',\theta')$是一个 $S'$解释并且 $\Sigma'\models\Phi$,那么由叠合引理可知,$S$ 解释$(\mathscr{A}'\upharpoonright S,\theta')$是 $\Phi$ 的一个模型.

另一方面,如果 $\Sigma=(\mathscr{A},\theta)$是满足 $\Phi$ 的一个 $S$ 解释,我们可以把 $\mathscr{A}$ 扩充成一个 $S'$结构 $\mathscr{A}'$使得 $\mathscr{A}'\upharpoonright S=\mathscr{A}$(由于对 $S'-S$ 中的符号可以随意解释). 根据叠合引理可知,$S'$的解释$(\mathscr{A}',\theta)$是 $\Phi$ 的一个模型.

最后,我们把 $\Sigma(a/x)$的定义推广如下:

**定义 5.7**　令 $x_0,x_1,\cdots x_r$ 两两不相同,$\Sigma=(\mathscr{A},\theta)$是一个解释,$a_0,a_1,\cdots,a_r\in A$,那么 $\mathscr{A}$ 中的指派 $\theta(a_0/x_0,a_1/x_1,\cdots,a_r/x_r)$和解释 $\Sigma(a_0/x_0,a_1/x_1,\cdots,a_r/x_r)$的定义如下:

$$\theta(a_0/x_0,a_1/x_1,\cdots,a_r/x_r)(y)=\begin{cases}\theta(y), & y\neq x_0,y\neq x_1,\cdots,y\neq x_r;\\ a_i, & y=x_i.\end{cases}$$

$$\Sigma(a_0/x_0,a_1/x_1,\cdots,a_r/x_r)=(\mathscr{A},\theta(a_0/x_0,a_1/x_1,\cdots,a_r/x_r)).$$

这里需要注意的是:在本章中我们所做的一些工作都是在第三章命题逻辑的基础上的扩充. 以此类推,一阶语言的语义也应该是命题语义的扩充,或者说是在真值赋值 $\sigma$ 的基础上定义一阶语言的语义. 但从本节的内容上看,定义的解释 $\Sigma$ 与真值赋值 $\sigma$ 似乎没有任何联系. 其实,只需解读定义 5.4 即可. 首先将记号 $\Sigma\models\alpha$ 理解为 $\alpha^{\Sigma}=1$. 于是,由$\Sigma\not\models\alpha$可得 $\alpha^{\Sigma}=0$. 因此,定义 5.4 等价于下面的定义 5.4′.

**定义 5.4′**　一个 $S$—公式 $\alpha$ 在 $S$ 解释 $\Sigma$ 下的值 $\alpha^{\Sigma}$ 归纳定义如下:

(1)如果 $R$ 是 $S$ 的一个 $n$ 元非逻辑关系符号,$t_0,t_1,\cdots,t_{n-1}$都是 $S$ 项,那么

$$R(t_0,t_1,\cdots,t_{n-1})^{\Sigma}=\begin{cases}1, & \text{如果}\langle t_0^{\Sigma},t_1^{\Sigma},\cdots,t_{n-1}^{\Sigma}\rangle\in R^{\mathscr{A}};\\ 0, & \text{否则}.\end{cases}$$

(2)对每一个 $S$—公式 $\beta$,

$$(\neg\beta)^{\Sigma}=\begin{cases}1, & \text{如果 } \beta^{\Sigma}=0;\\ 0, & \text{否则}.\end{cases}$$

(3)对 $S$—公式 $\beta$ 和 $\gamma$,

$$(\beta\vee\gamma)^{\Sigma}=\begin{cases}0, & \text{如果 } \beta^{\Sigma}=\gamma^{\Sigma}=0,\\ 1, & \text{否则}.\end{cases}$$

(4)对每一个 $S$—公式 $\beta$ 和自由变项 $x$,

$$(\forall x\beta)^{\Sigma}=\begin{cases}1, & \text{如果对每一 } a\in A, \text{使 } \beta^{\Sigma(a/x)}=1;\\ 0, & \text{否则}.\end{cases}$$

$$(\exists x\beta)^{\Sigma}=\begin{cases}1, & \text{如果存在一个 } a\in A, \text{使 } \beta^{\Sigma(a/x)}=1;\\ 0, & \text{否则}.\end{cases}$$

这里的 $A$ 是 $\Sigma$ 的论域.

这样以来,$\Sigma$ 满足公式 $\alpha$ 当且仅当 $\alpha^{\Sigma}=1$. 其实,也可以称 $\Sigma$ 为赋值,记作:$\Sigma\models\alpha$. 或者换一种记法,将定义 5.1 中的映射 $F$ 和定义 5.2 中的个体指派 $\theta$ 毗连起来,得到一个新的映射,称之为赋值,并记作 $\sigma$. 即:

$$(I)^{\sigma}=\begin{cases}F(R): \text{当 } I=R(n\text{ 元谓词})\\ F(c): \text{当 } I=c(\text{个体常项})\\ \theta(x): \text{当 } I=x(\text{个体变项})\end{cases}$$

这样以来,定义 5.4 又可以重述为:

**定义 5.4″** 一个 $S$—公式 $\alpha$ 在赋值 $\sigma$ 下的值定义如下:

(1)如果 $\alpha$ 是原子公式 $R(t_0,t_1,\cdots,t_{n-1})$,那么

$$(R(t_0,t_1,\cdots,t_{n-1}))^{\sigma}=\begin{cases}1, & \text{如果} \langle t_0^{\sigma},t_1^{\sigma},\cdots,t_{n-1}^{\sigma}\rangle\in R^{\sigma};\\ 0, & \text{否则}.\end{cases}$$

(2)如果 $\alpha$ 是否定式 $\neg\beta$,那么

$$(\neg\beta)^{\sigma}=\begin{cases}1, & \text{如果 } \beta^{\sigma}=0;\\ 0, & \text{否则}.\end{cases}$$

(3)如果 $\alpha$ 是析取式$(\beta\vee\gamma)$,那么

$$(\beta\vee\gamma)^{\sigma}=\begin{cases}0, & \text{如果 } \beta^{\sigma}=\gamma^{\sigma}=0,\\ 1, & \text{否则}.\end{cases}$$

(4)如果 $\alpha$ 是 $\forall x\beta$ 或 $\exists x\beta$,那么

$$(\forall x\beta)^{\sigma}=\begin{cases}1, & \text{如果对每一 } a\in A, \text{使 } \beta^{\sigma(a/x)}=1;\\ 0, & \text{否则}.\end{cases}$$

$$(\exists x\beta)^{\sigma}=\begin{cases}1, & \text{如果有一 } a\in A,\text{使 } \beta^{\sigma(a/x)}=1;\\ 0, & \text{否则}.\end{cases}$$

这里的 $A$ 是 $\sigma$ 的论域.

其实,解释 $\Sigma$ 和赋值 $\sigma$ 都依赖于个体指派 $\theta$. 因为有一个 $\theta$,就已经有一个 $S$ 结构 $\mathscr{A}$. 因此,$\mathscr{A}$ 中的映射 $F$ 也就确定了. 对 $\sigma$ 也一样. 这样一来,就可以将解释看成真值赋值的一种扩充. 我们称这种扩充为赋值,在不引起混淆的情况下,仍记作 $\sigma$.

### 5.5.2　练习

1. 证明下面的公式是逻辑等值的:

(1) $(\alpha\wedge\beta)$ 和 $\neg(\neg\alpha\vee\neg\beta)$;

(2) $(\alpha\vee\beta)$ 和 $\neg(\neg\alpha\wedge\neg\beta)$;

(3) $(\alpha\rightarrow\beta)$ 和 $(\neg\alpha\vee\beta)$;

(4) $(\alpha\leftrightarrow\beta)$ 和 $(\alpha\rightarrow\beta)\wedge(\beta\rightarrow\alpha)$;

(5) $(\alpha\leftrightarrow\beta)$ 和 $\neg(\alpha\vee\beta)\vee\neg(\neg\alpha\vee\neg\beta)$;

(6) $(\alpha\leftrightarrow\beta)$ 和 $(\alpha\wedge\beta)\vee(\neg\alpha\wedge\neg\beta)$;

(7) $\forall x\alpha$ 和 $\neg\exists x\neg\alpha$.

2. 指出下列公式是否逻辑有效式,并加以证明:

(1) $\forall x(\alpha\rightarrow\beta)\rightarrow\exists x\alpha\rightarrow\exists x\beta$;

(2) $(\forall x\alpha\rightarrow\forall x\beta)\rightarrow\forall x(\alpha\rightarrow\beta)$;

(3) $\exists x(\alpha\wedge\beta)\rightarrow\exists x\alpha\wedge\exists x\beta$;

(4) $\exists x\alpha\wedge\exists x\beta\rightarrow\exists x(\alpha\wedge\beta)$;

(5) $\forall x(\alpha\vee\beta)\rightarrow\forall x\alpha\vee\forall x\beta$;

(6) $\forall x\alpha\vee\forall x\beta\rightarrow\forall x(\alpha\vee\beta)$.

3. 证明:如果 $\models\alpha\leftrightarrow\beta$ 并且公式 $\gamma'$ 是以 $\beta$ 替换公式 $\gamma$ 中所有形如 $\alpha$ 的子公式而得,则 $\models\gamma\leftrightarrow\gamma'$.(提示:施归纳于 $\gamma$ 的结构.)

4. 证明下面的公式逻辑等值:

(1) $\models\forall x(\alpha\wedge\beta)\leftrightarrow\forall x\alpha\wedge\beta$;

(2) $\models\exists x(\alpha\wedge\beta)\leftrightarrow\exists x\alpha\wedge\beta$;

(3) $\models\forall x(\alpha\vee\beta)\leftrightarrow\forall x\alpha\vee\beta$;

(4) $\models\exists x(\alpha\vee\beta)\leftrightarrow\exists x\alpha\vee\beta$;

(5) $\models\forall x(\alpha\rightarrow\beta)\leftrightarrow\forall x\alpha\rightarrow\beta$;

(6) $\models\exists x(\alpha\rightarrow\beta)\leftrightarrow\forall x\alpha\rightarrow\beta$;

(7)$\models \forall x(\beta\to\alpha)\leftrightarrow\beta\to\forall x\alpha$;

(8)$\models \exists x(\beta\to\alpha)\leftrightarrow\beta\to\exists x\alpha$.

在(1)～(8)中,$x$ 不在 $\beta$ 中自由出现.

5. 证明:$\Phi,\alpha\models\beta$ 当且仅当 $\Phi\models\alpha\to\beta$,从而证明:

$$\{\alpha_1,\alpha_2,\cdots,\alpha_n\}\models\beta \text{ 当且仅当} \models\alpha_1\to(\alpha_2\to\cdots\to(\alpha_n\to\beta)\cdots).$$

6. 设 $\Sigma=(\mathscr{A},\theta)$,其中 $\mathscr{A}=(\mathbf{N},\leqslant)$,“$\leqslant$”是自然数集 $\mathbf{N}$ 上的小于等于关系,$\theta$ 是 $\mathbf{N}$ 上的恒等映射. 证明 $\Sigma$ 是以下$\{R\}$—公式的模型:

(1) $\forall x\forall y\forall z(R(x,y)\land R(y,z)\to R(x,z))$;

(2) $\forall x\forall y(R(x,y)\lor R(y,x))$.

7. 证明:如果 $x$ 不在 $\alpha$ 中自由出现,则 $\alpha$,$\forall x\alpha$ 及 $\exists x\alpha$ 都是逻辑等值的.

8. 构造一个仅含逻辑符号(即只有关系符号$=$)的闭公式 $\alpha$,使得 $\alpha$ 在解释 $\Sigma$ 中成立,当且仅当个体域 $A$ 中

(1)至少有三个元素;

(2)至多有三个元素;

(3)恰好有三个元素.

9. 只用一个二元关系符号构造一个闭公式 $\alpha$,使 $\alpha$ 没有有穷模型(即个体域有穷),但当 $A$ 是任何无穷集时,则 $\alpha$ 就有一个以 $A$ 为个体域的模型.

10. 对于下列四个公式和两个解释,如果一公式是句子,指出它是真的还是假的;如果一公式不是句子,指出对其中所含自由变元指派以什么样的值,它才是真的.

(1)$R(f(v_1,v_2),e)$;

(2) $\forall v_1 R(f(v_1,v_2),e)$;

(3)$R(v_1,v_2)\to\neg R(v_2,v_1)$;

(4) $\forall v_1\forall v_2\forall v_3(R(v_1,v_2)\to(R(v_1,v_3)\to R(v_2,v_3)\lor R(v_3,v_2)))$.

①论域是所有正整数的集合,$R(x,y)$为 $x\geqslant y$,$f(x,y)$为 $x\cdot y$,$e=1$;

②论域是所有整数集的集合,$R(x,y)$是 $x\subset y$(即 $x$ 真包含于 $y$),$f(x,y)$是 $x\cap y$,$e$ 为空集.

11. 下列公式在所给解释下表示论域上的什么关系(或性质).

(1)令 $R(v_3,v_4)$:$\exists v_1\exists v_2(P(v_1,v_3)\land P(v_2,v_4)\land Q(v_1,v_2))$;

论域是人的集合,$P(x,y)$表示 $x$ 是 $y$ 的母亲,$Q(x,y)$表示 $x$ 是 $y$ 的姐妹.

(2)令 $P(v_2)$:$\forall v_1(\neg R(v_1,e)\to R(f(v_1,v_2),g(e)))$,

论域是所有有理数的集合,$R(x,y)$表示 $x=y$,$f(x,y)$表示 $x\cdot y$,$g(x)=x+1$,$e=0$.

12. 分别给出满足和不满足下列公式的解释：

(1) $\exists v_1 R(v_1, f(v_2, v_2))$；

(2) $R(v_1) \wedge \forall v_2 \neg Q(v_1, v_2)$；

(3) $\forall v_1 \forall v_2 (R(v_1, v_2) \leftrightarrow \exists v_3 Q(v_1, v_2, v_3))$.

13. 试只用一个二元关系符号(不用其他非逻辑符号)，构造 $L$ 句子 $\alpha$ 和 $\beta$，使得 $\alpha$ 在任何具有有穷论域的解释下都为假，但可以在一个具有无穷论域的解释下为真；$\beta$ 在任何具有有穷论域的解释下都真. 但在一个具有无穷论域的解释下为假.（提示：考虑在自返性、传递性和承接性(即是否对论域中的每一个体 $\mu$ 都有一个个体 $\mu'$，使得 $\mu$ 与 $\mu'$ 有所说关系)上有其特点的两个二元关系.）

## 第六节　前束范式

在第二章第三节中，介绍了求任一命题公式的标准形式——合取范式和析取范式. 本节主要介绍一阶公式的标准形式——前束范式. 为此，先给出将公式中的自由变项代以项而得到一个新公式的规则，并证明在这样的代入下仍保持原公式的有效性.

### 5.6.1　代入引理

假定 $S$ 是一个固定的符号集.

**定义 6.1**　给定公式 $\alpha$ 和两两不相同的个体变项 $x_0, x_1, \cdots, x_n$ 以及任意的项 $t_0, t_1, \cdots, t_n$. 由 $\alpha$ 经 $t_0, t_1, \cdots, t_n$ 对 $x_0, x_1, \cdots, x_n$ 的联立代入而得的公式 $\alpha(t_0/x_0, t_1/x_1, \cdots, t_n/x_n)$ 的归纳定义如下：

(1) $x(t_0/x_0, t_1/x_1, \cdots, t_n/x_n) = \begin{cases} x，当\ x \neq x_i, i = 0, 1, \cdots, n\ 时； \\ t_i，当\ x\ 是某个\ x_i\ 时. \end{cases}$

$c(t_0/x_0, t_1/x_1, \cdots, t_n/x_n) = c$；

(2) $R(t_0', t_1', \cdots, t_r')(t_0/x_0, t_1/x_1, \cdots, t_n/x_n)$
$= R(t_0'(t_0/x_0, t_1/x_1, \cdots, t_n/x_n), t_1'(t_0/x_0, t_1/x_1, \cdots, t_n/x_n), \cdots,$
$t_r'(t_0/x_0, t_1/x_1, \cdots, t_n/x_n))$；

(3) $(\neg\beta)(t_0/x_0, t_1/x_1, \cdots, t_n/x_n) = \neg\beta(t_0/x_0, t_1/x_1, \cdots, t_n/x_n)$；

(4) $(\beta \vee \gamma)(t_0/x_0, t_1/x_1, \cdots, t_n/x_n)$
$= \beta(t_0/x_0, t_1/x_1, \cdots, t_n/x_n) \vee \gamma(t_0/x_0, t_1/x_1, \cdots, t_n/x_n)$；

(5) 对于 $\forall x\beta$ 或 $\exists x\beta$，如果

$$\mathrm{free}(\forall x\beta)\cap\{x_i\mid i\in\{0,1,\cdots,n\}\text{并且 }x_i\neq t_i\}=\{x_{i_0},x_{i_1},\cdots,x_{i_{s-1}}\},$$

或 $$\mathrm{free}(\exists x\beta)\cap\{x_i\mid i\in\{0,1,\cdots,n\}\text{并且 }x_i\neq t_i\}=\{x_{i_0},x_{i_1},\cdots,x_{i_{s-1}}\},$$

这里 $i_0<i_1<\cdots<i_{s-1}$，那么

$$(\forall x\beta)(t_0/x_0,t_1/x_1,\cdots,t_n/x_n)$$
$$=\forall y\beta(t_{i_0}/x_{i_0},t_{i_1}/x_{i_1},\cdots,t_{i_{s-1}}/x_{i_{s-1}},y/x),$$

或

$$(\exists x\beta)(t_0/x_0,t_1/x_1,\cdots,t_n/x_n)$$
$$=\exists y\beta(t_{i_0}/x_{i_0},t_{i_1}/x_{i_1},\cdots,t_{i_{s-1}}/x_{i_{s-1}},y/x).$$

当 $x$ 不在 $t_{i_0},t_{i_1},\cdots,t_{i_{s-1}}$ 之间出现时，这里的 $y$ 是 $x$；否则 $y$ 就是 $v_0,v_1,\cdots$ 中不在 $\alpha,t_{i_0},t_{i_1},\cdots,t_{i_{s-1}}$ 中出现的下标最小的那个个体变项.

由定义 6.1 可得：

$$(\beta\wedge\gamma)(t_0/x_0,t_1/x_1,\cdots,t_n/x_n)$$
$$=\beta(t_0/x_0,t_1/x_1,\cdots,t_n/x_n)\wedge\gamma(t_0/x_0,t_1/x_1,\cdots,t_n/x_n),$$
$$(\beta\rightarrow\gamma)(t_0/x_0,t_1/x_1,\cdots,t_n/x_n)$$
$$=\beta(t_0/x_0,t_1/x_1,\cdots,t_n/x_n)\rightarrow\gamma(t_0/x_0,t_1/x_1,\cdots,t_n/x_n),$$
$$(\beta\leftrightarrow\gamma)(t_0/x_0,t_1/x_1,\cdots,t_n/x_n)$$
$$=\beta(t_0/x_0,t_1/x_1,\cdots,t_n/x_n)\leftrightarrow\gamma(t_0/x_0,t_1/x_1,\cdots,t_n/x_n).$$

注意：在定义 6.1 的(5)中，引进变项 $y$ 是为了保证出现在 $t_{i_0},t_{i_1},\cdots,t_{i_{s-1}}$ 之间的个体变项不会在代入后受到量词的“俘获”. 当

$$\mathrm{free}(\forall x\beta)\cap\{x_i\mid i\in\{0,1,\cdots,n\}\text{并且 }x_i\neq t_i\}=\varnothing$$

时，即没有一个 $\forall x\beta$ 的自由变项 $x_i$ 使得 $x_i\neq t_i$ 时，从(5)可得

$$(\forall x\beta)(t_0/x_0,t_1/x_1,\cdots,t_n/x_n)=\forall x\beta(x/x),$$

这里的 $\beta(x/x)$ 就是 $\beta$. 因此，又有

$$(\forall x\beta)(t_0/x_0,t_1/x_1,\cdots,t_n/x_n)=\forall x\beta.$$

对于 $\exists x\beta$，也有同样的结论.

注意，作联立代入时，$x_0,x_1,\cdots,x_n$ 之间的顺序无关紧要. 当 $x_0,x_1,\cdots,x_n$ 之间的顺序改变时，$t_0,t_1,\cdots,t_n$ 之间的顺序也随之作相应的改变，由此得到的联立代入的结果还是相同的. 当 $n=1$ 时，即联立代入仅发生在一个变项上，此时简称代入.

下面是一些联立代入的例子.

**例 6.1** 求 $(P(v_0)\vee R(v_1,v_2))(v_2/v_1,v_1/v_0,v_0/v_2)$.

**解** $$(P(v_0)\vee R(v_1,v_2))(v_2/v_1,v_1/v_0,v_0/v_2)$$
$$=(P(v_0)(v_2/v_1,v_1/v_0,v_0/v_2))\wedge$$

$$(R(v_1,v_2)(v_2/v_1,v_1/v_0,v_0/v_2))$$
$$=P(v_1)\vee R(v_2,v_0).$$

**例 6.2**　求$(\exists v_0 R(v_0,v_1,v_2))(v_4/v_0,v_1/v_2)$.

**解**　因为

$$\mathrm{free}(\exists v_0 R(v_0,v_1,v_2))\cap\{v_0,v_2\}=\{v_1,v_2\}\cap\{v_0,v_2\}=\{v_2\},$$

所以

$$(\exists v_0 R(v_0,v_1,v_2))(v_4/v_0,v_1/v_2)$$
$$=\exists v_0(R(v_0,v_1,v_2)(v_1/v_2))=\exists v_0 R(v_0,v_1,v_1).$$

**例 6.3**　求$(\forall v_0 R(v_0,v_1,v_2))(v_5/v_0,v_0/v_1,v_3/v_2)$.

**解**　因为

$$\mathrm{free}(\forall v_0 R(v_0,v_1,v_2))\cap\{v_0,v_1,v_2\}=\{v_1,v_2\}\cap\{v_0,v_1,v_2\}=\{v_1,v_2\},$$

所以，取 $v_4$ 是不在 $R(v_0,v_1,v_2)$和$\{v_0,v_3\}$中出现的下标最小的个体变项. 于是，

$$(\forall v_0 R(v_0,v_1,v_2))(v_5/v_0,v_0/v_1,v_3/v_2)$$
$$=\forall v_4(R(v_0,v_1,v_2)(v_0/v_1,v_3/v_2,v_4/v_0))=\forall v_4 R(v_4,v_0,v_3).$$

**例 6.4**　求$(\exists v_0 P(v_0,v_3)\wedge\forall v_1 R(v_0,v_1,v_2))(v_4/v_0,v_2/v_1,v_1/v_2,v_3/v_3)$.

**解**　因为

$$\mathrm{free}(\exists v_0 P(v_0,v_3))\cap\{v_0,v_1,v_2\}=\{v_3\}\cap\{v_0,v_1,v_2\}=\varnothing,$$

即 $v_0$ 不在$\{v_4,v_2,v_1\}$中出现，$v_0$ 就是取 $v_0$，又因为

$$\mathrm{free}\{\forall v_1 R(v_0,v_1,v_2))\cap\{v_0,v_1,v_2\}=\{v_0,v_2\}\cap\{v_0,v_1,v_2\}=\{v_0,v_2\},$$

而 $v_1$ 在$\{v_4,v_1\}$中出现，所以取 $y$ 为 $v_3$，它不在 $\forall v_1 R(v_0,v_1,v_2)$，$v_4$，$v_1$ 中出现，并且是下标最小的. 于是，

$$(\exists v_0 P(v_0,v_3)\wedge\forall v_1 R(v_0,v_1,v_2))(v_4/v_0,v_2/v_1,v_1/v_2,v_3/v_3)$$
$$=(\exists v_0 P(v_0,v_3))(v_4/v_0,v_2/v_1,v_1/v_2,v_3/v_3)\wedge$$
$$(\forall v_1 R(v_0,v_1,v_2))(v_4/v_0,v_2/v_1,v_1/v_2,v_3/v_3)$$
$$=\exists v_0(P(v_0,v_3)(v_0/v_0))\wedge\forall v_1(R(v_0,v_1,v_2)(v_4/v_0,v_1/v_2,v_3/v_1))$$
$$=\exists v_0 P(v_0,v_3)\wedge\forall v_3 R(v_4,v_3,v_1).$$

下面的代入引理表明了按我们规定的代入所具有的语义性质. 即：公式 $\alpha(t_0/x_0,t_1/x_1,\cdots,t_n/x_n)$在解释 $\Sigma=(\mathscr{A},\theta)$下成立，当且仅当对 $x_0$ 指派 $\Sigma(t_0)$，对 $x_1$ 指派 $\Sigma(t_1)$，……，对 $x_n$ 指派 $\Sigma(t_n)$时，$\alpha$ 在解释$\Sigma(\Sigma(t_0)/x_0,\Sigma(t_1)/x_1,\cdots,\Sigma(t_n)/x_n)=(\mathscr{A},\theta(\Sigma(t_0)/x_0,\Sigma(t_1)/x_1,\cdots,\Sigma(t_n)/x_n))$中成立.

**引理 6.1**（代入引理）　令 $x_0,x_1,\cdots,x_r$ 两两不同，$\Sigma=(\mathscr{A},\theta)$是一个解释，$a_0,a_1,\cdots,a_r\in A$，

(1)对于任意的项 $t$，有

$$\Sigma(t(t_0/x_0,t_1/x_1,\cdots,t_n/x_n))$$
$$=\Sigma(\Sigma(t_0)/x_0,\Sigma(t_1)/x_1,\cdots,\Sigma(t_n)/x_n)(t);$$

(2)对于任意的公式 $\alpha$,有

$\Sigma\models\alpha(t_0/x_0,t_1/x_1,\cdots,t_n/x_n)$ 当且仅当

$\Sigma(\Sigma(t_0)/x_0,\Sigma(t_1)/x_1,\cdots,\Sigma(t_n)/x_n)\models\alpha.$

**证明** (1)任一个项 $t$ 或是一个个体变项 $x$ 或是一个个体常项 $c$,根据联立代入的定义,我们只须考虑以下三种情况:

①当 $t\neq x_0,x_1,\cdots,x_n$ 时,有 $t(t_0/x_0,t_1/x_1,\cdots,t_n/x_n)=t$,因此,

$$\Sigma(t(t_0x_0,t_1/x_1,\cdots,t_n/x_n))$$
$$=\Sigma(t)=\theta(t)=\theta(\Sigma(t_0)/x_0,\Sigma(t_1)/x_1,\cdots,\Sigma(t_n/x_n))(t)$$
$$=\Sigma(\Sigma(t_0)/x_0,\Sigma(t_1)/x_1,\cdots,\Sigma(t_n)/x_n)(t).$$

②当 $t=x_i$ 时,有 $t(t_0/x_0,t_1/x_1,\cdots,t_n/x_n)=t_i$. 因此,

$$\Sigma(t(t_0/x_0,t_1/x_1,\cdots,t_n/x_n))$$
$$=\Sigma(t_i)=\theta(\Sigma(t_0)/x_0,\Sigma(t_1)/x_1,\cdots,\Sigma(t_n)/x_n)(x_i)$$
$$=\Sigma(\Sigma(t_0)/x_0,\Sigma(t_1)/x_1,\cdots,\Sigma(t_n)/x_n)(t),$$

即

$$\Sigma(t(t_0/x_0,t_1/x_1,\cdots,t_n/x_n))$$
$$=\Sigma(\Sigma(t_0)/x_0,\Sigma(t_1)/x_1,\cdots,\Sigma(t_n)/x_n)(t).$$

③当 $t$ 是常项 $c$ 时,有 $c(t_0/x_0,t_1/x_1,\cdots,t_n/x_n)=c$,因此,

$$\Sigma(c(t_0/x_0,t_1/x_1,\cdots,t_n/x_n))=\Sigma(c)$$
$$=\Sigma(\Sigma(t_0)/x_0,\Sigma(t_1)/x_1,\cdots,\Sigma(t_n)/x_n)(c).$$

(2)施归纳于公式 $\alpha$ 的结构:

①$\Sigma\models R(t_0',t_1',\cdots,t_{r-1}')(t_0/x_0,t_1/x_1,\cdots,t_n/x_n)$ 当且仅当

$R^{\mathscr{A}}(\Sigma(t_0'(t_0/x_0,t_1/x_1,\cdots,t_n/x_n)),$

$\Sigma(t_1'(t_0/x_0,t_1/x_1,\cdots,t_n/x_n)),\cdots,$

$\Sigma(t_{r-1}'(t_0/x_0,t_1/x_1,\cdots,t_n/x_n)))$ 当且仅当

$R^{\mathscr{A}}(\Sigma(\Sigma(t_0)/x_0,\Sigma(t_1)/x_1,\cdots,\Sigma(t_n)/x_n)(t_0'),$

$\Sigma(\Sigma(t_0)/x_0,\Sigma(t_1)/x_1,\cdots,\Sigma(t_n)/x_n)(t_1'),\cdots,$

$\Sigma(\Sigma(t_0)/x_0,\Sigma(t_1)/x_1,\cdots,\Sigma(t_n)/x_n)(t_{r-1}'))$ (由(1))当且仅当

$\Sigma(\Sigma(t_0)/x_0,\Sigma(t_1)/x_1,\cdots,\Sigma(t_n)/x_n)\models R(t_0',t_1',\cdots,t_{r-1}').$

②$\Sigma\models(\neg\beta)(t_0/x_0,t_1/x_1,\cdots,t_n/x_n)$

当且仅当 $\Sigma\models\neg\beta(t_0/x_0,t_1/x_1,\cdots,t_n/x_n)$

当且仅当 $\Sigma\not\models\beta(t_0/x_0,t_1/x_1,\cdots,t_n/x_n)$

当且仅当 $\Sigma(\Sigma(t_0)/x_0, \Sigma(t_1)/x_1, \cdots, \Sigma(t_n)/x_n) \nvDash \beta$（由归纳假设）

当且仅当 $\Sigma(\Sigma(t_0)/x_0, \Sigma(t_1)/x_1, \cdots, \Sigma(t_n)/x_n) \vDash \neg\beta$.

③$\Sigma \vDash (\beta \vee \gamma)(t_0/x_0, t_1/x_1, \cdots, t_n/x_n)$

当且仅当 $\Sigma \vDash (\beta(t_0/x_0, t_1/x_1, \cdots, t_n/x_n) \vee \gamma(t_0/x_0, t_1/x_1, \cdots, t_n/x_n))$

当且仅当 $\Sigma \vDash \beta(t_0/x_0, t_1/x_1, \cdots, t_n/x_n)$或者

$\Sigma \vDash \gamma(t_0/x_0, t_1/x_1, \cdots, t_n/x_n)$

当且仅当 $\Sigma \vDash (\Sigma(t_0)/x_0, \Sigma(t_1)/x_1, \cdots, \Sigma(t_n)/x_n) \vDash \beta$或者

$\Sigma(\Sigma(t_0)/x_0, \Sigma(t_1)/x_1, \cdots, \Sigma(t_n)/x_n) \vDash \gamma$ （由归纳假设）

当且仅当 $\Sigma(\Sigma(t_0)/x_0, \Sigma(t_1)/x_1, \cdots, \Sigma(t_n)/x_n) \vDash (\beta \vee \gamma)$.

④下面仅证明：当 $\alpha$ 形如 $\exists x\beta$ 时结论成立，$\alpha$ 形如 $\forall x\beta$ 的证明留给读者完成.

$$\Sigma \vDash (\exists x\beta)(t_0/x_0, t_1/x_1, \cdots, t_n/x_n)$$

当且仅当 $\Sigma \vDash \exists y\beta(t_{i_0}/x_{i_0}, t_{i_1}/x_{i_1}, \cdots, t_{i_{s-1}}/x_{i_{s-1}}, y/x)$

当且仅当有一个 $a \in A$，

$$\Sigma(a/y)(\Sigma(a/y)(t_{i_0})/x_{i_0}, \Sigma(a/y)(t_{i_1})/x_{i_1}, \cdots,$$
$$\Sigma(a/y)(t_{i_{s-1}})/x_{i_{s-1}}, \Sigma(a/y)(y)/x) \vDash \beta$$

当且仅当有一个 $a \in A$，

$$\Sigma(a/y)(\Sigma(t_{i_0})/x_{i_0}, \Sigma(t_{i_1})/x_{i_1}, \cdots, \Sigma(t_{i_{s-1}})/x_{i_{s-1}}, a/x) \vDash \beta$$

（这里利用叠合引理而得. 因为 $y$ 根本不在 $t_{i_0}, t_{i_1}, \cdots, t_{i_{s-1}}$ 之间出现）

当且仅当有一个 $a \in A$，

$$\Sigma(\Sigma(t_{i_0})/x_{i_0}, \Sigma(t_{i_1})/x_{i_1}, \cdots, \Sigma(t_{i_{s-1}})/x_{i_{s-1}}, a/x) \vDash \beta$$

（因为 $y$ 既不是 $x$ 也不在 $\beta$ 中出现，利用叠合引理可得）

当且仅当有一个 $a \in A$，

$$\Sigma(\Sigma(t_{i_0})/x_{i_0}, \Sigma(t_{i_1})/x_{i_1}, \cdots, \Sigma(t_{i_{s-1}})/x_{i_{s-1}})(a/x) \vDash \beta$$

（由于 $x_{i_0}, x_{i_1}, \cdots, x_{i_{s-1}} \in \mathrm{free}(\exists x\beta)$，而 $x \neq x_{i_0}, x \neq x_{i_1}, \cdots, x \neq x_{i_{s-1}}$，因此，$\Sigma(\Sigma(t_{i_0})/x_{i_0}, \Sigma(t_{i_1})/x_{i_1}, \cdots, \Sigma(t_{i_{s-1}})/x_{i_{s-1}}, a/x) = \Sigma(\Sigma(t_{i_0})/x_{i_0}, \Sigma(t_{i_1})/x_{i_1}, \cdots, \Sigma(t_{i_{s-1}})/x_{i_{s-1}})(a/x)$.）

当且仅当

$$\Sigma(\Sigma(t_{i_0})/x_{i_0}, \Sigma(t_{i_1})/x_{i_1}, \cdots, \Sigma(t_{i_{s-1}})/x_{i_{s-1}}) \vDash \exists x\beta$$

当且仅当

$$\Sigma(\Sigma(t_0)/x_0, \Sigma(t_1)/x_1, \cdots, \Sigma(t_n)/x_n) \vDash \exists x\beta.$$

（因为，对于不等于 $i_0, i_1, \cdots, i_{s-1}$ 的 $i$ 而言，$x_i \notin \mathrm{free}(\exists x\beta)$或者 $x_i = t_i$.）

### 5.6.2 前束范式

**定义 6.2** 一个一阶公式 $\alpha$ 被称为前束范式，如果它形如

$$Q_0x_0Q_1x_1\cdots Q_{n-1}x_{n-1}\beta,$$

这里 $n\geqslant 1$ 并且对每个 $i(i=0,1,\cdots,n-1)$,$Q_i$ 是 $\forall$或 $\exists$,公式 $\beta$ 中不含量词. 符号序列 $Q_0x_0Q_1x_1\cdots Q_{n-1}x_{n-1}$ 称为前束词,$\beta$ 称为 $\alpha$ 的母式或基式.

**例 6.5** 公式

$$\exists v_0\ \forall v_1(P(v_0,v_0)\to R(v_0,v_1)),\tag{1}$$

$$\forall v_0\ \exists v_1(P(v_0)\vee\neg Q(v_0,v_1))\tag{2}$$

和公式

$$\exists v_0\ \forall v_1(P(v_0,v_0)\wedge R(v_0,v_1,v_2)\wedge Q(v_0,v_1,v_2,c))\tag{3}$$

都是前束范式.

同命题逻辑中的结论一样,我们有关于前束范式存在定理. 即:对于狭谓词逻辑中的每一个公式,都可以找到一个与之逻辑等值的前束范式,并且二者的自由变项相同. 一个公式的前束范式不是唯一的.

前束范式存在定理的证明过程,实际上给出了求一个公式的前束范式的步骤. 因此,下面我们先证明前束范式存在定理,然后给出求前束范式的步骤,最后举例说明如何寻找前束范式.

在证明前束范式存在定理之前,先证明逻辑等值"～"具有下面的性质:

(1)$\alpha\sim\alpha$;

如果 $\alpha\sim\beta$ 并且 $\beta\sim\gamma$,那么 $\alpha\sim\gamma$;

如果 $\alpha\sim\beta$,那么 $\beta\sim\alpha$.

(2)如果 $\alpha\sim\beta$ 并且 $\gamma\sim\delta$,那么

$\neg\alpha\sim\neg\beta$,$(\alpha\wedge\gamma)\sim(\beta\wedge\delta)$,

$\forall x\alpha\sim\forall x\beta$, $\exists x\alpha\sim\exists x\beta$.

(3)$\neg\forall x\alpha\sim\exists x\neg\alpha$,$\neg\exists x\alpha\sim\forall x\neg\alpha$.

(4)如果 $x\notin\mathrm{free}(\beta)$,那么

$(\forall x\alpha\wedge\beta)\sim\forall x(\alpha\wedge\beta)$,$(\forall x\alpha\vee\beta)\sim\forall x(\alpha\vee\beta)$,

$(\beta\wedge\forall x\alpha)\sim\forall x(\beta\wedge\alpha)$,$(\beta\vee\forall x\alpha)\sim\forall x(\beta\vee\alpha)$,

$(\exists x\alpha\wedge\beta)\sim\exists x(\alpha\wedge\beta)$,$(\exists x\alpha\vee\beta)\sim\exists x(\alpha\vee\beta)$,

$(\beta\wedge\exists x\alpha)\sim\exists x(\beta\wedge\alpha)$,$(\beta\vee\exists x\alpha)\sim\exists x(\beta\vee\alpha)$.

(5)如果 $y$ 不在 $\forall x\alpha$ 或 $\exists x\alpha$ 中自由出现,那么

$\forall x\alpha\sim\forall y\alpha(y/x)$,$\exists x\alpha\sim\exists y\alpha(y/x)$.

性质(1)～(4)的证明留给读者完成. 性质(5)的证明如下:

对任意的解释 $\Sigma$,$\Sigma\models\forall y\alpha(y/x)$

当且仅当 对一切 $a\in A$,$\Sigma(a/y)\models\alpha(y/x)$

当且仅当　对一切 $a\in A$，$\Sigma(a/y)(\Sigma(a/y)(y)/x)\models\alpha$

（代入引理）

当且仅当　对一切 $a\in A$，$\Sigma(a/y)(a/x)\models\alpha$

当且仅当　对一切 $a\in A$，$\Sigma(a/x)\models\alpha$（叠合引理）

当且仅当　$\Sigma\models\forall x\alpha$.

对任意的解释 $\Sigma$，$\Sigma\models\exists y\alpha(y/x)$

当且仅当　有 $a\in A$，$\Sigma(a/y)\models\alpha(y/x)$

当且仅当　有 $a\in A$，$\Sigma(a/y)(\Sigma(a/y)(y)/x)\models\alpha$（代入引理）

当且仅当　有 $a\in A$，$\Sigma(a/y)(a/x)\models\alpha$

当且仅当　有 $a\in A$，$\Sigma(a/x)\models\alpha$（叠合引理）

当且仅当　$\Sigma\models\exists x\alpha$.

因此，$\forall x\alpha\sim\forall y\alpha(y/x)$ 并且 $\exists x\alpha\sim\exists y\alpha(y/x)$.

性质(5)刻画了约束变项的一个重要特征. 即：公式中的约束变项可以改名，改名后的结果与原公式逻辑等值.

**引理 6.2**　如果公式 $\alpha$ 中至少含有一个量词，那么 $\alpha$ 逻辑等值于一个形如 $Qx\beta$ 的公式，公式 $\beta$ 中所含量词的个数比 $\alpha$ 少一个，这里的 $Q$ 是 $\forall$ 或是 $\exists$.

**证明**　施归纳于公式 $\alpha$ 的结构：

由于 $\alpha$ 至少含有一个量词，因此，$\alpha$ 不能是原子公式.

设 $\alpha=\neg\beta$ 并且结论对 $\beta$ 成立. 那么，$\beta$ 逻辑等值于一个形如 $(Qx)\beta_1$ 的公式，$\beta_1$ 所含量词个数比 $\beta$ 少一个，这里的 $Q$ 或是 $\forall$ 或是 $\exists$. 利用性质(2)和(3)可知，$\alpha\sim(Q'x)\neg\beta_1$，这里

$$Q'=\begin{cases}\forall, & \text{当 } Q \text{ 是 } \exists \text{ 时；}\\ \exists, & \text{当 } Q \text{ 是 } \forall \text{ 时.}\end{cases}$$

$\neg\beta_1$ 所含量词的个数与 $\beta_1$ 相同，因此比 $\beta$ 少一个量词，所以也比 $\neg\beta$ 少一个量词. $Q'x\neg\beta_1$ 即为所求.

设 $\alpha=(\beta\vee\gamma)$ 并且结论对 $\beta$ 和 $\gamma$ 都成立. 由于 $\alpha$ 至少含有一个量词，因此，$\beta$ 和 $\gamma$ 中至少有一个含有一个量词. 不妨设 $\beta$ 中至少含有一个量词(当 $\gamma$ 至少含有一个量词时，证明是类似的). 由归纳假设、结论对 $\beta$ 成立可知：存在 $x$ 和公式 $\beta_1$ 使得 $\beta\sim Qx\beta_1$，其中 $\beta_1$ 所含量词的个数比 $\beta$ 少一个，$Q$ 是 $\forall$ 或是 $\exists$. 任取一个既不在 $\gamma$ 中又不在 $Qx\beta_1$ 中出现的个体变项 $y$，根据逻辑等值的性质(5)和(4)，有：

$$Qx\beta_1\sim Qy\beta_1(y/x),$$

$$\beta\sim Qy\beta_1(y/x),$$

$$(\beta\vee\gamma)\sim(Qy\beta_1(y/x)\vee\gamma),$$

和 $$\alpha \sim Qy(\beta_1(y/x) \vee \gamma).$$

设 $\alpha = Qx\beta$,结论显然成立.

**定理**(前束范式存在定理) 对于狭谓词逻辑中的每一个公式 $\alpha$,都可以找到一个与之逻辑等值的前束范式 $\beta$,并且二者的自由变项相同.

**证明** 施归纳于公式 $\alpha$ 所含量词的个数 $n$.

当 $n=0$ 时,$\alpha$ 本身就是一个前束范式,结论显然成立.

当 $n>0$ 时,$\alpha$ 中至少含有一个量词. 因此根据引理 6.2,有 $x$ 和 $\beta$,使得 $\alpha \sim Qx\beta$,$\beta$ 中所含量词的个数比 $\alpha$ 中少一个,这里的 $Q$ 或是 $\forall$ 或是 $\exists$. 对 $\beta$ 而言,由归纳假设,存在一个前束范式 $\beta_1$,使得 $\beta \sim \beta_1$ 而且 $\beta_1$ 的自由变项的个数跟 $\beta$ 的相同. 利用逻辑等值 $\sim$ 的性质,可得:

$$Qx\beta \sim Qx\beta_1,$$

和 $$\alpha \sim Qx\beta_1.$$

这里 $Qx\beta_1$ 即为所求的前束范式.

从引理 6.2 和前束范式存在定理的证明过程中,我们可以获得寻找一个与已知公式逻辑等值的前束范式的方法.

求一个公式的前束范式的步骤如下:

第一步:利用

$$(\alpha \rightarrow \beta) \sim (\neg\alpha \vee \beta),$$

和 $$(\alpha \leftrightarrow \beta) \sim ((\alpha \rightarrow \beta) \wedge (\beta \rightarrow \alpha)),$$

消去逻辑联结词 $\rightarrow$ 和 $\leftrightarrow$.

第二步:利用

$$\neg\neg\alpha \sim \alpha,\ \neg(\alpha \wedge \beta) \sim (\neg\alpha \vee \neg\beta),$$

$$\neg(\alpha \vee \beta) \sim (\neg\alpha \wedge \neg\beta),\ \neg\forall x\alpha \sim \exists x\neg\alpha,$$

和 $$\neg\exists x\alpha \sim \forall x\neg\alpha$$

把否定号 $\neg$ 深入到原子公式之前或消去.

第三步:必要时,把约束变项改名.

第四步:利用 $\sim$ 的性质(4),把量词移到整个公式的最前面,从而得到一个前束范式.

**例 6.6** 求公式 $\forall v_0 P(v_0) \rightarrow \exists v_0 Q(v_0)$ 的前束范式.

**解** 消去 $\rightarrow$,得

$$\neg\forall v_0 P(v_0) \vee \exists v_0 Q(v_0),$$

$\neg$ 深入,得

$$\exists v_0 \neg P(v_0) \vee \exists v_0 Q(v_0),$$

约束变项改名,得

$$\exists v_0 \neg P(v_0) \lor \exists v_1 Q(v_1),$$

量词前移,得

$$\exists v_0 \exists v_1 (\neg P(v_0) \lor Q(v_1)),$$

此式即为所求.

**例 6.7**　求 $\exists x \forall y R(x,y) \to \exists z S(x_1,z)$的前束范式.

**解**　消去→,得

$$\neg \exists x \forall y R(x,y) \lor \exists z S(x_1,z),$$

¬深入,得

$$\forall x \exists y \neg R(x,y) \lor \exists z S(x_1,z),$$

量词前移,得

$$\forall x \exists y \exists z (\neg R(x,y) \lor S(x_1,z)),$$

此式即为所求.

由于依不同次序将量词前移,还可以得到以下不同(但是等值)的前束范式:

$$\forall x \exists z \exists y (\neg R(x,y) \lor S(x_1,z)),$$

$$\exists z \forall x \exists y (\neg R(x,y) \lor S(x_1,z)),$$

$$\exists z \exists y \forall x (\neg R(x,y) \lor S(x_1,z)).$$

所以,与一个公式逻辑等值的前束范式不唯一.

### 5.6.3　练习

1. 设公式 $\alpha$ 为:$\forall x(P(x) \lor p) \to \forall x P(x) \lor p$. 证明:$\alpha$ 是逻辑有效的. 问:经过如下的代入得到的公式是否还是逻辑有效的?

(1)以$(p \land \gamma)$代换 $p$,得公式

$$\forall x(P(x) \lor (p \land \gamma)) \to \forall x P(x) \lor (p \land \gamma);$$

(2)以 $\exists y P(y)$代换 $p$,得公式

$$\forall x(P(x) \lor \exists y P(y)) \to \forall x P(x) \lor \exists y P(y);$$

(3)以 $\exists x P(x)$代换 $p$,得公式

$$\forall x(P(x) \lor \exists x P(x)) \to \forall x P(x) \lor \exists x P(x);$$

(4)以 $P(y)$代换 $p$,得公式

$$\forall x(P(x) \lor P(y)) \to \forall x P(x) \lor P(y);$$

(5)以 $Q(x)$代换 $p$,得公式

$$\forall x(P(x) \lor Q(x)) \to \forall x P(x) \lor Q(x).$$

2.求下面公式联立代入的结果：

(1)$(P(v_1)\vee R(v_0,v_2))(v_2/v_1,v_1/v_0,v_0/v_2)$；

(2)$(\forall v_0 R(v_0,v_1,v_2))(v_4/v_0,v_2/v_1)$；

(3)$(\exists v_0 R(v_0,v_1,v_2))(v_1/v_0,v_0/v_2,v_2/v_1)$；

(4)$(\forall v_0 P(v_0,v_3)\vee \exists v_1 R(v_0,v_1,v_2))(v_4/v_0,v_2/v_1,v_1/v_2,v_3/v_3)$.

3.设公式 $\alpha$ 为：$\forall x\exists yR(x,y)\to\exists yR(z,y)$，用个体变项 $y$ 代换 $\alpha$ 中的个体变项 $z$，结果公式 $\alpha(y/z)$ 为：

$$\forall x\exists yR(x,y)\to\exists yR(y,y).$$

问：代入后的公式是否逻辑有效？

4.证明逻辑等值的性质(1)～(4).

5.求下列公式的前束范式：

(1) $\forall z(\neg\neg\forall yP(y,z)\to\neg\neg\exists xQ(x,y,z))$；

(2) $\forall y(P(y)\to\neg(\forall xQ(x,y)\to\forall z\neg P(z)))$；

(3)$P(x)\vee\neg\forall yP(y)$；

(4) $\exists xP(x,y,z)\leftrightarrow\forall yQ(x,y,z)$；

(5) $\forall x(p\to P(x))\to(p\to\forall xP(x))$；

(6) $\exists x\forall yQ(x,y)\to\forall y\exists xQ(x,y)$；

(7) $\exists x(p\to P(x))\to(p\to\exists xP(x))$；

(8) $\forall x\exists y((P(x)\to Q(y))\to R(z))\to(\exists x\forall z((P(y)\to Q(x))\to R(z)))$.

# 第六章　狭谓词逻辑系统的特征

在这一章里，我们将把第四章讨论的一些结果（如：可演绎性、相容性、可靠性和完全性）推广到狭谓词逻辑中. 还要证明狭谓词逻辑的公理系统 QC 和自然推理系统 FQC 的等价性.

另外，在本章中，我们的讨论一直都是参照一个固定的符号集 $S$ 进行的. 因此，当我们提到公式时，实际上是指 $S$—公式. 但是，当我们需要同时处理几个符号集时，我们需对相应的概念附加相应的符号集以示区别.

不过，在本章内容的正式讨论之前，举两个例子来说明可靠性和完全性是一个形式系统的两个重要属性. 如果一个形式系统是不可靠的或不完全的，那就很难在它上面建立起一套严密的理论体系.

**例**　古代有一个卖矛和盾的人，他对人说："用我的矛可以刺穿世界上所有的盾，用我的盾可以挡住世界上所有的矛."有人问他："用你的矛刺你自己的盾，结果将如何呢？"这个卖矛和盾的人无言以对.

这个问题可以用谓词演算表示. 用谓词 penetrate$(x,y)$表示 $x$ 可以刺穿 $y$，谓词 resist$(x,y)$表示 $x$ 可以挡住 $y$，常项 $a$ 表示卖矛和盾的人的矛，令 $b$ 表示此人的盾，令 $A$ 是世界上所有矛的集合，$B$ 是世界上所有盾的集合. 于是，根据此人的宣传，有

$$\forall x(x\in B\wedge \text{penetrate}(a,x))\vdash \text{penetrate}(a,b) \tag{1}$$

$$\forall y(y\in A\wedge \text{resist}(b,y))\vdash \text{resist}(b,a) \tag{2}$$

根据常识，有：

$$\vdash \forall x\,\forall y\ \text{penetrate}(x,y)\rightarrow\neg\text{resist}(y,x) \tag{3}$$

事实上，

$$\begin{array}{|ll} \forall x(x\in B\wedge \text{penetrate}(a,x)) & (\text{Hyp})\\ b\in B\wedge \text{penetrate}(a,b) & (\forall^{-})\\ \text{penetrate}(a,b) & (\wedge^{-}) \end{array}$$

其他两式可类似证明.

又 penetrate$(a,b) \vdash \neg$resist$(b,a)$,

即:

| | |
|---|---|
| penetrate$(a,b)$ | (Hyp) |
| $\forall x \forall y$ penetrate$(x,y)$ | $(\forall^+)$ |
| $\forall x \forall y$ penetrate$(x,y) \to \neg$resist$(y,x)$ | (3) |
| $\neg$resist$(y,x)$ | $(\to^-)$ |
| $\forall x \forall y \neg$resist$(y,x)$ | $(\forall^+)$ |
| $\neg$resist$(b,a)$ | $(\forall^-)$ |

于是,有

$$\forall x(x \in B \wedge \text{penetrate}(a,x)),$$
$$\forall y(y \in A \wedge \text{resist}(b,y)) \vdash \text{resist}(b,a), \neg\text{resist}(b,a).$$

因此,(1)~(3)式合起来(加上谓词演算的基本规则)就是一个不可靠的系统.因此,此人的话自相矛盾.

如果用 stronger$(x,y)$表示 $x$ 比 $y$ 强,并增加公式

$$\forall x \forall y \neg\text{resist}(y,x) \to \text{stronger}(x,y) \tag{4}$$

表示若 $y$ 挡不住 $x$,则 $x$ 比 $y$ 强.由式(3)和式(4)加上推理规则

$$\alpha \to \beta, \beta \to \gamma \vdash \alpha \to \gamma$$

就可以得到

$$\forall x \forall y(\text{penetrate}(x,y) \to \text{stronger}(x,y)). \tag{5}$$

式(5)表示:若 $x$ 能刺穿 $y$,则 $x$ 比 $y$ 强.如果在我们的形式系统中缺如上的推理规则,那么,虽然式(5)是一个正确的命题,但却不能从已知命题(3)和(4)严格地推出,这样的系统是不完全的.

## 第一节 可演绎性

在第五章中,我们给出了可证公式的定义.(当然,自然推理系统 FQC 的可证公式的定义和公理系统 QC 中的可证公式的定义是有区别的)这个定义可以被理解为相应于所给规则的"绝对真理"的概念.在这一节里,我们可以把这个概念作进一步推广,定义"相对真理"的概念,也就是要定义一个公式在某些附加假设(或条件)下成立的概念.实际上,我们只要把第四章第一节中的一些基本概念

和事实作一些推广即可.

**定义** 令 $\Phi$ 是一个任意的公式集，$\alpha$ 是一个任意的公式. 如果 $\alpha$ 是某个假设性证明的最后一步得出的公式，而该假设性证明的所有未曾消除的、由 Hyp 规则所引入的公式都属于 $\Phi$，那么称公式 $\alpha$ 是从公式集 $\Phi$ 可演绎的. 简称 $\alpha$ 是从 $\Phi$ 可演绎的. 记作 $\Phi \vdash \alpha$.

当 $\Phi$ 中只有一个公式 $\beta$ 时，$\{\beta\} \vdash \alpha$ 就简记成 $\beta \vdash \alpha$，并称 $\alpha$ 是从 $\beta$ 可演绎的.

当 $\Phi \cup \{\beta\} \vdash \alpha$ 时，也可简记为 $\Phi, \beta \vdash \alpha$.

从上述定义可知，当 $\Phi = \varnothing$ 时，$\varnothing \vdash \alpha$ 当且仅当 $\vdash \alpha$，即 $\alpha$ 是从空集可演绎的，当且仅当 $\alpha$ 是可证的. 因此，可以得出结论：可演绎性是可证性的推广.

符号 $\vdash$ 具有下面的一些性质. 有些性质从形式上看类似于第四章第一节中 $\vdash_0$ 的性质，但是，为了完整起见，我们还是给出每条性质的证明.

**性质 1** 如果公式集 $\Phi \subseteq \Phi'$，并且 $\Phi \vdash \alpha$，则 $\Phi' \vdash \alpha$.

**证明** 由 $\Phi \vdash \alpha$ 可知，存在一个假设性证明，它的最后一个公式是 $\alpha$，而其未曾消除的假设都属于 $\Phi$；又由 $\Phi \subseteq \Phi'$，那么这些未曾消除的假设也都属于 $\Phi'$. 所以，$\Phi' \vdash \alpha$.

给定一个公式集 $\Phi$，如果用 $\mathrm{Th}(\Phi)$ 表示从 $\Phi$ 可演绎的全体公式的集合. 从可演绎定义得，$\{\alpha: \vdash \alpha\} = \mathrm{Th}(\varnothing)$，即 $\mathrm{Th}(\varnothing)$ 等于由全体可证公式组成的公式集. 由性质 1 可得：$\mathrm{Th}(\varnothing) \subseteq \mathrm{Th}(\Phi)$. 这说明，所有逻辑定理是任一理论 $T = \Phi$ 的定理. 换句话说，一个理论 $T = \Phi$ 的定理集中包含所有逻辑的（或系统的内）定理.

**性质 2** 如果 $\alpha \in \Phi$，那么 $\Phi \vdash \alpha$.

**证明** 下面的仅有一个公式 $\alpha$ 组成的假设性证明：

$$-\alpha \qquad\qquad \text{Hyp}$$

就是 $\Phi \vdash \alpha$ 的一个证明.

**性质 3** $\Phi \vdash \alpha$ 当且仅当有一个有穷子集 $\Phi_0$，$\alpha$ 是从 $\Phi_0$ 可演绎的.

**证明** 如果 $\Phi \vdash \alpha$，那么有一个有穷长的假设性证明，这个证明的最后一步是公式 $\alpha$，并且所有未被消除的假设都属于 $\Phi$，这些未被消除的假设的全体就是 $\Phi$ 的一个有穷子集，不妨设为 $\Phi_0$，则 $\Phi_0 \vdash \alpha$.

如果有 $\Phi$ 的一个有穷子集 $\Phi_0$，使得 $\Phi_0 \vdash_0 \alpha$，那么因为 $\Phi_0 \subseteq \Phi$，由性质 1 可得：$\Phi \vdash \alpha$.

**性质 4**　如果 $\Phi \vdash \alpha$ 并且 $\vdash(\alpha \to \beta)$，那么 $\Phi \vdash \beta$.

**证明**　因为 $\Phi \vdash \alpha$，所以有一个假设性证明 $\pi_1$，而 $\alpha$ 是 $\pi_1$ 的最后一步得出的公式，并且所有未被消除的假设都属于 $\Phi$，即：

$$\pi_1 \left\{ \begin{array}{l} \vdots \\ \alpha \end{array} \right.$$

又因 $\vdash \alpha \to \beta$，所以有一个证明 $\pi_2$，并且 $\alpha \to \beta$ 是 $\pi_2$ 的最后一步得出的公式，并且该证明中，没有未被消除的假设，即：

$$\pi_2 \left\{ \begin{array}{l} \vdots \\ \alpha \to \beta \end{array} \right.$$

现在，把 $\pi_2$ 写在 $\pi_1$ 的最后一个公式 $\alpha$ 的下面，并在 $\pi_2$ 的最后一个公式 $\alpha \to \beta$ 下面写下 $\beta$. 这样，就得到一个假设性证明 $\pi$，公式 $\beta$ 为 $\pi$ 的最后一步得出的公式，并且所有未被消除的假设都属于 $\Phi$，即：

$$\pi \left\{ \begin{array}{ll} \pi_1 \left\{ \begin{array}{l} \vdots \\ \alpha \end{array} \right. & \\ \pi_2 \left\{ \begin{array}{l} \vdots \\ \alpha \to \beta \end{array} \right. & \\ \beta & (\to^-) \end{array} \right.$$

根据可演绎定义得：$\Phi \vdash \beta$.

**性质 5**　$\Phi \vdash \alpha$ 当且仅当 $\Phi \vdash \neg\neg\alpha$.

**证明**　如果 $\Phi \vdash \alpha$ 并且由 FQC 的定理：$\vdash \alpha \to \neg\neg\alpha$，再利用性质 4 可得：$\Phi \vdash \neg\neg\alpha$. 反之，如果 $\Phi \vdash \neg\neg\alpha$ 并且由 FQC 的定理 $\vdash \neg\neg\alpha \to \alpha$，再利用性质 4 可得：$\Phi \vdash \alpha$.

**性质 6**　如果对某个公式 $\beta$，$\Phi \vdash \beta$ 并且 $\Phi \vdash \neg\beta$，那么对任一公式 $\alpha$，$\Phi \vdash \alpha$.

**证明**　因为 $\Phi \vdash \beta$，所以存在一个假设性证明 $\pi_1$，并且 $\pi_1$ 的最后一步是 $\beta$；又因 $\Phi \vdash \neg\beta$，所以存在一个假设性证明 $\pi_2$，并且 $\pi_2$ 的最后一步是 $\neg\beta$. $\pi_1$ 和 $\pi_2$ 中所有未被消除的假设都属于 $\Phi$. 构造证明 $\pi$ 如下：把 $\pi_2$ 写在 $\beta$ 的下面，然后在 $\neg\beta$ 的下面再接如下的一个子证明，作为 $\pi$ 的一个子证明.

$$\begin{array}{ll} \left| \begin{array}{l} \neg\alpha \\ \beta \\ \neg\beta \end{array} \right. & \begin{array}{l} (\mathrm{Hyp}) \\ (\mathrm{Reit}) \\ (\mathrm{Reit}) \end{array} \\ \alpha & (\neg) \end{array}$$

这样就得到了一个证明 $\pi$，如图 6-1 所示.

$$\pi\left\{\begin{array}{ll}\pi_1\left\{\begin{array}{l}\vdots\\ \beta\end{array}\right. & \\ \pi_2\left\{\begin{array}{l}\vdots\\ \neg\beta\end{array}\right. & \\ \quad\begin{array}{|l}\neg\alpha\\ \beta\\ \neg\beta\end{array} & \begin{array}{l}(\text{Hyp})\\ (\text{Reit})\\ (\text{Reit})\end{array}\\ \alpha & (\neg)\end{array}\right.$$

图 6-1

$\pi$ 的最后一步是 $\alpha$，并且所有未被消除的假设都属于 $\Phi$. 根据可演绎定义得：$\Phi\vdash\alpha$.

**性质 7**　$\Phi\vdash(\alpha\wedge\beta)$ 当且仅当 $\Phi\vdash\alpha$ 并且 $\Phi\vdash\beta$.

**证明**　如果 $\Phi\vdash(\alpha\wedge\beta)$，由 FQC 定理：$\vdash\alpha\wedge\beta\rightarrow\alpha$ 和 $\vdash\alpha\wedge\beta\rightarrow\beta$，再由性质 4 可得：$\Phi\vdash\alpha$ 并且 $\Phi\vdash\beta$.

如果 $\Phi\vdash\alpha$ 并且 $\Phi\vdash\beta$，那么分别存在假设性证明 $\pi_1$ 和 $\pi_2$，使得在 $\pi_1$ 的最后一步得出 $\alpha$，在 $\pi_2$ 的最后一步得出 $\beta$. 而且所有未被消除的假设都属于 $\Phi$. 即：

$$\pi_1\left\{\begin{array}{l}\vdots\\ \alpha\end{array}\right.\qquad\qquad \pi_2\left\{\begin{array}{l}\vdots\\ \beta\end{array}\right.$$

然后，把 $\pi_2$ 写在 $\alpha$ 之下，再在 $\beta$ 之下接

$$\begin{array}{ll}\alpha & (\text{Reit 或 Rep})\\ \alpha\wedge\beta & (\wedge^+)\end{array}$$

这样就得到了一个证明 $\pi$，它的最后一步是 $\alpha\wedge\beta$，并且所有未被消除的假设都属于 $\Phi$（如图 6-2 所示）. 根据可演绎定义得：$\Phi\vdash\alpha\wedge\beta$.

$$\pi\left\{\begin{array}{ll}\pi_1\left\{\begin{array}{l}\vdots\\ \alpha\end{array}\right. & \\ \pi_2\left\{\begin{array}{l}\vdots\\ \beta\end{array}\right. & \\ \quad\alpha & (\text{Reit})\\ \quad(\alpha\wedge\beta) & (\wedge^+)\end{array}\right.$$

图 6-2

**性质 8**　如果 $\Phi\vdash\alpha$，那么 $\Phi\vdash(\alpha\vee\beta)$；如果 $\Phi\vdash\beta$，那么 $\Phi\vdash(\alpha\vee\beta)$.

**证明**　根据可演绎定义得：存在一个假设性证明 $\pi$，$\pi$ 的最后一步得出的公式是 $\alpha$ 或 $\beta$，并且所有未被消除的假设都在 $\Phi$ 中. 因此，只要在 $\pi$ 之下，按照 $\vee^+$ 规则接着写一个公式 $\alpha\vee\beta$，那么该证明 $\pi'$ 就是由 $\Phi$ 得到的 $(\alpha\vee\beta)$ 的一个证明.

如图 6-3 所示.

$$\pi'\left\{\begin{array}{ll}\pi\left\{\begin{array}{l}\vdots\\ \alpha(\text{或 }\beta)\end{array}\right. & \\ (\alpha\vee\beta) & (\vee^{+})\end{array}\right.$$

**图 6-3**

**性质 9** 如果 $\Phi\vdash(\alpha\rightarrow\beta)$ 并且 $\Phi\vdash\alpha$,那么 $\Phi\vdash\beta$.

**证明** 因为 $\Phi\vdash(\alpha\rightarrow\beta)$ 并且 $\Phi\vdash\alpha$,根据可演绎定义得:存在假设性证明 $\pi_1$ 和 $\pi_2$,并且在证明的最后一步分别是公式 $(\alpha\rightarrow\beta)$ 和 $\alpha$. 而所有未被消除的假设都属于 $\Phi$. 即:

$$\pi_1\left\{\begin{array}{l}\vdots\\ (\alpha\rightarrow\beta)\end{array}\right. \qquad\qquad \pi_2\left\{\begin{array}{l}\vdots\\ \alpha\end{array}\right.$$

现在,构造非假设性证明 $\pi$ 如下:

在证明 $\pi_1$ 的最后一个公式 $(\alpha\rightarrow\beta)$ 之下,紧接着写下 $\pi_2$,再接着 $\pi_2$ 的最后一个公式 $\alpha$ 之下,紧接着写如下两个公式:

$$\begin{array}{ll}(\alpha\rightarrow\beta) & (\text{Reit 或 Rep})\\ \beta & (\rightarrow^{-})\end{array}$$

即:

$$\pi\left\{\begin{array}{ll}\pi_1\left\{\begin{array}{l}\vdots\\ (\alpha\rightarrow\beta)\end{array}\right. & \\ \pi_2\left\{\begin{array}{l}\vdots\\ \alpha\end{array}\right. & \\ (\alpha\rightarrow\beta) & (\text{Reit 或 Rep})\\ \beta & (\rightarrow^{-})\end{array}\right.$$

因为 $\pi$ 的最后一步得出公式 $\beta$,而且 $\pi$ 中所有未被消除的假设都属于 $\Phi$. 根据可演绎定义得:$\Phi\vdash\beta$.

**性质 10** 如果 $\Phi\vdash\alpha\rightarrow\beta$,那么 $\Phi,\alpha\vdash\beta$.

**证明** 因为 $\Phi\vdash\alpha\rightarrow\beta$ 并且 $\Phi\subseteq\Phi\cup\{\alpha\}$(即:$\Phi\subseteq\Phi,\alpha$). 由性质 1 得:$\Phi\cup\{\alpha\}\vdash\alpha\rightarrow\beta$,即:$\Phi,\alpha\vdash\alpha\rightarrow\beta$. 又 $\alpha\in\Phi\cup\{\alpha\}$,由性质 2 得:$\Phi\cup\{\alpha\}\vdash\alpha$. 即:$\Phi,\alpha\vdash\alpha$. 由性质 9 可得:$\Phi,\alpha\vdash\beta$.

**性质 11** 如果 $\Phi,\alpha\vdash\beta$,那么 $\Phi\vdash\alpha\rightarrow\beta$.

**证明** 因为 $\Phi,\alpha\vdash\beta$,根据可演绎定义得:存在一个假设性证明 $\pi_1$,$\pi_1$ 的最后一个公式是 $\beta$,并且所有未被消除的假设都属于 $\Phi,\alpha$.

在 $\pi_1$ 中,把形如

$$\left|\begin{array}{l}\ulcorner\alpha\\ \vdots\\ \beta'\end{array}\right.$$

而 $\alpha$ 未被消去的子证明都换成如下的子证明：

$$\begin{array}{l}\left|\begin{array}{l}\ulcorner\alpha\\ \vdots\\ \beta'\\ \\ \end{array}\right.\\ \alpha\to\beta'\end{array}$$

在 $\pi_1$ 的最后一个子证明中，用 Hyp 规则引入的假设或是 $\alpha$ 或不是 $\alpha$. 如果是 $\alpha$，那么按上面的规定，$\pi_1$ 的最后一个子证明被换为

$$\begin{array}{l}\left|\begin{array}{l}\ulcorner\alpha\\ \vdots\\ \beta\\ \\ \end{array}\right.\\ \alpha\to\beta\end{array}$$

这样就得到一个证明 $\pi_2$，而 $\pi_2$ 的最后一个公式就是 $\alpha\to\beta$，并且所有未被消除的假设都属于 $\Phi$，根据可演绎定义得：$\Phi\vdash\alpha\to\beta$.

如果在 $\pi_1$ 的最后一个子证明中，用 Hyp 规则引入的假设不是 $\alpha$，不妨设为

$$\left|\begin{array}{l}\ulcorner\gamma\\ \vdots\\ \beta\end{array}\right.$$

由于 $\beta\to(\alpha\to\beta)$ 是 FQC 的一个定理，因此存在一个证明 $\pi_3$，它的最后一个公式就是 $\beta\to(\alpha\to\beta)$. 把 $\pi_3$ 接在 $\pi_1$ 的公式 $\beta$ 之下，再在 $\beta\to(\alpha\to\beta)$ 之下写 $\alpha\to\beta$，即：

$$\left|\begin{array}{ll}\ulcorner\gamma & \\ \vdots & \\ \beta & \\ \vdots & \\ \{\beta\to(\alpha\to\beta) & \\ \alpha\to\beta & (\to^-)\end{array}\right.$$

于是就得到一个证明 $\pi$，即：

$$\pi\left\{\begin{array}{l}\{\ \vdots\\ \left|\begin{array}{l}\ulcorner\gamma\\ \vdots\\ \beta\\ \beta\to(\alpha\to\beta)\\ \alpha\to\beta\end{array}\right.\end{array}\right.$$

它的最后一个子证明（$\gamma$ 之前）的部分是将 $\pi_1$ 中把形如

$$\left[\begin{array}{l}\alpha\\ \vdots\\ \beta'\end{array}\right.$$

而 $\alpha$ 未被消除的子证明换为子证明：

$$\begin{array}{l}\left[\begin{array}{l}\alpha\\ \vdots\\ \beta'\end{array}\right.\\ \alpha\to\beta'\end{array}$$

而得.

$\pi$ 的最后一个公式是 $\alpha\to\beta$,并且所有未被消除的假设都属于 $\Phi$,根据可演绎定义得:$\Phi\vdash\alpha\to\beta$.

性质 11 被称为狭谓词逻辑的演绎定理.

**性质 12**　$\Phi\vdash\alpha$ 当且仅当有 $\Phi$ 的有穷多个公式 $\varphi_0,\varphi_1,\cdots,\varphi_n$ 满足 $\vdash\varphi_0\to(\varphi_1\to\cdots\to(\varphi_n\to\alpha)\cdots)$.

**证明**　由性质 3 得:$\Phi\vdash\alpha$ 当且仅当 $\Phi$ 有一个有穷子集 $\Phi_0$,使得 $\Phi_0\vdash\alpha$. 令 $\Phi_0=\{\varphi_0,\varphi_1,\cdots,\varphi_n\}$. 由性质 10 和性质 11 得：

$\Phi\vdash\alpha$　当且仅当　$\{\varphi_0,\varphi_1,\cdots,\varphi_n\}\vdash\alpha$

当且仅当　$\{\varphi_0,\varphi_1,\cdots,\varphi_{n-1}\}\vdash\varphi_n\to\alpha$

⋮

当且仅当　$\vdash\varphi_0\to(\varphi_1\to\cdots\to(\varphi_n\to\alpha)\cdots)$.

**性质 13**　如果 $\Phi\vdash\alpha$ 并且 $\Phi,\alpha\vdash\beta$,那么 $\Phi\vdash\beta$.

**证明**　因为 $\Phi,\alpha\vdash\beta$,由性质 11 可得:$\Phi\vdash\alpha\to\beta$. 又因为 $\Phi\vdash\alpha$,由性质 9 得:$\Phi\vdash\beta$.

**性质 14**　如果 $\Phi,\alpha\vdash\beta$ 并且 $\Phi,\neg\alpha\vdash\beta$,那么 $\Phi\vdash\beta$.

**证明**　因为 $\Phi,\alpha\vdash\beta$ 并且 $\Phi,\neg\alpha\vdash\beta$,由性质 11 得:$\Phi\vdash\alpha\to\beta$并且 $\Phi\vdash\neg\alpha\to\beta$. 因为$(\alpha\to\beta)\to(\neg\alpha\to\beta)\to\beta$ 是 FQC 的定理,即:$\vdash(\alpha\to\beta)\to(\neg\alpha\to\beta)\to\beta$. 由性质 4 得:$\Phi\vdash(\neg\alpha\to\beta)\to\beta$,再由性质 9 得:$\Phi\vdash\beta$.

**性质 15**　如果 $\Phi,\neg\alpha\vdash\beta$ 并且 $\Phi,\neg\alpha\vdash\neg\beta$,那么 $\Phi\vdash\alpha$.

**证明**　因为 $\Phi,\neg\alpha\vdash\beta$ 并且 $\Phi,\neg\alpha\vdash\neg\beta$,由性质 11 可得:$\Phi\vdash\neg\alpha\to\beta$并且 $\Phi\vdash\neg\alpha\to\neg\beta$. 又因为:$(\neg\alpha\to\beta)\to(\neg\alpha\to\neg\beta)\to\alpha$ 是 FQC 的定理,即:$\vdash(\neg\alpha\to\beta)\to(\neg\alpha\to\neg\beta)\to\alpha$. 由性质 4 和性质 9 可得:$\Phi\vdash\alpha$.

**性质 16**　如果 $\Phi,\alpha\vdash\gamma$ 并且 $\Phi,\beta\vdash\gamma$,那么 $\Phi,\alpha\vee\beta\vdash\gamma$.

**证明**　因为 $\Phi,\alpha\vdash\gamma$ 并且 $\Phi,\beta\vdash\gamma$,由性质 11 得:$\Phi\vdash\alpha\to\gamma$ 并且 $\Phi\vdash\beta\to\gamma$. 又因为:$(\alpha\to\gamma)\to((\beta\to\gamma)\to(\alpha\vee\beta\to\gamma))$是 FQC 的定理,即:$\vdash(\alpha\to\gamma)\to((\beta\to\gamma)\to(\alpha\vee\beta\to\gamma))$. 再由性质 4 和性质 9 得:$\Phi\vdash\alpha\vee\beta\to\gamma$,再利用性质 10 得:$\Phi,\alpha\vee\beta$

$\vdash\gamma$.

**性质 17**　$\Phi\vdash\alpha\leftrightarrow\beta$ 当且仅当 $\Phi\vdash\alpha\to\beta$ 并且 $\Phi\vdash\beta\to\alpha$.

**证明**　因为 $\Phi\vdash\alpha\leftrightarrow\beta$，又因为 $(\alpha\leftrightarrow\beta)\to(\alpha\to\beta)$ 和 $(\alpha\leftrightarrow\beta)\to(\beta\to\alpha)$ 是 FQC 的定理，即 $\vdash(\alpha\leftrightarrow\beta)\to(\alpha\to\beta)$ 和 $\vdash(\alpha\leftrightarrow\beta)\to(\beta\to\alpha)$. 由性质 4 得：$\Phi\vdash\alpha\to\beta$ 并且 $\Phi\vdash\beta\to\alpha$.

如果 $\Phi\vdash\alpha\to\beta$ 并且 $\Phi\vdash\beta\to\alpha$，又因 $(\alpha\to\beta)\to((\beta\to\alpha)\to(\alpha\leftrightarrow\beta))$ 是 FQC 的定理，即：$\vdash(\alpha\to\beta)\to((\beta\to\alpha)\to(\alpha\leftrightarrow\beta))$. 由性质 4 和性质 9 可得：$\Phi\vdash\alpha\leftrightarrow\beta$.

**性质 18**　如果 $\Phi\vdash\alpha\leftrightarrow\beta$ 并且 $\Phi\vdash\alpha$，那么 $\Phi\vdash\beta$；如果 $\Phi\vdash\alpha\leftrightarrow\beta$ 并且 $\Phi\vdash\beta$，那么 $\Phi\vdash\alpha$.

**证明**　因为 $\Phi\vdash\alpha\leftrightarrow\beta$，又因 $(\alpha\leftrightarrow\beta)\to(\alpha\to\beta)$ 是 FQC 的定理，即：$\vdash(\alpha\leftrightarrow\beta)\to(\alpha\to\beta)$，由性质 4 可得：$\Phi\vdash\alpha\to\beta$，又 $\Phi\vdash\alpha$，由性质 9 可得：$\Phi\vdash\beta$.

同理可证性质 18 的另一部分（从略）.

**性质 19**　如果 $\Phi\vdash\forall x\alpha$，那么 $\Phi\vdash\alpha(t/x)$.

**证明**　利用 $\vdash\forall x\alpha\to\alpha(t/x)$ 和性质 4 可得结论.

**性质 20**　如果 $\Phi\vdash\alpha(t/x)$，那么 $\Phi\vdash\exists x\alpha$.

**证明**　利用 $\vdash\alpha(t/x)\to\exists x\alpha$ 和性质 4 可得结论.

**性质 21**　如果 $\Phi\vdash\alpha(y/x)$ 并且 $y$ 不在 $\Phi$，$\forall x\alpha$ 中自由出现，那么 $\Phi\vdash\forall x\alpha$.（这里，"$y$ 不在 $\Phi$ 中自由出现"是指 $y$ 不在 $\Phi$ 的任一个公式中自由出现.）

**证明**　因为 $\Phi\vdash\alpha(y/x)$ 并且 $y$ 不在 $\Phi$，$\forall x\alpha$ 中自由出现，那么由性质 11 得：$\Phi$ 含有有穷多个公式 $\varphi_0,\varphi_1,\cdots,\varphi_n$ 满足

$$\vdash\varphi_0\to\varphi_1\to\cdots\to(\varphi_n\to\alpha(y/x))\cdots;$$

由于 $y$ 不在 $\Phi$ 中自由出现，因此我们可以在 $\varphi_0\to\varphi_1\cdots\to(\varphi_n\to\alpha(y/x))\cdots$ 的一个证明中，继续使用 $\forall^+$ 规则而得公式

$$\forall y(\varphi_0\to\varphi_1)\cdots\to(\varphi_n\to\alpha(y/x))\cdots),$$

即：

$$\vdash\forall y(\varphi_0\to\varphi_1\to\cdots\to(\varphi_n\to\alpha(y/x))\cdots).$$

又，$\vdash\forall y(\varphi_0\to\varphi_1\to\cdots\to(\varphi_n\to\alpha(y/x))\cdots)\to(\varphi_0\to\varphi_1\to\cdots\to(\varphi_n\to\forall y\alpha(y/x)))$，

由性质 4 得：

$$\vdash\varphi_0\to\varphi_1\to\cdots\to(\varphi_n\to\forall y\alpha(y/x)),$$

再由性质 11 得：$\Phi\vdash\forall y\alpha(y/x)$.

然而在 FQC 中，$\forall y\alpha(y/x)\sim\forall x\alpha$（这里，$y$ 不在 $\forall x\alpha$ 中自由出现），即：$\vdash\forall y\alpha(y/x)\to\forall x\alpha$，由性质 4 得：$\Phi\vdash\forall x\alpha$.

**性质 22**　如果 $\Phi,\alpha(y/x)\vdash\beta$ 并且 $y$ 不在 $\Phi$，$\exists x\alpha$ 和 $\beta$ 中自由出现，则 $\Phi$，$\exists$

$x\alpha \vdash \beta$.

**证明** 因为 $\Phi,\alpha(y/x) \vdash \beta$ 并且 $y$ 不在 $\Phi$, $\exists x\alpha$ 和 $\beta$ 中自由出现,那么根据性质 11 得:$\Phi \vdash \alpha(y/x) \to \beta$. 由性质 21 又得:$\Phi \vdash \forall y(\alpha(y/x) \to \beta)$. 利用第五章第四节可证公式(60),即

$$\vdash \forall y(\alpha(y/x) \to \beta) \to (\exists y\alpha(y/x) \to \beta).$$

由性质 4 得:$\Phi \vdash \exists y\alpha(y/x) \to \beta$. 又由在 FQC 中, $\exists x\alpha \to \exists y\alpha(y/x)$(这里, $y$ 不在 $\exists x\alpha$ 中自由出现),即:

$$\vdash \exists x\alpha \to \exists y\alpha(y/x),$$

由 FQC 定理: $\vdash (\exists x\alpha \to \exists y\alpha(y|x)) \to (\exists y\alpha(y|x) \to \beta) \to (\exists x\alpha \to \beta)$, 和性质 4 得:

$$\Phi \vdash \exists x\alpha \to \beta.$$

最后利用性质 10 得:$\Phi, \exists x\alpha \vdash \beta$.

**例** 以下三个公式是等价关系理论中的三条公理:

$\varphi_1$: $\forall x R(x,x)$;

$\varphi_2$: $\forall x \forall y(R(x,y) \to R(y,x))$;

$\varphi_3$: $\forall x \forall y \forall z(R(x,y) \land R(y,z) \to R(x,z))$.

试证明:$\varphi_2, \varphi_3, \exists z(R(x,z) \land R(y,z)) \vdash R(x,y)$.

**证明**

① $\vdash \forall x \forall z \forall y(R(x,z) \land R(z,y) \to R(x,y)) \to (R(x,z) \land R(z,y) \to R(x,y))$

② $\forall x \forall z \forall y(R(x,z) \land R(z,y) \to R(x,y)) \vdash R(x,z) \land R(z,y) \to R(x,y)$

即: $\varphi_3 \vdash R(x,z) \land R(z,y) \to R(x,y)$

③ $\varphi_2, \varphi_3, (R(x,z) \land R(y,z)) \vdash R(x,z) \land R(z,y) \to R(x,y)$

④ $\vdash \forall y \forall z(R(y,z) \to R(z,y)) \to (R(y,z) \to R(z,y))$

⑤ $\forall y \forall z(R(y,z) \to R(z,y)), R(y,z) \vdash R(z,y)$

即: $\varphi_2, R(y,z) \vdash R(z,y)$

⑥ $\varphi_2, R(x,z), R(y,z) \vdash R(z,y)$

⑦ $\varphi_2, R(x,z), R(y,z) \vdash R(x,z)$

⑧ $\varphi_2, R(x,z), R(y,z) \vdash R(x,z) \land R(z,y)$

⑨ $\varphi_2 \vdash R(x,z) \to (R(y,z) \to R(x,z) \land R(z,y))$

⑩ $\varphi_2 \vdash R(x,z) \land R(y,z) \to R(x,z) \land R(z,y)$

⑪ $\varphi_2, R(x,z) \land R(y,z) \vdash R(x,z) \land R(z,y)$

⑫ $\varphi_2, \varphi_3, R(x,z) \land R(y,z) \vdash R(x,z) \land R(z,y)$

⑬$\varphi_2,\varphi_3,R(x,z)\wedge R(y,z)\vdash R(x,y)$

⑭$\varphi_2,\varphi_3\vdash R(x,z)\wedge R(y,z)\to R(x,y)$

⑮$\varphi_2,\varphi_3\vdash \exists z(R(x,z)\wedge R(y,z))\to R(x,y)$

⑯$\varphi_2,\varphi_3,\exists z(R(x,z)\wedge R(y,z))\vdash R(x,y)$

本节中的语法概念——可演绎性与第五章第五节中的语义概念——逻辑后承相对应.

## 第二节　相容性

在本节中,我们将定义一个一阶公式集 $\Phi$ 相容的概念;同时,还要将第四章第二节的一些结果作相应的推广.

**定义**　令 $\Phi$ 是一个公式集,如果不存在公式 $\beta$,使得 $\Phi\vdash\beta$ 并且 $\Phi\vdash\neg\beta$,那么称公式集 $\Phi$ 是相容的.如果存在公式 $\beta$,使得 $\Phi\vdash\beta$ 并且 $\Phi\vdash\neg\beta$,那么称公式集 $\Phi$ 是不相容的.

**定理 2.1**　公式集 $\Phi$ 是不相容的,当且仅当对一切公式 $\alpha$,都有 $\Phi\vdash\alpha$.

**证明**　因为该证明可参考第四章第二节定理 2.1 的证明而作,所以,该证明留给读者作为练习.

**推论**　公式集 $\Phi$ 是相容的,当且仅当有一个公式 $\alpha$ 不能从 $\Phi$ 可演绎.

**定理 2.2**　公式集 $\Phi$ 是相容的,当且仅当 $\Phi$ 的每个有穷子集都是相容的.

**证明**　$\Phi$ 相容,当且仅当有一个公式 $\alpha$,$\Phi\nvdash\alpha$(定理 2.1 的推论)当且仅当有一公式 $\alpha$,$\Phi$ 的任一有穷子集 $\Phi_0$,$\Phi_0\nvdash\alpha$(性质 3)当且仅当 $\Phi$ 的任一有穷子集 $\Phi_0$ 都是相容的(定理 2.1 的推论).

**定理 2.3**　对任意的公式集 $\Phi$ 和公式 $\alpha$,有:

(1)$\Phi,\neg\alpha$ 是不相容的,当且仅当 $\Phi\vdash\alpha$;

(2)$\Phi,\alpha$ 是不相容的,当且仅当 $\Phi\vdash\neg\alpha$.

**证明**　因为该证明可参考第四章第二节定理 2.2 的证明而作,所以,该证明留给读者来完成.

**定理 2.4**　对任意的公式集 $\Phi$ 和公式 $\alpha$,有:

(1)$\Phi\nvdash\alpha$,则 $\Phi,\neg\alpha$ 相容;

(2)$\Phi$ 相容并且 $\Phi\vdash\alpha$,则 $\Phi,\alpha$ 相容;

(3)如果 $\Phi$ 相容,则 $\Phi,\alpha$ 或 $\Phi,\neg\alpha$ 相容.

**证明**　(1)因为 $\Phi\nvdash\alpha$,如果 $\Phi,\neg\alpha$ 不相容,由定理 2.1 可知:$\Phi,\neg\alpha\vdash\alpha$.根

据本章第一节性质 11 可得：$\Phi\vdash\neg\alpha\to\alpha$. 又因为$(\neg\alpha\to\alpha)\to\alpha$是 FQC 的定理，即：$\vdash(\neg\alpha\to\alpha)\to\alpha$. 根据本章第一节性质 4 可得：$\Phi\vdash\alpha$. 这与已知矛盾. 所以，$\Phi,\neg\alpha$ 相容.

(2)因为 $\Phi$ 相容并且 $\Phi\vdash\alpha$. 假设 $\Phi,\alpha$ 不相容，由定理 2.3 得：$\Phi\vdash\neg\alpha$. 由不相容性定义得：$\Phi$ 不相容. 这与已知矛盾. 所以，$\Phi,\alpha$ 相容.

(3)因为 $\Phi$ 相容，如果 $\Phi\vdash\alpha$，由(2)可知，$\Phi,\alpha$ 相容. 如果 $\Phi\nvdash\alpha$，那么由(1)可知：$\Phi,\neg\alpha$ 相容.

**定理 2.5** 令 $\Phi$ 是任意的公式集，$\alpha,\beta$ 是任意的公式，我们有以下事实：

(1)如果 $\alpha\to\beta\in\Phi$ 并且 $\Phi,\neg\alpha$ 及 $\Phi,\beta$ 皆不相容，那么 $\Phi$ 不相容；

(2)如果 $\neg(\alpha\to\beta)\in\Phi$ 并且 $\Phi,\alpha,\neg\beta$ 不相容，那么 $\Phi$ 不相容；

(3)如果 $\alpha\wedge\beta\in\Phi$，并且 $\Phi,\alpha$ 或 $\Phi,\beta$ 不相容，那么 $\Phi$ 不相容；

(4)如果 $\neg(\alpha\wedge\beta)\in\Phi$，并且 $\Phi,\neg\alpha$ 及 $\Phi,\neg\beta$ 不相容，那么 $\Phi$ 不相容；

(5)如果 $\alpha\vee\beta\in\Phi$，并且 $\Phi,\alpha$ 及 $\Phi,\beta$ 都不相容，那么 $\Phi$ 不相容；

(6)如果 $\neg(\alpha\vee\beta)\in\Phi$，并且 $\Phi,\neg\alpha$ 或 $\Phi,\neg\beta$ 不相容，那么 $\Phi$ 不相容；

(7)如果 $\alpha\leftrightarrow\beta\in\Phi$，并且 $\Phi,\neg\alpha$ 及 $\Phi,\beta$ 不相容或 $\Phi,\alpha$ 及 $\Phi,\neg\beta$ 皆不相容，那么 $\Phi$ 不相容.

(8)如果 $\neg(\alpha\leftrightarrow\beta)\in\Phi$，并且 $\Phi,\neg\alpha,\beta$ 及 $\Phi,\alpha,\neg\beta$ 皆不相容，那么 $\Phi$ 不相容.

**证明** 可参考第四章第二节定理 2.4～2.6 的证明. 留给读者作为练习.

**定理 2.6** 对任意的自然数 $n\in\mathbf{N}$，$S_n$ 是一个符号集并且 $\Phi_n$ 是一个 $S_n$ 公式集，并且满足：

$$S_1\subseteq S_2\subseteq\cdots \qquad \text{和} \qquad \Phi_1\subseteq\Phi_2\subseteq\cdots.$$

令 $S=\bigcup_{n\in\mathrm{N}}S_n$ 和 $\Phi=\bigcup_{n\in\mathrm{N}}\Phi_n$，如果 $\Phi_n$(相对于 $S_n$)相容，那么 $\Phi$(相对于 $S$)相容.

**证明** 假设 $\Phi$ 不相容(相对于 $S$)，根据定理 2.2，存在 $\Phi$ 的一个有穷子集 $\Phi'$ 不相容. 根据 $\Phi$ 的构造，有某个自然数 $k$，使得 $\Phi'\subseteq\Phi_k$. 因而，$\Phi_k$ 不相容(相对于 $S$). 又根据相容性定义得：有一个 $S$—公式 $\alpha$，使得 $\Phi_k\vdash_S\alpha$ 并且 $\Phi_k\vdash_S\neg\alpha$. 于是，存在两个假设性证明，又因为 $\alpha$ 中出现的符号只有有穷多个，所以，出现在这两个假设性证明中的所有公式以及 $\alpha$ 都必定出现在由某个 $S_m$ 确定的语言 $L_{S_m}$ 中. 不妨设 $k\leqslant m$. 因此，这两个假设性证明都是语言 $L_{S_m}$ 中的假设性证明. 于是，$\Phi_k$ 不相容(相对于 $S_m$). 又 $\Phi_k\subseteq\Phi_m$，从而 $\Phi_m$ 不相容(相对于 $S_m$)，这与已知矛盾. 所以，$\Phi$ 相容(相对于 $S$).

# 第三节　可靠性

本节将在第四章第三节的基础上，证明谓词演算的公理系统 QC 和自然推理系统 FQC 的可靠性.

**定理 3.1**　(QC 系统的可靠性定理)

(1)如果 $\Phi\vdash\alpha$，则 $\Phi\models\alpha$；

(2)如果 $\vdash\alpha$，则$\models\alpha$.

**证明**　(1)的证明：因为 $\Phi\vdash\alpha$，所以，令 $\varphi_0,\varphi_1,\cdots,\varphi_n$是 $\alpha$ 的一个从 $\Phi$ 而来的演绎，并且 $\varphi_n=\alpha$. 下面施归纳于 $k=0,1,\cdots,n$. 证明：$\Phi\models\varphi_k$(当 $k=n$ 时，就有 $\Phi\models\alpha$).

当 $k=0$ 时，如果 $\varphi_k$是一阶公理 $A_1\sim A_6$ 之一，由第五章第五节例 5.8 知：$\varphi_k$ 是逻辑有效的. 于是，它为每一解释所满足. 故它是任意公式集的逻辑后承. 即：$\vdash\varphi_k$，故 $\Phi\models\varphi_k$. 如果 $\varphi_k\in\Phi$，则结论显然成立.

假设对所有的 $i<k$，当 $\Phi\vdash\varphi_i$时，就有 $\Phi\models\varphi_i$.

最后证明：对任意的 $k$，有 $\Phi\models\varphi_k$.

①如果 $\varphi_k$是公理或 $\varphi_k\in\Phi$，那么由上面的讨论得：$\models\varphi_k$，故 $\Phi\models\varphi_k$.

②如果 $\varphi_k$是由 $\varphi_i$和 $\varphi_j$运用 MP($R_3$)规则而得并且 $\varphi_j=\varphi_i\rightarrow\varphi_k$，$1\leqslant i,j\leqslant k$，那么由归纳假设：$\Phi\models\varphi_i$，$\Phi\models\varphi_j$，即有：$\Phi\models\varphi_i$ 并且 $\Phi\models\varphi_i\rightarrow\varphi_k$，由第五章第五节引理 5.1 得：$\{\varphi_i,\varphi_i\rightarrow\varphi_k\}\models\varphi_k$. 因此，有 $\Phi\models\varphi_k$.

③如果 $\varphi_k$ 是由 $\varphi_i$($i<k$)运用 $R_1$ 规则而得，并且 $\varphi_i=\alpha(y/x)\rightarrow\beta$，$\varphi_k=\exists x\alpha\rightarrow\beta$. 因为 $\Phi\models\varphi_i$(归纳假设)，即：$\Phi\models\alpha(y/x)\rightarrow\beta$. 只需证：$\Phi\models\exists x\alpha\rightarrow\beta$，即：$\Phi\models\varphi_k$. 如果 $\Phi\not\models\varphi_k$，即存在一个 $\Sigma'$，$\Sigma'\models\Phi$ 并且$\Sigma'\not\models\exists x\alpha\rightarrow\beta$. 于是，$\Sigma'\models\exists x\alpha$ 并且 $\Sigma'\not\models\beta$. 因为 $\Phi\models\varphi_i$，即 $\Phi\models\alpha(y/x)\rightarrow\beta$. 所以，对任意的 $\Sigma$，$\Sigma\models\Phi$，则 $\Sigma\models\alpha(y/x)\rightarrow\beta$. 即：对任意的 $\Sigma$，$\Sigma\not\models\alpha(y/x)$或 $\Sigma\models\beta$. (i)如果 $\Sigma'\models\exists x\alpha$ 并且 $\Sigma'\not\models\beta$ 并且 $\Sigma\not\models\alpha(y/x)$. 由第五章第五节定义 5.4 和代入引理可得：有一个 $a\in A$，$\Sigma'(a/x)\models\alpha$ 并且 $\Sigma(\Sigma(y)/x)\not\models\alpha$ 矛盾！(ii)如果 $\Sigma'\models\exists x\alpha$ 并且 $\Sigma'\not\models\beta$ 并且 $\Sigma\models\beta$，矛盾！故：$\Phi\models\varphi_k$.

④如果 $\varphi_k$ 是由 $\varphi_i$($i<k$)运用 $R_2$ 规则而得，并且 $\varphi_i=\alpha\rightarrow\beta(y/x)$，$\varphi_k=\alpha\rightarrow\forall x\beta$，那么，因为 $\Phi\models\varphi_i$(归纳假设)，即 $\Phi\models\alpha\rightarrow\beta(y/x)$，只需证：$\Phi\models\alpha\rightarrow\forall x\beta$. 即 $\Phi\models\varphi_k$. 证法同③(从略).

(2)是(1)的特殊情况，即 $\Phi=\varnothing$时.

**定理 3.2**　(FQC 系统的可靠性定理)

(1)如果 $\vdash\alpha$,那么$\models\alpha$;

(2)如果 $\Phi\vdash\alpha$,那么 $\Phi\models\alpha$.

本定理的证明只需在第四章第三节定理 3.2(FPC 系统可靠性定理)证明的基础上,补足运用四条量词规则得到的公式 $\varphi_{j+1}$ 的证明即可.为了完整起见,我们仍给出本定理的一个详细证明.

**证明**　先证(1),然后利用(1)证明(2).

因为 $\vdash\alpha$,那么存在一个证明,这个证明的长度是有限的,即:在这个证明中的公式只有有穷多个,按从上到下的顺序,不妨记为:$\varphi_0,\varphi_1,\cdots,\varphi_i,\cdots,\varphi_n$,并且 $\varphi_n=\alpha$.我们将施归纳于 $i$,证明:

对一切的解释 $\Sigma$,如果 $\Sigma$ 满足 $\varphi_i$ 所依赖的由 Hyp 规则引入的公式,则

$$\Sigma\models\varphi_i. \qquad (*)$$

如果(*)式成立,当 $i=n$ 时,有 $\Sigma\models\varphi_n$(即 $\Sigma\models\alpha$).由于 $\varphi_n$ 不依赖于由 Hyp 规则引入的公式,因此,$\alpha$ 为任何解释所满足.所以,$\models\varphi_n$.即:$\models\alpha$,从而定理证毕.

(a)当 $i=0$ 时,假设解释 $\Sigma$ 满足 $\varphi_0$ 所依赖的由 Hyp 规则引入的公式,由于此时 $\varphi_0$ 只能由 Hyp 引入,故 $\varphi_0$ 依赖于自身,所以(*)式成立.

(b)假设(*)对 $\varphi_0,\varphi_1,\cdots,\varphi_j\ (j<n)$ 已经成立.现在只需证明(*)式对 $\varphi_{j+1}$ 也成立即可.

设解释 $\Sigma$ 满足 $\varphi_{j+1}$ 所依赖的由 Hyp 引入的公式.根据得到 $\varphi_{j+1}$ 的规则不同,我们考虑下面 16 种情况.

①如果 $\varphi_{j+1}$ 是利用 Hyp 规则而得到的公式,由(a)结论显然成立.

②如果 $\varphi_{j+1}$ 是利用 Rep 规则得到的公式,那么在 $\varphi_{j+1}$ 所属的子证明中必有某个 $\varphi_m\ (m<j)$,使得 $\varphi_{j+1}=\varphi_m$.由于 $\varphi_m$ 和 $\varphi_j$ 同属于一个子证明,因此 $\varphi_m$ 所依赖的由 Hyp 规则引入的公式跟 $\varphi_{j+1}$ 所依赖的相同.根据归纳假设,$\Sigma\models\varphi_m$,于是,$\Sigma\models\varphi_{j+1}$.

③如果 $\varphi_{j+1}$ 是利用 Reit 规则而得到的公式,那么必定有某个 $\varphi_m\ (m\leqslant j)$,使得 $\varphi_{j+1}=\varphi_m$,并且 $\varphi_{j+1}$ 所从属的子证明必定从属于 $\varphi_m$ 所属的子证明.因此,$\varphi_m$ 所依赖的、由 Hyp 规则引入的公式也是 $\varphi_{j+1}$ 所依赖的.根据归纳假设有:$\Sigma\models\varphi_m$,即:$\Sigma\models\varphi_{j+1}$.

④如果 $\varphi_{j+1}$ 是利用 $\rightarrow^+$ 规则而得到的公式,那么必有某个 $\varphi_m\ (m\leqslant j)$ 是由 Hyp 规则引入的并且 $\varphi_j$ 是由 $\varphi_m$ 开始的子证明的最后一步.因此,我们有 $\varphi_{j+1}=\varphi_m\rightarrow\varphi_j$.而 $\varphi_j$ 所依赖的、由 Hyp 规则引入的公式就是 $\varphi_m$ 再加上 $\varphi_{j+1}$ 所依赖的那些公式.如果 $\Sigma\not\models\varphi_{j+1}$,那么 $\Sigma\models\varphi_m$ 并且 $\Sigma\not\models\varphi_j$.但此时 $\Sigma$ 将满足 $\varphi_j$ 所依赖的

所有公式，根据归纳假设，得：$\Sigma\models\varphi_j$，这是一个矛盾．所以，$\Sigma\models\varphi_{j+1}$．

⑤如果 $\varphi_{j+1}$ 是利用 $\rightarrow^-$ 规则而得到的公式，那么存在 $m_1,m_2\leqslant j$，使得 $\varphi_{m_2}=(\varphi_{m_1}\rightarrow\varphi_{j+1})$，这里 $\varphi_{m_1}$，$\varphi_{m_2}$ 和 $\varphi_{j+1}$ 都属于一个子证明．因此，$\varphi_{m_1}$ 和 $\varphi_{m_2}$ 所依赖的、由 Hyp 规则引入的公式跟 $\varphi_{j+1}$ 所依赖的相同．根据归纳假设有：$\Sigma\models\varphi_{m_1}$ 和 $\Sigma\models\varphi_{m_2}$．如果 $\Sigma\not\models\varphi_{j+1}$，那么由 $\Sigma\models\varphi_{m_2}$ 必有 $\Sigma\not\models\varphi_{m+1}$，这是一个矛盾．所以，$\Sigma\models\varphi_{j+1}$．

⑥如果 $\varphi_{j+1}$ 是利用 $\wedge^+$ 规则而得到的公式，那么在 $\varphi_{j+1}$ 所属的子证明中必有 $\varphi_{m_1}$，$\varphi_{m_2}(m_1,m_2\leqslant j)$，使得 $\varphi_{j+1}=(\varphi_{m_1}\wedge\varphi_{m_2})$，其中 $\varphi_{m_1}$ 和 $\varphi_{m_2}$ 所依赖的、由 Hyp 规则引入的公式都与 $\varphi_{j+1}$ 所依赖的相同．根据归纳假设得：$\Sigma\models\varphi_{m_1}$ 并且 $\Sigma\models\varphi_{m_2}$．所以，$\Sigma\models(\varphi_{m_1}\wedge\varphi_{m_2})$，即：$\Sigma\models\varphi_{j+1}$．

⑦如果 $\varphi_{j+1}$ 是利用 $\wedge^-$ 规则而得到的公式，那么必有某个公式 $\varphi$ 和自然数 $m(m\leqslant j)$ 使得 $\varphi_m=(\varphi\wedge\varphi_{j+1})$ 或者 $\varphi_m=(\varphi_{j+1}\wedge\varphi)$，这里 $\varphi_m$ 和 $\varphi_{j+1}$ 同在一个子证明中．因此，$\varphi_m$ 所依赖的、由 Hyp 规则引入的公式都与 $\varphi_{j+1}$ 所依赖的相同．根据归纳假设得：$\Sigma\models\varphi_m$，即 $\Sigma\models(\varphi\wedge\varphi_{j+1})$ 或者 $\Sigma\models(\varphi_{j+1}\wedge\varphi)$，于是，$\Sigma\models\varphi_{j+1}$．

⑧如果 $\varphi_{j+1}$ 是利用 $\vee^+$ 规则而得到的公式，那么必有某个公式 $\varphi$ 和某个自然数 $m(m\leqslant j)$，使得 $\varphi_{j+1}=(\varphi_m\vee\varphi)$ 或者 $\varphi_{j+1}=(\varphi\vee\varphi_m)$，这里 $\varphi_m$ 和 $\varphi_{j+1}$ 同在一个子证明中．因此，$\varphi_m$ 所依赖的、由 Hyp 规则引入的公式与 $\varphi_{j+1}$ 所依赖的相同．根据归纳假设有：$\Sigma\models\varphi_m$．因此，$\Sigma\models(\varphi\vee\varphi_m)$ 和 $\Sigma\models(\varphi_m\vee\varphi)$，所以，$\Sigma\models\varphi_{j+1}$．

⑨如果 $\varphi_{j+1}$ 是利用 $\vee^-$ 规则而得到的公式，那么一定存在公式 $\psi_1$，$\psi_2$ 和自然数 $m_1$，$m_2$ 和 $m_3(m_1,m_2,m_3\leqslant j)$，使得 $\varphi_{m_1}=(\psi_1\vee\psi_2)$，$\varphi_{m_2}=(\psi_1\rightarrow\varphi_{j+1})$，$\varphi_{m_3}=(\psi_2\rightarrow\varphi_{j+1})$；这里的 $\varphi_{m_1}$，$\varphi_{m_2}$，$\varphi_{m_3}$ 和 $\varphi_{j+1}$ 在同一个子证明中．因此，$\varphi_{m_1}$，$\varphi_{m_2}$ 和 $\varphi_{m_3}$ 三者所依赖的、由 Hyp 规则引入的公式都跟 $\varphi_{j+1}$ 所依赖的相同．根据归纳假设有：$\Sigma\models\varphi_{m_1}$，$\Sigma\models\varphi_{m_2}$ 和 $\Sigma\models\varphi_{m_3}$．如果 $\Sigma\not\models\varphi_{j+1}$，那么由 $\varphi_{m_2}=(\psi_1\rightarrow\varphi_{j+1})$ 和 $\varphi_{m_3}=(\psi_2\rightarrow\varphi_{j+1})$ 知，$\Sigma\not\models\psi_1$ 并且 $\Sigma\not\models\psi_2$．因此，$\Sigma\not\models(\psi_1\vee\psi_2)$，即：$\Sigma\not\models\varphi_{m_1}$，这是一个矛盾．故：$\Sigma\models\varphi_{j+1}$．

⑩如果 $\varphi_{j+1}$ 是用 $\leftrightarrow^+$ 规则而得到的公式，那么一定存在公式 $\varphi,\psi$ 和自然数 $m_1$ 和 $m_2(m_1,m_2\leqslant j)$，使得 $\varphi_{m_1}=(\varphi\rightarrow\psi)$，$\varphi_{m_2}=(\psi\rightarrow\varphi)$ 而且 $\varphi_{j+1}=(\varphi\leftrightarrow\psi)$；$\varphi_{m_1}$，$\varphi_{m_2}$ 和 $\varphi_{j+1}$ 同在一个子证明中．因此，$\varphi_{m_1}$ 和 $\varphi_{m_2}$ 所依赖的、由 Hyp 规则引入的公式都与 $\varphi_{j+1}$ 所依赖的相同．根据归纳假设，$\Sigma\models\varphi_{m_1}$ 和 $\Sigma\models\varphi_{m_2}$．因此，$\Sigma\models(\varphi\rightarrow\psi)$ 并且 $\Sigma\models(\psi\rightarrow\varphi)$．即：$\Sigma\models(\varphi\leftrightarrow\Psi)$．故：$\Sigma\models\varphi_{j+1}$．

⑪如果 $\varphi_{j+1}$ 是利用 $\leftrightarrow^-$ 规则而得到的公式，那么存在自然数 $m_1$，$m_2(m_1,m_2\leqslant j)$，使得：$\varphi_{m_1}=(\varphi_{m_2}\leftrightarrow\varphi_{j+1})$ 或者 $\varphi_{m_1}=(\varphi_{j+1}\leftrightarrow\varphi_{m_2})$，而且 $\varphi_{m_1}$，$\varphi_{m_2}$ 和 $\varphi_{j+1}$ 同在一个子证明中．因此，$\varphi_{m_1}$ 和 $\varphi_{m_2}$ 所依赖的、由 Hyp 规则引入的公式都与 $\varphi_{j+1}$

所依赖的相同. 根据归纳假设有:$\Sigma\models\varphi_{m_1}$ 和 $\Sigma\models\varphi_{m_2}$. 故:$\Sigma\models\varphi_{j+1}$.

⑫如果 $\varphi_{j+1}$ 是利用¬规则而得到的公式,那么一定存在某个公式 $\psi$ 和自然数 $m_1,m_2$ 和 $m_3(m_1,m_2,m_3\leqslant j)$,使得 $\varphi_{m_1}=\neg\varphi_{j+1},\varphi_{m_2}=\psi$ 并且 $\varphi_{m_3}=\neg\psi$. 由于公式 $\varphi_{m_1}$ 本身是由 Hyp 规则引入的,而 $\varphi_{m_2},\varphi_{m_3}$ 所依赖的、由 Hyp 规则引入的公式就是 $\varphi_{m_1}$ 再加上 $\varphi_{j+1}$ 所依赖的那些公式. 如果 $\Sigma\not\models\varphi_{j+1}$,那么 $\Sigma\models\neg\varphi_{j+1}$. 即:$\Sigma\models\varphi_{m_1}$. 因此,$\Sigma$ 满足 $\varphi_{m_2}$ 和 $\varphi_{m_3}$ 所依赖的、由 Hyp 规则引入的公式. 根据归纳假设有:$\Sigma\models\varphi_{m_2}$ 并且 $\Sigma\models\varphi_{m_3}$,即:$\Sigma\models\psi$ 和 $\Sigma\models\neg\psi$,这是不可能的. 所以,$\Sigma\models\varphi_{j+1}$.

⑬如果 $\varphi_{j+1}$ 是利用 $\forall^+$ 规则而得到的公式,那么一定存在某个公式 $\beta$ 和个体变项 $x,y$,以及某个小于等于 $j$ 的自然数 $m$,使得 $\varphi_{j+1}=\forall x\beta$ 并且 $\varphi_m=\beta(y/x)$,$\varphi_m$ 和 $\varphi_{j+1}$ 都属于同一个子证明,而且 $y$ 既不在 $\forall x\beta$ 中自由出现,也不在 $\beta(y/x)$ 所依赖的、由 Hyp 规则引入的公式中自由出现. 因此,$\beta$ 所依赖的、由 Hyp 规则引入的公式跟 $\varphi_{j+1}$ 所依赖的相同. 如果 $\Sigma\not\models\varphi_{j+1}$,那么 $\Sigma$ 的个体域中有某个个体 $a$ 使得 $\Sigma(a/x)\not\models\beta$. 由于 $y$ 不在 $\beta(y/x)$ 所依赖的那些公式中,故根据叠合引理可得:$\Sigma(a/x)$ 也不满足这些公式. 根据归纳假设,$\Sigma(a/y)\models\beta(y/x)$. 再由代入引理可得:

$$\Sigma(a/y)(\Sigma(a/y)(y)/x)\models\beta.$$

即:

$$\Sigma(a/y)(a/x)\models\beta.$$

由于 $y$ 不在 $\forall x\beta$ 中自由出现,因此当 $y\neq x$ 时,$y$ 也不在 $\beta$ 中自由出现,由叠合引理得,$\Sigma(a/x)\models\beta$;当 $y=x$ 时,$\Sigma(a/y)(a/x)=\Sigma(a/x)$,所以,$\Sigma(a/x)\models\beta$. 这与 $\Sigma(a/x)\not\models\beta$ 矛盾. 所以,$\Sigma\models\varphi_{j+1}$.

⑭如果 $\varphi_{j+1}$ 是利用 $\forall^-$ 规则而得到的公式,那么一定存在某个公式 $\beta$、项 $t$ 和个体变项 $x$,以及某个小于等于 $j$ 的自然数 $m$,使得 $\varphi_m=\forall x\beta$ 而 $\varphi_{j+1}=\beta(t/x)$,$\varphi_m$ 和 $\varphi_{j+1}$ 同属于一个子证明. 因此,$\varphi_m$ 所依赖的、由 Hyp 规则引入的公式都跟 $\varphi_{j+1}$ 所依赖的相同. 根据归纳假设有:$\Sigma\models\varphi_m$,即 $\Sigma$ 满足 $\forall x\beta$. 那么,对 $\Sigma$ 的个体域中的任一个体 $a$,有 $\Sigma(a/x)\models\beta$. 取 $a=\Sigma(t)$,则有 $\Sigma(\Sigma(t)/x)\models\beta$;再利用代入引理可得:$\Sigma\models\beta(t/x)$.

⑮如果 $\varphi_{j+1}$ 是利用 $\exists^+$ 规则而得到的公式,那么一定存在某个公式 $\beta$、项 $t$ 和个体变项 $x$,以及某个小于等于 $j$ 的自然数 $m$,使得 $\varphi_m=\beta(t/x)$ 并且 $\varphi_{j+1}=\exists x\beta$,$\varphi_m$ 和 $\varphi_{j+1}$ 同属于一个子证明. 因此,$\varphi_m$ 所依赖的、由 Hyp 规则引入的公式跟 $\varphi_{j+1}$ 所依赖的相同. 根据归纳假设有:$\Sigma\models\varphi_m$,即:$\Sigma\models\varphi(t/x)$. 利用代入引理,得:$\Sigma(\Sigma(t)/x)\models\beta$. 所以,$\Sigma\models\exists x\beta$.

⑯如果 $\varphi_{j+1}$ 是利用 $\exists^-$ 规则而得到的公式,那么一定存在某个公式 $\beta$,个体

变项 $x,y$,以及小于等于 $j$ 的 $m_1$ 和 $m_2$,使得 $\varphi_{m_1}=\exists x\beta$ 而且 $\varphi_{m_2}=(\beta(y/x)\rightarrow\varphi_{j+1})$,$\varphi_{m_1}$ 和 $\varphi_{m_2}$ 和 $\varphi_{j+1}$ 都同属于一个子证明,而且 $y$ 既不在 $\exists x\beta$ 和 $\varphi_{j+1}$ 中自由出现,也不在 $\varphi_{m_2}$ 所依赖的、由 Hyp 规则引入的公式中自由出现. 因此,$\varphi_{m_1}$ 和 $\varphi_{m_2}$ 所依赖的、由 Hyp 规则引入的公式跟 $\varphi_{j+1}$ 所依赖的相同. 根据归纳假设,由 $\Sigma\models\varphi_{m_1}$ 和 $\Sigma\models\varphi_{m_2}$. 由 $\Sigma\models\exists x\beta$ 可知,$\Sigma$ 的个体域中有个体 $a$,使得 $\Sigma(a/x)\models\beta$. 无论 $y$ 是否等于 $x$,都有 $\Sigma(a/y)(a/x)\models\beta$(当 $y=x$ 时,结论显然;当 $y\neq x$ 时,利用 $y$ 不在 $\exists x\beta$ 中自由出现,可知 $y$ 也不在 $\beta$ 中自由出现,根据叠合引理就得结论). 利用代入引理,又有:$\Sigma(a/y)\models\beta(y/x)$. 由于 $y$ 不在 $(\beta(y/x)\rightarrow\varphi_{j+1})$ 所依赖的由 Hyp 规则引入的公式中自由出现,而且 $\Sigma$ 满足这些公式,从而由归纳假设得:$\Sigma(a/y)\models(\beta(y/x)\rightarrow\varphi_{j+1})$. 因此,$\Sigma(a/y)\models\varphi_{j+1}$. 所以,由 $y$ 不在 $\varphi_{j+1}$ 中自由出现,据叠合引理得:$\Sigma\models\varphi_{j+1}$.

至此,我们完成了归纳步骤的证明,根据归纳法知,断言(*)式成立;从而,我们完成了(1)的证明.

(2)的证明如下:

设 $\Phi\vdash\alpha$,则 $\Phi$ 中含有有穷多个公式 $\varphi_0,\varphi_1,\cdots,\varphi_n$ 满足:

$$\vdash\varphi_0\rightarrow(\varphi_1\rightarrow\cdots\rightarrow(\varphi_n\rightarrow\alpha)\cdots),$$

由(1)得:

$$\models\varphi_0\rightarrow(\varphi_1\rightarrow\cdots\rightarrow(\varphi_n\rightarrow\alpha)\cdots).$$

因此,满足 $\varphi_0,\varphi_1,\cdots,\varphi_n$ 的任一解释 $\Sigma$ 也一定满足 $\alpha$,由于 $\varphi_0,\varphi_1,\cdots,\varphi_n$ 都属于 $\Phi$,因此满足 $\Phi$ 的解释也满足 $\varphi_0,\varphi_1,\cdots,\varphi_n$,从而满足 $\alpha$. 所以,$\Phi\models\alpha$.

有了可靠性定理,我们就可以得到一些不可演绎性结果.

**例**　令 $S=\{R\}$,考察 $\exists y\forall xR(x,y)$ 是否可从 $\forall x\exists yR(x,y)$ 演绎出.

**解**　令 $S$ 结构 $\mathscr{A}=(A,F)$ 为 $A=\{0,1\}$,$R^F=\{(0,1),(1,0)\}$. 并任取 $\mathscr{A}$ 中的一个个体指派为 $\theta$. 于是,$\Sigma=(\mathscr{A},\theta)$. 并且

$$\Sigma\models\forall x\exists yR(x,y),$$

但 $\Sigma\not\models\exists y\forall xR(x,y)$.

因为如果 $\Sigma\models\forall x\exists yR(x,y)$

当且仅当对一切 $a\in A$,$\Sigma(a/x)\models\exists yR(x,y)$,

当且仅当对一切 $a\in A$,有一个 $b\in A$,使得

$$\Sigma(a/x)(b/y)\models R(x,y),$$

当且仅当对一切 $a\in A$,有一个 $b\in A$,使得

$$(\Sigma(a/x)(b/y)(x),\Sigma(a/x)(b/y)(y))\in R^F,$$

即:

$$(a,b)\in\{(0,1),(1,0)\},$$

因此,当 $a=0$ 时,取 $b=1$,于是 $(0,1)\in R^F$;

当 $a=1$ 时,取 $b=0$,于是 $(1,0)\in R^F$.

故: $$\Sigma\models\forall x\,\exists y R(x,y).$$

如果 $\Sigma\not\models\exists y\,\forall x R(x,y)$

当且仅当对一切 $b\in A$,$\Sigma(b/y)\not\models\forall x R(x,y)$

当且仅当对一切 $b\in A$,有 $a\in A$,使得 $\Sigma(b/y)(a/x)\not\models R(x,y)$

当且仅当对一切 $b\in A$,有 $a\in A$,使得

$$(\Sigma(b/y)(a/x)(x),\Sigma(b/y)(a/x)(y))\notin R^F.$$

因此,当 $b=0$ 时,取 $a=0$,于是 $(0,0)\notin R^F$;

当 $b=1$ 时,取 $a=1$,于是 $(1,1)\notin R^F$.

故: $$\Sigma\not\models\exists y\,\forall x R(x,y).$$

综上所述,并根据可靠性定理我们有

$$\forall x\,\exists y R(x,y)\nvdash\exists y\,\forall x R(x,y),$$

或者 $$\nvdash\forall x\,\exists y R(x,y)\to\exists y\,\forall x R(x,y).$$

这正是第五章第二节 QC 定理 18 的逆.

从可靠性定理可以得出:没有一个公式能与其否定同时都是可证的.因此,存在不可证的公式.

**推论** 每一个可满足的公式集一定相容.

**证明** 设 $\Phi$ 是一个可满足的公式集.如果 $\Phi$ 不相容,则存在公式 $\alpha$,使得 $\Phi\vdash\alpha$ 并且 $\Phi\vdash\neg\alpha$.根据可靠性定理有:$\Phi\models\alpha$ 并且 $\Phi\models\neg\alpha$,矛盾.故:$\Phi$ 相容.

## 第四节 完全性

在本节中,我们将证明谓词演算的自然推理系统 FQC 的完全性.即:

$$\text{如果 }\Phi\models\alpha\text{,那么 }\Phi\vdash\alpha \tag{1}$$

但是,(1)的证明可以归纳为下面断言的证明:

$$\text{任一个相容的公式集都是可满足的} \tag{2}$$

这是因为:如果 $\Phi\models\alpha$ 并且 $\Phi\nvdash\alpha$,则由第六章第二节定理 2.3(1)得:$\Phi,\neg\alpha$ 相容.由(2)得:存在一个模型 $\Sigma$ 满足 $\Phi,\neg\alpha$.由 $\Phi\models\alpha$ 可得:$\Sigma$ 满足 $\alpha$,即:$\Sigma\models\alpha,\neg\alpha$,矛盾.故:如果 $\Phi\models\alpha$,则 $\Phi\vdash\alpha$.

关于谓词演算的公理系统 QC 的完全性,也可以用类似于下面的方法来证明.在下一节证明了谓词演算的公理系统 QC 和自然推理系统 FQC 的等价性

后，公理系统 QC 自然也具有完全性. 因此，这里不再证明公理系统 QC 的完全性.

下面，我们将证明断言(2).

当给了一个相容的公式集 $\Phi$ 后，我们怎样为 $\Phi$ 构造模型呢？由于我们现在能用的工具只有一阶语言的符号. 因此，我们希望能运用这些语言符号来构造 $\Phi$ 的一个模型 $\Sigma=(\mathscr{A},\theta)$. 为此，我们用所有的 $S$ 项组成 $\Sigma$ 的个体域 $A$，对每个 $n$ 元关系符号 $R$，规定 $R^{\mathscr{A}}$ 为 $\{(t_0,t_1,\cdots,t_{n-1})\in A^n: R(t_0,t_1,\cdots,t_{n-1})\in\Phi\}$ 并取个体指派 $\theta$ 为恒等映射，即：$\theta(x)=x$. 假设能构造出 $\Phi$ 的这样的一个模型，那么，当 $(R(x,x_1,\cdots,x_{n-1})\rightarrow R(y_0,y_1,\cdots,y_{n-1}))\in\Phi$ 并且 $R(x_0,x_1,\cdots,x_{n-1})\in\Phi$ 时，就应当有 $R(y_0,y_1,\cdots,y_{n-1})\in\Phi$；而当 $\exists x\alpha\in\Phi$ 时，我们有一个"见证" $t$，使得 $\alpha(t)\in\Phi$. 因此，按照上面的想法构造出的 $\Phi$ 的模型，满足下面的封闭条件.

**定义 4.1**　令 $\Phi$ 是一个公式集.

(1)如果 $\Phi$ 相容并且每一个使 $\Phi\cup\{\alpha\}$ 相容的公式 $\alpha$ 都属于 $\Phi$，那么称 $\Phi$ 是极大相容的.

(2)对每个形如 $\exists x\alpha$ 的公式，都有一个项 $t$ 使得 $(\exists x\alpha\rightarrow\alpha(t/x))\in\Phi$，则称 $\Phi$ 含有见证.

**例**　令 $\Phi=\{\alpha\in L_S\mid\Sigma\models\alpha\}$，则 $\Phi$ 是极大相容的，这里的 $\Sigma$ 是一个 $S$ 解释.

**解**　因为从 $\Sigma\models\alpha$ 可知：$\Phi$ 可满足. 根据第六章第三节推论知：$\Phi$ 相容. 如果 $\Phi\cup\{\alpha\}$ 相容，则 $\neg\alpha\notin\Phi$. 于是 $\Sigma\not\models\neg\alpha$，由此得：$\Sigma\models\alpha$；故得 $\alpha\in\Phi$.

**引理**　令 $\Phi$ 是极大相容集并且含有见证. 那么对一切 $\alpha$ 和 $\beta$ 都有：

(1)如果 $\Phi\vdash\alpha$，则 $\alpha\in\Phi$；

(2)或是 $\alpha\in\Phi$，或者是 $\neg\alpha\in\Phi$；

(3) $\neg\alpha\in\Phi$ 当且仅当 $\alpha\notin\Phi$；

(4) $(\alpha\vee\beta)\in\Phi$ 当且仅当 $\alpha\in\Phi$ 或者 $\beta\in\Phi$；

(5) $\exists x\alpha\in\Phi$ 当且仅当有一个项 $t$，$\alpha(t/x)\in\Phi$；

(6) $\forall x\alpha\in\Phi$ 当且仅当对一切项 $t$，$\alpha(t/x)\in\Phi$.

**证明**　(1)因为 $\Phi\vdash\alpha$，那么由本章第二节定理 2.4 的(2)可知：$\Phi,\alpha$ 相容. 又因 $\Phi$ 极大相容，则 $\alpha\in\Phi$.

(2)由本章第二节定理 2.4 的(3)可得：$\Phi,\alpha$ 相容或者 $\Phi,\neg\alpha$ 相容. 由 $\Phi$ 的极大性可得：$\alpha\in\Phi$ 或者 $\neg\alpha\in\Phi$.

(3)设 $\neg\alpha\in\Phi$，如果 $\alpha\in\Phi$，则与 $\Phi$ 相容矛盾. 故 $\alpha\notin\Phi$. 反之，如果 $\alpha\notin\Phi$，由(2)得 $\neg\alpha\in\Phi$.

(4)因为 $(\alpha\vee\beta)\in\Phi$，如果 $\alpha\notin\Phi$ 并且 $\beta\notin\Phi$，则根据(3)有：$\neg\alpha\in\Phi$ 并且 $\neg\beta$

$\in\Phi$. 于是,$\Phi\vdash(\alpha\vee\beta)$并且 $\Phi\vdash\neg\alpha$ 和 $\Phi\vdash\neg\beta$. 又 $\vdash(\alpha\vee\beta)\rightarrow\neg(\neg\alpha\wedge\neg\beta)$,由本章第一节性质 4 可得:$\Phi\vdash\neg(\neg\alpha\wedge\neg\beta)$. 根据本章第一节性质 7 可得:$\Phi\vdash\neg\alpha\wedge\neg\beta$. 这与 $\Phi$ 相容矛盾. 故:$\alpha\in\Phi$ 或者 $\beta\in\Phi$.

如果 $\alpha\in\Phi$ 或者 $\beta\in\Phi$,可得 $\Phi\vdash\alpha$ 或者 $\Phi\vdash\beta$,又因 $\alpha\vdash(\alpha\vee\beta)$,$\beta\vdash(\alpha\vee\beta)$,利用本章第一节性质 1 可得:$\Phi\vdash(\alpha\vee\beta)$. 由(1)得:$(\alpha\vee\beta)\in\Phi$.

(5) 因为 $\exists x\alpha\in\Phi$, 又因 $\Phi$ 含有见证, 于是有一个项 $t$ 使得($\exists x\alpha\rightarrow\alpha(t/x))\in\Phi$. 因此得:$\Phi\vdash\exists x\alpha$ 和 $\Phi\vdash(\exists x\alpha\rightarrow\alpha(t/x))$. 由本章第一节性质 9 可得:$\Phi\vdash\alpha(t/x)$. 再由(1)得:$\alpha(t/x)\in\Phi$.

因为有项 $t$ 使得 $\alpha(t/x)\in\Phi$,利用 $\alpha(t/x)\vdash\exists x\alpha$ 可得 $\Phi\vdash\exists x\alpha$. 再由(1)可得:$\exists x\alpha\in\Phi$.

(6)设 $\forall x\alpha\in\Phi$,因为对任一项 $t$ 都有:$\forall x\alpha\vdash\alpha(t/x)$,因此 $\Phi\vdash\alpha(t/x)$. 由(1)可得:对一切项 $t$,$\alpha(t/x)\in\Phi$.

因为对一切 $t$ 都有 $\alpha(t/x)\in\Phi$,假设 $\forall x\alpha\notin\Phi$,则由(3)知:$\neg\forall x\alpha\in\Phi$. 因为 $\neg\forall x\alpha\vdash\exists x\neg\alpha$,可得 $\Phi\vdash\exists x\neg\alpha$. 由(5)可得:有一个项 $t_0$ 使得:$\neg\alpha(t_0/x)\in\Phi$. 再利用(3)得:$\alpha(t_0/x)\notin\Phi$. 这与已知矛盾. 故:$\forall x\alpha\in\Phi$.

现在,我们把按照前面的基本想法构造起来的解释称为由 $\Phi$ 决定的项的解释. 记作:$\Sigma_\Phi=(\mathscr{A}_\Phi,\theta_\Phi)$. 其中:

(1)$\Sigma_\Phi$ 的个体域由所有的 $S$—项组成;

(2)对 $S$ 中的 $n$ 元关系符号 $R$ 有:

$$R^{\mathscr{A}_\Phi}(t_0,t_1,\cdots,t_{n-1})\text{当且仅当}R(t_0,t_1,\cdots,t_{n-1})\in\Phi;$$

(3)对 $S$ 中的个体常项 $c$,有:

$$c^{\mathscr{A}_\Phi}=c;$$

(4)对个体变项 $x$,有

$$\theta_\Phi(x)=x.$$

**定理 4.1**(Henkin 定理)　令 $\Phi$ 是一个极大相容的公式集并且含有见证. 那么对一切公式 $\alpha$ 都有:

$$\Sigma_\Phi\models\alpha\text{ 当且仅当 }\alpha\in\Phi.$$

**证明**　施归纳于公式 $\alpha$ 的结构上.

(1)当 $\alpha=R(t_0,t_1,\cdots,t_{n-1})$时:

$\Sigma_\Phi\models R(t_0,t_1,\cdots,t_{n-1})$

当且仅当 $R^{\mathscr{A}_\Phi}(\Sigma_\Phi(t_0),\Sigma_\Phi(t_1),\cdots,\Sigma_\Phi(t_{n-1}))$

当且仅当 $R^{\mathscr{A}_\Phi}(t_0,t_1,\cdots,t_{n-1})$

当且仅当 $R(t_0,t_1,\cdots,t_{n-1})\in\Phi$

(2)当 $\alpha=\neg\beta$ 时：

$\Sigma_\Phi\models\neg\beta$

当且仅当 $\Sigma_\Phi\not\models\beta$

当且仅当 $\beta\notin\Phi$　（归纳假设）

当且仅当 $\neg\beta\in\Phi$　（引理(3)）

(3)当 $\alpha=(\beta\vee\gamma)$ 时：

$\Sigma_\Phi\models(\beta\vee\gamma)$

当且仅当 $\Sigma_\Phi\models\beta$ 或 $\Sigma_\Phi\models\gamma$

当且仅当 $\beta\in\Phi$ 或 $\gamma\in\Phi$　（归纳假设）

当且仅当 $(\beta\vee\gamma)\in\Phi$　（由引理(4)）

(4)当 $\alpha=\exists x\beta$ 时：

$\Sigma_\Phi\models\exists x\beta$

当且仅当 $\Sigma_\Phi$ 的个体域 $A_\Phi$ 中有一个个体，即有一个项 $t$ 使得：$\Sigma_\Phi(t/x)\models\beta$

当且仅当 $\Sigma_\Phi(\Sigma_\Phi(t)/x)\models\beta$　（因为 $\Sigma_\Phi(t)=t$）

当且仅当 $\Sigma_\Phi\models\beta(t/x)$　（代入引理）

当且仅当 $\exists x\beta\in\Phi$　（引理(5)）

(5)当 $\alpha=\forall x\beta$ 时：

$\Sigma_\Phi\models\forall x\beta$

当且仅当对一切的项 $t$，$\Sigma_\Phi(t/x)\models\beta$

当且仅当对一切的项 $t$，$\Sigma_\Phi(\Sigma_\Phi(t)/x)\models\beta$

当且仅当对一切的项 $t$，$\Sigma_\Phi\models\beta(t/x)$　（代入引理）

当且仅当对一切的项 $t$，$\beta(t/x)\in\Phi$　（归纳假设）

当且仅当 $\forall x\beta\in\Phi$　（引理(6)）

**定义 4.2**　如果 $\Phi$ 是一个极大相容的公式集，并且含有见证，则称 $\Phi$ 为一个 Henkin 集.

**推论**　如果 $\Phi$ 是 Henkin 集，那么 $\Phi$ 是可满足的.

**证明**　由 Henkin 定理可得：$\Sigma_\Phi\models\Phi$.

根据这一推论，只要我们把相容的公式集扩展成 Henkin 集，也就可以完成完全性定理的证明了.

当符号集 $S$ 可数时，我们可以证明全体 $S$ 公式组成的集合 $L_S$ 或 $W_S$ 与自然数集一一对应. 因此，$L_S$ 可数. 根据第一章第四节定理 4.1～4.5，在下面的讨论中，我们将假设 $S$ 可数，即 $\overline{\overline{L_S}}=\omega$. 但是，这样所得到的结论，对于一般情形也成立.

从第五章第五节的引理 5.3 可以知道，公式集的相容性相对于语言 $L_S$ 是不变的. 但是，公式集的极大相容性则不是如此. 也就是说，如果 $S$—公式集 $\Phi$ 在语言 $L_S$ 中是极大相容的，那么，当符号集 $S$ 扩充成 $S'$ 时，$\Phi$ 作为 $S'$ 的公式集在 $L_S$ 中就不一定是极大相容的. 由于 Henkin 集是一个极大相容集，所以，Henkin 集相对于语言 $L_S$ 也不是不变的. 因此，"$\Phi$ 是极大相容集"和"$\Phi$ 是 Henkin 集"应当表述为"$\Phi$ 是 $L_S$ 中的极大相容集"和"$\Phi$ 是 $L_S$ 中的 Henkin 集".

为了把 $\Phi$ 扩充成 Henkin 集，我们现在通过附加新的个体常项：

$$\{c_n : n\in \mathbf{N}\}$$

作符号集 $S'$ 如下：

$$S'=S\cup\{c_n : n\in \mathbf{N}\},$$

这里的 $c_0, c_1, \cdots, c_n, \cdots$ 是不属于 $S$ 的，并且两两互不相同. 显然，$\overline{\overline{L}}_S=\overline{\overline{L}}_{S'}=\omega$. 而 $L_S$ 被扩充成 $L_{S'}$. 由此，我们还可以得到一个显然的事实：所有 $L_{S'}$ 项的集合的基数和所有 $L_{S'}$ 公式集的基数等于 $\omega$.

**定理 4.2** 令 $\Phi$ 是一个相容的 $S$ 公式集，则存在一个公式集 $\Phi'$，$\Phi\subseteq\Phi'$ 而且 $\Phi'$ 是 $L_{S'}$ 中的一个 Henkin 集.

**证明** 因为 $L_{S'}$ 是一个可数集. 因此，所有 $L_{S'}$ 的公式集也是一个可数集. 不妨令它为：$\{\alpha_n : n\in \mathbf{N}\}$. 下面将定义一串 $L_{S'}$ 公式集 $\Phi_n$，使之满足如下的条件：

(1)如果 $m<n$，则 $\Phi_m\subseteq\Phi_n$；

(2)$\Phi_n$ 相容；

(3)$\{c_n : n\in \mathbf{N}\}$ 中的个体常项至多有有穷多个在 $\Phi_n$ 中出现.

令 $\Phi_0=\Phi$. 条件(1)对 $\Phi_0$ 显然成立；因为 $\Phi$ 相容，所以条件(2)也成立；又因 $\Phi$ 中没有新的个体常项出现，故条件(3)对 $\Phi_0$ 也成立.

现在假定已经定义了 $\Phi_0, \Phi_1, \cdots, \Phi_n$，并且条件(1)～(3)对它们都成立. 下面将定义 $\Phi_{n+1}$，这需要区别三种情况：

①当 $\Phi_n\cup\{\alpha_n\}$ 不相容时，令 $\Phi_{n+1}=\Phi_n$，此时条件(1)～(3)对 $\Phi_{n+1}$ 显然成立.

②当 $\Phi_n\cup\{\alpha_n\}$ 相容但 $\alpha_n$ 不具有 $\exists x\beta$ 的形式时，我们令 $\Phi_{n+1}=\Phi_n\cup\{\alpha_n\}$. 此时，条件(1)～(3)对 $\Phi_{n+1}$ 也成立.

③当 $\Phi_n\cup\{\alpha_n\}$ 相容且 $\alpha_n$ 形如 $\exists x\beta$ 时，由条件(3)可知，$\{c_n : n\in \mathbf{N}\}$ 中有无穷多个个体常项不在 $\Phi_n$ 中出现，设其中下标最小者为 $c$，令

$$\Phi_{n+1}=\Phi_n\cup\{\alpha_n, \beta(c/x)\}.$$

此时，条件(1)和(3)对 $\Phi_{n+1}$ 显然成立. 设若 $\Phi_{n+1}$ 不是相容的，那么由 $\Phi_n\cup\{\alpha_n\}$ 相容就有 $\Phi_n\cup\{\alpha_n\}\vdash\neg\beta(c/x)$. 因此，有一个假设性证明，其中未曾消除的由 Hyp 规则引入的公式都属于 $\Phi_n\cup\{\alpha_n\}$. 用一个不在这个假设性证明中出现的个体变

项 $y$ 代替 $c$，我们就可以得到一个以 $\neg\beta(y/x)$ 为最后一步的假设性证明，其中未曾消除的由 Hyp 规则引入的公式仍是原来的那些；利用 $\forall^{+}$ 规则，我们在 $\neg\beta(y/x)$ 下写上 $\forall x\neg\beta$. 因此，$\Phi_n\cup\{\alpha_n\}\vdash\forall x\neg\beta$. 利用第五章第四节的(37)，即：

$$\vdash(\forall x\neg\beta\rightarrow\neg\exists x\beta)$$

和本章第一节性质 4 得：

$$\Phi_n\cup\{\alpha_n\}\vdash\neg\exists x\beta,$$

即：$\Phi_n\cup\{\alpha_n\}\vdash\neg\alpha_n$. 因此，$\Phi_n\cup\{\alpha_n\}$ 不相容，矛盾. 故：$\Phi_{n+1}$ 相容，于是，条件(2)对 $\Phi_{n+1}$ 成立.

至此，我们完成了 $S'$ 公式集序列：$\Phi_0,\Phi_1,\cdots$ 的构造并验证了它们满足条件(1)～(3).

现在，令

$$\Phi'=\bigcup_{n\in\mathbf{N}}\Phi_n.$$

下面将证明：$\Phi'$ 是 $L_{S'}$ 中的一个 Henkin 集.

任取 $\Phi'$ 的一个有穷子集 $\Phi''$，根据条件(1)可知，这个有穷子集 $\Phi''$ 一定被包含于某个 $\Phi_n$ 中；由条件(2)和本章第二节定理 2.2 可知，$\Phi''$ 一定是相容的. 再根据本章第二节定理 2.2 得：$\Phi'$ 相容.

任取一个 $S'$—公式 $\alpha$，那么就存在某个 $n\in\mathbf{N}$ 使得 $\alpha=\alpha_n$. 如果 $\Phi'\cup\{\alpha\}$ 相容，那么 $\Phi_n\cup\{\alpha_n\}$ 也相容. 由 $\Phi_0,\Phi_1,\cdots$ 的构成知：$\alpha_n\in\Phi_{n+1}$. 因此，$\alpha_n\in\Phi'$，即：$\alpha\in\Phi'$. 故：$\Phi'$ 是极大相容的.

任取一个形如 $\exists x\beta$ 的公式，那么有某个 $n\in\mathbf{N}$ 使得 $\exists x\beta=\alpha_n$. 如果 $\Phi_n\cup\{\alpha_n\}$ 不相容，则对任一个项 $t$ 都有：$\Phi_n\cup\{\alpha_n\}\vdash\beta(t/x)$；因此，$\Phi_n\vdash(\alpha_n\rightarrow\beta(t/x))$，即：$\Phi_n\vdash((\exists x)\beta\rightarrow\beta(t/x))$；所以，$\Phi'\vdash((\exists x)\beta\rightarrow\beta(t/x))$；由 $\Phi'$ 的极大相容性可得：$(\exists x\beta\rightarrow\beta(t/x))\in\Phi'$. 如果 $\Phi_n\cup\{\alpha_n\}$ 相容，则 $\Phi_{n+1}=\Phi_n\cup\{\alpha_n,\beta(c/x)\}$，这里 $c$ 是 $\{c_n:n\in\mathbf{N}\}$ 中不在 $\Phi_n$ 中出现的、下标最小的个体常项；因此，$\Phi_{n+1}\vdash(\alpha_n\rightarrow\beta(c/x))$，即：$\Phi_{n+1}\vdash(\exists x\beta\rightarrow\beta(c/x))$；所以，$\Phi'\vdash(\exists x\beta\rightarrow\beta(c/x))$. 由 $\Phi'$ 的极大相容性可得：$(\exists x\alpha\rightarrow\beta(c/x))\in\Phi'$. 所以，$\Phi'$ 含有见证.

综上所述，$\Phi'$ 是 $L_{S'}$ 中的一个 Henkin 集.

至此，完全性定理获证. 因为对于给定的相容集 $\Phi$，由定理 4.2，我们可以构造一个包含 $\Phi$ 的 Henkin 集 $\Phi'$，再由定理 4.1 的推论得：$\Phi'$ 是可满足的，又 $\Phi\subseteq\Phi'$，所以，$\Phi$ 也是可满足的.

把这个定理跟可靠性定理结合起来，可以得到下面的结果：

**定理 4.3**　(1)$\Phi\models\alpha$ 当且仅当 $\Phi\vdash\alpha$；

(2)$\Phi$ 可满足当且仅当 $\Phi$ 相容.

注记:狭谓词逻辑的完全性定理,是哥德尔 1930 年证明的.本节所用的证明方法是 Henkin1949 年的工作.

下面的两个定理都是在哥德尔完全性定理之前建立的.但是,有了定理 4.3,就很容易证明它们.这两个定理都是模型论中的重要定理.下面,只给出定理,不做证明,有兴趣的读者可看文献[19].

**定理 4.4** (紧致性定理)

(1)$\Phi \models \alpha$ 当且仅当 $\Phi$ 有一个有穷子集 $\Phi_0$,使得 $\Phi_0 \models \alpha$;

(2)$\Phi$ 是可满足的,当且仅当它的所有有穷子集都是可满足的.

**定理 4.5**(勒文海姆—斯柯伦定理) 可满足的可数公式集一定在某个可数个体域上可满足.

## 第五节 系统的等价性

本节我们证明:自然推理系统 FQC 和公理系统 QC 等价.即:一个公式 $\alpha$ 在 FQC 中是可证的,当且仅当它在 QC 中也是可证的.亦即:

**定理** 对于任意一个公式 $\alpha$,

$$\vdash_{FQC}\alpha \text{ 当且仅当 } \vdash_{QC}\alpha.$$

**证明** 此证明分两步.第一步,(1)QC 的公理都是 FQC 中的可证公式;(2)QC 的推理规则是 FQC 的导出规则.

(1)QC 的公理都是 FQC 中的可证公式.

① $\vdash_{FQC}\alpha \vee \alpha \to \alpha$.

| | |
|---|---|
| $\quad \alpha \vee \alpha$ | (Hyp) |
| $\quad\quad \alpha$ | (Hyp) |
| $\quad\quad \alpha$ | (Rep) |
| $\quad \alpha \to \alpha$ | ($\to^+$) |
| $\quad \alpha \to \alpha$ | (Rep) |
| $\quad \alpha$ | ($\vee^-$) |
| $\alpha \vee \alpha \to \alpha$ | ($\to^+$) |

② $\vdash_{FQC}\alpha \to \alpha \vee \beta$.

| | |
|---|---|
| $\quad \alpha$ | (Hyp) |
| $\quad \alpha \vee \beta$ | ($\vee^+$) |
| $\alpha \to \alpha \vee \beta$ | ($\to^+$) |

③ $\vdash_{FQC}\alpha\vee\beta\rightarrow\beta\vee\alpha$.

$$\begin{array}{lr}
\mid\ \alpha\vee\beta & (Hyp)\\
\mid\ \mid\ \alpha & (Hyp)\\
\mid\ \mid\ \beta\vee\alpha & (\vee^{+})\\
\mid\ \alpha\rightarrow\beta\vee\alpha & (\rightarrow^{+})\\
\mid\ \mid\ \beta & (Hyp)\\
\mid\ \mid\ \beta\vee\alpha & (\vee^{+})\\
\mid\ \beta\rightarrow\beta\vee\alpha & (\rightarrow^{+})\\
\mid\ \beta\vee\alpha & (\vee^{-})\\
\alpha\vee\beta\rightarrow\beta\vee\alpha & (\rightarrow^{+})
\end{array}$$

④ $\vdash_{FQC}(\beta\rightarrow\gamma)\rightarrow(\alpha\vee\beta\rightarrow\alpha\vee\gamma)$.

$$\begin{array}{lr}
\mid\ \beta\rightarrow\gamma & (Hyp)\\
\mid\ \mid\ \alpha\vee\beta & (Hyp)\\
\mid\ \mid\ \mid\ \alpha & (Hyp)\\
\mid\ \mid\ \mid\ \alpha\vee\gamma & (\vee^{+})\\
\mid\ \mid\ \alpha\rightarrow\alpha\vee\gamma & (\rightarrow^{+})\\
\mid\ \mid\ \mid\ \beta & (Hyp)\\
\mid\ \mid\ \mid\ \beta\rightarrow\gamma & (Reit)\\
\mid\ \mid\ \mid\ \gamma & (\rightarrow^{-})\\
\mid\ \mid\ \mid\ \alpha\vee\gamma & (\vee^{+})\\
\mid\ \mid\ \beta\rightarrow\alpha\vee\gamma & (\rightarrow^{+})\\
\mid\ \mid\ \alpha\vee\gamma & (\vee^{-})\\
\mid\ \alpha\vee\beta\rightarrow\alpha\vee\gamma & (\rightarrow^{+})\\
(\beta\rightarrow\gamma)\rightarrow(\alpha\vee\beta\rightarrow\alpha\vee\gamma) & (\rightarrow^{+})
\end{array}$$

⑤ $\vdash_{FQC}\forall x\alpha\rightarrow\alpha(y)$.

$$\begin{array}{lr}
\mid\ \forall x\alpha & (Hyp)\\
\mid\ \alpha(y/x) & (\forall^{-})\\
\mid\ \alpha(y) & (Rep)\\
\forall x\alpha\rightarrow\alpha(y) & (\rightarrow^{+})
\end{array}$$

⑥ $\vdash_{FQC}\alpha(y)\rightarrow\exists x\alpha$.

$$\begin{array}{lr}
\mid\ \alpha(y) & (Hyp)\\
\mid\ \alpha(y/x) & (Rep)\\
\mid\ \exists x\alpha & (\exists^{+})\\
\alpha(y)\rightarrow\exists x\alpha & (\rightarrow^{+})
\end{array}$$

(2)QC 的推理规则是 FQC 的导出规则. 即：当 $R_1$，$R_2$ 和 $R_3$ 的前提是 FQC 的可证公式时，结论也一定是 FQC 的可证公式.

①如果 $\vdash_{FQC}\alpha(y/x)\to\beta$,那么 $\vdash_{FQC}\exists x\alpha\to\beta$,这里 $y$ 不在 $\exists x\alpha$ 和 $\beta$ 中自由出现.

| | |
|---|---|
| $\exists x\alpha$ | (Hyp) |
| ⋮ | |
| $\alpha(y/x)\to\beta$ | (前提) |
| $\beta$ $y$ 是关键变项 | ($\exists^-$) |
| $\exists x\alpha\to\beta$ | ($\to^+$) |

②如果 $\vdash_{FQC}\alpha\to\beta(y/x)$,那么 $\vdash_{FQC}\alpha\to\forall x\beta$,这里 $y$ 不在 $\forall x\beta$ 和 $\alpha$ 中自由出现.

| | |
|---|---|
| $\alpha$ | (Hyp) |
| ⋮ | |
| $\alpha\to\beta(y/x)$ | (前提) |
| $\beta(y/x)$ | ($\to^-$) |
| $\forall x\beta$ $y$ 是关键变项 | ($\forall^+$) |
| $\alpha\to\forall x\beta$ | ($\to^+$) |

③如果 $\vdash_{FQC}\alpha$ 并且 $\vdash_{FQC}\alpha\to\beta$,那么 $\vdash_{FQC}\beta$.

$\neg\beta$
⋮
$\alpha$
⋮
$\alpha\to\beta$
$\beta$

$\beta$

第二步:证明:凡 FQC 的可证公式都是 QC 的可证公式.

在 QC 系统中,要想证明一个公式可证是比较麻烦的.为此,我们采用下面的方法证明:FQC 中的可证公式都是 QC 中的可证公式.

(1)我们在 FQC 中引进拟证明的概念.FQC 中拟证明跟 FQC 中证明的概念的唯一区别是:拟证明允许直接引用 QC 的推理规则或引用 QC 的公理(包括定理)作为证明中的一步.由于 QC 中的可证公式都是 FQC 的可证公式(第一步证明的结论),因此在拟证明中引进 QC 的定理可以看成是引用 Reit 规则所产生的结果.也就是说,在该拟证明中先写下所引用定理的证明,然后再按 Reit 规则引入这些定理.又因为 QC 的推理规则都是 FQC 的导出规则,所以,用拟证明获得的结果仍然是 FQC 的可证公式.FQC 中的任一个证明当然也是拟证明.

(2)我们证明 FQC 中的可证公式都是 QC 的可证公式的作法是:用 QC 的

定理和推理规则 $R_1$ 至 $R_3$，将拟证明的子证明从最内层开始一步步地消除，最后得到 QC 的一个可证公式序列，而拟证明的结果仍是该序列的最后一个公式，从而是 QC 的可证公式. 而最内层的子证明是指：在该拟证明中没有从属于它的子证明.

令 $\pi_0$ 是 FQC 的拟证明 $\pi$ 的最内层的子证明，令

$$\pi_0 \begin{cases} \varphi_1 \\ \varphi_2 \\ \vdots \\ \varphi_n \end{cases} \quad 和 \quad \pi_0' \begin{cases} \varphi_1 \to \varphi_1 \\ \varphi_1 \to \varphi_2 \\ \vdots \\ \varphi_1 \to \varphi_n \end{cases}$$

在 $\pi$ 中用 $\pi_0'$ 替换 $\pi_0$，得到证明 $\pi_0'$. 现在，我们用归纳法证明：通过在 $\pi_0'$ 的公式之间插入 QC 的一些定理，$\pi'$ 就可以转换成一个拟证明 $\pi''$.

因为 $(\varphi_1 \to \varphi_1)$ 是 QC 的定理，因此，它可以作为拟证明 $\pi''$ 的一步而引入.

假定在公式 $(\varphi_1 \to \varphi_1)$，$(\varphi_1 \to \varphi_2)$，…，$(\varphi_1 \to \varphi_{i-1})$ 之间都已经插入适当的公式. 现在来考虑 $(\varphi_1 \to \varphi_i)$，依据 $\varphi_i$ 在 $\pi$ 中的由来，我们需要处理以下几种情况.

由于 $\pi_0$ 是 $\pi$ 的最内层的子证明，$\varphi_i$ 显然不能是引用 $\to\neg$ 规则和 $\to^+$ 规则得到的. 所以，我们可以不考虑这两种情况. 其他情形分别处理如下：

①如果 $\varphi_i$ 在 $\pi$ 中是由 Rep 规则引入的，因此，在 $\pi''$ 中 $(\varphi_1 \to \varphi_i)$ 仍是由 Rep 规则引入的公式.

②如果 $\varphi_i$ 在 $\pi$ 中是由 Reit 规则引入的，此时在 $\pi''$ 中可以先在 $(\varphi_1 \to \varphi_{i-1})$ 下，由 Rep 规则或 Reit 规则引入 $\varphi_i$，再在这个公式 $\varphi_i$ 下写上 QC 的定理 $(\varphi_i \to (\varphi_1 \to \varphi_i))$，根据 $\to^-$ 规则，可得：$(\varphi_1 \to \varphi_i)$.

③如果 $\varphi_i$ 在 $\pi$ 中是作为 QC 的定理引入的，那么在 $(\varphi_1 \to \varphi_{i-1})$ 之下，先写下 QC 的定理 $\varphi_i$，然后再写上 QC 的定理：$(\varphi_i \to (\varphi_1 \to \varphi_i))$. 最后，利用 $\to^-$ 规则可得：$(\varphi_1 \to \varphi_i)$.

④如果 $\varphi_i$ 在 $\pi$ 中是由 $\to^-$ 规则引入的，此时有 $j,k<i$ 使得 $\varphi_k=(\varphi_j \to \varphi_i)$. 因此，我们在公式 $(\varphi_1 \to \varphi_{i-1})$ 和 $(\varphi_1 \to \varphi_i)$ 之间插入下面两个公式：

(i) $(\varphi_1 \to (\varphi_j \to \varphi_i)) \to ((\varphi_1 \to \varphi_j) \to (\varphi_1 \to \varphi_i))$；

(ii) $(\varphi_1 \to \varphi_j) \to (\varphi_1 \to \varphi_i)$.

这里(i)是 QC 的定理，(ii)由 $(\varphi_1 \to \varphi_k)$（即：$\varphi_1 \to (\varphi_j \to \varphi_k)$）和(i)用 $\to^-$ 规则得到的. 然后由 $(\varphi_1 \to \varphi_j)$ 和(ii)再用 $\to^-$ 规则得：$(\varphi_1 \to \varphi_i)$.

⑤如果 $\varphi_i$ 在 $\pi$ 中由 $\wedge^+$ 规则引入，此时有 $j,k<i$ 使得 $\varphi_i$ 为 $(\varphi_j \wedge \varphi_k)$. 在 $(\varphi_1 \to \varphi_{i-1})$ 和 $(\varphi_1 \to \varphi_i)$ 之间插入以下六个公式：

(i) $\varphi_j \to (\varphi_k \to (\varphi_j \wedge \varphi_k))$；

(ii)$(\varphi_j\to(\varphi_k\to(\varphi_j\wedge\varphi_k)))\to((\varphi_1\to\varphi_j)\to(\varphi_1\to(\varphi_k\to(\varphi_j\wedge\varphi_k))))$;

(iii)$(\varphi_1\to\varphi_j)\to(\varphi_1\to(\varphi_k\to(\varphi_j\wedge\varphi_k)))$;

(iv)$\varphi_1\to(\varphi_k\to(\varphi_j\wedge\varphi_k))$;

(v)$(\varphi_1\to(\varphi_k\to(\varphi_j\wedge\varphi_k)))\to((\varphi_1\to\varphi_k)\to(\varphi_1\to(\varphi_j\wedge\varphi_k)))$;

(vi)$(\varphi_1\to\varphi_k)\to(\varphi_1\to(\varphi_j\wedge\varphi_k))$.

这里公式(i),(ii)和(v)都是 QC 的定理,(iii)是由(i)和(ii)用$\to^-$规则得到的,(iv)是由$(\varphi_1\to\varphi_j)$和(iii)用$\to^-$规则得到的.(vi)是由(iv)和(v)用$\to^-$规则得到的.最后,由$(\varphi_1\to\varphi_k)$和(vi)用$\to^-$规则可得:$\varphi_1\to\varphi_i$.

⑥如果$\varphi_i$在$\pi$中是由$\wedge^-$规则引入的,那么此时应当有公式$\psi$和小于$i$的$j$使得$\varphi_j$为$(\varphi_i\wedge\psi)$或者$(\psi\wedge\varphi_i)$. 在$(\varphi_1\to\varphi_{i-1})$和$(\varphi_1\to\varphi_i)$之间插入下面三个公式:

(i)$(\varphi_i\wedge\psi)\to\varphi_i$(或者$(\psi\wedge\varphi_i)\to\varphi_i$);

(ii)$((\varphi_i\wedge\psi)\to\varphi_i)\to((\varphi_1\to(\varphi_i\wedge\psi))\to(\varphi_1\to\varphi_i))$

　　(或者$((\psi\wedge\varphi_i)\to\varphi_i)\to((\varphi_1\to(\psi\wedge\varphi_i))\to(\varphi_1\to\varphi_i))$);

(iii)$(\varphi_1\to(\varphi_i\wedge\psi))\to(\varphi_1\to\varphi_i)$(或者$(\varphi_1\to(\psi\wedge\varphi_i))\to(\varphi_1\to\varphi_i)$).

这里公式(i)和(ii)都是 QC 的定理,(iii)是由(i)和(ii)用$\to^-$规则得到的. 由$(\varphi_1\to\varphi_j)$(即:$(\varphi_1\to(\psi\wedge\varphi_i))$或$(\varphi_1\to(\varphi_i\wedge\psi))$)和(iii)用$\to^-$规则可得:$(\varphi_1\to\varphi_i)$.

⑦如果$\varphi_i$在$\pi$中是由$\vee^+$规则引入的公式,那么,应当有公式$\psi$和小于$i$的$j$使得$\varphi_i$为$(\varphi_j\vee\psi)$或者$(\psi\vee\varphi_j)$. 此时,在公式$(\varphi_1\to\varphi_{i-1})$和$(\varphi_1\to\varphi_i)$之间插入下列三个公式:

(i)$(\varphi_j\to(\varphi_j\vee\psi))$(或者$(\varphi_j\to(\psi\vee\varphi_j))$);

(ii)$(\varphi_j\to(\varphi_j\vee\psi))\to((\varphi_1\to\varphi_j)\to(\varphi_1\to(\varphi_j\vee\psi)))$

　　(或者$(\varphi_j\to(\psi\vee\varphi_j))\to((\varphi_1\to\varphi_j)\to(\varphi_1\to(\psi\vee\varphi_j)))$);

(iii)$(\varphi_1\to\varphi_j)\to(\varphi_1\to(\varphi_j\vee\psi))$

　　(或者$(\varphi_1\to\varphi_j)\to(\varphi_1\to(\psi\vee\varphi_j))$).

这里的公式(i)和(ii)都是 QC 的定理,(iii)是由(i)和(ii)用$\to^-$规则得到的公式. 由$(\varphi_1\to\varphi_j)$和(iii)用$\to^-$规则可得:$(\varphi_1\to\varphi_i)$.

⑧如果$\varphi_i$在$\pi$中是由$\vee^-$规则引入的公式,那么,存在公式$\psi_1$和$\psi_2$和小于$i$的$l,j.k$使得:$\varphi_l$为$(\psi_1\vee\psi_2)$,$\varphi_j$为$(\psi_1\to\varphi_i)$,$\varphi_k$为$(\psi_2\to\varphi_i)$. 在$(\varphi_i\to\varphi_{i-1})$和$(\varphi_1\to\varphi_i)$之间插入下列九个公式:

(i)$(\psi_1\to\varphi_i)\to((\psi_2\to\varphi_i)\to((\psi_1\vee\psi_2)\to\varphi_i))$;

(ii)$((\psi_1\to\varphi_i)\to((\psi_2\to\varphi_i)\to((\psi_1\vee\psi_2)\to\varphi_i)))\to((\varphi_1\to(\psi_1\to\varphi_i))\to(\varphi_1\to((\psi_2\to\varphi_i)\to((\psi_1\vee\psi_2)\to\varphi_i))))$;

(iii)$(\varphi_1\to(\psi_1\to\varphi_i))\to(\varphi_1\to((\psi_2\to\varphi_i)\to((\psi_1\vee\psi_2)\to\varphi_i)))$;

(iv)$\varphi_1\to((\psi_2\to\varphi_i)\to((\psi_1\vee\psi_2)\to\varphi_i))$;

(v)$(\varphi_1\to((\psi_2\to\varphi_i)\to((\psi_1\vee\psi_2)\to\varphi_i)))\to(\varphi_1\to(\psi_2\to\varphi_i))\to(\varphi_1\to((\psi_1\vee\psi_2)\to\varphi_i))$;

(vi)$(\varphi_1\to(\psi_2\to\varphi_i))\to(\varphi_1\to((\psi_1\vee\psi_2)\to\varphi_i))$;

(vii)$\varphi_1\to((\psi_1\vee\psi_2)\to\varphi_i)$;

(viii)$(\varphi_1\to((\psi_1\vee\psi_2)\to\varphi_i))\to((\varphi_1\to(\psi_1\vee\psi_2))\to(\varphi_1\to\varphi_i))$;

(ix)$(\varphi_1\to(\psi_1\vee\psi_2))\to(\varphi_1\to\varphi_i)$.

这里公式(i),(ii),(v)和(viii)都是QC的定理,(iii)由(i)和(ii)用→规则所得.(iv)是由(iii)和$\varphi_j$用$\to^-$规则所得,(vi)是由(iv)和(v)用$\to^-$规则引入的.(vii)由(vi)和$\varphi_k$用$\to^-$规则得到的.而(ix)是由(vii)和(viii)用$\to^-$规则得到的.由(ix)和$\varphi_l$用$\to^-$规则可得:$\varphi_1\to\varphi_i$.

⑨如果$\varphi_i$是在$\pi$中由$\leftrightarrow^+$规则得到的公式,那么,存在公式$\varphi,\psi$和小于$i$的$j$,使得:$\varphi_j$是$(\varphi\to\psi)$而$\varphi_k$为$(\psi\to\varphi)$.因此,在$(\varphi_1\to\varphi_{i-1})$和$(\varphi_1\to\varphi_i)$之间插入下列六个公式:

(i)$(\varphi\to\psi)\to((\psi\to\varphi)\to(\varphi\leftrightarrow\psi))$;

(ii)$(\varphi\to\psi)\to((\psi\to\varphi)\to(\varphi\leftrightarrow\psi))\to((\varphi_1\to(\varphi\to\psi))\to(\varphi_1\to((\psi\to\varphi)\to(\varphi\leftrightarrow\psi))))$;

(iii)$(\varphi_1\to(\varphi\to\psi))\to(\varphi_1\to((\psi\to\varphi)\to(\varphi\leftrightarrow\psi)))$;

(iv)$\varphi_1\to((\psi\to\varphi)\to(\varphi\leftrightarrow\psi))$;

(v)$(\varphi_1\to((\psi\to\varphi)\to(\varphi\leftrightarrow\psi)))\to((\varphi_1\to(\psi\to\varphi))\to(\varphi_1\to(\varphi\leftrightarrow\psi)))$;

(vi)$(\varphi_1\to(\psi\to\varphi))\to(\varphi_1\to(\varphi\leftrightarrow\psi))$.

这里公式(i),(ii)和(v)都是QC的定理,(iii)是由(i)和(ii)用$\to^-$规则引入的,(iv)是由(iii)和$\varphi_j$用$\to^-$规则引入的,(vi)是由(iv)和(v)用$\to^-$规则引入的.由(vi)和$\varphi_k$用$\to^-$规则可得公式:$\varphi_1\to\varphi_i$.

⑩如果$\varphi_i$在$\pi$中是用$\leftrightarrow^-$规则得到的公式,那么,存在公式$\varphi,\psi$和小于$i$的$j$,使得:$\varphi_j$为$(\varphi\leftrightarrow\psi)$而$\varphi_i$为$(\varphi\to\psi)$或$(\psi\to\varphi)$.在$(\varphi_1\to\varphi_{i-1})$和$(\varphi_1\to\varphi_i)$之间插入下面三个公式:

(i)$(\varphi\leftrightarrow\psi)\to(\varphi\to\psi)$(或者$(\varphi\leftrightarrow\psi)\to(\psi\to\varphi)$);

(ii)$((\varphi\leftrightarrow\psi)\to(\varphi\to\psi)\to((\varphi_1\to(\varphi\leftrightarrow\psi))\to(\varphi_1\to(\varphi\to\psi)))$

(或者$((\varphi\leftrightarrow\psi)\to(\psi\to\varphi))\to((\varphi_1\to(\psi\leftrightarrow\varphi))\to(\varphi_1\to(\psi\to\varphi)))$);

(iii)$((\varphi_1\to(\varphi\leftrightarrow\psi))\to(\varphi_1\to(\varphi\to\psi)))$

(或者$((\varphi_1\to(\psi\leftrightarrow\varphi))\to(\varphi_1\to(\psi\to\varphi)))$).

这里公式(i)和(ii)都是 QC 的定理,(iii)是由(i)和(ii)用$\to^-$规则得到的公式. 由(iii)和$(\varphi_1\to\varphi_j)$用$\to^-$规则可得公式:$(\varphi_1\to\varphi_i)$.

⑪如果 $\varphi_i$在$\pi$ 中是由$\forall^+$ 规则引入的公式,那么,存在公式 $\varphi$ 和个体变项 $x,y$ 以及小于 $i$ 的 $j$ 使得:$\varphi_i$为 $\forall x\varphi$,$\varphi_j$为 $\varphi(y/x)$并且 $y$ 既不在 $\forall x\varphi$ 中自由出现也不在 $\varphi(y/x)$所依赖的假设中自由出现. 公式$(\varphi_1\to\varphi_{i-1})$和$(\varphi_1\to\varphi_i)$分别是公式$(\varphi_1\to\varphi(y/x))$和$(\varphi_1\to\forall x\varphi)$;由于 $\varphi_1$是$\varphi(y/x)$所依赖的假设,故 $y$ 不在 $\varphi_1$中自由出现. 对公式$(\varphi_1\to\varphi(y/x))$应用 QC 规则 $R_2$ 可得公式$(\varphi_1\to\forall x\varphi)$,即,$(\varphi_1\to\varphi_i)$.

⑫如果 $\varphi_i$在$\pi$ 中是由$\forall^-$ 规则引入的公式,那么,存在公式 $\varphi$ 和项 $x,t$ 以及小于 $i$ 的 $j$ 使得:$\varphi_j$是公式 $\forall x\varphi$ 而 $\varphi_i$是 $\varphi(t/x)$. 在公式$(\varphi_1\to\varphi_{i-1})$和$(\varphi_1\to\varphi_i)$之间插入下面的三个公式:

(i) $\forall x\varphi\to\varphi(t/x)$;

(ii)$(\varphi_1\to(\forall x\varphi\to\varphi(t/x)))\to((\varphi_1\to\forall x\varphi)\to(\varphi_1\to\varphi(t/x)))$;

(iii)$(\varphi_1\to\forall x\varphi)\to(\varphi_1\to\varphi(t/x))$.

这里公式(i)和(ii)都是 QC 的定理,(iii)是由(i)和(ii)用$\to^-$规则得到的公式. 由(iii)和$(\varphi_1\to\varphi_j)$用$\to^-$规则可得:$(\varphi_1\to\varphi_i)$.

⑬如果 $\varphi_i$在$\pi$ 中是由$\exists^+$ 规则引入的公式,那么,存在公式 $\varphi$ 和项 $x,t$ 以及小于 $i$ 的 $j$ 使得:$\varphi_j$为 $\varphi(t/x)$,而 $\varphi_i$为 $\exists x\varphi$. 在公式$(\varphi_1\to\varphi_{i-1})$和$(\varphi_1\to\varphi_i)$之间插入下面三个公式.

(i)$\varphi(t/x)\to\exists x\varphi$;

(ii)$(\varphi(t/x)\to\exists x\varphi)\to((\varphi_1\to\varphi(t/x))\to(\varphi_1\to\exists x\varphi))$;

(iii)$(\varphi_1\to\varphi(t/x))\to(\varphi_1\to\exists x\varphi)$.

这里公式(i)和(ii)都是 QC 的定理,(iii)是由(i)和(ii)用$\to^-$规则得到的. 由(iii)和$(\varphi_1\to\varphi_j)$用$\to^-$规则可得公式$(\varphi_1\to\varphi_i)$.

⑭如果 $\varphi_i$在$\pi$ 中是由$\exists^-$ 规则得到的公式,那么存在公式 $\varphi$ 和个体变项 $x,y$ 以及小于 $i$ 的 $j$ 使得:$\varphi_j$为 $\exists x\varphi$ 而 $\varphi_k$为$(\varphi(y/x)\to\varphi_i)$,并且 $y$ 既不在存在公式 $\exists x\varphi$ 和 $\varphi_i$中自由出现,也不在$(\varphi(y/x)\to\varphi_i)$所依赖的假设中自由出现. 在公式$(\varphi_1\to\varphi_{i-1})$和$(\varphi_1\to\varphi_i)$之间插入下面七个公式:

(i)$(\varphi_1\to(\varphi(y/x)\to\varphi_i))\to(\varphi(y/x)\to(\varphi_1\to\varphi_i))$;

(ii)$\varphi(y/x)\to(\varphi_1\to\varphi_i)$;

(iii) $\exists x\varphi\to(\varphi_1\to\varphi_i)$;

(iv)$(\exists x\varphi\to(\varphi_1\to\varphi_i))\to(\varphi_1\to(\exists x\varphi\to\varphi_i))$;

(v)$\varphi_1\to(\exists x\varphi\to\varphi_i)$;

(vi)$(\varphi_1\to(\exists x\varphi\to\varphi_i))\to((\varphi_1\to\exists x\varphi)\to(\varphi_1\to\varphi_i))$;

(vii)$(\varphi_1\to\exists x\varphi)\to(\varphi_1\to\varphi_i)$.

这里公式(i),(iv)和(vi)都是QC的定理,(ii)是由(i)和公式$(\varphi_1\to\varphi_k)$用$\to^-$规则得到的.(iii)是(ii)应用QC规则$R_1$得到的公式.(v)是由(iii)和(iv)应用$\to^-$规则引入的公式,而(vii)是由(v)和(vi)用$\to^-$规则得到的公式.由(vii)和公式$(\varphi_1\to\varphi_j)$用规则$\to^-$就可得到:$\varphi_1\to\varphi_i$.

至此,我们完成了在$\pi_0$中引入$\varphi_i$的各种情况.最后,我们还需要考虑$(\varphi_1\to\varphi_i)$的下一步是由$\to^+$和$\neg$规则引入的情况.如果$(\varphi_1\to\varphi_n)$的下一步是由$\to^+$规则引入的,则在$(\varphi_1\to\varphi_n)$之后的公式仍是$(\varphi_1\to\varphi_n)$.因此,在$\pi''$中这个公式仍是$(\varphi_1\to\varphi_n)$.因此,在$\pi''$中这个公式可以用Rep规则引入.如果$(\varphi_1\to\varphi_n)$的下一步是由$\neg$规则引入的,则公式$\varphi_1$应当是否定式$\neg\varphi$,而且存在小于$i$的$j,k$使得:$\varphi_j$是$\neg\varphi_k$,这下面的公式是$\varphi$.由上面的证明可知,我们在$\pi''$中已经引入$(\neg\varphi\to\varphi_j)$和$(\neg\varphi\to\varphi_k)$.即:$(\neg\varphi\to\neg\varphi_k)$和$(\neg\varphi\to\varphi_k)$.因此,在$(\varphi_1\to\varphi_n)$和$\varphi$之间插入下面两个公式:

(i)$(\neg\varphi\to\varphi_k)\to((\neg\varphi\to\neg\varphi_k)\to\varphi)$;

(ii)$(\neg\varphi\to\neg\varphi_k)\to\varphi$.

这里公式(i)是QC的定理,(ii)是由(i)和$(\varphi_1\to\varphi_k)$用$\to^-$规则得到的公式.由(ii)和$(\varphi_1\to\varphi_j)$用$\to^-$规则就可在$\pi''$中引入$\varphi$.

这样一来,我们就把$\pi'$转换成了一个拟证明$\pi''$,而$\pi''$的最内层子证明的个数比$\pi$的少一个.继续上面的过程有穷多次,我们就可以把$\pi$的所有最内层的子证明消除掉,从而得到一个拟证明$\tilde{\pi}$,当对$\tilde{\pi}$进行上述同样转换时,除了要处理上述各种情况,还要处理由QC的$R_1$和$R_2$规则引入的情形.但是,这些都不困难,从而略去细述.至此,我们完成了定理的证明.

## 第六节　带等词和运算符号的狭谓词逻辑

在数学理论中,离不开等号和运算符号.因此,在数学的形式化中,引进等词和运算符号也是相当自然的.然而,不用等词和运算符号,当然也能表达数学陈述.但是,在一般的情况下,都是比较麻烦的.本节将在第二至六章的基础上,建立带等词和运算符号的狭谓词逻辑.

要建立带等词和运算符号的狭谓词逻辑,只需要把第二至六章中有关的语法和语义概念做适当的改变.下面,我们将用"="(等号)表示等词,用字母$f,g$,

$h$ 等表示个体域上的运算符号.在叙述中,我们还将省略“带等词和运算符号的”修饰语.

**定义 6.1** 一阶语言的字母表由下列符号组成:

(1)个体变项:$v_0,v_1,v_2,\cdots$ 和 $T,F$;

(2)逻辑联结词:$\neg,\vee$;

(3)量词:$\forall,\exists$;

(4)等词:$=$;

(5)技术性符号:',(,);

(6)对每个自然数 $n\geqslant1$,有一组(可以没有)$n$ 元关系符号;

(7)对每个自然数 $n\geqslant1$,有一组(可以没有)$n$ 元运算符号;

(8)有一组(可以没有)个体常项:$c_0,c_1,c_2,\cdots$

约定:用 $A$ 表示上面(1)~(5)中所列举的全部符号.用 $S$ 表示(6)~(8)中所列举的全部符号.$A$ 中的符号仍然被称为逻辑符号,$S$ 中的符号仍然被称为非逻辑符号.也就是说,等词“=”虽然是一个二元关系符号,但它是作为一个逻辑符号出现的.另外,$A\cap S=\varnothing$,并且 $A_S=A\cup S$.

**定义 6.2** $S$ 项的归纳定义如下:

(1)个体变项和 $S$ 中的个体常项统称 $S$ 项;

(2)如果符号序列 $t_0,t_1,\cdots,t_{n-1}$ 都是 $S$ 项而且 $f$ 是 $S$ 中的一个 $n$ 元关系符号,那么 $f(t_0,t_1,\cdots,t_{n-1})$ 也是一个 $S$ 项.

**定义 6.3** $S$—公式的归纳定义如下:

(1)如果 $t_0$ 和 $t_1$ 都是 $S$ 项,那么 $t_0=t_1$ 是 $S$—公式;

(2)如果 $t_0,t_1,\cdots,t_{n-1}$ 都是 $S$ 项而且 $R$ 是 $S$ 中的一个 $n$ 元关系符号,那么 $R(t_0,t_1,\cdots,t_{n-1})$ 是一个 $S$—公式;

(3)如果 $\alpha$ 是 $S$—公式,那么 $\neg\alpha$ 也是 $S$—公式;

(4)如果 $\alpha$ 和 $\beta$ 是 $S$—公式,那么 $(\alpha\vee\beta)$ 也是 $S$—公式;

(5)如果 $\alpha$ 是 $S$—公式而且 $x$ 是个体变项,那么 $\forall x\alpha$ 和 $\exists x\alpha$ 都是 $S$—公式.

(6)一符号序列为 $S$—公式当且仅当它由上面(1)~(5)的有穷多次应用而得.

由(1)和(2)导出的 $S$—公式叫做原子公式.(3)至(5)决定的 $S$—公式跟以前的意义相同.我们仍然可以用 $L_S$ 或 $W_S$ 表示全体 $S$—公式,并称它为相应于符号集 $S$ 的一阶语言,称 $S$ 为它的符号集.

现在,要证明所有 $S$ 项具有某个性质 $\varphi$,只需证明:

($T_1$) 每个个体变项都具有性质 $\varphi$;

($T_2$) $S$ 中的每个个体常项都具有性质 $\varphi$；

($T_3$) 如果 $S$ 项 $t_0, t_1, \cdots, t_{n-1}$ 都有性质 $\varphi$，并且 $f$ 是 $S$ 中的一个 $n$ 元运算符号，那么 $f(t_0, t_1, \cdots, t_{n-1})$ 也具有性质 $\varphi$.

同理，要证明所有 $S$—公式都具有性质 $\varphi$，现在只需证明：

($F_1$) 每个形如 $t_0 = t_1$ 的 $S$—公式有性质 $\varphi$；

($F_2$) 每个形如 $R(t_0, t_1, \cdots, t_{n-1})$ 的 $S$—公式具有性质 $\varphi$；

($F_3$) 如果 $S$—公式 $\alpha$ 具有性质 $\varphi$，那么 $\neg\alpha$ 也有性质 $\varphi$；

($F_4$) 如果 $S$—公式 $\alpha$ 和 $\beta$ 具有性质 $\varphi$，那么 $(\alpha \vee \beta)$ 也有性质 $\varphi$；

($F_5$) 如果 $S$—公式 $\alpha$ 有性质 $\varphi$，并且 $x$ 是一个个体变项，则 $\forall x\alpha$ 和 $\exists x\alpha$ 也都有性质 $\varphi$.

**定义 6.4**　var 和 sub 的归纳定义如下：

$\mathrm{var}(x) = \{x\}$, $\mathrm{var}(c) = \varnothing$；

$\mathrm{var}(f(t_0, t_1, \cdots, t_{n-1})) = \mathrm{var}(t_0) \cup \mathrm{var}(t_1) \cup \cdots \cup \mathrm{var}(t_{n-1})$；

$\mathrm{sub}(t_0 = t_1) = \{t_0 = t_1\}$；

$\mathrm{sub}(R(t_0, t_1, \cdots, t_{n-1})) = \{R(t_0, t_1, \cdots, t_{n-1})\}$；

$\mathrm{sub}(\neg\alpha) = \{\neg\alpha\} \cup \mathrm{sub}(\alpha)$；

$\mathrm{sub}((\alpha \vee \beta)) = \{(\alpha \vee \beta)\} \cup \mathrm{sub}(\alpha) \cup \mathrm{sub}(\beta)$；

$\mathrm{sub}(\forall x\alpha) = \{\forall x\alpha\} \cup \mathrm{sub}(\alpha)$；

$\mathrm{sub}(\exists x\alpha) = \{\exists x\alpha\} \cup \mathrm{sub}(\alpha)$.

**定义 6.5**　公式 $\alpha$ 中的全体自由变项 $\mathrm{free}(\alpha)$ 归纳定义如下：

$\mathrm{free}(t_0 = t_1) = \mathrm{var}(t_0) \cup \mathrm{var}(t_1)$；

$\mathrm{free}(R(t_0, t_1, \cdots, t_{n-1})) = \mathrm{var}(t_0) \cup \mathrm{var}(t_1) \cup \cdots \cup \mathrm{var}(t_{n-1})$；

$\mathrm{free}(\neg\alpha) = \mathrm{free}(\alpha)$；

$\mathrm{free}((\alpha \vee \beta)) = \mathrm{free}(\alpha) \cup \mathrm{free}(\beta)$；

$\mathrm{free}(\forall x\alpha) = \mathrm{free}(\alpha) - \{x\}$；

$\mathrm{free}(\exists x\alpha) = \mathrm{free}(\alpha) - \{x\}$.

上面的定义 6.1 至 6.5 都是有关语法的概念，下面的定义 6.6 至 6.8 跟语义有关.

**定义 6.6**　一个 $S$ 结构 $\mathscr{A}$ 就是具有下述性质的一个二元组 $(A, F)$：

(1) $A$ 是一个非空集合，称为 $\mathscr{A}$ 的个体域或论域，$A$ 中的元素称为个体；

(2) $F$ 是符号集 $S$ 上的一个映射；它满足下面的三个条件：

(i) 对 $S$ 中的每个 $n$ 元关系符号 $R$，$F(R)$ 是 $A$ 上的一个 $n$ 元关系；

(ii) 对 $S$ 中的每个 $n$ 元运算符号 $f$，$F(f)$ 是 $A$ 上的一个 $n$ 元运算；

(iii)对 $S$ 中的每个常项 $c$,$F(c)$是 $A$ 的一个元素.

$F(R)$,$F(f)$和 $F(c)$也可记成 $R^{\mathscr{A}}$,$f^{\mathscr{A}}$和 $c^{\mathscr{A}}$,或者 $R^A$,$f^A$ 和 $c^A$.当 $S$ 有限时,如:$S=\{R,f,c\}$,我们也可以用列举 $F$ 的值的方法把 $S$ 结构 $\mathscr{A}=(A,F)$写成 $\mathscr{A}=(A,R^{\mathscr{A}},f^{\mathscr{A}},c^{\mathscr{A}})$.

关于个体指派和 $S$ 解释的定义分别与第五章第五节中定义 5.2 和定义 5.3 完全一样,这里不再赘述.下面给出可满足关系的定义:

**定义 6.7** 给定一个 $S$ 解释 $\Sigma=(\mathscr{A},\theta)$.对于任一个 $S$ 项 $t$,$\Sigma(t)$的归纳定义如下:

(1)$\Sigma(x)=\theta(x)$;

(2)$\Sigma(c)=c^{\mathscr{A}}$;

(3)$\Sigma(f(t_0,t_1,\cdots,t_{n-1}))=f^{\mathscr{A}}(\Sigma(t_0),\Sigma(t_1),\cdots,\Sigma(t_{n-1}))$.

定义 6.7 表明:任一个项 $t$ 在 $S$ 解释 $\Sigma$ 下是 $A$ 中的一个个体.

**定义 6.8** 满足关系$\models$的归纳定义如下:

$$\Sigma\models t_0=t_1\text{,当且仅当 }\Sigma(t_0)=\Sigma(t_1).$$

对于原子公式、否定式、析取式和量词公式的情况,定义同第五章的定义 5.4.

有了定义 6.7 和 6.8,我们可以定义其他一些语义概念.如:后承关系、有效性、可满足性和逻辑等值等等.相应的叠合引理可表述为:

**引理**(叠合引理) 令 $\Sigma_1=(\mathscr{A}_1,\theta_1)$是 $S_1$ 解释,$\Sigma_2=(\mathscr{A}_2,\theta_2)$是 $S_2$ 解释,并且二者的个体域相同,即:$A_1=A_2$.令 $S=S_1\cap S_2$,那么:

(1)令 $t$ 是一个 $S$ 项,如果 $\Sigma_1$ 和 $\Sigma_2$ 对于出现在 $t$ 中的 $S$ 符号及个体变项的解释相同,则

$$\Sigma_1(t)=\Sigma_2(t);$$

(2)令 $\alpha$ 是一个 $S$—公式,如果 $\Sigma_1$ 和 $\Sigma_2$ 对于出现在 $\alpha$ 中的 $S$ 符号以及 $\alpha$ 的自由变项的解释相同,则

$$\Sigma_1\models\alpha\text{ 当且仅当 }\Sigma_2\models\alpha.$$

归约结构和扩充结构的定义如前,有关的结果现在也成立.

联立代入的定义跟第五章第六节定义 6.1 稍有不同,即:只需增加下述两条:

(i)$f(t'_0,t'_1,\cdots,t'_{n-1})(t_0/x_0,t_1/x_1,\cdots,t_r/x_r)$

$=f(t'_0(t_0/x_0,t_1/x_1,\cdots,t_r/x_r),(t'_1(t_0/x_0,t_1/x_1,\cdots,t_r/x_r),\cdots,(t'_{n-1}(t_0/x_0,t_1/x_1,\cdots,t_r/x_r))$;

(ii)$(t'_0=t'_1)(t_0/x_0,t_1/x_1,\cdots,t_r/x_r)$为:

$(t'_0(t_0/x_0,t_1/x_1,\cdots,t_r/x_r)$

$=t'_1(t_0/x_0,t_1/x_1,\cdots,t_r/x_r))$.

另外，代入引理的表述与第五章第六节引理 6.1 完全一样，此处不再重复.

在 FQC 系统中增加如下有关等词的两条规则 $=^+$ 和 $=^-$，得到的系统记作 $FQC^=$.

$=^+$：
$\vdots$
$t=t$

$=^-$：
$\vdots$
$\alpha(t/x)$
$t=t'$
$\alpha(t'/x)$

在 $FQC^=$ 中，可证公式的定义完全类似于第五章第三节中的定义.

这里 $=^+$ 规则叫做等词引入规则，它反映演绎推理中这样的规则：它肯定个体域中的任何一个个体自己和自己完全相同. $=^-$ 规则叫做等词消去规则，它反映了演绎推理中这样的规则：如果个体域中的个体 $a$ 有某个性质，并且个体 $a$ 和 $a'$ 是等同的，那么 $a'$ 也有这个性质.

要得到带等词的公理系统，我们只需在 QC 系统中附加下面的两个公式作为公理(模式)：

(1)$t=t$；

(2)$t=t'\to(\alpha(t/x)\to\alpha(t'/x))$.

这样得到的系统记作 $QC^=$. $QC^=$ 系统与 $FQC^=$ 系统仍然是等价的. 即：在 $FQC^=$ 中可证的公式一定在 $QC^=$ 中可证，在 $QC^=$ 中可证的公式，在 $FQC^=$ 中也可证.

可演绎性和相容性的定义分别与第六章第一节和第二节的定义一样. $FQC^=$ 系统可靠性定理的证明跟 FQC 系统可靠性定理 3.2 的证明类似，只是在归纳步骤中多考虑了 $=^+$ 和 $=^-$ 两种情况.

最后，$FQC^=$ 系统的完全性定理也是成立的. 此证明可仿照本章第四节 FQC 系统完全性定理的证明去做，只是 Henkin 定理中的 $\Sigma_\Phi$ 的构造需要修改一下，其他叙述都可照抄. $\Sigma_\Phi$ 的构造需作如下修改：

令 $\Phi$ 是含见证的极大相容集. 首先，在全体 S 项上引进一个二元关系～：

$$t_0\sim t_1 \text{ 当且仅当 } t_0=t_1\in\Phi$$

～是一个等价关系，而且相对于 S 中的运算符号和关系符号是同余的. 也就是说，如果 $t_0\sim t'_0,t_1\sim t'_1,\cdots,t_{n-1}\sim t'_{n-1}$，那么对于 S 中的任一 $n$ 元关系符号 $R$ 和运算符号 $f$，有

$$f(t_0,t_1,\cdots,t_{n-1})\sim f(t'_0,t'_1,\cdots,t'_{n-1}),$$

$$R(t_0,t_1,\cdots,t_{n-1})\in\Phi \text{ 当且仅当 } R(t'_0,t'_1,\cdots,t'_{n-1})\in\Phi.$$

其次,令$[t]$是 $t$ 的等价类,等价类的全体记作 $T_\Phi$. 显然,$T_\Phi$ 是非空集. 由 $\Phi$ 决定的项解释 $\Sigma_\Phi=(\mathscr{A}_\Phi,\theta_\Phi)$定义如下:

(1)$\Sigma_\Phi$ 的个体域是 $T_\Phi$;

(2)对 $S$ 中的 $n$ 元关系符号 $R$ 有:

$$R^{\mathscr{A}_\Phi}([t_0],[t_1],\cdots,[t_{n-1}])\text{当且仅当}R(t_0,t_1,\cdots,t_{n-1})\in\Phi;$$

(3)对 $S$ 中的个体常项 $c$ 有,

$$c^{\mathscr{A}_\Phi}=[c]\text{,即:}c\text{ 的等价类;}$$

(4)对 $S$ 中的 $n$ 元运算符号 $f$ 有:

$$f^{\mathscr{A}_\Phi}([t_0],[t_1],\cdots,[t_{n-1}])=[f(t_0,t_1,\cdots,t_{n-1})];$$

($f(t_0,t_1,\cdots,t_{n-1})$的等价类)

(5)对各个个体变项 $x$,有

$$\theta_\Phi(x)=[x],$$

在项解释 $\Sigma_\Phi$ 下,对于一切项 $t$,我们有

$$\Sigma_\Phi(t)=[t],$$

这样一来,每个项都被解释成它所属的等价类. 至此,Henkin 定理的证明可以完全照搬.

完全性定理仍然可以表述为:

(1)$\Phi\models\alpha$ 当且仅当 $\Phi\vdash\alpha$;

(2)$\Phi$ 是可满足的当且仅当 $\Phi$ 是相容的.

用带等词和运算符号的一阶语言,可以很方便地把许多常见的数学理论形式化. 下面我们给出两个简单的例子.

**例 6.1** 第一章第三节偏序的定义 3.15,现在可以形式化为:令$S=\{R,=\}$:

(1)自返性:$\forall xR(x,x)$;

(2)反对称性:$\forall x\forall y(R(x,y)\wedge R(y,x)\rightarrow x=y)$;

(3)传递性:$\forall x\forall y\forall z(R(x,y)\wedge R(y,z)\rightarrow R(x,z))$.

**例 6.2** 在数学理论——群论中,群的公理可以表示如下:

($g_1$) 对一切 $x,y,z$ $(x\circ y)\circ z=x\circ(y\circ z)$;

($g_2$) 对一切 $x$ $x\circ e=x$;

($g_3$) 对任一个 $x$ 都有 $y$ 使得: $x\circ y=e$.

这里"$\circ$"是群的乘法而"$e$"表示单位元(常元). 令 $S=\{\circ,e\}$,则群的公理就可以形式地表示为:

$(g_1)'$ $\forall v_0\forall v_1\forall v_2(v_0\circ(v_1\circ v_2))=(v_0\circ(v_1\circ v_2))$;

$(g_2)'$ $\forall v_0(v_0 \circ e = v_0)$;

$(g_3)'$ $\forall v_0 \exists v_1(v_0 \circ v_1 = e)$.

令 $\Phi_g = \{(g_1)', (g_2)', (g_3)'\}$. 在群论中，可以证明：

$$\Phi_g \models \forall v_0 \exists v_1(v_1 \circ v_0 = e).$$

这就是左逆元存在定理.

最后，我们来扩充真值树方法，用以结束本节、本章以及本书的讨论.

在第二章里，我们介绍了真值树方法，其目的在于判断一个给定的公式是不是重言式. 现在，将在真值树方法的基础上介绍一阶树方法. 以便证明一个给定的一阶公式是逻辑有效的.

但是，由完全性定理知：每一个有效的公式都是可证公式. 然而，从这个结论人们并不能找到一个能行的过程来决定：任一个公式是否是有效的. 实际上已经证明：不存在决定一个公式是否有效或可证的能行过程，也就是说，狭谓词逻辑（与命题逻辑不一样）是不可判定的.

一阶树的构造与真值树的构造类似，二者不同之处在于，除了原来的三个命题规则（$\neg\neg$, $\vee$, $\neg\vee$）外，还需要补充四条量词规则，它们是：

$\forall$规则：

$$\begin{array}{c} \vdots \\ \forall x\alpha \\ \vdots \\ | \\ \alpha(t/x) \end{array}$$

$\exists$规则：

$$\begin{array}{c} \vdots \\ \exists x\alpha \\ \vdots \\ | \\ \alpha(y/x)(y\text{ 受限制}) \end{array}$$

$\neg\forall$规则：

$$\begin{array}{c} \vdots \\ \neg\forall x\alpha \\ | \\ \neg\alpha(y/x)(y\text{ 受限制}) \end{array}$$

$\neg\exists$规则：

$$\begin{array}{c} \vdots \\ \neg\exists x\alpha \\ | \\ \neg\alpha(t/x) \end{array}$$

在$\forall$规则和$\neg\exists$规则中，$t$ 可以是任意的项. 在$\neg\forall$规则和$\exists$规则中，$y$ 是在正在扩张的分枝的任何公式中都不自由的任意变项，所以也称 $y$ 为关键变项.

如果 $L$ 是带等词"＝"的语言，那么我们也承认以下三个等式规则. 它们是：

SI 规则：

$$\begin{array}{c} \vdots \\ | \\ t=t \end{array}$$

这里的 $t$ 是任意项.

SF 规则：

$$\begin{array}{c} \vdots \\ | \\ t_1 = t_{n+1} \to t_2 = t_{n+2} \to \cdots \to t_n = t_{2n} \to ft_1t_2\cdots t_n = ft_{n+1}\cdots t_{2n} \end{array}$$

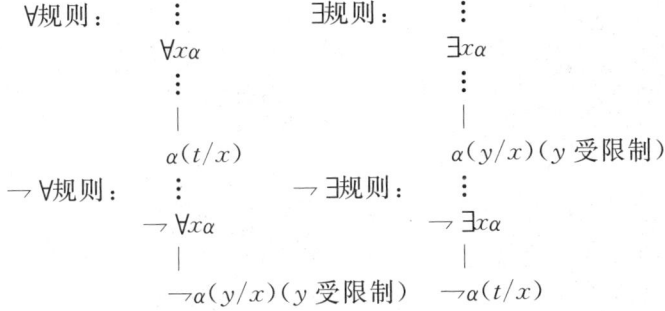

这里 $f$ 是 $L^{=}$ 的任一 $n$ 元函项符号,$t_1, t_2 \cdots, t_{2n}$是任意$L$ 项.

SP 规则:

$$\begin{array}{c}\vdots\\ |\\ t_1=t_{n+1}\to t_2=t_{n+2}\to\cdots\to t_n=t_{2n}\to P(t_1,t_2,\cdots,t_n)\to P(t_{n+1},t_{n+2},\cdots,t_{2n}).\end{array}$$

这里 $P$ 是 $L^{=}$ 的任意 $n$ 元谓词符号,$t_1, t_2, \cdots, t_{2n}$ 是任意 $L$ 项.(特别地,当 $n=2$ 时,$P$ 可以是$=$.)

SI 规则叫做“自身恒等”规则,SF 规则叫做“函项中的等量可替换性”规则,SP 规则叫做“谓词中的等量可替换性”规则.

注意:这些等式规则总能用来扩张任一分枝,无论该分枝有什么公式.

一阶树和真值树的最后一个区别是:一阶树的一个分枝是封闭的,如果有一个原子公式 $\alpha$ 和$\neg\alpha$ 都属于这个分枝的话.

# 部分练习参考答案

## 1.1.6　练习

1. 南京，北京$\in$中国城市.

2. 有限集：(2)，(3)；无限集：(1)，(4).

3. (1)$\{x \mid 0 \le x < 4$ 并且 $x \in Z^+\} = \{0,1,2,3\}$

   (2)$\{x \mid x = 5k$ 并且 $k \in Z\} = \{0, \pm 5, \pm 10, \ldots, \pm 5k, \ldots\}$

   (3)$\{x \mid x = 3^k$ 并且 $k \in Z^+\} = \{3, 3^2, 3^3, \ldots, 3^k, \ldots\}$

4. (1)$A_1 = \{2,3,4,5,6,7,8,9\}$

   (2)$A_2 = \{2, 5\}$

   (3)$A_3 = \{<0,-1>, <0,0>, <0,1>, <1,-1>, <1,0>, <1,1>, <2,-1>, <2,0>, <2,1>, <3,-1>, <3,0>, <3,1>\}$

5. 正确的有：

   $\varnothing \subseteq \varnothing, \varnothing \subseteq \{\varnothing\}, \varnothing \in \{\varnothing\}, \{a,b\} \subseteq \{a,b,\{a,b\}\}, \{a,b\} \in \{a,b,\{a,b\}\}, \{a,b\} \subseteq \{a,b,\{\{a,b\}\}\}$.

6. $\varnothing \in \{\varnothing\}, \{\varnothing\} \in \{\{\varnothing\}\}, \varnothing \notin \{\{\varnothing\}\}$.

7. (2)取 $A = \{\varnothing\}, B = C = \{\{\varnothing\}\}$，则 $A \in B$ 并且 $B = C$，但 $A \not\subseteq C$.

   (3) $A = \{\varnothing\}, B = \{\varnothing, \{\varnothing\}\}$ 并且 $C = \{\{\varnothing, \{\varnothing\}\}\}$，则 $A \subseteq B$ 并且 $B \in C$，但 $A \notin C$.

   (4)同上.

8. $A = B = C = D = F, E = G$.

9. (1) $\wp(\{1,2,3\}) = \{\varnothing, \{1\}, \{2\}, \{3\}, \{1,2\}, \{1,3\}, \{2,3\}, \{1,2,3\}\}$.

   (2) $\wp(\{1,\{2,3\}\}) = \{\varnothing, \{1\}, \{\{2,3\}\}, \{1,\{2,3\}\}\}$.

   (3) $\wp(\{\{\varnothing,2\},\{2\}\}) = \{\varnothing, \{\{\varnothing,2\}\}, \{\{2\}\}, \{\{\varnothing,2\},\{2\}\}\}$.

10. (1) $\wp(\varnothing) = \{\varnothing\}$.

    (2) $\wp(\wp(\varnothing)) = \{\varnothing, \{\varnothing\}\}$.

(3) $\wp(\wp(\wp(\varnothing)))=\{\varnothing, \{\varnothing\},\{\{\varnothing\}\},\{\varnothing, \{\varnothing\}\}\}$.

(4) $\wp(\wp(\wp(\wp(\varnothing))))=\{\varnothing, \{\varnothing\},\{\{\varnothing\}\},\{\{\{\varnothing\}\}\},\{\{\varnothing, \{\varnothing\}\}\},$
$\{\varnothing,\{\varnothing\}\},\{\varnothing,\{\{\varnothing\}\}\},\{\varnothing,\{\varnothing, \{\varnothing\}\}\},$
$\{\{\varnothing\},\{\{\varnothing\}\}\},\{\{\varnothing\},\{\varnothing, \{\varnothing\}\}\},\{\{\{\varnothing\}\},\{\varnothing, \{\varnothing\}\}\},$
$\{\varnothing, \{\varnothing\},\{\{\varnothing\}\}\},\{\varnothing, \{\varnothing\},\{\varnothing, \{\varnothing\}\}\},\{\varnothing, \{\{\varnothing\}\},\{\varnothing, \{\varnothing\}\}\},$
$\{\{\varnothing\},\{\{\varnothing\}\},\{\varnothing, \{\varnothing\}\}\},\{\varnothing, \{\varnothing\},\{\{\varnothing\}\},\{\varnothing, \{\varnothing\}\}\}\}$.

11. 略.

12. 略.

### 1.2.6 练习

1. (1) $A\cup B=\{a,b,c,e\}$;
   (2) $A\cap B=\{a,c\}$;
   (3) $A\cup B\cup C=\{a,b,c,d,e,f\}$;
   (4) $A\cap B\cap C=\varnothing$;
   (5) $A-B=\{b\}$;
   (6) $B-C=\{a,c,e\}$.

2. $A'=B, B'=A, (A\cup B)'=\varnothing, (A\cap B)'=E$.

3. (1) $A\cap B=\{x\mid 4<x<5$ 并且 $x\in R\}$.
   (2) $A\cup B=\{x\mid 3<x$ 并且 $x\in R\}$.
   (3) $A-B=\{x\mid 3<x\leq 4$ 并且 $x\in R\}$.

4.

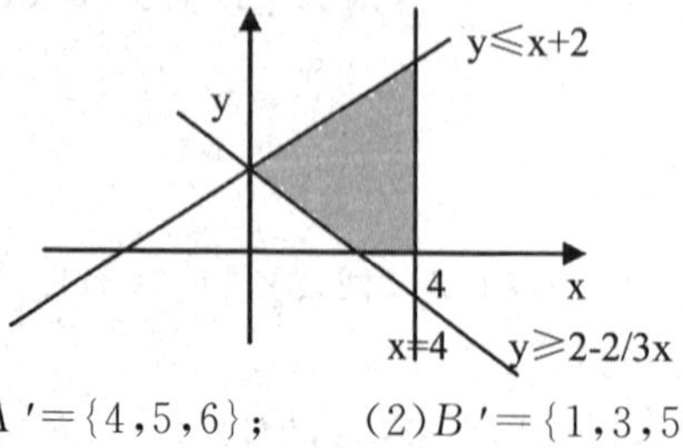


图中化线部分.

5. (1) $A'=\{4,5,6\}$; (2) $B'=\{1,3,5\}$; (3) $A'\cup B'=\{1,3,4,5,6\}$;
   (4) $A'\cap B'=\{5\}$.

6. $a=1, b=2$.

7. (1) $\{3,\{3\},4,\{4\}\}$；(2) $\{\varnothing\}$；(3) $\{\varnothing,\{\varnothing\}\}$.

8. (1) $\{\varnothing,\{\{\varnothing\}\},\{\{\{\varnothing\}\}\},\{\{\varnothing\},\{\{\varnothing\}\}\}\}$.

(2) $\{\varnothing,\{\varnothing\}\}$.

(3) $\varnothing$.

(4) $\{\varnothing,\{\varnothing\},\{\{\varnothing\}\},\{\varnothing,\{\varnothing\}\}\}$.

(5) $\varnothing$.

9. (1) $\{1,2,3\}$；(2) $\varnothing$. (3) $\varnothing$. (4) $\varnothing$.

10. (1) $\{a,b\}$. (2) $a$. (3) $\varnothing$.

11. 略.

12. (1) $A\cap B\cap C$. (2) $(A\cup B)\cup C$. (3) $C\cup(A\cap B)$.

13. $4=\{\varnothing,\{\varnothing\},\{\varnothing,\{\varnothing\}\},\{\varnothing,\{\varnothing\},\{\varnothing,\{\varnothing\}\}\}\}$.

14. 略.

15. $0,0,1,0,2,0,\{0,1,2,\{1\}\}$.

16. 2.

17. 2.

18. $\{\{1\},\{2\},\{0,2\},\{1,2\},3\}$.

19. 略.

## 1.3.6 练习

1. (1) $\{<<0,1>,1>,<<0,1>,2>,<<1,1>,1>,<<1,1>,2>\}$,

(2) $\{<<0,0>,1>,<<0,0>,2>,<<0,1>,1>,<<0,1>,2>>,<<1,0>,1>,<<1,0>,2>,<<1,1>,1>,<<1,1>,2>\}$,

(3) $\{<<1,0>,<1,0>>,<<1,0>,<1,1>>,<<1,0>,<2,0>>,<<1,0>,<2,1>>,<<1,0>,<2,1>>,<<1,1>,<1,0>>,<<1,1>,<1,1>>,<<1,1>,<1,0>>,<<2,0>,<1,0>>,<<2,0>,<1,1>>,<<2,0>,<2,0>>,<<2,0>,<2,1>>,<<2,1>,<1,0>>,<<2,1>,<1,1>>,<<2,1>,<2,0>>,<<2,1>,<2,1>>\}$.

2. $\{<\varnothing,1>,<\varnothing,2>,<\{1\},1>,<\{1\},2>,<\{2\},1>,<\{2\},2>,<\{1,2\},1>,<\{1,2\},2>\}$.

3. 略.

4. 略.

5. $A\cup B=\{<1,2>,<2,4>,<3,3>,<1,3>,<4,2>\}$，$A\cap B=\{<2,4>\}$，$A-B=\{<1,2>,<3,3>\}$，$\mathrm{dom}(A)=\{1,2,3\}$，$\mathrm{dom}(B)=\{1,2,4\}$，$\mathrm{dom}(A\cup B)=\{1,2,3,4\}$，$\mathrm{ran}(A)=\{2,3,4\}$，$\mathrm{ran}(B)=\{2,3,4\}$，$\mathrm{ran}(A\cap B)=\{4\}$，$\mathrm{fld}(A)=\{$

1,2,3,4,}=fld(B).

6. $R\circ R=\{<0,1>,<0,3>,<0,3>,<1,3>,<0,1>\}$, $R$∴{1}=$\{<1,2>,<1,3>\}$, $R[\{1\}]=\{2,3\}$, $R^{-1}[\{1\}]=\{0\}$.

7. 略.

8. 略.

9. $R=\{<1,9>,<9,1>,<2,8>,<8,2>,<3,7>,<7,3>,<4,6>,<6,4>,<5,5>\}$具有对称性.

10. $R_1\circ R_2=\{<a,d>,<a,c>,<b,d>\}$, $R_2\circ R_1=\{<c,d>\}$,
$R_1\circ R_1=\{<a,a>,<a,b>,<a,d>\}$, $R_2\circ R_2=\{<b,b>,<a,c>,<c,c>,<c,d>\}$.

11. $R_1=\varnothing$, $R_2=\{<a,s>\}$, $R_3=\{<b,s>\}$, $R_4=\{<c,s>\}$, $R_5=\{<a,s>,<b,s>\}$, $R_6=\{<a,s>,<c,s>\}$, $R_7=\{<c,s>,<b,s>\}$, $R_8=\{<a,s>,<b,s>,<c,s>\}$.

12. $\varnothing$, $\{<\varnothing,\varnothing>\}$.

13. $2^{n\times n}$.

14. 略.

15. 略.

16. 略.

17. 略.

18. $3=\{0,1,2\}$, $3\times 3=\{<0,0>,<0,1>,<0,2>,<1,0>,<1,1>,<1,2>,<2,0>,<2,1>,<2,2>\}$

$R_1=\{<0,0>,<1,1>,<2,2>\}$

$R_2=\{<0,0>,<1,1>,<2,2>,<0,1>,<1,0>\}$

$R_3=\{<0,0>,<1,1>,<2,2>,<0,2>,<2,0>\}$

$R_4=\{<0,0>,<1,1>,<2,2>,<2,1>,<1,2>\}$

$R_5=\{<0,0>,<1,1>,<2,2>,<0,1>,<1,0>,<0,2>,<2,0>\}$

$R_6=\{<0,0>,<1,1>,<2,2>,<0,1>,<1,0>,<1,2>,<2,1>\}$

$R_7=\{<0,0>,<1,1>,<2,2>,<2,1>,<1,2>,<0,2>,<2,0>\}$

$R_8=\{<0,0>,<0,1>,<0,2>,<1,0>,<1,1>,<1,2>,<2,0>,<2,1>,<2,2>\}$

以上 $R_1$ 到 $R_8$ 均是 3 上的等价关系.

19. —21. 略.

22. 方法类似于第 18 题.

23. –26. 略.

27. $3=\{0,1,2\}$, $3\times 3=\{<0,0>,<0,1>,<0,2>,<1,0>,<1,1>,<1,2>,<2,0>,<2,1>,<2,2>\}$

$R_1=\{<0,0>,<1,1>,<2,2>\}$

28. $\varnothing$可以是一个等价关系，也是一个序.

29. —30. 略.

### 1.4.4 练习

1. (2).

2. (1) $\mathrm{dom}(R_1)=\{1,2,3,4\}$, $\mathrm{ran}(R_1)=\{<2,3>,<3,4>,<1,4>\}$并且$R_1$是一个函数.

   (2) $\mathrm{dom}(R_2)=\{1,2,3\}$, $\mathrm{ran}(R_2)=\{<2,3>,<3,4>,<3,2>\}$并且$R_2$是一个函数.

   (3) $\mathrm{dom}(R_3)=\{1,2\}$, $\mathrm{ran}(R_3)=\{<2,3>,<3,4>,<2,4>\}$.

   (4) $\mathrm{dom}(R_4)=\{1,2,3\}$, $\mathrm{ran}(R_4)=\{<2,3>\}$并且$R_4$是一个函数.

3. 略.

4. (1) $I=\{<\varnothing,\varnothing>\}$. (2) $\varnothing$.

   (3) $F_1=\{<<0,0>,0>,<<0,1>,1>,<<0,2>,2>,<<1,0>,3>,<<1,1>,4>,<<1,2>,5>\}$是 $2\times 3$ 到 6 的双射；$F_2=\{<0,<0,0>>,<1,<0,1>>,<2,<0,2>>,<3,<1,0>>,<4,<1,1>>,<5,<1,2>>\}$是 6 到 $2\times 3$ 的双射.

5. (1) $2^3=\{f\mid f:3\to 2\}=\{f_1, f_2, f_3, f_4, f_5, f_6, f_7, f_8\}$，其中$f_1, f_2, f_3, f_4, f_5, f_6, f_7, f_8$满足下面的表：

| | 0 | 1 | 2 |
|---|---|---|---|
| $f_1$ | 1 | 1 | 1 |
| $f_2$ | 1 | 1 | 0 |
| $f_3$ | 1 | 0 | 1 |
| $f_4$ | 1 | 0 | 0 |
| $f_5$ | 0 | 1 | 1 |
| $f_6$ | 0 | 1 | 0 |
| $f_7$ | 0 | 0 | 1 |
| $f_8$ | 0 | 0 | 0 |

   (2) $3^2=\{f\mid f:2\to 3\}=\{f_1, f_2, f_3, f_4, f_5, f_6, f_7, f_8, f_9\}$，其中$f_1, f_2, f_3, f_4, f_5, f_6, f_7, f_8, f_9$满足下面的表：

| | 0 | 1 |
|---|---|---|
| $f_1$ | 0 | 0 |
| $f_2$ | 0 | 1 |
| $f_3$ | 0 | 2 |
| $f_4$ | 1 | 0 |
| $f_5$ | 1 | 1 |
| $f_6$ | 1 | 2 |
| $f_7$ | 2 | 0 |
| $f_8$ | 2 | 1 |
| $f_9$ | 2 | 2 |

(3)$2^0=\{f|f:0\to 2\}=\{\varnothing\}$

(4)$0^2=\{f|f:2\to 0\}=$不存在

(5)$0^0=\{f|f:0\to 0\}=\{\varnothing\}$

(6)$1^0=\{f|f:0\to 1\}=\{\varnothing\}$

(7)$1^1=\{f|f:1\to 1\}=\{f\}$，其中 $f=\{<0,0>\}$.

(8)$0^1=\{f|f:1\to 0\}=$不存在

(9)$2^1=\{f|f:1\to 2\}=\{f_1, f_2\}$,其中 $f_1=\{<0,0>\}$，$f_2=\{<0,1>\}$.

(10)$1^2=\{f|f:2\to 1\}=\{f\}$,其中 $f=\{<0,0>,<1,0>\}$.

6.(1)单射.

7.(1)$f=\{<1,a>,<2,b><3,c>\}$.

(2)$A=\{A_1,A_2,A_3,A_4,A_5,A_6,A_7,A_8\}$,其中:$A_1$，$A_2$，$A_3$，$A_4$，$A_5$，$A_6$，$A_7$，$A_8$分别是:

$$\varnothing,\{a\},\{b\},\{c\},\{a,b\},\{a,c\},\{b,c\},\{a,b,c\}.$$

$B=\{f_1, f_2, f_3, f_4, f_5, f_6, f_7, f_8\}$,其中 $f_1$，$f_2$，$f_3$，$f_4$，$f_5$，$f_6$，$f_7$，$f_8$满足下面的表:

| | $a$ | $b$ | $c$ |
|---|---|---|---|
| $f_1$ | 1 | 1 | 1 |
| $f_2$ | 1 | 1 | 0 |
| $f_3$ | 1 | 0 | 1 |
| $f_4$ | 1 | 0 | 0 |
| $f_5$ | 0 | 1 | 1 |
| $f_6$ | 0 | 1 | 0 |
| $f_7$ | 0 | 0 | 1 |
| $f_8$ | 0 | 0 | 0 |

令 $g:A \to B$ 满足：$g(A_i)=B_i, i=1,2,3,4,5,6,7,8$.

8. 略.

9. $g \circ f(x)=2x+4, f \circ g(x)=2x+7, f \circ f(x)=2x+6$，$g \circ g(x)=4x+3$，$f \circ h(x)=(x+3)/2$，$h \circ g(x)=x+1, h \circ f(x)=x/2+3$，$f \circ h \circ g(x)=x+4$.

10. $f \circ f(n)=n+2$，$f \circ g(n)=2n+2$，$g \circ f(n)=2n+1$，$f \circ h \circ g(n)=0$.

$$h \circ g(n)=\begin{cases}0, n \text{ 为偶数；}\\ 2, n \text{ 为奇数.}\end{cases}$$

11. —13. 略.

## 2.2.4 练习

1. (1)，(5)，(7)，(8)，(11)，(14)，(15)，(16)，(17)，(18)，(20)，(21)，(22)，(23)，(25)，其余的不是.

2. (1)合取形式的复合命题
   (2)合取形式的复合命题
   (3)蕴涵形式的复合命题
   (4)析取形式的复合命题
   (5)否定形式的复合命题
   (6)析取形式的复合命题
   (7)蕴涵形式的复合命题
   (8)简单命题
   (9)蕴涵形式的复合命题
   (10)蕴涵形式的复合命题

3. 解：令 $p$：这个男孩知道答案
   $q$：那个女孩知道答案

   那么，复合命题：

   男孩知道答案或者那个女孩知道答案

   所对应的真值形式为：$p \vee q$. 它所对应的真值表如下：

| $p$ | $q$ | $p \vee q$ |
|---|---|---|
| 真 | 真 | 真 |
| 真 | 假 | 真 |
| 假 | 真 | 真 |
| 假 | 假 | 假 |

因此,有如上的真值表可知:

(1)假并且 $q$ 为真时,合命题 $p \vee q$ 取真值;

(2)真并且 $q$ 为假时,合命题 $p \vee q$ 取真值.

4. 答:(1)当 $p$ 和 $q$ 不同时 $p*q$ 为真,即:$p$ 真 $q$ 假或者 $p$ 假 $q$ 真时,$p*q$ 均为真;

(2)当 $p$ 和 $q$ 的取值确定后,$p*q$ 和 $p \wedge q$ 的取值结果恰好相反。即:$p*q$ 真时 $p \wedge q$ 反而为假,$p*q$ 假时 $p \wedge q$ 反而为真.因此,

$$p*q =_{df} \neg(p \wedge q) \text{或者} p*q =_{df} \neg p \vee \neg q.$$

5. 答:图(1)对应着联结词∧,图(2)对应着联结词∨.如果 $p$ 是闭的,$q$ 是开的,图(1)中的灯不亮,图(2)中的灯会亮.在这种情况下,图(1)中的灯对应∧的真值表的第二行,图(2)中的灯对应∨的真值表的第二行.

6. 略.

## 2.2.7 练习

1. (1)人不犯我,我不犯人;人若犯我,我必犯人.

解:令 $p$:人犯我

$q$:我犯人

该命题可以形式表示为:$(\neg p \rightarrow \neg q) \wedge (p \rightarrow q)$.

(2)他将在明天或者后天去北京或天津.

解:令 $p$:他明天去北京

$q$:他明天去天津

$r$:他后天去北京

$s$:他后天去天津

该命题可表示为:$p \vee q \vee r \vee s$.

(3)除非知道了癌症的病因并且找到了治疗癌症的新药,否则癌症是不能治愈的.

解:令 $p$:知道了癌症的病因

$q$:找到了治疗癌症的新药

$r$:治愈癌症

该命题可表示为:$\neg(p \wedge q) \rightarrow \neg r$.

(4)我没有看见张三和李四.

解:令 $p$:我看见张三

$q$:我看见李四

该命题可表示为：$\neg(p\wedge q)$.

(5)并非花都是红的.

解：令$p$：花是红的

该命题可表示为：$\neg p$

(6)今天不刮风也不下雨.

解：令$p$：今天刮风

$q$：今天下雨

该命题可表示为：$\neg p\wedge\neg q$.

(7)如果国会拒绝制定新的法令，那么罢工不会结束，除非它持续半年以上并且商号老板签约.

解：令$p$：国会制定新的法令

$q$：罢工结束

$r$：罢工持续半年以上

$s$：和商号老板签了约

该命题可表示为：$\neg p\rightarrow(\neg q\vee(r\wedge s))$.

2. 答：如果命题$p$前$\neg$的个数为奇数，则此命题的真值与命题$p$的真值一致；否则如果在命题$p$前$\neg$的个数为偶数，则此命题的真值与命题$p$的真值恰好相反.

| $p$ | $\neg p$ | $\neg\neg p$ | $\neg\neg\neg p$ |
|---|---|---|---|
| 真 | 假 | 真 | 假 |
| 假 | 真 | 假 | 真 |

3. (1) $q\leftrightarrow(((\neg r)\rightarrow(s\wedge q\wedge((\neg r)\vee p)))\leftrightarrow(q\rightarrow(\neg r)))$.

(2) $(\neg\neg\neg q)\leftrightarrow(r\leftrightarrow(((p\wedge r\wedge q\wedge(\neg\neg s))\rightarrow(q\rightarrow r))\leftrightarrow(\neg p)))$.

4. (1) $((p\wedge q)\rightarrow\neg r)\leftrightarrow(s\vee t)$.

(2) $((p\vee q)\wedge r)\rightarrow(\neg(s\leftrightarrow t))$.

5. (1) $p\vee q$与$\neg p\rightarrow q$的共享真值表如下：

| $p$ | $q$ | $\neg p$ | $p\vee q$ | $\neg p\rightarrow q$ |
|---|---|---|---|---|
| 真 | 真 | 假 | 真 | 真 |
| 真 | 假 | 假 | 真 | 真 |
| 假 | 真 | 真 | 真 | 真 |
| 假 | 假 | 真 | 假 | 假 |

(2) $p \to q$ 与$\neg p \vee q$ 的共享真值表如下：

| $p$ | $q$ | $\neg p$ | $p \to q$ | $\neg p \vee q$ |
|---|---|---|---|---|
| 真 | 真 | 假 | 真 | 真 |
| 真 | 假 | 假 | 假 | 假 |
| 假 | 真 | 真 | 真 | 真 |
| 假 | 假 | 真 | 真 | 真 |

(3) $p \leftrightarrow q$ 与$(p \to q) \wedge (q \to p)$的共享真值表如下：

| $p$ | $q$ | $p \to q$ | $q \to p$ | $p \leftrightarrow q$ | $(p \to q) \wedge (q \to p)$ |
|---|---|---|---|---|---|
| 真 | 真 | 真 | 真 | 真 | 真 |
| 真 | 假 | 假 | 真 | 假 | 假 |
| 假 | 真 | 真 | 假 | 假 | 假 |
| 假 | 假 | 真 | 真 | 真 | 真 |

(4) $q \to p$ 与$\neg p \to \neg q$ 的共享真值表如下：

| $p$ | $q$ | $\neg p$ | $\neg q$ | $q \to p$ | $\neg p \to \neg q$ |
|---|---|---|---|---|---|
| 真 | 真 | 假 | 假 | 真 | 真 |
| 真 | 假 | 假 | 真 | 真 | 真 |
| 假 | 真 | 真 | 假 | 假 | 假 |
| 假 | 假 | 真 | 真 | 真 | 真 |

6. (1) $((p \to q) \to r) \to s$

| $p$ | $q$ | $r$ | $s$ | $p \to q$ | $(p \to q) \to r$ | $((p \to q) \to r) \to s$ |
|---|---|---|---|---|---|---|
| 真 | 真 | 真 | 真 | 真 | 真 | 真 |
| 真 | 真 | 真 | 假 | 真 | 真 | 假 |
| 真 | 真 | 假 | 真 | 真 | 假 | 真 |
| 真 | 真 | 假 | 假 | 真 | 假 | 真 |
| 真 | 假 | 真 | 真 | 假 | 真 | 真 |
| 真 | 假 | 真 | 假 | 假 | 真 | 假 |
| 真 | 假 | 假 | 真 | 假 | 真 | 真 |
| 真 | 假 | 假 | 假 | 假 | 真 | 假 |
| 假 | 真 | 真 | 真 | 真 | 真 | 真 |
| 假 | 真 | 真 | 假 | 真 | 真 | 假 |
| 假 | 真 | 假 | 真 | 真 | 假 | 真 |

| | | | | | | |
|---|---|---|---|---|---|---|
| 假 | 真 | 假 | 假 | 真 | 假 | 真 |
| 假 | 假 | 真 | 真 | 真 | 真 | 真 |
| 假 | 假 | 真 | 假 | 真 | 真 | 假 |
| 假 | 假 | 假 | 真 | 真 | 假 | 真 |
| 假 | 假 | 假 | 假 | 真 | 假 | 真 |

(2) $(p \leftrightarrow q) \leftrightarrow p \leftrightarrow q \leftrightarrow p$

| $p$ | $q$ | $p \leftrightarrow q$ | $q \leftrightarrow p$ | $p \leftrightarrow (q \leftrightarrow p)$ | $(p \leftrightarrow q) \leftrightarrow p \leftrightarrow q \leftrightarrow p$ |
|---|---|---|---|---|---|
| 真 | 真 | 真 | 真 | 真 | 真 |
| 真 | 假 | 假 | 假 | 假 | 真 |
| 假 | 真 | 假 | 假 | 真 | 假 |
| 假 | 假 | 真 | 真 | 假 | 假 |

(3) $(p \to q \to r) \to p \wedge q \to q \vee r$

令 $\alpha$：$(p \to q \to r) \to p \wedge q \to q \vee r$

| $p$ | $q$ | $r$ | $q \to r$ | $p \to q \to r$ | $p \wedge q$ | $q \vee r$ | $p \wedge q \to q \vee r$ | $\alpha$ |
|---|---|---|---|---|---|---|---|---|
| 真 | 真 | 真 | 真 | 真 | 真 | 真 | 真 | 真 |
| 真 | 真 | 假 | 假 | 假 | 真 | 假 | 假 | 真 |
| 真 | 假 | 真 | 真 | 真 | 假 | 真 | 真 | 真 |
| 真 | 假 | 假 | 真 | 真 | 假 | 假 | 真 | 真 |
| 假 | 真 | 真 | 真 | 真 | 假 | 真 | 真 | 真 |
| 假 | 真 | 假 | 假 | 真 | 假 | 真 | 真 | 真 |
| 假 | 假 | 真 | 真 | 真 | 假 | 真 | 真 | 真 |
| 假 | 假 | 假 | 真 | 真 | 假 | 假 | 真 | 真 |

(4) $\neg(\neg p \wedge q \to \neg(p \leftrightarrow r) \vee q)$

令 $\alpha$：$\neg p \wedge q \to \neg(p \leftrightarrow r) \vee q$

| $p$ | $q$ | $r$ | $\neg p$ | $\neg p \wedge q$ | $p \leftrightarrow r$ | $\neg(p \leftrightarrow r)$ | $\neg(p \leftrightarrow r) \vee q$ | $\alpha$ | $\neg\alpha$ |
|---|---|---|---|---|---|---|---|---|---|
| 真 | 真 | 真 | 假 | 假 | 真 | 假 | 真 | 真 | 假 |
| 真 | 真 | 假 | 假 | 假 | 假 | 真 | 真 | 真 | 假 |
| 真 | 假 | 真 | 假 | 假 | 真 | 假 | 假 | 真 | 假 |
| 真 | 假 | 假 | 假 | 假 | 假 | 真 | 真 | 真 | 假 |

| | | | | | | | | | |
|---|---|---|---|---|---|---|---|---|---|
| 假 | 真 | 真 | 真 | 真 | 假 | 真 | 真 | 真 | 假 |
| 假 | 真 | 假 | 真 | 真 | 真 | 假 | 真 | 真 | 假 |
| 假 | 假 | 真 | 真 | 假 | 假 | 真 | 真 | 真 | 假 |
| 假 | 假 | 假 | 真 | 假 | 真 | 假 | 假 | 真 | 假 |

7. (1)真,(2)假,(3)假,(4)真,(5)假,(6)假.

8. $f_1(p,q)=p\vee\neg p$; $f_2(p,q)=p\vee q$; $f_3(p,q)=q\to p$; $f_4(p,q)=(p\wedge q)\vee(p\wedge\neg q)$;

$F_5(p,q)=p\to q$; $f_6(p,q)=(p\wedge q)\vee(\neg p\wedge q)$; $f_7(p,q)=p\leftrightarrow q$; $f_8(p,q)=p\wedge q$;

$F_9(p,q)=\neg(p\wedge q)$; $f_{10}(p,q)=\neg(p\leftrightarrow q)$; $f_{11}(p,q)=(p\wedge\neg q)\vee(\neg p\wedge\neg q)$; $f_{12}(p,q)=\neg(p\to q)$;

$f_{13}(p,q)=(\neg p\wedge q)\vee(\neg p\wedge\neg q)$; $f_{14}(p,q)=\neg(q\to p)$; $f_{15}(p,q)=\neg p\wedge\neg q$; $f_{16}(p,q)=p\wedge\neg p$.

9. (1) $Hpqr$ 的真值表如下:

| $p$ | $q$ | $r$ | $Hpqr$ |
|---|---|---|---|
| 真 | 真 | 真 | 真 |
| 真 | 真 | 假 | 真 |
| 真 | 假 | 真 | 真 |
| 真 | 假 | 假 | 假 |
| 假 | 真 | 真 | 真 |
| 假 | 真 | 假 | 假 |
| 假 | 假 | 真 | 假 |
| 假 | 假 | 假 | 真 |

(2)用$\neg,\vee,\wedge$表示的 $Hpqr$ 为:$(\neg p\vee q\vee r)\wedge(p\vee\neg q\vee r)\wedge(p\vee q\vee\neg r)$.

10. (1) $\Delta pqr$ 的真值表如下:

| $p$ | $q$ | $r$ | $\Delta pqr$ |
|---|---|---|---|
| 真 | 真 | 真 | 假 |
| 真 | 真 | 假 | 假 |
| 真 | 假 | 真 | 假 |
| 真 | 假 | 假 | 真 |

| | | | |
|---|---|---|---|
| 假 | 真 | 真 | 假 |
| 假 | 真 | 假 | 真 |
| 假 | 假 | 真 | 真 |
| 假 | 假 | 假 | 真 |

(2)用$\neg,\vee,\wedge$表示的$\Delta pqr$为：$(\neg p \vee \neg q \vee \neg r)\wedge(\neg p \vee \neg q \vee r)\wedge(\neg p \vee q \vee \neg r)\wedge(p \vee \neg q \vee \neg r)$.

11. $(p \vee q) =_{df} ((p \rightarrow q) \rightarrow q)$.

12. (1) $f_{10}(p,q) =_{df} (\neg(\neg p \vee q) \vee \neg(\neg q \vee p))$.

(2) $f_{10}(p,q) =_{df} (\neg(\neg(p \wedge \neg q) \wedge \neg(q \wedge \neg p))$.

(3) $f_{10}(p,q) =_{df} ((p \rightarrow q) \rightarrow \neg(q \rightarrow p))$.

(4) $f_{10}(p,q) =_{df} \neg(p \leftrightarrow q)$.

13. $\neg p =_{df} (p \mid p)$；$(p \rightarrow q) =_{df} p \mid (p \mid q)$.

14. $\neg p =_{df} (p \downarrow p)$；$(p \wedge q) =_{df} (p \downarrow p) \downarrow (q \downarrow q)$.

15. (1) $\neg p =_{df} (p \leftrightarrow^{\cdot} p) \leftrightarrow p$；$(p \vee q) =_{df} (p \leftrightarrow q) \leftrightarrow (p \wedge q)$；$(p \rightarrow q) =_{df} p \leftrightarrow (p \wedge q)$.

(2) $\neg p =_{df} (p \leftrightarrow^{\cdot} p) \leftrightarrow p$；$(p \wedge q) =_{df} (p \leftrightarrow q) \leftrightarrow (p \vee q)$；$(p \rightarrow q) =_{df} q \leftrightarrow (p \vee q)$.

(3)不能.

16.—18.略.

19. (1)可满足式；(2)重言式；(3)矛盾式；(4)可满足式；
(5)重言式；(6)重言式；(7)可满足式；(8)矛盾式.

20.略.

21. (1)蕴涵；(2)不蕴涵；(3)蕴涵；(4)蕴涵.

22. (1) $\neg(p \wedge q \wedge \neg r)$；(2) $\neg(\neg p \vee \neg q \vee \neg r) \wedge \neg(p \vee q \vee r)$；
(3) $(p \wedge q \wedge \neg r) \vee (p \wedge \neg q \wedge r) \vee (\neg p \wedge q \wedge r) \vee (\neg p \wedge \neg q \wedge \neg r)$；
(4) $p \wedge q \wedge \neg r$.

23. (1) $\neg p \vee \neg q \vee r$；(2) $\neg(\neg(\neg p \vee \neg q \vee \neg r) \vee \neg(p \vee q \vee r))$；
(3) $\neg(\neg p \vee \neg q \vee r) \vee \neg(\neg p \vee q \vee \neg r) \vee \neg(p \vee \neg q \vee \neg r) \vee \neg(p \vee q \vee r)$；
(4) $\neg(\neg p \vee \neg q \vee r)$.

24. (1)是；(2)是；(3)是；(4)是；(5)不是；(6)是.

25. (1)是；(2)是；(3)是；(4)不是；(5)是；(6)不是；(7)是；(8)不是.

### 2.3.5 练习

1.(1)$(p\vee\neg p\vee q\vee r)\wedge(p\vee\neg p\vee q\vee r)\wedge(\neg p\vee q\vee\neg q\vee r)\wedge(\neg p\vee\neg q\vee r\vee\neg r)$,是重言式.

(2) $(\neg p\vee q\vee\neg p)\wedge(\neg p\vee q\vee\neg q)\wedge(p\vee q\vee p)\wedge(p\vee q\vee\neg q)$,不是重言式.

2.(1)$\neg p\vee((p\wedge\neg p)\vee(p\wedge q))$,不是不可满足式.

(2) $(p\wedge\neg q)\vee p\vee r$, 不是不可满足式.

3.(1)析取范式;(2)析取范式;(3)既不是析取范式也不是合取范式;

(4)既不是析取范式也不是合取范式;(5)既不是析取范式也不是合取范式;

(6)是合取范式;(7)优析取范式;(8)优合取范式;(9)合取范式.

4.(1)它们有相同的优析取范式:$(p\wedge q\wedge r)\vee(p\wedge q\wedge\neg r)\vee(\neg p\wedge q\wedge r)$,所以它们表达同一真值函项.

(2)它们没有相同的优析取范式,所以它们不表达同一真值函项.

5.(1) $(p\wedge\neg q\wedge r)\vee(p\wedge\neg q\wedge\neg r)\vee(\neg p\wedge q\wedge r)\vee(\neg p\wedge\neg q\wedge r)$;

(2) $(p\wedge q\wedge\neg r)\vee(p\wedge\neg q\wedge r)\vee(p\wedge\neg q\wedge\neg r)\vee(\neg p\wedge q\wedge r)\vee(\neg p\wedge q\wedge\neg r)\vee(\neg p\wedge\neg q\wedge r)$;

(3) $(p\wedge q\wedge r)\vee(p\wedge q\wedge\neg r)\vee(p\wedge\neg q\wedge\neg r)\vee(\neg p\wedge q\wedge r)\vee(\neg p\wedge q\wedge\neg r)$;

(4)$(p\wedge q\wedge\neg r)\vee(p\wedge\neg q\wedge r)\vee(p\wedge\neg q\wedge\neg r)\vee(\neg p\wedge q\wedge r)\vee(\neg p\wedge q\wedge\neg r)\vee(\neg p\wedge\neg q\wedge r)$.

6.(1)$(p\vee q\vee\neg r)\wedge(p\vee\neg q\vee r)\wedge(p\vee\neg q\vee\neg r)\wedge(\neg p\vee q\vee r)\wedge(\neg p\vee q\vee\neg r)\wedge(\neg p\vee\neg q\vee r)$.

(2)$(p\vee q\vee\neg r)\wedge(p\vee\neg q\vee r)\wedge(p\vee\neg q\vee\neg r)\wedge(\neg p\vee\neg q\vee r)\wedge(\neg p\vee\neg q\vee\neg r)$.

(3) $(p\vee q\vee\neg r)\wedge(p\vee\neg q\vee r)\wedge(p\vee\neg q\vee\neg r)\wedge(\neg p\vee q\vee r)\wedge(\neg p\vee q\vee\neg r)\wedge(\neg p\vee\neg q\vee r)$.

(4) $(p\vee\neg q\vee r)\wedge(p\vee\neg q\vee\neg r)\wedge(\neg p\vee q\vee r)\wedge(\neg p\vee\neg q\vee r)$.

7.(1)的优合取范式为:$(p\vee q)\wedge(\neg p\vee q)$;优析取范式为:$(p\wedge q)\vee(\neg p\wedge q)$.

(2)的优合取范式为:$\varnothing$;优析取范式为:$(p\wedge q)\vee(p\wedge\neg q)\vee(\neg p\wedge q)\vee(\neg p\wedge\neg q)$.

(3)的优合取范式为:$(p\vee q\vee r)\wedge(p\vee q\vee\neg r)\wedge(p\vee\neg q\vee\neg r)$;

优析取范式为:$(p\wedge q\wedge r)\vee(p\wedge q\wedge\neg r)\vee(p\wedge\neg q\wedge r)\vee(p\wedge\neg q\wedge\neg r)\vee(\neg p\wedge q\wedge\neg r)$.

8.(1)的优析取范式为:

$(p\wedge q\wedge r)\vee(p\wedge q\wedge\neg r)\vee(p\wedge\neg q\wedge r)\vee(\neg p\wedge q\wedge r)\vee(\neg p\wedge q\wedge\neg r)\vee(\neg p\wedge\neg q\wedge r)\vee(\neg p\wedge\neg q\wedge\neg r)$.

当$(p,q,r)$分别取值为：(真,真,真)，(真,真,假)，(真,假,真)，(假,真,真)，(假,假,真)，(假,假,假)时,原式的值为真.

(2)的优析取范式为：$(p\wedge q)\vee(p\wedge\neg q)\vee(\neg p\wedge q)\vee(\neg p\wedge\neg q)$.

当$(p,q)$分别取值为：(真,真)，(真,假)，(假,真)，(假,假)时,原式的值为真.

9.(1)的优析取范式为：$(p\wedge q)\vee(p\wedge\neg q)$，当$(p,q)$分别取值为：(真,真)，(真,假)时,原式的值为真.

(2)的优析取范式为：$(p\wedge\neg q)\vee(\neg p\wedge q)\vee(\neg p\wedge\neg q)$.

当$(p,q)$分别取值为：(真,假)，(假,真)，(假,假)时,原式的值为真.

10.(1)的一个合取范式为：

$(p\vee\neg p\vee p)\wedge(p\vee\neg p\vee\neg q)\wedge(\neg p\vee p\vee q)\wedge(\neg p\vee p)$，

所以原式是一个重言式.

(2)的一个合取范式为：

$(p\vee\neg p\vee q\vee r)\wedge(\neg q\vee\neg p\vee q\vee r)\wedge(\neg r\vee\neg p\vee q\vee r)\wedge(\neg p\vee q\vee r\vee p)\wedge(\neg p\vee q\vee r\vee\neg q)\wedge(\neg p\vee q\vee r\vee\neg r)$，

所以原式是一个重言式.

(3)的一个合取范式为：

$(p\vee\neg p\vee q\vee r)\wedge(\neg q\vee\neg p\vee q\vee r)\wedge(\neg r\vee\neg p\vee q\vee r)\wedge(\neg p\vee q\vee p)\wedge(\neg p\vee q\vee\neg q)\wedge(\neg p\vee\neg q\vee\neg p\vee q)$，

所以原式是一个重言式.

(4)的一个合取范式为：

$(\neg p\vee q\vee\neg p\vee r\vee p)\wedge(\neg p\vee q\vee\neg p\vee r\vee\neg q)\wedge(\neg p\vee q\vee\neg p\vee r\vee\neg r)\wedge(\neg p\vee q\vee r\vee p)\wedge(\neg p\vee q\vee r\vee\neg q)\wedge(\neg p\vee q\vee r\vee p)\wedge(\neg p\vee q\vee r\vee\neg r)$，

所以原式是一个重言式.

11.

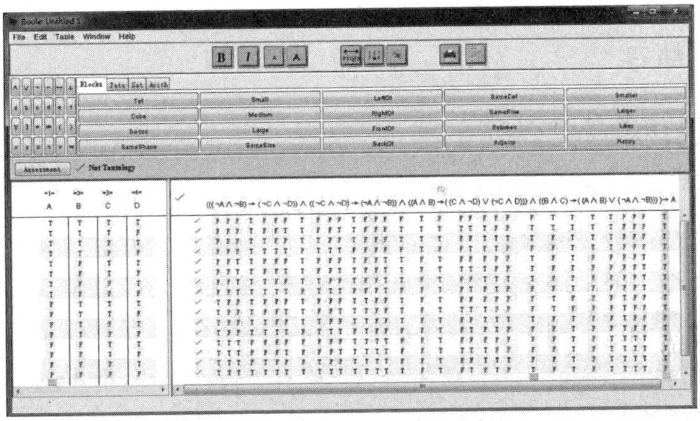

由上面的真值表可知:是 $a$.

12. $q\wedge(p\vee\neg q)$的一个合取范式为:$q\wedge(p\vee\neg q)$;析取范式为:$(q\wedge p)\vee(q\wedge\neg q)$;优合取范式为:$(p\vee q)\wedge(p\vee\neg q)\wedge(\neg p\vee q)$;优析取范式为:$p\wedge q$;当$(p,q)$取(真,真)时,原式取真值,其余情况下,原式取假值.

13. (1) $(p\vee q)\wedge(p\vee\neg q)\wedge(\neg p\vee q)$;(2) $p\vee q$;(3) $\neg p\vee q$;(4) $(p\vee\neg q)\wedge(\neg p\vee q)$.

14. (1)的准否定式为:$\neg p\vee(\neg q\wedge(p\vee\neg r))$,对偶式为:$p\vee(q\wedge(\neg p\vee r)$;
(2)的准否定式为:$(p\wedge\neg q)\wedge(p\wedge q))$,对偶式为:$(\neg p\wedge q)\vee(\neg p\wedge\neg q)$;
(3)的准否定式为:$(p\wedge q)\wedge(\neg p\vee q)$,对偶式为:$(\neg p\wedge\neg q)\wedge(\neg p\vee\neg q)$;
(4)的准否定式为:$(\neg p\wedge q)\vee(\neg p\wedge\neg q)\vee(p\wedge q)$,对偶式为:$(p\wedge\neg q)\vee(p\wedge q)\vee(\neg p\wedge\neg q)$.

### 3.1.5 练习

略.

### 3.2.4 练习

1. (1),(7)不是;(2),(3),(4),(5),(6)是.
2. (1),(2),(3),(4)是,其中(1),(4)是重言式,(3)为可满足式.

### 3.3.3 练习

略.

### 3.4.2 练习

略.

### 3.6.3 练习

1. 0;2. 1;1;4. 1;5. 0;6. 0.
2. 成立.
3. —4. 略.
5. 正确.

### 4.1.2 练习

略.

### 5.1.5 练习

1. $\forall x(F(x)\rightarrow P(x))$,

其中:$\forall x$:凡 $x$, $F(x)$:$x$ 是一个事物,$P(x)$:$x$ 是发展变化的.

2. $\forall x(F(x)\rightarrow\exists y(P(y)\wedge x=y))$,

其中:$\forall x$:凡 $x$, $\exists y$:存在一个 $y$, $F(x)$:$x$ 是一个有理数, $P(y)$:$y$ 是一个分数.

3. $\forall x\ \forall y(F(x)\wedge F(y)\rightarrow x\geq y\vee y\geq x)$,

其中:$\forall x$:凡 $x$, $F(x)$:$x$ 是一个实数.

4. $\exists x(F(x)\wedge P(x))$,

其中:$\exists x$:有一个 $x$, $F(x)$:$x$ 是一个事物, $P(x)$:$x$ 有新陈代谢.

5. $\exists x(F(x)\wedge P(x))$,

其中:$\exists x$:有一个 $x$, $F(x)$:$x$ 是一个自然数, $P(x)$:$x$ 是一个素数.

6. $\forall x(F(x)\rightarrow\forall y(P(y)\rightarrow R(x,y)))$,

其中:$\forall x$:所有的 $x$, $F(x)$:$x$ 是一个参观者, $P(y)$:$y$ 是一件展品, $R(x,y)$:$x$ 欣赏 $y$.

7. $\forall x(F(x)\rightarrow\exists y(P(y)\wedge R(x,y)))$,

其中:$\forall x$:所有的 $x$, $F(x)$:$x$ 是一个参观者, $P(y)$:$y$ 是一件展品, $R(x,y)$:$x$ 欣赏 $y$.

8. $\exists x(F(x)\wedge\forall y(P(y)\rightarrow R(x,y)))$,

其中:$\forall x$:所有的 $x$, $F(x)$表示:$x$ 是一个参观者,$P(y)$表示:$y$ 是一件展品,$R(x,y)$:$x$ 欣赏 $y$.

9. $\exists x(F(x)\wedge\exists y(P(y)\wedge R(x,y)))$,

其中:$\forall x$:所有的 $x$, $F(x)$:$x$ 是一个参观者, $P(y)$:$y$ 是一件展品, $R(x,y)$:$x$ 欣赏 $y$.

10. $\forall x(F(x)\rightarrow\forall y(P(y)\rightarrow R(x,y)))$,

其中:$\forall x$:每一个 $x$, $F(x)$:$x$ 是一个人, $P(x)$:$x$ 是一名教师, $R(x,y)$:$x$ 尊敬 $y$.

11. $\neg(\forall x(F(x)\rightarrow\forall y(y\in x\rightarrow R(y,c))))$,

其中:$\forall x$:每一个 $x$, $F(x)$:$x$ 是一个班级, $y\in x$:$y$ 是 $x$ 班的学生,$c$:这门课, $R(y,c)$:$y$ 喜欢 $c$.

12. $\exists x(P(x)\wedge\forall y(F(y)\wedge Q(y)\rightarrow R(x,y)))$,

其中:$P(x)$:$x$ 是一个学生, $F$(有):$y$ 是一名教师, $Q(y)$:棋下的好, $R(x,$

$y)$:$x$ 喜欢 $y$.

13\. $\forall x(R(c,x)\to H(c,x))$,

其中:$c$:张三,$R(c,x)$:$c$ 是 $x$ 的对手,$H(c,x)$:$c$ 打败了 $x$.

14\. $\forall x(R(c,x)\to H(x,c))$.

2\. (1)令 $R(v_1,v_2)$: $v_1\in v_2$,其中 $v_1$ 和 $v_2$ 是集合,因此,$\exists v_1\forall v_2(\neg R(v_1,v_2))$ 表示:存在没有元素的集合.

(2)令 $R(v_1,v_2)$: $v_1\in v_2$,其中 $v_1$ 和 $v_2$ 是集合,因此,$\forall v_1\exists v_2\forall v_3(R(v_2,v_3)\leftrightarrow\forall v_4(R(v_3,v_4)\to R(v_1,v_4))$ 表示 $v_2=\cap v_1$.

(3)令 $R(v_1,v_2)$: $v_1\in v_2$,其中 $v_1$ 和 $v_2$ 是集合,因此,$\forall v_1\exists v_2\forall v_3(R(v_2,v_3)\leftrightarrow\exists v_4(R(v_3,v_4)\to R(v_1,v_4))$ 表示 $v_2=\cup v_1$.

3\. (1)(3)(5)(6)是一阶公式,其余不是.

4\. 以下各题中,划线部分表示量词的狭域.

(1) $R(x,y)\to R(y,x)\land\forall \underline{yQ(y)}$,

其中,$x$ 的两次出现都是自由的,$y$ 的前两次出现是自由的,后一次出现是约束的.

(2) $\forall \underline{x(P(x)\to\exists y(R(x,y)\land Q(y)))}$ 并且 $\forall x(P(x)\to\exists \underline{y(R(x,y)\land Q(y))})$,

其中,$x$ 的三次出现都是约束的,$y$ 的三次出现是约束的.

(3) $\exists \underline{x(P(x)\to Q(x))}\to(P(y)\to Q(y))$,

其中,$x$ 的三次出现都是约束的,$y$ 的两次出现是自由的.

(4) $\forall \underline{y(R(x,y)\land Q(y))}\lor\forall \underline{xP(x)}$,

其中,$x$ 的第一次出现是自由的,或两次出现是约束的,$y$ 的两次出现是约束的.

(5) $\forall \underline{x}\ \underline{\exists yR(x,y)}\to\exists yR(z,y)$, $\forall x\ \exists \underline{yR(x,y)}\to\exists \underline{yR(z,y)}$

其中,$x$ 的两次出现是约束的,$y$ 的前两次出现是约束的,$y$ 的后两次出现也是约束的,$z$ 的出现是自由的.

(6) $\exists \underline{xP(x)}\lor\exists \underline{xR(x,y)}\to P(y)\lor\forall \underline{xR(x}\ ,\underline{y)}$,

其中,$x$ 的前两次出现是约束的,第三、四次出现也是约束的,第五、六次出现是约束的,$y$ 的三次出现都是自由的.

(7) $\exists \underline{x}\ \underline{\forall yR(y,x,z)}\to\exists z\underline{R(y,x,z)}$, $\exists x\ \forall \underline{yR(y,x,z)}\to\exists z\underline{R(y,x,z)}$,

其中,$x$ 的前两次出现是约束的,最后一次出现是自由的;$y$ 的前两次出现是约束的,最后一次出现是自由的;$z$ 的第一次出现是自由的,后两次出现是约束的.

(8) $\forall \underline{x}\ \underline{\exists yR(x,y)}\land\exists zQ(z,y,x)$, $\forall x\ \exists \underline{yR(x,y)}\land\exists \underline{zQ}\ \underline{(z,y,x)}$,

其中,$x$ 的前两次出现是约束的, $x$ 最后一次出现是自由的;$y$ 的前两次出现是约束的,最后一次出现是自由的;$z$ 的两次出现都是约束的.

5. (1) $\mathrm{sub}(R(x,y)\to R(y,x)\wedge\forall yQ(y))$

$=\{R(x,y),R(y,x),\forall yQ(y),\ R(y,x)\wedge\forall yQ(y),R(x,y)\to R(y,x)\wedge\forall yQ(y)\}$

$\mathrm{free}(R(x,y)\to R(y,x)\wedge\forall yQ(y))=\{x,y\}$

(2) $\mathrm{sub}(\forall x(P(x)\to\exists y(R(x,y)\wedge Q(y))))$

$=\{P(x),R(x,y),Q(y),R(x,y)\wedge Q(y),\exists y(R(x,y)\wedge Q(y)),P(x)\to\exists y(R(x,y)\wedge Q(y)),$

$\forall x(P(x)\to\exists y(R(x,y)\wedge Q(y)))\}$

$\mathrm{free}(\forall x(P(x)\to\exists y(R(x,y)\wedge Q(y))))=\varnothing$

(3) $\mathrm{sub}(\exists x(P(x)\to Q(x))\to(P(y)\to Q(y)))$

$=\{P(x),Q(x),P(y),Q(y),P(x)\to Q(x),P(y)\to Q(y),\exists x(P(x)\to Q(x)),$

$\exists x(P(x)\to Q(x))\to(P(y)\to Q(y))\}$

$\mathrm{free}(\exists x(P(x)\to Q(x))\to(P(y)\to Q(y)))=\{y\}$

(4) $\mathrm{sub}(\forall y(R(x,y)\wedge Q(y))\vee\forall xP(x))$

$=\{R(x,y),Q(y),R(x,y)\wedge Q(y),\forall y(R(x,y)\wedge Q(y)),P(x),\forall xP(x),\forall y(R(x,y)\wedge Q(y))\vee\forall xP(x)\}$

$\mathrm{free}(\forall y(R(x,y)\wedge Q(y))\vee\forall xP(x))=\{x\}$

(5) $\mathrm{sub}(\forall x\,\exists yR(x,y)\to\exists yR(z,y))$

$=\{R(x,y),\exists yR(x,y),\forall x\,\exists yR(x,y),R(z,y),\exists yR(z,y),\forall x\,\exists yR(x,y)\to\exists yR(z,y)\}$

$\mathrm{free}(\forall x\,\exists yR(x,y)\to\exists yR(z,y))=\{z\}$

(6) $\mathrm{sub}(\exists xP(x)\vee\exists xR(x,y)\to P(y)\vee\forall xR(x,y))$

$=\{P(x),\exists xP(x),R(x,y),\exists xR(x,y),\exists xP(x)\vee\exists xR(x,y),P(y),R(x,y),\forall xR(x,y),$

$P(y)\vee\forall xR(x,y),\exists xP(x)\vee\exists xR(x,y)\to P(y)\vee\forall xR(x,y)\}$

$\mathrm{free}(\exists xP(x)\vee\exists xR(x,y)\to P(y)\vee\forall xR(x,y))=\{y\}$

(7) $\mathrm{sub}(\exists x\,\forall yR(y,x,z)\to\exists zR(y,x,z))$

$=\{R(y,x,z),\forall yR(y,x,z),\exists x\,\forall yR(y,x,z),\exists zR(y,x,z),\exists x\,\forall yR(y,x,z)\to\exists zR(y,x,z)\}$

$\mathrm{free}(\exists x\,\forall yR(y,x,z)\to\exists zR(y,x,z))=\{x,y,z\}$

(8) $\mathrm{sub}(\forall x\,\exists y R(x,y)\wedge\exists z Q(z,y,x))$

$=\{R(x,y),\exists y R(x,y),\forall x\,\exists y R(x,y),Q(z,y,x),\exists z Q(z,y,x),\forall x\,\exists y R(x,y)\wedge\exists z Q(z,y,x)\}$

$\mathrm{free}(\forall x\,\exists y R(x,y)\wedge\exists z Q(z,y,x))=\{x,y\}$

6.—7. 略.

### 5.2.3 练习

1.—4. 略.

### 5.4.2 练习

1.—2. 略.

### 5.5.2 练习

1.—13. 略.

### 5.6.3 练习

1.—5. 略.

# 主要参考文献


[1] 张锦文. 公理集合论导引. 北京:科学出版社,1991

[2] 耿素云等. 集合论导引. 北京:北京大学出版社,1990

[3] 汪芳庭. 公理集论. 合肥:中国科学技术大学出版社,1995

[4] 张宏裕. 公理化集合论. 天津:天津科学技术出版社,2000

[5] 张锦文等. 集合论发展史. 桂林:广西师范大学出版社,1993

[6] Jech,T. Set Theory. New York:Academic Press,1978

[7] Jech, T. Introduction to Set Theory. New York: Marcel Dekker Inc. ,1984

[8] Bell,JT and Machover,M. A Course in Mathematical Logic. Hungary: North-Holland,1977

[9] 胡世华等. 数理逻辑基础(上、下册). 北京:科学出版社,1982

[10] 王世强. 模型论基础. 北京:科学出版社,1987

[11] 陆钟万. 数理逻辑与机器证明. 北京:科学出版社,1990

[12] 王宪钧. 数理逻辑引论. 北京:北京大学出版社,1982

[13] 周礼全. 模态逻辑引论. 上海:上海人民出版社,1986

[14] 周北海. 模态逻辑. 北京:北京大学出版社,1997

[15] 汪芳庭. 数理逻辑. 合肥:中国科学技术大学出版社,1990

[16] 王耀堃,朱水林. 现代逻辑概论. 上海:上海社会科学院出版社,1992

[17] 昂扬. 数理逻辑的思想和方法. 上海:复旦大学出版社,1991

[18] Popkorn, S. First Steps in Modal Logic. Cambridge: Cambridge University Press,1994

[19] 胡耀鼎,张清宇. 数理逻辑. 北京:中国标准出版社,1985

[20] 陆汝钤. 人工智能. 北京:科学出版社,2002

[21] S. 克林. 元数学导论. 北京:科学出版社,1984

[22] 朱水林. 形式化:现代逻辑的发展. 北京:人民出版社,1987

[23] 刘壮虎.逻辑演算.北京:中国社会科学出版社,1993

[24] 宋文淦.符号逻辑基础.北京:北京师范大学出版社,1993

[25] 王世强.模型论基础.北京:科学出版社,1987

[26] T.雷蒙德著,赵沁平译.人工智能中的逻辑.北京:北京大学出版社,1990

[27] 陆汝钤.数学·计算·逻辑.长沙:湖南教育出版社,1998

[28] 李娜.现代逻辑的方法.开封:河南大学出版社,1996